应用运筹与博弈教材教辅系列

运筹学和管理科学的军事决策应用

〔美〕William P. Fox 〔美〕Robert Burks 著

李志猛 矫媛媛 译

电子工业出版社

Publishing House of Electronics Industry

北京·BEIJING

Translation from the English language edition:

Applications of Operations Research and Management Science for Military Decision Making

by William P. Fox and Robert Burks

© Springer Nature Switzerland AG 2019

This edition has been translated and published under licence from

Springer Nature Switzerland AG.

本书简体中文专有翻译出版权由 Springer Nature Switzerland AG 授予电子工业出版社。专有出版权受法律保护。

版权贸易合同登记号　图字：01-2022-6697

图书在版编目（CIP）数据

运筹学和管理科学的军事决策应用 / （美）威廉姆·P. 福克斯（William P. Fox），（美）罗伯特·伯克斯（Robert Burks）著；李志猛，矫媛媛译. -- 北京：电子工业出版社，2025. 3. --（应用运筹与博弈教材教辅系列）. -- ISBN 978-7-121-49089-7

Ⅰ. E911；E07

中国国家版本馆 CIP 数据核字第 2024U7F911 号

责任编辑：徐蔷薇　　文字编辑：赵　娜

印　　刷：三河市鑫金马印装有限公司

装　　订：三河市鑫金马印装有限公司

出版发行：电子工业出版社

　　　　　北京市海淀区万寿路 173 信箱　　邮编：100036

开　　本：787×1092　1/16　印张：29.25　字数：656 千字

版　　次：2025 年 3 月第 1 版

印　　次：2025 年 3 月第 1 次印刷

定　　价：168.00 元

凡所购买电子工业出版社图书有缺损问题，请向购书书店调换。若书店售缺，请与本社发行部联系，联系及邮购电话：（010）88254888，88258888。

质量投诉请发邮件至 zlts@phei.com.cn，盗版侵权举报请发邮件至 dbqq@phei.com.cn。

本书咨询联系方式：（010）88254438，xuqw@phei.com.cn。

译 者 序

这是一本阐述运筹学和管理科学在军事领域应用的专著,两位作者都是美国海军研究生院的教授,有着在美国海军研究生院多年开设相关课程的经历,有很强的军事问题理解能力和数学建模分析能力。本书叙述方式深入浅出,顾及了一般读者和专家型读者的不同阅读需求,较为完整地体现了应用的广度和深度,并特别选用了美军近几次局部战争中的案例,是一本对于军事决策者特别是军事问题量化分析研究人员不可多得的参考书。

译者在 2020 年开始阅读本书,感觉此书价值重大,就决定将此书翻译为中文版,为发展我国军事领域相关研究提供一些支持。其间经历新冠疫情,过程坎坷,殊为不易。但无论如何,本书在电子工业出版社的支持下终于付印,算是了却了一件心事。在此过程中,很多人为本书的翻译贡献了心力,包括但不限于以下人员:我的同事王建江、李卫丽等,我的学生杨博宇、程杰、翟文硕等,以及电子工业出版社的徐蔷薇编辑等。他们为本书的初译和内容初审做出了贡献,在此一并表示感谢,但本书涉及的研究领域广、名词术语多,很多在中文中并没有固定用法可供参考,可能存在不妥甚至可能出现错误之处,这些应由本人概括承担,也恳请读者提出改正的意见和建议,联系邮箱为 zmli@nudt.edu.cn。

译 者
2024 年 8 月于湖南长沙

前　言

满足当前需求

近年来，在教授以决策为目的的数学建模课程，以及开展应用数学建模研究的过程中，我们发现：

①各级决策者都需要接触有助于做出决策的工具和技术；②决策者和分析人员都需要掌握并运用技术，以便做好分析工作；③结论的解读与阐释对理解建模的优势和局限性至关重要。考虑到这一点，本书强调决策分析所需的模型表述和建模技巧，以及用于支撑分析的各类技术。

读者对象

本书适用于数学、运筹学或工业工程等专业的高级别离散建模课程，或对于提供商业分析课程的商学院来说，适用于离散优化建模或决策建模的研究生课程。本书亦可用于数学专业的数学建模课程，特别是聚焦离散建模或决策建模的课程。

以下群体将从本书中受益：

- 商科、运筹学、工业工程、管理科学或应用数学专业修读定量方法相关课程的本科生。
- 离散数学建模课程的研究生，涵盖商科、运筹学、工业工程、管理科学、应用数学等研究课题。
- 想全面了解决策相关课题的初级分析员。
- 想拥有一本相关参考书的从业者。

本书目标

本书实质上是说明性的，第 1 章通过对数学建模的介绍奠定了全书基调。该章介绍了一种正确思考问题的方法，并展示了许多情境和示例。在这些示例中，首先要设定求解方法，相关内容将在后面的章节中深入介绍。

基于多年的应用研究和建模经验，本书在方法或技巧方面进行了审慎选择。最终，针对美国国防分析相关部门和海军研究生院的需求，本书确定了数学建模的 3 门课程安排中要涵盖的主要技术。这些内容非常有助于学生打下扎实的基础，有助于他们成为未来的领导者和决策者。

本书结构

本书包含的信息可浓缩为两学期的课程或一学期的主题概述。教师可以灵活选择与其课程相一致的主题，并满足当前的需求。

第2～8章展示了求解第1章中各类问题的基本方法。这些问题的背景都是与军事相关的应用。

第2章介绍了军事决策中的统计模型。通过假设检验，利用非正规渠道的基本统计信息进行建模，展示了如何使用和解读这些模型。案例研究的目的是强调统计方法的使用。

第3章介绍了如何使用回归技术进行分析。涵盖简单线性回归和高级回归方法，这两项技术是回归分析的重要工具。

第4章探讨了如何用数学规划（线性、整数和非线性）来解决问题，从而辅助军事决策。从数学规划方法的定义开始，解释了一些描述性概念，并利用相关技术来求解所表述的问题。数学规划还将用于后面的章节，包括探讨数据包络分析和博弈论。

第5章介绍了多属性军事决策。在现实中权衡备选方案和行动方案时，需考虑多个标准。本章研究了熵权系数法、次序重心权重法、比率加权和两两比较等各种加权方式，探讨了数据包络分析法、加权法、简单平均加权法、层次分析法和逼近理想解排序法。

第6章主要介绍博弈论。涵盖完全冲突和局部冲突博弈及运用案例研究，展示了可使用博弈论的实际决策问题和分析的类型。

第7章探讨了如何使用动态系统模型对变化进行建模。介绍了兰彻斯特方程，并给出了战斗建模场景的示例。本章介绍的例子涵盖近身肉搏、战斗乃至当今的反恐战争，并对其结果进行了阐释。

第8章探讨了简单的蒙特卡罗模拟，并介绍了基于代理的模型。示例的目的是扩大建模范围，以涵盖无法充分使用解析模型的变量和情况。

第9章介绍了供应链网络物流及与物流相关的决策和分析。此外，本章还涉及网络模型及运输、转运和分配优化等问题。

本书揭示了数学建模在解决现实世界军事问题方面的能力和局限性，给出的解可能不是最优解，但肯定是决策分析过程中要考虑或可能要考虑的解。正如以前的数学建模教材（如《数学建模》）所证明的，本书重新审视了这些情境以说明还有哪些技术可用于解决这些问题。根据多年来与美国数学及其应用联合会（COMAP）在数学建模竞赛中合作的经验，本书在建模方法和求解技巧方面，始终都具有灵活性和创造力。

本书并不能处理现实问题建模的每一处细节，只提供了模型的样例和可能适用技术来获得有用的结果。为解决问题，可以构建一个"建模"的流程，并解释多个建模的例子及模型求解的技巧。在关于技巧的章节中，本书假设读者没有或只有很少的数学建模背景，因此简单介绍了建模流程，并提供了示例和求解方法。

与现实例子中用到的实际数据相比，本书示例的数据在性质和设计上均未分类。分析人员通过本书可以了解对应问题的范围和类型，由此进一步了解本书涉及的其他数学技巧，但受篇幅所限，本书确实未涉及一些重要方法的介绍，如微分方程方法。

本书也向决策制定者展示了定量方法在决策过程中的应用有多广泛。正如在建模课堂上所讲的，数学并不能告诉我们该做什么，但它确实能启发思维，帮助我们在决策过程中进行批判性思考。本书将数学建模流程视为对决策制定者的一个参考框架，这一框架包括 4 个关键要素：问题形成过程、模型求解过程、在实际问题背景下对模型解的解读、灵敏度分析。在这个过程中的每一步，决策制定者都应该反思这些步骤和方法，并要求进一步解释所用到的假设。其中可能有两个主要问题：一个是，求解时"您使用的方法是否适当"？为什么没有考虑或使用其他方法？另一个是，"您是否过度简化了过程"？以至于解在此情况下并不真正适用，或者这些假设是否能够解决问题或是否重要？

感谢这段时间所有学习数学建模的同学，以及在撰写本书过程中一起教授数学建模的所有同事。特别感谢以下人员多年来在美国海军研究生院的 3 门数学建模系列化课程中对我们提供的帮助：Bard Mansger、Mike Jaye、Steve Horton、Patrick Driscoll 和 Greg Mislick。也特别感谢 Frank R. Giordano 在过去 30 多年的指导。

Williamsburg，VA，美国　William P. Fox
Monterey，CA，美国　Robert Burks

目　录

第1章

用于军事决策的数学建模、管理学和运筹学

本章目标

（1）理解数学建模的过程

（2）理解决策建模的过程

（3）理解模型的类型：确定性模型和随机性模型

（4）理解数学模型的优点及其局限性

相距 5.43 英里（1 英里=1609.344 米）的两个军事观察哨接收到一个简短的无线电信号。检测到该信号时，传感装置分别定向在 110°和 119°。这些设备的精度在 2°以内（各自方向角上）。根据情报，读取到的信号来自一个恐怖分子活跃的地区，推测有一艘船在等人来接走恐怖分子。现在的情况是黄昏、无风、无水流。一架小型直升机离开观察哨 1 的停机坪，其可沿 110°方向准确飞行，这架直升机只有 1 个探测装置、1 个探照灯。在 200 英尺（1 英尺≈0.3048 米）的高度上，探照灯只能照亮半径为 25 英尺的圆形区域。鉴于其燃油容量，直升机可飞行 225 英里来支持这项任务。我们应在哪里寻找该船？应使用多少架搜索直升机才能有"好"的机会找到目标？（Fox 和 Jaye，2011）。

1.1　决策概述

本书将使用数学建模方法来支持决策过程，核心是用科学的方法进行决策，并将这种方法定义为开发一个现实问题的数学模型，帮助决策者掌握情况。这类决策通常也被称为定量分析、管理科学或运筹学。

该方法并不特别，因为许多大型财富 500 强公司在做决策前，都会安排分析人员研究和构建数学模型。本书介绍的决策模型范围跨越了商业、工业和政界三大领域，并将提供许多与政府和军事相关的示例，以更好地演示建模概念的实用性。

在决策过程中，仅知道最终数学模型是不够的。理解数学建模的过程同样重要：从问题的定义开始，到数学模型的开发，再到最终执行方案。了解这些模型的优势和局限性很重要。同时，正确使用良好的建模工具和方法所得的解，通常能及时、有效提供支持，并让决策者易于理解。

特别地，本书将"数学建模"和"运筹学"作为同一术语使用。

1.2　数学建模与决策框架

1.2.1　模型的类型

根据建模框架中的假设，决策模型可大致分为两类：确定性模型和随机性模型。

1.2.1.1　确定性模型

对于数学建模人员和决策者来说，在决策过程中，确定性模型假设使用的所有相关数据都是确定的。确定性意味着数据是现成的、准确的、已知的或可得的。这类模型在工业和军事领域中比比皆是，其中优化模型，尤其是线性规划或整数规划模型，能够更好地支持决策，包括产品组合、原料混合、规划调度、设施选址、物资补给等方面的研究。线性规划问题的表述是关键，本书将在第 3 章阐述，并将同时探讨其求解方法和分析过程。

1.2.1.2　随机性模型

随机性模型（也称概率模型）假设部分或全部输入数据是不确定的，假设某些重要输入信息的值在做出决定之前是未知的，但务必要将之纳入构建的模型中。本书使用期望值加以检验，并给出期望值的正式定义。

随机性模型应用的例子包括军事系统的可靠性（武器系统、传感器等）、雷达识别自杀式炸弹袭击者及目标选择等。由于输入数据带有随机性，其结论仅为决策者提供相对合理的建议。

1.2.2　数据类型

本节将用到两类数据：定性数据和定量数据，以及两类数字：序数和基数，它们各自在决策中发挥相应的作用。下面将分别进行定义并提供例子。

1.2.2.1　定性数据与序数

测量或数据可以通过自然语言来表达，而不用数字来表达。在统计学中，它们还经常与"分类"数据交替使用。例如，最喜欢的颜色="蓝色"，身高="高"。尽管自然语言表达可能也有类别，但类别只是为其提供了结构。当类别没有排序时，称其为名义类别。例如，性别、种族、宗教或运动。当类别可以排序时，称其为序数变量。判断大小（小、中、大等）的分类变量为序数变量，态度（强烈反对、反对、中立、赞同、强烈赞同）也是序数变量，但在有些问题中无法知道哪个值是最好的或最差的。

需要注意的是，这些类别之间的距离无法测量，人们通常只是用数字对这些定性数据进行编号，如 1、2、3、4 等，以便分析。

1.2.2.2 定量数据与基数

定量测量不用自然语言描述来表达，而直接用数字来表达。但并非所有数字都是连续的和可测量的，如社会安全号码，即使是一个数字也不可加减。例如，最喜欢的颜色="蓝色"，身高="1.8 米"。

定量数据总与刻度相关，较常见的比例类型也许是比例尺度。这类观测值在某个尺度上具有实际含义的零值，也具有等距测量值（10 和 20 之间的差异与 100 和 110 之间的差异相同）。例如，一个 10 岁女孩的年龄是一个 5 岁女孩的 2 倍；由于可以用零来计算时刻零年，因此时间也是一个比例尺度的变量；金钱是另一种常见的比例尺度的量化指标。计算的观察结果通常是比例尺度（如小部件的数量）。若某数字对所有数学运算都有意义，那么该数字为基数。

区间尺度是一种更普遍的定量测量标准。区间尺度也有等距测量性质，但倍增原则并不成立。例如，50℃的温度不是 100℃的"一半热"，但 10℃的差异表明在该尺度上，无论在哪里温度差异都相同。开尔文温标则构成比例尺度，因为在开尔文温标上，零表示温度绝对为零，即完全没有热量。例如，可以说 200K 的热度是 100K 的 2 倍，这样的数字就有意义。

1.3 决策过程中的步骤

本书认为，在决策实践中，数学建模的过程框架（Giordano 和 Fox，2014）很有用（在这里对其进行了小的调整），如图 1.1 所示。

Note

第1步 定义问题

第2步 给出假设并选择变量

第3步 获取数据

第4步 构建模型

第5步 求解模型

第6步 验证模型并进行灵敏度分析

第7步 进行常识测验

第8步 思考模型的优劣

第9步 向决策者展示结果

图 1.1　数学建模支持决策的 9 个步骤

下面分别深入讨论这 9 个步骤。

第 1 步：定义问题。要做出正确的决策，需要了解问题本身。确定要研究的问题通常很困难，在现实生活中，没有人会提供给你一个待解的方程，通常的表述类似于"我们需要赚更多的钱"或"我们需要提高效率"。要想准确地运用数学模型来说明情况，就需要准确地理解问题。

第 2 步：给出假设并选择变量。

第 2a 步：做出简化假设。先集体讨论情况，列出尽可能多的因素或变量，但要记住，通常无法列出影响问题的所有因素，可通过减少要考虑的因素来简化任务，并简化对因素的假设，如假设某些因子始终为常数。然后检查其余因素（或变量）之间是否存在关系，设定简单的关系可降低问题的复杂性。

一旦简要列出变量，需将其分类为自变量、因变量或二者皆非。

第 2b 步：定义所有变量并给出单位。要明确所有变量的定义并为每个变量提供数学符号和单位，这一点至关重要。

第 3 步：获取数据。获取数据并非一个简单的过程，可能很费工夫。

第 4 步：构建模型。借助本书所描述的方法和创造能力，建立一个用来说明情况的数学模型，其解有助于回答重要的问题。

第 5 步：求解模型。对第 1～第 4 步中构建的模型进行求解。通常该模型可能过于复杂或难以处理，因此无法求解或解读，如发生这种情况，则返回第 2～第 4 步并进一步简化模型。

第 6 步：验证模型并进行灵敏度分析。在使用模型之前，应该先进行测试。以下问题是不容忽视的：模型是直接回答了问题，还是便于使用者回答问题？在这一步，应审查每一个假设，以了解不正确的假设对数学模型解的影响。

第 7 步：进行常识测验。该模型在实际意义上是否可用（该模型所需的数据可以获得吗？），模型是否通过了常识测试，可以认为这一步是为了验证模型的合理性。

第 8 步：**思考模型的优劣**。模型都不会包括对建模过程的自我反思，但反思有助于完善模型。反思不仅需要考虑做对了什么，还需要考虑这么做可能存在什么问题，以及哪些地方还可以做得更好。

第 9 步：**向决策者展示结果**。如果决策者不愿意使用模型时，模型就会毫无意义。同时模型越人性化，人们就更愿意使用它。有时，获取模型数据的难易程度直接决定了模型的成败。模型还必须跟上时代步伐，这需要经常更新模型中使用的参数。

在实施数学化的设计过程中，必须明白现实世界和数学世界是有区别的。通常来说，数学模型有助于更好地理解问题，同时允许在不同的条件下进行数学实验。出于本书的写作目的，数学模型会被视为一种数学表达式，是为了研究需要而设计的特定系统，借助模型进行数学运算，得出关于被建模系统的数学结果。

通常还可以采用图形方式来研究模型，以深入了解相应系统的行为。其目的是通过这些活动，在问题的数学方面、物理基础及二者之间显著的相互作用上，获得更透彻的理解。

通常而言，由于获得满意结果的时间有限，人们会适时停止在改进和细化模型的某一步。因此，初始模型越好，建模方法也就越奏效。

1.4　例证

下面用几个示例来演示哪类问题可应用 1.3 节介绍的建模过程。本节重点介绍问题确认和如何选择适当（可用）的变量。

 例 1.1　治疗轻度创伤性脑损伤的处方药剂量

场景：设某患者需服用新上市的处方药，治疗轻度脑外伤。为制定一种安全有效的治疗方案，必须将血液中药物的浓度保持在某个有效水平之上，并低于任何不安全水平，如何决策？

定义问题：本案例的目的是建立一个数学模型，将剂量和两剂之间的时间与血流中药物水平联系起来。研究服药量与服药时间 t 后血液中的药量有何关系？明确该问题后，方可研究服用处方药问题的其他方面。

假设：已了解疾病的情况及要服用的药物类型（名称）。在该案例中，假设这种药物名为 MBT，是一种促进血液流向大脑的药物。需知道或找出血液中 MBT 的衰减率，这样的数据应该可在美国食品和药物管理局（FDA）批准前的研究数据中找到。需根据药物在体内的"作用"来确定 MBT 的安全水平和不安全水平，并将此作为模型的约束条件。一开始，可假设患者的体型和体重对药物的衰减率没有影响，即假设所有患者的体型和体重都差不多，所有人都身体健康，没有人服用影响此处方药的其他药物，以及假设患者所有内部器官功能正常。还可假设吸收率为一个连续函数，使用离散的时间段来建模。这些假设均有助于简化模型。

 例 1.2　紧急军事医疗响应

　　军方紧急服务协调员（Emergency Service Coordinator，ESC）希望确定军事基地 3 辆救护车的位置，以最大化紧急情况下 8 分钟内覆盖到的人员。基地分为 6 个区域，在理想状态下，从一个区域 i 到下一个区域 j 所需的平均行驶时间如表 1.1 所示。

表 1.1　理想状态下从区域 i 到区域 j 的平均行驶时间

（这里 i,j=1,2,3,4,5,6，时间单位为分钟）

区　　域	1	2	3	4	5	6
1	1	8	12	14	10	16
2	8	1	6	18	16	16
3	12	18	1.5	12	6	4
4	16	14	4	1	16	12
5	18	16	10	4	2	2
6	16	18	4	12	2	2

　　区域 1、2、3、4、5、6 的人员数量如表 1.2 所示。

表 1.2　每个区域的人员数量　　　　（单位：人）

区　　域	人员数量
1	50000
2	80000
3	30000
4	55000
5	35000
6	20000
总　　计	270000

了解决策和问题：目标是增大覆盖范围，并提高照顾患者的能力，这些患者需要用救护车送往医院。确定救护车的停放位置，以在预分配的时间内最大化覆盖范围。

假设：一开始往返区域之间的时间可忽略不计；数据中的时间是理想情况下的平均值。

 例 1.3 军事信用联合银行服务的质量问题

银行经理想通过改善服务质量来提高客户满意度，其希望客户平均等待时间少于 2 分钟，平均排队长度（等候队伍长度）为 2 或更少。该银行估计每天约有 150 名客户。表 1.3 和表 1.4 分别给出了现有的到达时间间隔和服务时间及相应概率。

表 1.3 到达时间间隔与相应概率

到达时间间隔（分钟）	概 率	到达时间间隔（分钟）	概 率
0	0.10	3	0.35
1	0.15	4	0.25
2	0.10	5	0.05

表 1.4 服务时间与相应概率

服务时间（分钟）	概 率	服务时间（分钟）	概 率
1	0.25	3	0.40
2	0.20	4	0.15

了解决策和问题：银行希望提高客户满意度。首先，必须确定是否达到了目标。构建一个数学模型来评估银行是否实现了其目标，如没有，则提出一些建议来提高客户满意度。

假设：根据经理的指示确定当前的客户服务是否令人满意。如果答案是否定的，则按照服务人员的最小更改（实现经理的目标情况下）建模，以实现预期目标。可以从选择现成的排队模型开始，获得一些基准值。

 例 1.4 部门的效率测评

有 3 个主要部门，每个部门有 2 个输入和 3 个输出，如表 1.5 所示。

表 1.5 输入与输出

部 门	输入#1	输入#2	输出#1	输出#2	输出#3
1	5	14	9	4	16
2	8	15	5	7	10
3	7	12	4	9	13

了解决策和问题：目标是提高业务效率，希望能找到可以共享的"最佳范例"。首先，必须衡量效率。需要建立一个数学模型，以根据其输入和输出来检查某一部门的效率，并将其效率与其他部门比较。

　　决策变量定义：

　　对于 $i = 1,2,3$，t_i 为 DMU_i 单个部门的输出值；

　　对于 $i = 1,2$，w_i 为 DMU_i 单个部门输入的成本或权重；

　　对于 $i = 1,2,3$，$efficiency_i$（效率）$= i$ 部门的总输出值/i 部门输入的总成本。

　　做出以下初始假设：

　　（1）没有一个部门的效率会超过 100%。

　　（2）如果任一部门的效率小于 1，则称为无效。

 例 1.5　第二次世界大战之俾斯麦海战斗

　　1943 年 2 月，在争夺新几内亚的关键阶段，日军决定从附近的新不列颠岛调来增援。行军时，日军要么走北线，预计会下雨，能见度低；要么走南线，预计天气晴朗。无论哪种情况，行程都需要 3 天。应该选择哪条路线呢？如果日军只对时间感兴趣，选择这两条路线中的任何一条都可以。也许他们想尽量减少舰队受到美军轰炸机袭击的可能性。对于美军来说，肯尼将军也面临艰难的选择。盟军情报部门发现了日军舰队在新不列颠岛的另一边集结的证据。当然，肯尼希望最大限度地延长轰炸机攻击舰队的时间，但没有足够的侦察机来完全探明两条路线。他应该怎么做？

　　了解决策和问题：目的是建立和使用局中人之间冲突的数学模型来确定每个局中人的"最佳"策略选项。

　　假设：肯尼将军只能搜索南线或北线，可以用矩阵中的行来表达两个选择；日军实际上可以沿北线或南线航行，也将之放入矩阵中；美国陆军的情报部门获得了新的信息，并且这些信息是准确的。信息表明，如果目标明确暴露，那么这 3 天都会执行轰炸任务。如果在南线搜索并没有找到敌人，那么在恶劣的天气中必须向北搜索，将浪费 2 天的搜索时间，因此只有 1 天的时间进行轰炸。如果在南线搜索，日军在北线航行，那么敌人将暴露 2 天。如果在北线搜索，日军在南线航行，那么敌人将暴露 2 天。

 例 1.6　国土安全风险分析

　　国土安全部可投入调查的资产和时间有限，因此可能会根据案件量确定优先级。风险评估办公室收集的晨会数据（风险评估优先级）如表 1.6 所示。运筹研究团队必须分析信息并向风险评估团队提供该会议的优先级列表。

表 1.6　风险评估优先级

风险替代/标准	风险评估可靠性	相关死亡大概人数（千人）	修复损坏设施的成本（百万美元）	位　　置	破坏性心理影响	情报相关提示的数量（次）
1. 脏弹威胁	0.40	10	150	城市人口密集区	非常强烈	3
2. 炭疽生物恐怖威胁	0.45	0.8	10	城市人口密集区	强烈	12
3. 华盛顿特区道路和桥梁网络威胁	0.35	0.005	300	城区和乡村	大	8
4. 纽约地铁威胁	0.73	12	200	城市人口密集区	非常大	5
5. 华盛顿特区地铁威胁	0.69	11	200	城市人口密集区和农村	非常大	5
6. 重大银行抢劫案	0.81	0.0002	10	城市人口密集区	小	16
7. FAA（空降野战炮兵）威胁	0.70	0.001	5	农村的人口密集区	中等	15

了解决策和问题： 存在的风险比能调查的风险要多。也许可以根据可靠标准对风险进行排名，确定调查这些风险的优先级。由此构建一个实用的数学模型，并按优先顺序排列事件或风险。

假设： 此前的决定有助于深入了解决策者的流程。现有数据只涉及可靠性、大概死亡人数、修复或重建设施的大概成本、位置、破坏性心理影响和情报收集提示的数量，这些数据构成分析的基准。这里假设数据很准确，并可以将文字数据转换为序数。

模型： 可采用多属性决策方法来构建模型。本例混合采用层次分析法（AHP）和理想点排序法（TOPSIS）；其中 AHP 方法中，使用 Saaty（1980）提出的两两比较法来获得决策者的权重；位置和破坏性心理影响方面，则使用 TOPSIS 方法来评估。

 例 1.7　流行病或大规模杀伤性武器的离散 SIR 模型

本例研究的是一种在美国蔓延的疾病，如新的致命流感。美国疾病控制与预防中心（CDC）希望在其实际成为"真正的"流行病之前，采用一种模型来了解

Note

和试验该疾病。此时将人口分为 3 类：易感人群、感染人群和免疫人群。对模型做出以下假设：

（1）没有人进出社区，也没有社区外的联系。

（2）每个人要么易感——S（Susceptible，能够感染）；要么已感染——I（Infected，目前患有流感并可传播）；或排除——R（Removed，已得过流感，不会再得了，包括死亡）。

（3）最初，每个人要么是 S，要么是 I。

（4）一旦有人当年得了流感，他们就不会再得。

（5）该疾病的平均持续时间为 2 周，在此期间被视为感染并可能传播。

（6）模型中的时间以周为单位。

此处使用的是现成模型，即 SIR 模型（Allman 和 Rhodes，2004）。

假设变量定义如下：

$S(n)$ =时间段 n 后易感人群的数量；

$I(n)$ =时间段 n 后感染的人数；

$R(n)$ =时间段 n 后排除的人数。

建模过程从 $R(n)$ 开始。假设某人患流感的时长为 2 周。因此，每周将排除一半的感染者，即

$$R(n+1) = R(n) + 0.5I(n)$$

式中，0.5 为每周排除率，代表每周从感染人数中排除的感染者比例。如果有真实数据，那么可进行"数据分析"以得到排除率。

$I(n)$ 将具有随时间增加和减少量的不同项，减少量为每周排除的人数，即 $0.5I(n)$，增加量为与感染者接触并感染的易感者数量 $aS(n)I(n)$。速率 a 为疾病传播的速率或传播系数（实际上这是一个概率性系数）。一开始，假设该速率是一个可以从初始条件中找到的常数值。

下面进行具体说明。假设宿舍里有 1000 名学生。护士最初在第一周就发现 3 名学生到医务室就医。接下来的一周，有 5 名学生出现流感样症状并到医务室就医。$I(0) = 3$，$S(0) = 997$。第 1 周，新增感染人数为 30。

$$5 = aS(n)I(n) = a \times 997 \times 3$$
$$a \approx 0.00167$$

现在来看 $S(n)$（该数值减少量为新感染人数）。可以使用与之前相同的速率 a，得到以下模型：

$$S(n+1) = S(n) - aS(n)I(n)$$

联结后的 SIR 模型为

$$R(n+1) = R(n) + 0.5I(n)$$
$$I(n+1) = I(n) - 0.5I(n) + 0.00167S(n)I(n)$$
$$S(n+1) = S(n) - 0.00167S(n)I(n)$$
$$I(0) = 3, S(0) = 997, R(0) = 0$$

SIR 模型可以迭代求解并以图形方式表述。第 7 章将讨论该模型：确定流感疫情高峰出现在第 8 周左右，即感染图的最大值处；最大感染人数略大于 400，大约为 427；25 周后略多于 9 人从未患过流感。

上述示例将在后续章节中得到求解。

1.5　方法

为求解现实问题对应的模型，需要一些工具来帮助分析人员、建模人员和决策者。Microsoft Excel 可在大多数计算机上使用，为分析平均问题提供了强大的技术支持，尤其是在安装了 Analysis ToolPak 和 Solver 软件的情况下。其他有助于分析人员的专业软件包括：MATLAB、Maple、Mathematica、LINDO、LINGO、GAMS，以及一些用于 Excel 的附加插件，如模拟包、Crystal Ball。分析人员应尽可能地利用这些软件。本书使用 Excel 和 R 举例说明，不过这两个软件很容易用其他软件来替代。

1.6　结论

本书提供的方法清晰而简单，可以采用应用数学、运筹学分析或风险评估在应用情境中进行数学建模。本书未囊括所有可能模型，且通过示例突出了其中的一些模型。需要强调的是，灵敏度分析在所有模型中都非常重要，应该在做出任何决定前优先完成。本书将在涵盖这些方法的章节中更详细地阐述这一点。

1.7　练习

使用上述建模过程的步骤 1～步骤 3，确定场景（1）～场景（11）中可以进行研究的问题。最后的答案并不区分"正确"或"错误"，只是难度不同。

（1）您所在社区的军人和家属人数。

（2）军队和家属对您社区的经济影响。

（3）一家新的军营服务社正在建设中，您应该如何设计停车场的照明设施？

（4）一位新的指挥官希望与部队一起取得出色的表现。哪些因素是指挥成功的关键？如果指挥命令是征兵，又包含哪些因素呢？

（5）军队需要购买或租赁新的车队，必须考虑哪些因素？

（6）五角大楼的一个新部门希望通过接入互联网，实现移动办公，但成本可能是个问题。

（7）星巴克在军营服务社提供多种咖啡，星巴克如何赚更多的钱？

（8）海豹突击队的研究生不喜欢数学或与数学相关的课程，学生如何最大化其在数学课上取得好成绩的概率，以提高总成绩？

（9）新兵认为自己不需要基础训练，取得好的表现只需要军事职业专长训练。

（10）部队想开除指挥官，如何做？

（11）一些军事基地想在鱼塘里养鲈鱼和鳟鱼。

（12）工厂将更换数百万辆汽车的安全气囊，这可以在短期内完成吗？

1.8　项目

（1）罗伯特·李、德怀特·艾森豪威尔、诺曼·施瓦茨科普夫和威廉·麦克阿瑟是 21 世纪最伟大的将军吗？需要考虑哪些变量和因素？

（2）军队日常应购买什么样的车辆？

（3）军队应购买什么样的车辆作为多用途车？

（4）美国及其盟国向叙利亚发射导弹以摧毁化学武器。新闻媒体称，发射 106 枚导弹是为了尽量降低事态升级的可能性。应如何为国防部构建一个模型以防止事态升级？

Note

（5）如果您是军队一个大型征兵单位的指挥官，最近由于没有达到配额，征兵已停止，应该考虑哪些因素来改善征兵工作？

（6）如何为"美国有史以来的最佳将军"建模？

（7）后勤部门是否应该推荐在战区使用 3D 打印机打印小零件和常用零件？应考虑哪些因素？

（8）如果您是军事顾问，负责将石油从海上油井输送到位于内陆的炼油厂，如何构建模型？

（9）回忆 1.4 节中的军事医疗问题，如何模拟救援过程？

（10）假设某国和叛军之间即将发生叛乱，模拟这种叛乱应考虑哪些因素？

（11）叛军在乌尔巴尼亚市拥有强大的根据地，情报部门估计其当前拥有约 1000 名士兵，情报部门还估计每周约有 120 名新叛乱分子从邻国莫龙卡抵达。在与叛乱分子的冲突中，当地警察平均每周能够抓捕或杀死大约 10% 的叛乱分子。

① 描述当前系统在所述条件下的行为：

● 在当前条件下系统是否存在稳态平衡？如果存在，其水平是否可接受？

● 如果动态情况不改变，旨在减缓（或阻止）新叛乱分子涌入的行动效果如何？

② 警察部队造成的叛乱分子损耗率需要达到多少，才能在 52 周或更短的时间内将叛乱分子控制在 500 以下这一均衡水平？

③ 如果警察部队能够使用先进的武器实现 30%～40% 的损耗率，是否还必须采取行动阻止新叛乱分子的涌入？

④ 外部因素、变化因素和初始条件的变化对系统变化曲线有何影响？

⑤ 需要哪些条件才能在 52 周内导致情况①或②发生？

原书参考文献

Allman, E., & Rhodes, J. (2004). Mathematical modeling with biology: An introduction. Cambridge: Cambridge University Press.

Giordano, F. R., Fox, W., Horton, S. (2014). A first course in mathematical modeling (5th ed.). Boston: Brooks-Cole Publishers.

Fox, W. P. , Jaye, M. J. (2011). Search and Rescue Carry Through Mathematical Modeling Problem. Computers in Education Journal (COED), 2(3), 82-93.

Saaty, T. (1980). The analytical hierarchy process. New York: McGraw Hill.

推 荐 阅 读

Albright, B. (2010). Mathematical modeling with excel. Burlington: Jones and Bartlett Publishers.

Bender, E. (2000). Mathematical modeling. Mineola: Dover Press.

Fox, W. P. (2012). Mathematical modeling with maple. Boston: Cengage Publishing.

Fox, W.(2013a). Mathematical modeling and analysis: An example using a catapult. Computer in Education Journal, 4(3), 69-77.

Fox, W. P. (2013b). Modeling engineering management decisions with game theory. In F. P. García Márquez, B. Lev (Eds.), Engineering management. London: InTech. ISBN 978-953-51-1037-8.

Fox, W. (2014a). Chapter 17, Game theory in business and industry. In Encyclopedia of business analytics and optimization (Vol. Ⅴ(1), pp. 162-173). Hershey: IGI Global and Sage Publications.

Fox, W. (2014b). Chapter 21, TOPSIS in business analytics. In Encyclopedia of business analytics and optimization (Vol. Ⅴ(5), pp. 281-291). Hershey: IGI Global and Sage Publications.

Fox, W. P. (2016). Applications and modeling using multi-attribute decision making to rank terrorist threats. Journal of Socialomics, 5(2), 1-12.

Fox, W. P., Durante, J. (2015). Modeling violence in the Philippines. Journal of Mathematical Science, 2(4) Serial 5, 127-140.

Meerschaert, M. M. (1999). Mathematical modeling (2nd ed.). New York: Academic Press.

Myer, W. (2004). Concepts of mathematical modeling. New York: Dover Press.

Washburn, A., Kress, M. (2009). Combat modeling. New York: Springer.

Winston, W. (1995). Introduction to mathematical programming (pp. 323-325). Belmont: Duxbury Press.

第2章

军事决策中的统计与概率

本章目标

(1) 理解基本的统计、显示、位置和离差测定的概念

(2) 理解概率的概念并能求解概率问题

(3) 掌握分析中常用的基本概率分布

(4) 掌握中心极限定理

(5) 理解假设检验

2.1 统计与统计模型介绍

在 2010 年的一份声明中，麦卡弗里将军表示，美军在阿富汗的伤亡人数将在下一年翻一番，预计美军每月会有多达 500 人的伤亡（Coughlan，2018）。图 2.1 给出了当时阿富汗的数据。这是他观点的依据吗？下面通过分析这些数据来支持或反驳他的说法。

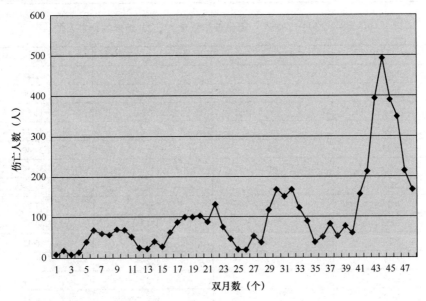

图 2.1 2001 年 10 月—2009 年 9 月美军在阿富汗的伤亡人数

本章将介绍基本的概率和统计相关内容。若读者具备扎实的统计基础，可直接跳至本章末尾的案例研究部分。

统计学是从数据中推理的科学，因此首先要研究"数据"一词的含义。数据就是信息，统计学中最基本的原理是可变性，反过来讲，如果世间万物完全可以预测，并且没有变化，就没有必要研究统计。理解变量的概念，首先要学习如何对变量进行分类。

可以用数字表示的人或事的任何特征都可以称为变量。该变量的值是描述此人或事的实际数字。例如，用来描述一个人的变量：身高、体重、收入、职级、任职部门和性别。

数据可以是定量的或分类的（定性的），以下将逐一解释。

定量意味着数据可用数字表示，有些数字只具有相对意义，例如，您所在排的士兵身高列表、您的部队在射击练习中击中目标的数量、您所在部队中士兵的体重，以及简易爆炸装置造成的死亡人数（见表 2.1～表 2.3）。

表 2.1　一个班的成员身高　　　（单位：英尺和英寸）

5'10"	6'2"	5'5"	5'2"	6'	5'9"	5'4"	5'10"

表 2.2　一个班的成员体重　　　（单位：磅）

135	155	215	192	173	170	165	142

表 2.3　2001—2014 年简易爆炸装置（IED）造成的死亡人数

年　　份	IED（个）	总死亡人数（人）	占比（%）
2001	0	4	0.00
2002	4	25	16.00
2003	3	26	11.54
2004	12	27	44.44
2005	20	73	27.40
2006	41	130	31.54
2007	78	184	42.39
2008	152	263	57.79
2009	275	451	60.98
2010	368	630	58.41
2011	252	492	51.22
2012	132	312	42.31
2013	52	117	44.44
2014	3	13	23.08

这些数据元素提供了数字信息，可以从中确定谁是最高或最矮的，或者哪个小队成员最重，还可以"从数学上"比较和对比这些值。

定量数据可以是离散的（计数数据），也可以是连续的。当数据被分析并在本书后面的模型中被使用时，数据中的这些区别会变得很重要。定量数据是"做有意义的数学运算"的基础，如加、减、乘、除。

分类（定性）数据可用于描述对象，例如，将具有特定发色的人记录为：金色=1，栗红色=0。如果有 4 种发色：金色、栗红色、黑色和红色，则可使用编号：栗红色=0，金色=1，黑色=2，红色=3。当然，不能从这些有意义的数字中得出平均发色。例如，如果每种发色都对应一个人，那么平均发色将为 1.5。显然，该值对发色没有任何意义。再比如按性别分类：男=0，女=1。通常，使用分类变量进行算术运算并没有意义。军衔：中尉、上尉、少校、中校等，以及军种：陆军、海军、空军、海军陆战队、海岸警卫队或国际军种，这些为分类数据的其他示例。

一旦学会了区分定量数据和分类数据，就可转向数据分析的基本原则：首先来看数据集的直观显示。

本节将介绍 5 种单变量数据的显示方法：饼状图、条形图、茎叶图（仅手动设置方式）、柱状图和箱线图（仅手动设置方式）。这些显示方法可以为决策者提供视觉信息，而无须解释显示的内容（见表 2.4）。

表 2.4　单变量数据的显示方法

数据显示	分类	量化：连续或离散	评论
—	饼状图	茎叶图	—
—	条形图	箱线图	—
—	—	柱状图	—
重要事项	比较	形状与偏度	利益分配通常置于柱状图上

2.2　显示分类数据

2.2.1　饼状图

饼状图可用于展示将总量划分为多个组成部分。如果绘制得正确，饼状图通常不会造成误解。整个圆表示总量或 100%，圆的每个楔形部分均代表总数的一个组成部分。相应部分通常标有总数的百分比。饼状图有助于了解每组数据构成整体的哪一部分。

简单介绍一下百分比。令 a 代表部分金额，b 代表总金额，则 P 表示通过 $P=a/b \times 100\%$ 计算的百分比。

因此，百分比是整体的一部分。例如，0.25 美元是 1.00 美元的哪一部分？令

$a = 25$ 和 $b = 100$。那么，$P = 25/100 \times 100\% = 25\%$。

下面来看如何利用 Excel 在以下场景中创建饼状图。

研究对象是士兵在选择其军事职业/专业（MOS）。在南卡罗来纳州招募的 632 名实际选择 MOS 的新兵中，选择细分如下。

军事职业/专业	人数
1. 步兵（名）	250
2. 装甲兵（名）	53
3. 炮兵（名）	35
4. 防空兵（名）	41
5. 飞行兵（名）	125
6. 通信兵（名）	45
7. 维修兵（名）	83
总计（名）	632

图 2.2 所示为针对 MOS 细分的 Excel 饼状图。

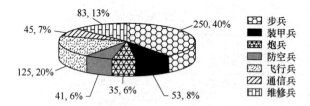

图 2.2　针对 MOS 细分的 Excel 饼状图（单位：名）

每个阴影区域分别显示选择该 MOS 的士兵在 632 名士兵中的占比。显然，步兵的新兵占比最高，炮兵和防空兵占比较低。

请思考：使用饼状图有哪些优点和缺点？

下面用条形图的形式看一下上述数据，如图 2.3 所示。

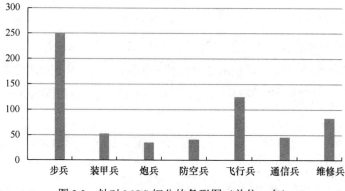

图 2.3　针对 MOS 细分的条形图（单位：名）

从图中能比较直观地看到不同专业人数的大小关系。

2.2.2　展示定量数据

本节展示的是定量数据的形状。形状是指数据的对称性，提出和要回答的问题包括"对称吗？""偏斜吗？"等。

2.2.2.1　茎叶图

茎叶图用真实数据点绘图，图为横向。茎叶图的绘图规则如下。

第 1 步：对数据进行排序。

第 2 步：根据一位或多位前导数位进行分隔。在纵列中列出茎。

第 3 步：前导数位是茎，后续数位是叶。用一条竖线将茎与叶分开。

第 4 步：在图表中指明茎和叶的单位。

2.2.2.2　茎叶图相关示例

例 2.1　某门课 20 名学生的分数

53，55，66，69，71，78，75，79，77，75，76，73，82，83，85，74，90，92，95，99

茎为前导数位：

5

6

7

8

9

代表 50 分段、60 分段、70 分段、80 分段和 90 分段。

如果有人分数为 100，则前导数位为 100 分段。因此茎需要表示为：

05

06

07

08

09

10

对于 50 分段、60 分段、70 分段、80 分段、90 分段和 100 分段（本例无，因此用第一种方法表示），在每个茎后面都画一条竖线。

5|

6|

7|

8|

9|

现在加入叶，也就是后续数位：

53，55，66，69，71，73，74，75，75，76，77，78，79，82，83，85，90，92，95，99

5| 3，5

6| 6，9

7| 1，3，4，5，5，6，7，8，9

8| 2，3，5

9| 0，2，5，9

综上可以将该形状描述为近乎对称的。此外，也可以从茎叶中还原出数值。

例如，对于茎叶：

5| 3，5

得到数据元素 53 和 55。

2.2.3 对称问题

图 2.4 所示为 3 种通用风险分布的形状（对称、偏左和偏右）。可以看到，这些形状有的是对称的，有的是倾斜的。对称的图看起来像钟形曲线，而倾斜的图看起来不对称。

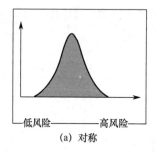
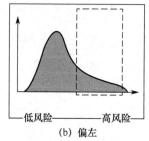
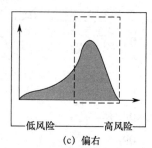

图 2.4　3 种通用风险分布的形状

注意：从风险管理的角度来看，分布的形状具有重要意义。在图 2.4（a）中，风险分布是对称的，因此，面临高风险和低风险的人数相同。在图 2.4（b）中，风险分布向左倾斜[1]，意味着大多数人面临低风险，少数人面临高风险。而在图 2.4（c）中，风险分布向右倾斜，意味着大多数人面临高风险，只有少数人面临低风险。从风险管理或政策的角度来看，需要根据以下事项对每种情况单独评估：面临高风险的人群（儿童、老人等）；高风险是不是由于自愿或非自愿行为而承担的，以及承担高风险的人是否掌握风险情况等，高风险的实际规模是多大（与其他情境下的风险相比，本节定义的高风险发生的可能性不是很大）。

风险表征阶段的一个关键在于不仅有助于了解风险评估，而且也能树立对所生成评估的信心。这些见解包括：

- 可采取哪些措施降低风险。
- 过程中哪些点不确定，以及可从更多信息中受益。
- 哪些点对风险有重大影响，因此是需要更多关注的理想领域，以确保其得到控制。

一般而言，定量风险评估模型可通过以下 4 条途径提供输入，从而用于风险管理决策：

- 关注风险降低的区域。
- 关注研究区域。
- 帮助制定降低风险的策略。
- 提供一种工具，在实施前测试已制定的风险降低策略。

图 2.5 给出了一个柱状图示例。

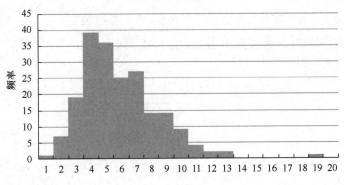

图 2.5　柱状图示例

由图 2.5 可以发现，柱状图显示的数据似乎向右倾斜。

---

① 峰值偏左。——译者注

2.2.4 箱线图

本节将介绍如何构建和使用箱线图。箱线图是比较多源数据集的好方法，例如，针对阿富汗 10 个地区的暴力事件研究，将 10 个箱线图放在一起进行多角度比较，如中位数、范围和离散度等。

2.2.4.1 箱线图的绘制规则

第 1 步：绘制一个水平测量量表，包括数据范围内的所有数据。

第 2 步：构造一个矩形（框），其左边缘是下四分位值，右边缘是上四分位值。

第 3 步：在框中为中值画一条垂直线段。

第 4 步：将线段从矩形延伸到最小和最大的数据值（这些数据值被称为须），如 53，55，66，69，71，73，74，75，75，76，77，78，79，82，83，85，90，92，95，99，这些数据值按数字顺序排列，需要范围、四分位数和中位数。

范围是数据中的最小值和最大值：53 和 99。

中位数是中间值，在本例中是第 10 个值和第 11 个值的平均值，稍后会提及：(76 + 77)/2 = 76.5。

四分位数是数据下半部分和上半部分的中位数。

下四分位数：53，55，66，69，71，73，74，75，75，76。其中位数为 72。

上四分位数：77，78，79，82，83，85，90，92，95，99。其中位数为 84。

画一个从 72 到 84 的矩形，垂直线在 76.5。

然后在矩形两侧画两条边缘线，左边到 53，右边到 99。

画完后的图形看起来类似于图 2.6 所示的箱线图。

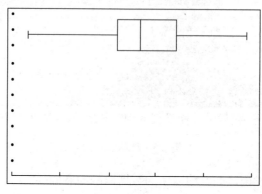

图 2.6　箱线图

2.2.4.2 比较

图 2.7 所示为 2002—2009 年美国士兵在阿富汗的伤亡数据，这是提供给指挥官看的，请问指挥官能从该箱线图中解读哪些信息？

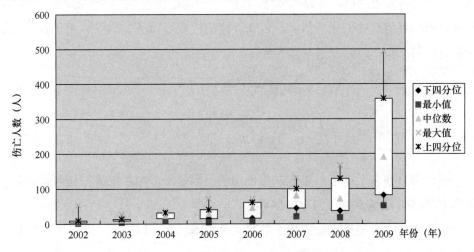

图 2.7 2002—2009 年随时间推移伤亡人数的比较箱线图

从图 2.7 中可清楚地看到，伤亡人数随时间推移而增加，这表明冲突程度随时间推移而加剧。

2.2.5 集中趋势或位置测度

2.2.5.1 描述数据

除图表外，数字描述符通常用于汇总数据。3 种数字：均值、中位数和众数，为描述和比较数据集提供了不同的方式，常被称为位置测度。

2.2.5.2 均值

均值为算术平均值，是指将所有数据相加并除以数据元素的数量而得到的数据集的平均值。例如，某学生在一门课程中的平均成绩通常是该学生考试成绩的算术平均值。

以下数据代表某学生在大学代数课程中获得的 10 个分数：55，75，92，83，99，62，77，89，91，72。

计算该学生大学代数课程分数的平均值。

可将 10 个分数相加来找到均值：55+75+92+83+99+62+77+89+91+72=795（分）。然后除以数据元素的数量（10），即 795/10=79.5（分）。

为了概述该过程，可以用一个带有数字下标的字母来表示每个数据元素。因此，对于一类 n 个测试，分数可以用 a_1，a_2，$\cdots$，a_n 表示。要确认 a_1，a_2，$\cdots$，a_n 的平均值，可将这些值相加然后除以 n（值的数量）。总和符号 $\sum$ 用于表示某组中所有项的总和。因此，这可以写成

$$\sum_{i=1}^{n} a_i = a_1 + a_2 + \cdots + a_n$$

$$均值 = \frac{\sum_{i=1}^{n} a_i}{n}$$

将该均值视为平均值。请注意，平均值不必等于原始数据集的任何特定值。平均值 79.5 并非该学生所获得的分数。

请思考一下：如果平均成功率的定义是击球总数除以正式击球数，则平均成功率是均值吗？

2.2.5.3　中位数

中位数位于数字排序列表的真正中间位置。需要注意的是，要确保数据按照 x 从小到大按数字顺序排列。根据 n（数据元素的数量），有两种方法可以找到中值（或有序列表的中间值）：

（1）如果有奇数个数据元素，位于中间的（中位数）确切数据元素就是中间值。例如，以下是某学生的 5 个有序数学成绩：55，63，76，84，88。

中间值为 76，因为 76 的每一侧（较低和较高）恰好有两个分数。请注意，对于奇数个值，中位数是一个真实的数据元素。

（2）如果有偶数个数据元素，那么数据本身没有真正的中间值。在这种情况下，要找到有序列表中两个中间数的平均值。注意，该值（可能不是数据集的值）称为中位数。下面用几个例子来说明。

① 学生甲的 6 次数学考试的分数：56，62，75，77，82，85。

中间的两个分数分别为 75 和 77，因为正好有两个分数低于 75，正好有两个分数高于 77，所以求 75 和 77 的平均值：(75 + 77)/2 = 152/2 = 76。

中位数是 76。请注意，76 并不在原始数据值中。

② 学生乙的 8 个分数：72，80，81，84，84，87，88，89。

中间的两个分数均为 84，因为正好有 3 个分数低于 84，3 个分数高于 84，所以这两个分数的平均值是 84。请注意，该中位数是数据元素之一。所以平均值也很有可能等于中位数。

2.2.5.4　众数

最常出现的值称为众数。这是原始数据中的数字之一。众数不必唯一。数据集中可能存在不止一个众数。事实上，如果每个数据元素彼此都不同，那么每个元素都是一个众数。

例如，对于以下数学课的分数：

75，80，80，80，80，85，85，90，90，100

每个分数值的出现次数如表 2.5 所示。

表 2.5　数学课分数及其出现次数

分　数　值	出现次数（次）
75	1
80	4
85	2
90	2
100	1

由于 80 出现了 4 次，并且是出现次数中的最大值，所以 80 为众数。

2.2.6　离散趋势的度量

2.2.6.1　方差和标准差

方差和标准差可用于测量数据的分散或散布程度，即数据与均值的距离。样本方差的符号为 S^2，样本偏差的符号为 S。

$$S^2 = \frac{\sum_{i=1}^{n}(x_i - \overline{x})^2}{n-1}$$

$$S = \sqrt{\frac{\sum_{i=1}^{n}(x_i - \overline{x})^2}{n-1}}$$

式中，n 为数据元素的数量。

2.2.6.2 方差和标准差计算示例

 例 2.2 思考以下 10 个数据元素：

50，54，59，63，65，68，69，72，90，90

均值 $\bar{x}$ 为 68。方差通过从每个点减去均值 68 后→平方→相加→除以 $n-1$ 得出。

$$S^2 = [(50-68)^2 + (54-68)^2 + (59-68)^2 + (63-68)^2 + (65-68)^2 +$$
$$(68-68)^2 + (69-68)^2 + (72-68)^2 + (90-68)^2 +$$
$$(90-68)^2]/9 = 180$$

$$S = \sqrt{S^2} \approx 13.42$$

 例 2.3 思考某个人身体消耗能量的代谢率。以下是参加节食研究的 7 个男性的代谢率。单位是 24 小时内的卡路里。

1792　　1666　　1362　　1614　　1460　　1867　　1439

研究人员给出了这些男性的 $\bar{x}$ 和 S。

均值：

$$\bar{x} = \frac{1792+1666+1362+1614+1460+1867+1439}{7} = \frac{11200}{7} = 1600$$

要清楚地了解方差的性质，要从观察值与平均值的偏差表开始，如表 2.6 所示。

$$S^2 = 214870/6 \approx 35811.67$$
$$S = \sqrt{35811.67} \approx 189.24$$

标准差的一些属性包括：

- S 度量的是平均值附近的散布情况。
- 仅当无散布情况时，$S = 0$。
- 极端异常值会给 S 造成强烈影响。

表 2.6　偏差表

观察值 X_i	偏差 $x_i - \bar{x}$	方差 $(x_i - \bar{x})^2$
1792	1792−1600 = 192	36864
1666	1666−1600 = 66	4356
1362	1362−1600 = −238	56644
1614	1614−1600 = 14	196
1460	1460−1600 = −140	19600
1867	1867−1600 = 267	71289
1439	1439−1600 = −161	25921
和	0	214870

2.2.6.3　测量对称与偏度

本节定义了一个度量单位 S_k，即偏度系数。在数学上，根据下列公式确定该值[①]：

$$S_k = \frac{3(\bar{X} - \tilde{X})}{S}$$

对偏度和对称采用以下准则。

如果 $S_k \approx 0$，则数据对称。

如果 $S_k > 0$，则数据正偏（向右偏）。

如果 $S_k < 0$，则数据负偏（向左偏）。

可用钟形曲线来表示对称。图 2.8 提供了经典对称钟形曲线（正态）分布的示例，图 2.9 提供了偏态分布的示例。

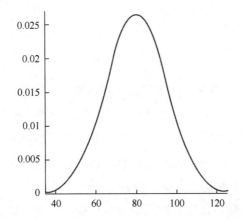

图 2.8　经典对称钟形曲线（正态）分布示例

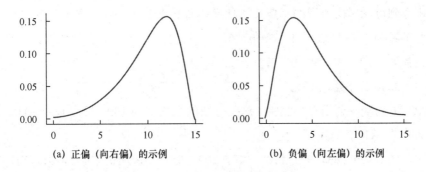

（a）正偏（向右偏）的示例　　　　　　（b）负偏（向左偏）的示例

图 2.9　偏态分布示例

---

① $\bar{X}$ 为平均值，$\tilde{X}$ 为众数。——译者注

取值范围为数据的最大值和最小值，经常使用差值来表示。假设数据如表 2.7 所示。

表 2.7　数据

1792
1666
1362
1614
1460
1867
1439

其中，最大值为 1867，最小值为 1362。如果取差值，则为 1867−1362=505。可用 505 代表取值范围，即区间[1362, 1867]。

2.2.7　练习

（1）1994 年，爱达荷州、蒙大拿州、怀俄明州、科罗拉多州、新墨西哥州、亚利桑那州、犹他州和内华达州的每千人口活胎出生率分别为 12.9、15.5、13.5、14.8、16.7、17.4、20.1 和 16.4。均值、方差和标准差各是多少？

（2）在 5 次尝试中，一名士兵用了 11、15、12、8 和 14 分钟来更换一台悍马的轮胎。均值、方差和标准差各是多少？

（3）派一名士兵到射击场测试制造商宣称射击非常准的新子弹。假设派出最好的射手，使用他自己的武器。用标准弹药每次射击 10 发，然后使用新弹药。测量从靶心到每次射击位置的距离。哪种弹药看起来质量更好？解释一下。

标准弹药：−3，−3，−1，0，0，0，1，1，1，2

新弹药：−2，−1，0，0，0，0，1，1，1，2

（4）AGCT 分数。

AGCT 为陆军通用分类测验。这些分数的平均值为 100，标准差为 20.0。以下是某部队的 AGCT 分数：

79，100，99，83，92，110，149，109，95，126，101，101，91，71，93，103，134，141，76，108，122，111，97，94，90，112，106，113，114，117

找出数据的均值、中位数、众数、标准差、方差和偏度系数，并基于此提供有关此数据的概要总结。

2.3　古典概率

2.3.1　概述

设想一名恐怖分子在地中海的一艘船上引爆了一个简易爆炸装置（IED），其伤亡情况如表 2.8 所示。

表 2.8　恐怖分子引爆 IED 造成的伤亡　　　　（单位：名）

	男　人	女　人	男　孩	女　孩	总　计
幸　存	332	318	29	27	706
遇　难	1360	104	35	18	1517
总　计	1692	422	64	45	2223

海岸救援的一条规则是优先拯救妇女和儿童。该规则能否得到遵守？

一些基本计算表明，虽然只有 19.6% 的男人幸存，但有 70.4% 的妇女和儿童幸存。这些简单的计算可以提供很多信息。本节会探讨如何计算这些数据。

概率是对随机现象或偶然行为可能性的度量。其表明在具有短期不确定性的情况下，某结果将出现长期趋势。关注概率实验会产生随机的短期结果，但概率会揭示长期的可预测性。

观察到某结果的长期比率就是该结果的概率。

2.3.1.1　大数定律

随着概率实验重复次数的增加，观察到某个结果的比率越来越接近结果的概率。

在概率上，实验可以重复，但结果不确定。简单事件为概率实验的任一结果。每个简单事件都表示为 e_i。

概率实验的样本空间 S 是所有可能的简单事件的集合。换句话说，样本空间列出了概率实验的所有可能结果。事件是概率实验结果的集合。一个事件可能由一个或多个简单事件组成。事件用大写字母表示，如 E。

例 2.4　掷硬币两次的概率实验

（1）确认该概率实验的简单事件。

（2）确定样本空间。

（3）定义事件 E = "只有一次为头像面"。

解：

（1）掷硬币两次的事件

$$H = 头像面$$

$$T = 国徽面$$

（2）样本空间为{HH，HT，TH，TT}。

（3）头像面朝上出现一次的情况{HT，TH}。

某事件的概率可表示为 $P(E)$，为该事件发生的可能性。

2.3.1.2 概率的性质

（1）任何事件 E 的概率 $P(E)$ 必须介于 0 和 1 之间，即

$$0 \leqslant P(E) \leqslant 1$$

（2）如果某事件是不可能的，则该事件的概率为 0。

（3）如果某事件是确定的，则该事件的概率为 1。

（4）如果 $S = \{e_1, e_2, \cdots, e_n\}$，那么

$$P(e_1) + P(e_2) + \cdots + P(e_n) = 1$$

式中，S 为样本空间；e_i 为事件。

P（掷硬币两次只有一次头像面朝上）= 只有一次头像面朝上的结果数/结果总数 = 2/4 = 1/2

计算概率的经典方法需要等可能结果。当每个简单事件发生概率相同时，就可以说实验具有等可能结果。例如，投掷一枚均匀的硬币，其中头像面朝上的可能性是 $\frac{1}{2}$，国徽面朝上的可能性也是 $\frac{1}{2}$。

如果一个实验有 n 个等可能简单事件，且如果事件 E 发生的方式有 m 种，那么 E 的概率 $P(E)$ 为

$$P(E) = \frac{E发生的方式数}{可能的结果数} = \frac{m}{n}$$

因此，如果 S 是试验的样本空间，则

$$P(E) = \frac{N(E)}{N(S)}$$

 例 2.5 假设一袋"小于标准尺寸"的 M&M 糖含 9 颗棕色糖、6 颗黄色糖、7 颗红色糖、4 颗橙色糖、2 颗蓝色糖和 2 颗绿色糖。假设随机选择一颗糖：

（1）它是棕色的概率为多少？

（2）它是蓝色的概率为多少？

（3）讨论糖是棕色还是蓝色的可能性。

解：

（1）P(棕色) = 9/30 = 0.3。

（2）P(蓝色) = 2/30 = 0.066666。

（3）由于棕色糖比蓝色糖多，更可能拿到棕色糖而不是蓝色糖。

2.3.1.3　用频率计算概率

事件 E 的概率大约是事件 E 被观察到的次数除以实验的重复次数：

$$P(E) \approx E \text{ 的相对频率}$$

$$= \frac{E \text{ 的频率}}{\text{尝试的实验次数}}$$

现在回到恐怖分子在游艇上的袭击案例（见表 2.8）。可用此方法来计算概率：

$$P(\text{袭击幸存者}) = 706/2223 \approx 0.3176$$

$$P(\text{遇难者}) = 1517/2223 \approx 0.6824$$

$$P(\text{幸存的妇女和儿童}) = (318 + 29 + 27)/(422 + 64 + 45)$$

$$= 374/531 \approx 0.7043$$

$$P(\text{幸存的男人}) = 332/1692 \approx 0.1962$$

2.3.1.4　交并集

现设 E 和 F 为两个事件。

E 和 F 是由同时属于 E 和 F 的简单事件组成的事件。符号是 $\bigcap$（交集），即 $E \bigcap F$。

E 或 F 是由属于 E 或 F 或两者的简单事件组成的事件。符号是 $\bigcup$（并集），即 $E \bigcup F$。

假设掷出一对骰子。令 E = "第一个骰子是 2"，令 F = "骰子的和小于或等于 5"。通过计算 E 或 F 可能出现的方式数，并除以可能结果的数量，如图 2.10 所示，直接找到 $P(E \bigcap F)$ 和 $P(E \bigcup F)$。

$$\text{事件 } E = \{2\text{-}1; \ 2\text{-}2; \ 2\text{-}3; \ 2\text{-}4; \ 2\text{-}5; \ 2\text{-}6\}$$

$$\text{事件 } F = \{1\text{-}1; \ 1\text{-}2; \ 1\text{-}3; \ 1\text{-}4; \ 2\text{-}1; \ 2\text{-}2; \ 2\text{-}3; \ 3\text{-}1; \ 3\text{-}2; \ 4\text{-}1\}$$

上面有 36 个结果。

$$P(E) = 6/36 = 1/6$$

$$P(F) = 10/36 = 5/18$$

$$(E \bigcap F) = \{2\text{-}1; \ 2\text{-}2; \ 2\text{-}3\}$$

$$(E \bigcup F) = \{1\text{-}1; \ 1\text{-}2; \ 1\text{-}3; \ 1\text{-}4; \ 2\text{-}1; \ 2\text{-}2; \ 2\text{-}3; \ 3\text{-}1; \ 3\text{-}2; \ 4\text{-}1; \ 2\text{-}4; \ 2\text{-}5; \ 2\text{-}6\}$$
$$P(E \bigcap F) = 3/36 = 1/12$$
$$P(E \bigcup F) = 13/36$$

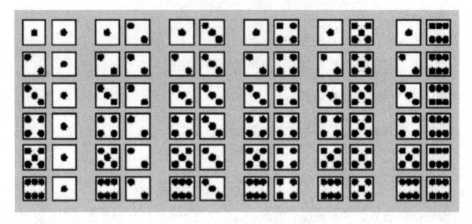

图 2.10 掷一对均匀骰子的结果

2.3.1.5 加法规则

对于任何两个事件 E 和 F，

$$P(E \bigcup F) = P(E) + P(F) - P(E \bigcap F)$$

思考一下以下例子：设事件 A 为某执勤士兵订阅当地报纸，事件 B 为某执勤士兵订阅《今日美国》，该岗哨有 1000 名士兵，已知有 750 名订阅了当地报纸，500 名订阅了《今日美国》，有 450 名同时订阅这两份报纸：

$$P(A \bigcap B) = 450/1000 = 0.45$$
$$P(A) = 0.75$$
$$P(B) = 0.50$$

可以找到并集：

$$P(A \bigcup B) = P(A) + P(B) - P(A \bigcap B)$$
$$= 0.75 + 0.50 - 0.45 = 0.8$$

因此，80%的士兵至少订阅二者中的一种。

维恩图将事件表示为矩形中的圆，如图 2.11 所示。矩形代表样本空间，每个圆代表一个事件。

就有关报纸的例子而言，相应的维恩图如图 2.12 所示。

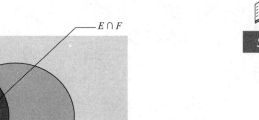

图 2.11　维恩图

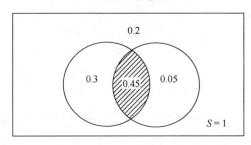

图 2.12　报纸示例维恩图

可以用维恩图或从维恩图中找到以下概率。通常可从事件的交集内开始填入概率，然后移出，维恩图矩形 S 内所有概率的总和为 1.0。

$P(A) = 0.75$

$P(B) = 0.5$

$P(A \cap B) = 0.45$

$P(A \cup B) = P(A) + P(B) - P(A \cap B) = 0.8$

$P(仅\ A) = 0.3$

$P(仅\ B) = 0.05$

$P(仅订阅 1 份报纸) = P(仅\ A) + P(仅\ B) = 0.3 + 0.05 = 0.35$

$P(未订阅报纸) = 0.2$

2.3.2　条件概率

符号 $P(F \mid E)$ 读作"给定事件 E 下事件 F 的概率"。表示给定发生事件 E 时事件 F 的概率。此处维恩图的思路是，如果某事件已经发生，那么只关注维恩图的该圆，寻找该事件圆与另一事件圆相交的部分。

公式表示为

$$P(A \mid B) = \frac{P(A \cap B)}{P(B)}$$

$$P(B \mid A) = \frac{P(A \cap B)}{P(A)}$$

在大多数情况下，这些条件概率导致答案出现不同概率。

回到报纸的例子，求 $P(A \mid B)$ 和 $P(B \mid A)$。

$$P(A \cap B) = 0.45$$

$$P(A) = 0.75$$

$$P(B) = 0.5$$

$$P(A \mid B) = \frac{P(A \cap B)}{P(B)} = \frac{0.45}{0.50} = 0.9$$

$$P(B \mid A) = \frac{P(A \cap B)}{P(A)} = \frac{0.45}{0.75} = 0.60$$

请注意，随着获得有关事件的信息增多，概率会增加；概率并不总是增加，也可能会减少或保持不变，因为它们不一定以同样的方式受到影响。

2.3.3 独立性

如果概率实验中事件 E 的发生不影响事件 F 的概率，则两个事件 E 和 F 是独立的。如果概率实验中事件 E 的发生影响事件 F 的概率，则两个事件是相关的。

2.3.3.1 独立事件的定义

一种视角是：

当且仅当以下情况时，两个事件 E 和 F 是独立的：

$$P(F \mid E) = P(F) \text{ 或 } P(E \mid F) = P(E)$$

另一种视角是：

若 $P(A \cap B) = P(A) \cdot P(B)$，那么事件 A 和 B 是独立的。

若 $P(A \cap B) \neq P(A) \cdot P(B)$，则两个事件是相关的。

2.3.3.2 独立事件

如果事件 E 和 F 是独立的，那么事件 E 和 F 同时发生的概率 $P(E \cap F) = P(E) \cdot P(F)$。

 **示例** 收到当地报纸和《今日美国》的事件是独立事件吗？

解：
$$P(A) = 0.75 \quad P(B) = 0.5$$
$$P(A) \cdot P(B) = 0.75 \times 0.5 = 0.375$$
$$P(A \bigcap B) = 0.45$$

由于 $P(A \bigcap B) \neq P(A) \cdot P(B)$，故两个事件不是独立的。

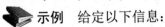 **示例**　给定以下信息：
$$P(E) = 0.2 \quad P(F) = 0.6 \quad P(E \bigcup F) = 0.68$$

事件 E 和 F 是独立事件吗？

解：
$$P(E) \cdot P(F) = 0.12$$

$P(E \bigcap F)$ 没有给出，必须先找到。此处不假设独立性，采用乘积法则。使用加法规则 $P(E \bigcup F) = P(E) + P(F) - P(E \bigcap F)$ 求解 $P(E \bigcap F)$。
$$0.68 = 0.2 + 0.6 - P(E \bigcap F)$$
$$P(E \bigcap F) = 0.12$$

由于 $P(E \bigcap F) = 0.12$，且 $P(A) \cdot P(B) = 0.12$，故事件 E 和 F 是独立的。

2.3.4　独立子系统混联的系统可靠性

给定图 2.13 所示的军事系统。

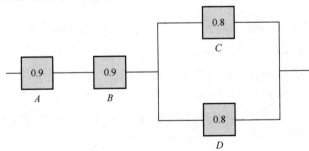

图 2.13　有 4 个子系统 $\{A, B, C, D\}$ 的军事系统

系统 1 由串联的子系统 A 和 B 组成，即有
$$P(系统1) = P(A) \cdot P(B) = 0.81$$

系统 2 由并联的子系统 C 和 D 组成，即有
$$P(系统2) = P(C) + P(D) - P(C \bigcap D) = 0.9 + 0.9 - 0.81 = 0.99$$

总体而言，系统可靠性为 $P(系统1) \cdot P(系统2) = 0.81 \times 0.99 = 0.8019$。

2.3.5　全概率定理和贝叶斯定理

首先介绍全概率定理。

2.3.5.1　全概率定理

令 E 事件为样本空间 S 的一个子集，$A_1, A_2, \cdots, A_n$ 为样本空间 S 的一个划分，则有

$$P(E) = P(A_1) \cdot P(E \mid A_1) + P(A_2) \cdot P(E \mid A_2) + \cdots + P(A_n) \cdot P(E \mid A_n)$$

全概率定理的图解如图 2.14 所示。

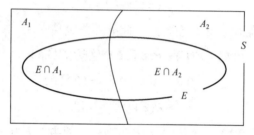

图 2.14　全概率定理的图解

如果将 E 定义为样本空间 S 中的任何事件，可以将事件 E 写为事件 E 与 A_1 及事件 E 与 A_2 交集的并集：

$$E = (E \cap A_1) \cup (E \cap A_2)$$

如果有更多事件，则只需要扩展与 E 相交事件数量的并集，如 3 个交集的描述如图 2.15 所示。

$$
\begin{aligned}
P(E) &= P(A_1 \cap E) + P(A_2 \cap E) + P(A_3 \cap E) \\
&= P(E \cap A_1) + P(E \cap A_2) + P(E \cap A_3) \\
&= P(A_1) \cdot P(E \mid A_1) + P(A_2) \cdot P(E \mid A_2) + P(A_3) \cdot P(E \mid A_3)
\end{aligned}
$$

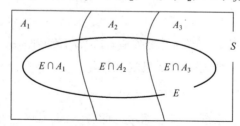

图 2.15　3 个交集的描述

在树形图中事件间关系更显而易见，如图 2.16 所示。

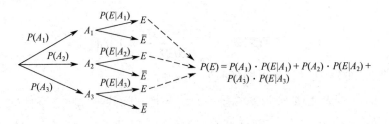

图 2.16　树形图

2.3.5.2　贝叶斯公式

令 $A_1, A_2, \cdots, A_n$ 为样本空间 S 的一个划分。那么对于作为 S 的子集且 $P(E) > 0$ 的任何事件 E，对于 $i = 1, 2, \cdots, n$，给定事件 E，则事件 A_i 的概率是

$$P(A_i \mid E) = \frac{P(A_i) \cdot P(E \mid A_i)}{P(E)}$$

$$= \frac{P(A_i) \cdot P(E \mid A_i)}{P(A_1) \cdot P(E \mid A_1) + P(A_2) \cdot P(E \mid A_2) + \cdots + P(A_n) \cdot P(E \mid A_n)}$$

 例 2.6　招聘单身无业女性问题

问题： 根据美国人口普查局的数据，美国 21.1% 的成年女性单身，57.6% 的成年女性已婚，21.3% 的成年女性丧偶或离异（其他）。在单身女性中，7.1% 无业；在已婚妇女中，2.7% 无业；在"其他"女性中，4.2% 无业。假设随机选择的一名美国成年女性被确定为无业，其单身的概率是多大？

方法： 确定以下事件：

　　U：无业

　　S：单身

　　M：已婚

　　O：其他

概率如下：

$$P(S) = 0.211 ； \quad P(M) = 0.576 ； \quad P(O) = 0.213$$

$$P(U \mid S) = 0.071 ； \quad P(U \mid M) = 0.027 ； \quad P(U \mid O) = 0.042$$

根据全概率定理可知，$P(U) = 0.039$。

目标是一名女性，在知道其无业的情况下，确定她单身的概率。也就是说，希望确定 $P(S \mid U)$。此时可以使用贝叶斯定理，如下：

$$P(S \mid U) = \frac{P(S \cap U)}{P(U)} = \frac{P(S) \cdot P(U \mid S)}{P(U)}$$

解：

$$P(S\,|\,U) = \frac{0.211 \times 0.071}{0.039} \approx 0.384$$

随机选择的无业女性单身的概率为 38.4%。

所有的概率 $P(A_i)$ 都称为先验概率。这些是知晓某事件前的事件概率。概率 $P(A_i\,|\,E)$ 是后验概率，因为其是在知晓某事件之后计算的概率。在示例中，随机选择的女性单身的先验概率是 0.211。已知一位女性无业，其单身的后验概率是 0.384。注意贝叶斯定理提供的信息。在不了解该女性就业状况的情况下，其单身概率为 21.1%。但在知道该女性无业的情况下，其单身的可能性增加到了 38.4%。

 例 2.7　残疾军人问题

问题： 如果一个人因健康问题而无法从事其本可以从事的工作，那么就被归类为残疾人。表 2.9 中给出了美国 18 岁或以上残疾人的比例（按年龄划分）。

表 2.9　美国残疾人占比

年　　龄	事　　件	残疾人占比
18～24 岁	A_1	0.078
25～34 岁	A_2	0.123
35～44 岁	A_3	0.209
45～54 岁	A_4	0.284
55 岁及以上	A_5	0.306

资料来源：美国人口普查局。

如果令 M 代表的事件为一个随机选择的 18 岁或以上的美国人为男性，那么还可以得到以下概率：

$P(男性|18～24 岁) = P(M\,|\,A_1) = 0.471$；$P(男性\,|\,25～34 岁) = P(M\,|\,A_2) = 0.496$；

$P(男性|35～44 岁) = P(M\,|\,A_3) = 0.485$；$P(男性\,|\,45～54 岁) = P(M\,|\,A_4) = 0.497$；

$P(男性|55 岁及以上) = P(M\,|\,A_5) = 0.460$

（1）如果随机选择一名 18 岁或以上的残疾美国人，此人为男性的概率是多少？

（2）如果随机选择的残疾美国人是男性，他在 25～34 岁的概率是多少？

方法：

（1）用全概率定理计算 $P(M)$，如下：

$$P(M) = P(A_1) \cdot P(M\,|\,A_1) + P(A_2) \cdot P(M\,|\,A_2) + P(A_3) \cdot P(M\,|\,A_3) +$$
$$P(A_4) \cdot P(M\,|\,A_4) + P(A_5) \cdot P(M\,|\,A_5)$$

（2）用贝叶斯定理计算 $P(25\sim34$ 岁|男性)，如下：

$$P(A_2 \mid M) = \frac{P(A_2) \cdot P(M \mid A_2)}{P(M)}$$

其中，$P(M)$ 来自（1）部分。

解：

（1）

$$P(M) = P(A_1) \cdot P(M \mid A_1) + P(A_2) \cdot P(M \mid A_2) + P(A_3) \cdot P(M \mid A_3) +$$
$$P(A_4) \cdot P(M \mid A_4) + P(A_5) \cdot P(M \mid A_5)$$
$$= 0.078 \times 0.123 + 0.123 \times 0.496 + 0.209 \times 0.485 +$$
$$0.284 \times 0.497 + 0.306 \times 0.460$$
$$\approx 0.481$$

该随机选择的美国残疾人为男性的概率为 48.1%。

（2）$P(A_2 \mid E) = \dfrac{P(A_2) \cdot P(E \mid A_2)}{P(E)} = \dfrac{0.123 \times 0.496}{0.481} \approx 0.127$

随机选择的一名美国男性残疾人，其年龄介于 25～34 岁的概率为 12.7%。

请注意，先验概率（0.123）和后验概率（0.127）差别不大。这意味着知道此人为男性，并不能提供关于该残疾人年龄的太多信息。

 例 2.8　恐怖暴力受害者问题

表 2.10 中的数据为 2017 年各个年龄段内恐怖暴力受害者的比例。

表 2.10　恐怖暴力受害者

年　龄　段	事　件	占　比
小于 17 岁	A_1	0.082
17～29 岁	A_2	0.424
30～44 岁	A_3	0.305
45～59 岁	A_4	0.125
至少 60 岁	A_5	0.064

资料来源：联邦调查局。

如果令 M 代表的事件为随机选择的恐怖暴力受害者为男性，可得以下概率：

$$P(M \mid A_1) = 0.622；P(M \mid A_2) = 0.843；P(M \mid A_3) = 0.733；$$
$$P(M \mid A_4) = 0.730；P(M \mid A_5) = 0.577$$

（1）随机选择的恐怖暴力受害者为男性的概率是多大？

$$P(M) = \sum_{i=1}^{5} P(A_i) \cdot P(M \mid A_i) = 0.760179$$

（2）随机选择的男性恐怖暴力受害者年龄在 17～29 岁的概率是多大？

$$P(M \mid A_2) = 0.3574$$

（3）随机选择的男性恐怖暴力受害者小于 17 岁的概率是多大？

$$P(M \mid A_1) = 0.051$$

（4）若给定某受害者为男性，其年龄介于 17～29 岁的概率多大？

$$P(A_2 \mid M) = 0.3574/0.760179 \approx 0.4702$$

 例 2.9　与军队/政府相关的双面间谍和刺探行为问题

假设中央情报局怀疑其一名特工是双面间谍。过去的经验表明，所有涉嫌从事间谍活动的特工中，有 95% 实际上是有罪的。中央情报局决定对可疑间谍测谎。众所周知，测谎仪返回的结果如果表明一个人有罪，那么其 90% 的情况下确实有罪。测谎仪返回的结果如果表明一个人是无辜的，那么其 99% 的情况下确实是无辜的。那么如果测谎仪表明此人有罪，该嫌疑人是无辜的概率有多大？

$$P(测谎仪表示有罪) = 0.855+0.0005 = 0.8555$$

$$P(测谎仪表示无罪) = 0.095+0.0495 = 0.1445$$

$$P(此人为双面间谍|测谎仪表示有罪) = 0.855/0.8555 \approx 0.999415$$

$$P(此人非双面间谍|测谎仪表示有罪) = 0.0005/0.8555 \approx 0.000585$$

此概率非常小，所以用这种方式测试是可靠的（见图 2.17）。

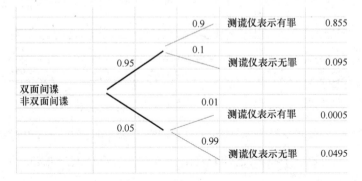

图 2.17　双面间谍决策树

2.4　概率分布

2.4.1　模型中的离散分布

离散随机变量也会用到几项概率分布函数。随机变量为样本空间的每个结果分配一个数字标尺。离散随机变量对数字 0、1、2、3 等进行计数。这些数字要么是有限的，要么是可数的。然后，概率分布会给出该随机变量每个值的概率。

以前文介绍的掷硬币为例，设随机变量 X 为掷硬币两次正面朝上的次数。随机变量 X 的可能值为 0、1 和 2。

概率质量函数如表 2.11 所示，据此可以计算随机变量 X 每个类别下的结果数量。

表 2.11　概率质量函数

随机变量 X	0	1	2
发生次数	1	2	1
对应事件	TT	TH，HT	HH
$P(X=x)$	1/4	2/4	1/4

请注意，$\sum P(F)=1/4+2/4+1/4=1$。这是所有概率分布的规则。下面总结一下具体规则：

（1）$P(每个事件)\geqslant 0$。

（2）$\sum P(事件)=1$。

所有概率分布都有均值 μ 和方差 σ^2。可以用以下公式计算随机变量 X 的均值和方差：

$$\mu = E(X) = \sum xP(X=x)$$
$$\sigma^2 = E(X^2) - (E(X))^2$$

本例中，均值和方差的计算如下：

$$\mu = E(X) = \sum xP(X=x) = 0\times(1/4)+1\times(2/4)+2\times(1/4)=1$$
$$\sigma^2 = E(X^2)-(E(X))^2 = 0\times(1/4)+1\times(2/4)+4\times(1/4)-1^2=0.5$$

也可以计算标准差 σ。

$$\sigma = \sqrt{\sigma^2}$$

因此，可以首先得到方差，然后取其平方根。

$$\sigma = \sqrt{0.5}$$

后面建模中将出现几个离散型概率分布：伯努利分布、二项分布和泊松分布等，下面具体说明。

2.4.1.1　伯努利分布和二项分布

设某试验由多次重复；独立且相同的试验组成，只有两个结果，比如掷一个均匀的硬币{头像面，国徽面}。这些只有两种可能结果的试验称为伯努利试验。要得到结果，通常可指定 S（成功）或 F（失败）或 0 或 1 为结果。有些事情要么发生了（1），要么没发生（0）。

开展二项型试验，计算 n 次试验中的成功次数。

二项型试验：

（1）由 n 次试验组成，其中 n 是预先确定的。

（2）试验是相同的，既可能成功，也可能失败。

（3）试验是独立的。

（4）不同试验之间，成功的概率是恒定的。

公式：对于 $x = 0, 1, 2, \cdots, n$，$b(x; n, p) = p(X = x) = \binom{n}{x} p^x (1 - p)^{n-x}$。

累积二项概率：对于 $x = 0, 1, 2, \cdots, n$，$p(X \leqslant x) = B(x; n, p) = \sum_{y=0}^{x} \binom{n}{y} p^y (1 - p)^{n-y}$。

均值：$\mu = np$。

方差：$\sigma^2 = np(1 - p)$。

示例　投掷一枚均匀的硬币

掷硬币试验遵循上述规则，这是一个二项型试验。掷两次中一次头像面朝上的概率为

$$P(X = 1) = \binom{2}{1} 0.5^1 (1 - 0.5)^{2-1} = 0.50$$

如果希望掷 10 次中 5 次头像面朝上，则可以计算：

$$P(X = 5) = \binom{10}{5} 0.5^5 (1 - 0.5)^{10-5} = 0.2461$$

 例 2.10　弹药的二项型试验

弹药由当地一家小型工厂生产，在包装和运输前测试弹药的结果，要么有效，S；要么无效，F。该公司无法测试所有弹药，但每小时可随机测试 100 枚弹药。在这批弹药的测试中，发现 2%无效，但所有批次都已运给经销商。

此时部队供需官肯定担心分配给部队的这些弹药过去的性能如何。如果某部队拿了 20 箱弹药，则全部有效的概率是多大？

问题：预测 n 枚弹药中的 x 枚有效的概率。

假设：弹药遵循前述的二项分布规律。

模型：对于 $x = 0, 1, 2, \cdots, n$，$b(x; n, p) = p(X = x) = \dbinom{n}{x} p^x (1-p)^{n-x}$

遵循二项分布的离散数据，其柱状图可能如图 2.18 所示。

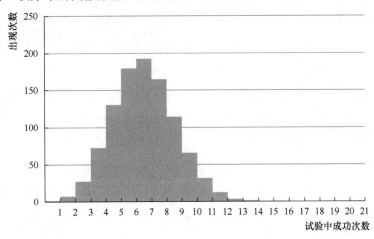

图 2.18　二项分布柱状图

该柱状图是对称的，其中二项分布的假设及其离散状态是关键。

 例 2.11　武器的射击

某武器平均准确率为 93%。如果向一个目标射击 10 次，则击中目标 5 次、最多 5 次、至少 5 次的概率分别是多少？

解：这是一个二项分布，因为射击是独立的，成功的概率是已知的（93%），并且已知射击的次数 n（10 次）。

首先，用 Excel 生成表 2.12 中给出的 PDF 和 CDF。

表 2.12　用 Excel 生成的 PDF 和 CDF 数据

n	PDF	CDF
0	0.0000	0.0000
1	0.0000	0.0000
2	0.0000	0.0000
3	0.0000	0.0000
4	0.0000	0.0000

（续表）

n	PDF	CDF
5	0.0003	0.0003
6	0.0033	0.0036
7	0.0248	0.0283
8	0.1234	0.1517
9	0.3643	0.5160
10	0.4840	1.0000

（1）$P(X=5)$。这是在 PDF 下从 $n=5$ 中提取的 PDF 值，该值为 0.0003。$P(X=5)=0.0003$。其含义为：如果向一个目标射击 10 次，那么 10 次中正好 5 次击中目标的概率为 0.0003。

（2）最多 5 次击中目标→$P(X\leqslant5)$。这是在 CDF 下从 $n=5$ 中提取的 CDF 值。因为 CDF 下包含 5 个值，$P(X\leqslant5)=0.0003$。其含义为：如果向一个目标射击 10 次，则命中目标 5 次或更少的概率是 $P(X\leqslant5)=0.0003$。

（3）至少有 5 次击中目标→$P(X\geqslant5)$。这不是已知的形式，必须将概率转换为其补集，即：$P(X\geqslant5)=1-P$；$P(X<5)=1-P(X\leqslant4)$。从 CDF 表中得到 $P(X\leqslant4)$ 为 0.000（到小数点后 4 位）。1−0.0000=1。其含义为：预计 5 次或更多次击中目标的概率为 1。

 例 2.12   简易爆炸装置的二项型实验

对在阿富汗发生的简易爆炸装置袭击的分析表明：73% 的简易爆炸装置为使用炮弹作为弹药的路边炸弹，27% 的简易爆炸装置为使用其他装置的自杀式炸弹。使用路边简易爆炸装置炸弹杀伤目标的概率为 0.80，使用自杀式炸弹杀伤目标的概率为 0.45。

问题：

（1）某简易爆炸装置为自杀式炸弹且杀伤目标的概率有多大？

（2）目标被杀伤的概率有多大？

（3）求假定目标未被杀伤的情况下使用路边炸弹的概率。

（4）求假定目标被杀伤的情况下使用路边炸弹的概率。

解：

（1）某简易爆炸装置为自杀式炸弹且杀伤目标的概率为 0.1215。

（2）目标被杀伤的概率为 0.7055。

（3）假定目标未被杀伤的情况下使用路边炸弹的概率为 0.4952。

（4）假定目标被杀伤的情况下使用路边炸弹的概率为 0.8277。

 例 2.13　海豹突击队的任务

一个排的海豹突击队在某次行动中携带 8 枚聚能射孔弹。其中任一枚会正确发射的概率是 0.98，所有 8 枚发射彼此独立。假设聚能射孔弹发射遵循二项分布，请写出以下题目的答案，至少精确到小数点后 3 位。

问题：

（1）8 枚中的 6 枚会正确发射的概率是多大？

（2）全部 8 枚正确发射的概率是多大？

（3）只有一枚无法发射的概率是多大？

（4）4～6 枚（包括两者）正确发射的可能性有多大？

（5）成功发射次数的均值、方差和标准差分别是多少？

解：

（1）8 枚中的 6 枚会正确发射的概率为 0.00992。

（2）全部 8 枚正确发射的概率为 0.8508。

（3）只有一枚无法发射的概率为 0.1389。

（4）4～6 枚（包括两者）正确发射的可能性为 0.01033。

（5）成功发射次数的均值、方差和标准差分别为：$\mu = 7.84$，$\sigma^2 = 0.1568$，$\sigma = 0.39598$。

 例 2.14　导弹攻击问题

阿富汗经常用到军用导弹。军事指挥官将整个区域细分为 576 个小区域（彼此不重叠），共有 535 枚导弹击中了 576 个区域的联合区域。求一个选定区域被导弹准确击中两次、至少两次和最多两次的概率。

解：

$$\mu = 535/576 = 0.9288$$
$$P(X=2) = 0.1806$$
$$P(X \leqslant 2) = 0.92294$$
$$P(X \geqslant 2) = 1 - P(X \leqslant 1) = 0.25769$$

2.4.1.2　泊松分布

如果 x 的概率分布函数如下，则称该离散随机变量呈泊松分布：

对于 $x = 0, 1, 2, 3, \cdots$，以及 $\lambda > 0$：$p(x; \lambda) = \dfrac{e^{-\lambda} \lambda^x}{x!}$

将 λ 视为每单位时间或每单位空间上的速率。假设泊松分布的均值和方差相同,这一点很关键。

例如,设 X 表示一架随机选择的 F-16 表面上小瑕疵的数量,平均每架 F-16 表面发现 5 处瑕疵,求随机选择的 F-16 恰好有 2 处瑕疵的概率:

$$P(X=2) = \frac{e^{-5} \times 5^2}{2!} \approx 0.084$$

泊松分布的均值记为 μ,方差记为 σ^2,均可用 λ 表示出来。

泊松过程是指随时间(通常为其自身时间)变化的泊松分布。在短时间内存在一个速率,称为 α。在较长的一段时间内,λ 变为 αt。

示例 假设某电子仪器以每分钟 5 次的速度读取人的脉搏。求人的脉搏在 4 分钟内被读取 15 次的概率。

$$\lambda = \alpha t = 5 \text{ 次} \times 4 \text{ 分钟} = 4 \text{ 分钟周期内读取的 20 次脉搏}$$

$$P(X=15) = \frac{e^{-20} \times 20^{15}}{15!} \approx 0.052$$

$$P(15; 20;\text{false}) = 0.051648854$$

通常,泊松数据会稍稍正偏。

2.4.1.3 本节练习

(1)如果在军人服务社的所有购买行为中,75%是用信用卡完成的,且 X 为 10 次随机选择的信用卡购买行为中的数值,则求以下内容:

① $P(X=5)$。

② $P(X \leqslant 5)$。

③ μ 和 σ^2。

(2)研磨加工厂生产精良的弹药,根据经验,其 10%的弹药批次有缺陷,必须归类为"次级品"。

① 在 6 个随机选择的弹药批次中,一批为"次级品"的可能性有多大?

② 在随机选择的 6 个批次中,至少有两批是"次级品"的概率有多大?

③"次级品"的均值和方差分别是多少?

(3)针对以下关于某锻炼节目的电视广告:17%的参与者减掉 3 磅,34%的参与者减掉 5 磅,28%的参与者减掉 6 磅,12%的参与者减掉 8 磅,9%的参与者减掉 10 磅。设 X=节目中减掉的磅数。

问题:

① 在表格中给出 X 的概率质量函数。

② 减掉的磅数最多为 6 的概率有多大？至少为 6 的概率有多大？

③ 减掉的磅数在 6～10 的概率有多大？

④ μ 和 σ^2 的值分别是多少？

（4）一台军用 5kW 发电机平均每月出现故障 0.4 次（连续 30 天），请确定下一年故障出现 10 次的概率。

2.4.1.4　本章项目示例

1．伊朗人质营救行动

1979 年，卡特总统授权开展行动，营救被关押在伊朗的美国人质。美国国防部估计至少需要 6 架直升机才能成功完成任务，但出于安全原因，直升机的总数需要尽可能少。设每架直升机都有 95%的机会完成任务（基于历史保养记录）。美国国防部出动了 8 架直升机，3 架直升机失灵，因此任务中止。请证明此例应使用泊松分布而不是二项分布，确定成功完成任务最少需要多少架直升机。

2．军用飞机事故

1997 年 9 月的 7 天内，共 6 架军机坠毁，因此防务官员暂停了所有飞行训练。过去 4 年坠机事件共发生 277 起，表明该事件很罕见。该周（7 天）除 6 次坠机外还有什么特别之处吗？在一个 4 年期间可能会有多少个这种 7 天？防务官员在这件事上应该怎么做？请根据可靠的概率分析提出一些建议。

2.4.2　连续概率模型

2.4.2.1　概述

一些随机变量在取值范围内并不是离散变量。上一节研究了离散随机变量和离散分布的示例，那能不能将时间看成一个随机事件呢？时间值范围是连续的，因此，作为连续的随机变量，可以呈连续概率分布。可以将连续随机变量定义为在连续尺度上测量的任何随机变量，如飞机的高度、人血液中酒精的百分比、一包冻鸡翅的净重、一发子弹偏离指定目标的距离或一个灯泡多久后会失效等。由于样本空间是无限的，无法一一列出，需要确定其分布及其定义域和值域。

对于任何连续随机变量，可将累积分布函数（CDF）定义为 $F(b) = P(X \leqslant b)$。

对于学过微积分的读者，$f(x)$ 的概率密度函数（PDF）可定义为

$$P(a \leqslant x \leqslant b) = \int_a^b f(x)\mathrm{d}x$$

要成为有效的概率密度函数（PDF），需要满足以下条件：

（1）对于域中的所有 x，$f(x)$ 必须大于或等于零。

（2）积分 $\int_{-\infty}^{\infty} x \cdot f(x)\mathrm{d}x = 1 =$ 整个 $f(x)$ 图形下的面积。

根据如上 PDF 定义，随机变量 x 的期望值或均值定义为

$$E[X] = \int_{-\infty}^{\infty} x \cdot f(x)\mathrm{d}x$$

本节中，许多建模应用使用了连续分布，如指数分布和正态分布。对于二者，不一定要使用微积分来求解概率问题的答案。

由于不需要微积分，本节只探讨使用 Excel 所得结果中的一些分布。

2.4.2.2　正态分布

一个连续随机变量 X 为正态分布，有参数 μ 和 σ（或 μ 和 σ^2），其中 $-1<\mu<1$ 且 $\sigma > 0$，如果 X 的 PDF 值为

$$f(x;\mu,\sigma) = \frac{1}{\sqrt{2\pi}\sigma} \mathrm{e}^{\frac{-(x-\mu)^2}{2\sigma^2}}, \quad -\infty \leqslant x \leqslant \infty$$

则该正态分布图为钟形曲线，如图 2.19 所示。

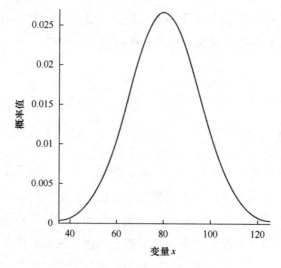

图 2.19　正态分布的钟形曲线

当 X 为正态随机变量，参数为 μ 和 σ 时，要得到 $P(a < x < b)$，必须计算

$$\int \frac{1}{\sqrt{2\pi}\sigma} \mathrm{e}^{\frac{-(x-\mu)^2}{2\sigma^2}} \mathrm{d}x$$

由于无法直接计算该积分，对于具有参数 $\mu = 0$ 和 $\sigma = 1$ 的标准正态随机变量 Z，对某些值进行了数值计算和制表。由于大多数应用问题中参数不一定是 $\mu = 0$ 和 $\sigma = 1$，可使用"标准化"变换 $Z = \dfrac{x - \mu}{\sigma}$。

例如，分到一罐健怡可乐中的液体量大约是一个正态随机变量，平均值为 11.5 液量盎司，标准差为 0.5 液量盎司。目标是确定分配 11～12 液量盎司的概率，即求解 $P(11 < x < 12)$。

$$Z_1 = (11 - 11.5)/0.5 = -1$$
$$Z_2 = (12 - 11.5)/0.5 = 1$$

该概率说明 $P(11 < x < 12)$ 等价于 $P(-1 < Z < 1)$。如果根据概率表进行计算，可得 $0.8413 - 0.1587 = 0.6826$。但用其他方法来计算会更为简单一些（见图 2.20）。

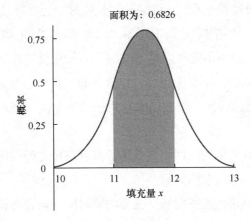

图 2.20　11～12 的正态分布面积

如图 2.20 所示，约 68.26% 的可乐罐填充量为 11～12 液量盎司。

2.4.3　练习

求以下概率：

（1）$X \sim N(\mu = 10,\ \sigma = 2)$，$P(X > 6)$。

（2）$X \sim N(\mu = 10,\ \sigma = 2)$，$P(6 < X < 14)$。

（3）确定均值的 1 个标准差、2 个标准差和 3 个标准差内的概率，画出每个区域的草图。

（4）某轮胎制造商认为其轮胎中使用的橡胶，若正常行驶，则每年磨损量符合均值为 0.05 英寸、标准差为 0.05 英寸的正态分布。如果 0.10 英寸磨损会造成危险，请确定 $P(X > 0.10)$ 的值。

2.4.4 指数分布

某随机变量 X 的连续分布具有以下属性：$\mu = 1/\lambda$，方差 $= \sigma^2 = 1/\lambda^2$，其中 λ 是比率。

概率密度函数：PDF $= \lambda e^{-\lambda x}$，$x \geq 0$。

累积分布函数：CDF $= 1 - e^{-\lambda x}$，$x \geq 0$（代表曲线下的面积）。

在概率论和统计学中，指数分布（也称为负指数分布）是一族连续概率分布，其描述对象是泊松过程中相邻事件的间隔时间，即事件以恒定的平均速率连续且独立发生的过程。

在描述齐次泊松过程中的到达间隔时间长度时，会自然呈指数分布。

在现实场景中，很少能满足恒定速率（或每单位时间的概率）的假设。例如，来电（电话）率在一天中不同时段是不同的。但如果仅关注比率大致恒定的时间段，如下午 2:00 到 4:00，则在工作日，指数分布可作为一个很好的近似模型，模拟下一通电话打入前的时间。类似说明适用于以下示例，会产生近似指数分布的变量：

- 放射性粒子衰变前的时间，或盖革计数器点击之间的时间。
- 某人下次打电话之前的时间。
- 简化形式的信用风险模型给出的违约前时间（向公司债务持有人付款）。

指数变量还可用于对某些事件以每单位长度的恒定概率发生的情况建模，如某 DNA 链上突变之间的距离，或给定道路上的"动物被车压死"位置之间的距离。

在排队论中，某系统中工作人员的处理时间（如银行柜员处理客户需求需要多长时间）通常按指数分布变量建模（如在大多数管理学课本中，客户的到达间隔时间通常用泊松分布建模）。

可靠性理论和可靠性工程也广泛使用指数分布：

$$可靠性 = 1 - 失败的概率$$

$P(A \text{ and } B)$ 有意义，若 A 和 B 独立，有

$$P(A \bigcap B) = P(A) \cdot P(B)$$

对于并行事件：

$$P(A \text{ or } B) = P(A) + P(B) - P(A \text{ and } B)$$
$$= P(A) + P(B) - P(A) \cdot P(B)$$

例 2.15　假设美国邮政员接待客户的时间（以分钟为单位）为 X。已知时间呈指数分布，平均接待时间为 4 分钟，即速率为每 4 分钟 1 位顾客或每分钟 1/4 位顾客。

X 是一个连续随机变量，因为时间已知，假设 $\mu = 4$ 分钟，进行计算前，还必须明确给出衰减参数 λ：

$$\lambda = 1/\mu$$

因此，$\lambda = \dfrac{1}{4} = 0.25$。

标准差 σ 与均值相同，即 $\mu = \sigma$。

分布符号表达为 $X \sim \mathrm{EXP}(\lambda)$。因此，这里 $X \sim \mathrm{EXP}(0.25)$。

概率密度函数为 $f(X) = \lambda e^{-\lambda x}$（数字 e $= 2.718\cdots$，该数字在数学中经常用到）。

$$f(X) = 0.25 e^{-0.25X}，其中 X 至少为 0 且 \lambda = 0.25$$

$$\mathrm{CDF} = P(X < x) = 1 - e^{-\lambda x} = 1 - e^{-0.25x}$$

指数分布图如图 2.21 所示，可以看出分布图是递减向下的。

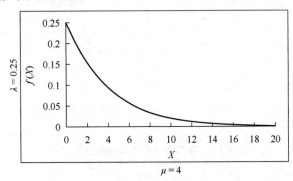

图 2.21　指数分布图

概率：求 $P(X < 5)$，$P(X > 5)$，$P(2 < X < 6)$。

$$P(X < 5) = 1 - e^{-0.25 \times 5} \approx 0.713495$$

$$P(X > 5) = 1 - P(X < 5) = 1 - 0.713495 \approx 0.2865$$

$$P(2 < X < 6) = P(X < 6) - P(X < 2) = 0.7768698 - 0.393469 = 0.3834008$$

 例 2.16　接待次数

求某职员用 4～5 分钟接待某随机选择的客户的概率，即计算 $P(4 < X < 5)$。

这里使用累积分布函数 $P(X < x) = 1 - e^{-\lambda x}$

$$P(X < 5) = 1 - e^{-0.25 \times 5} \approx 0.7135$$

$$P(X < 4) = 1 - e^{-0.25 \times 4} \approx 0.6321$$

$$P(4 < X < 5) = P(X < 5) - P(X < 4) = 0.7135 - 0.6321 = 0.0814$$

 例 2.17 求某指数分布的百分位数

多长时间内一半客户能完成服务？（求第 50 个百分位数）

$$P(X < k) = 0.50$$

$$= 1 - e^{-0.25 \times k}$$

$$e^{-0.25 \times k} = 1 - 0.50 = 0.50$$

$$\ln(e^{-0.25 \times k}) = \ln(0.50)，\quad -0.25 \times k = \ln(0.50)，\quad k = \ln(0.50) / -0.25 = 2.8$$

均值和中位数哪个更大？均值为 4（给定），中位数为 2.8，所以均值更大。

 例 2.18 指数分布

对 20 台设备进行可靠性测试的结果如表 2.13、表 2.14 和图 2.22 所示。

表 2.13 设备失效前的时间

组中的设备数量（台）	失效前的时间（小时）
7	100
5	200
3	300
2	400
1	500
2	600

表 2.14 群体失效前时间的描述性统计

第 1 列	
均值	255
标准差	37.32856
中位数	200
众数	100
标准差	166.9384
样本方差	27868.42
峰度	-0.10518
偏度	0.959154
范围	500
最低限度	100
最大值	600
和	5100
计数	20

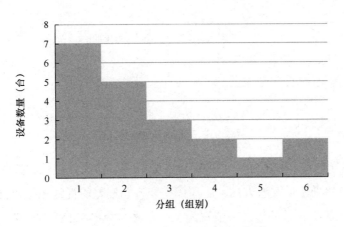

图 2.22　不同组中设备数量的柱状图

现在假设 $\mu = 255$ 小时或 $\lambda = 1/2550.00392156$ 或每小时 0.00392156 次故障呈指数分布。

因此，平均使用寿命为 255 小时。

$$P(X > 3) = 1 - P(X < 3) = 1 - EXP(0.0039 \times 3) = 0.0116957$$

或在给定一小时内发生超过 3 次故障的概率约为 1.1%。

那么有 $\lambda = 0.00392156 \times 24 \approx 0.094117$ 则一天内故障超过 3 次的概率可如下计算：

$$P(X > 3) = 1 - P(X < 3) = 1 - 0.754 = 0.246$$

2.5　概率分布的军事应用场景

2.5.1　应用场景：瞄准时的概率误差

本场景摘自 2006 年 DA3410 课堂讲义。

本节目的是展示正态分布在军事领域中的实际应用。概率误差（PE）和圆概率偏差（CEP）在射击和轰炸中是相当重要的两种离差测定方法。本节将探讨概率误差。

概率误差：假设有一门火炮，其仰角和方向是固定的。如果其炮弹落入水平打击区域，打击落点将倾向于集中在一个被称为打击中心（Center of Impact，CI，也称平均弹着点。——译者注）的点上，该点位于平均射程和平均方向处。RD（Range Deviation，见图 2.23）称为距离偏差，而 DD（Deflection Deviation）等称为方向偏差。

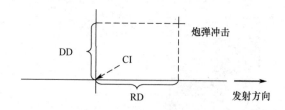

图 2.23　距离偏差 RD 的图示

下面将分布模式的描述叠加到直角坐标系中。将原点定位在打击中心点，并将 x 轴定向为平行于发射方向。距离偏差和方向偏差均视为正态随机变量，均值为 0。将这些随机变量的标准差值视为正在发射的特定炮的属性，当然前提是炮弹发射高度固定，且所用炮弹为同一批次，装药量也相同。

先来探讨距离偏差。已知该偏差近似为正态且均值为 0，可以用标准正态表，找出预计落在其标准差的任意两个倍数之间的炮弹百分比，其中的两个距离值（记为 a 和 b）按照 CI 平行于发射方向进行测量。设随机变量 X 表示射程偏差，并将其标准差表示为 σ_x。若 σ_x 为正值，则表示距离高于 CI；若 σ_x 为负值，则表示距离短或低于 CI。

$$P(a\sigma_x \leqslant X \leqslant b\sigma_x) = P\left(a - 0 \leqslant \frac{X-0}{\sigma_x} \leqslant b - 0\right) = P(a \leqslant Z \leqslant b)$$

例如，如果 $a = 0$ 且 $b = 1$，则有

$$P(0 \cdot \sigma_x \leqslant X \leqslant 1 \cdot \sigma_x) = P\left(0 \leqslant \frac{X-0}{\sigma_x} \leqslant 1-0\right) = P(0 \leqslant Z \leqslant 1) = 0.3413$$

那么意味着射出的大约 34% 的炮弹可能会落在 CI 和高于 CI 的一个标准差的距离之间。然后，还可以计算超出 1 个标准差的炮弹百分比（或类似地，低于 1 个标准差的炮弹），约为

$$P(Z > 1.0) = 0.50 - 0.34 = 0.16$$

方向偏差的情况与距离偏差类似（见图 2.24）。根据武器的特性，预计炮弹的分布模式类似于图 2.25（左）所绘。但在炮击常见的较远射程内，图形几乎呈矩形，如图 2.25（右）所示。因此，如果现在测量与射向垂直的所有距离，并将 CI 的"超出"或"低于"替换为"左侧"或"右侧"（左侧取正值，右侧取负值）CI，那么可以考虑用一个新的随机变量 Y 来表示方向偏差。尽管该随机变量的标准偏差 σ_y 可能与 σ_x 不同，但分布将如图 2.24 所示。

一次有效的打击需要在射程和方向两方面"击中"目标。由于在该武器上，射程和方向的调整是分开控制的，可认为射程内击中目标的事件和在方向上击中

目标的事件是相互独立的。使用概率乘法原理，则有

$$P(H_R \bigcap H_D) = P(H_R) \cdot P(H_D)$$

其中 $P(H_R)$ 表示射程内击中目标的概率，$P(H_D)$ 表示在方向上击中目标的概率。

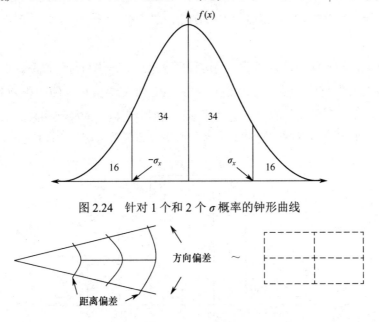

图 2.24　针对 1 个和 2 个 σ 概率的钟形曲线

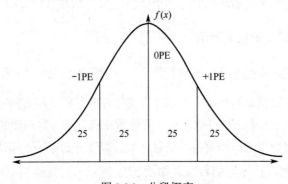

图 2.25　方向偏差

在火炮问题中，通常不以标准差为单位测量偏差，而是采用一种更加方便的度量标准，称为概率误差（PE）。由图 2.24，可看到，大约 68% 的炮弹应该落在射程的区间 $[-\sigma_x, \sigma_x]$。概率误差可定义为恰好 50% 的炮弹落在区间 [-PE, PE] 的 PE 数值。所以我们可以看到，概率误差是比标准差稍小的距离。由于 $P(-1\text{PE} \leqslant X \leqslant +1\text{PE}) = 0.50$，可以将图 2.24 中呈现的正态曲线重绘为图 2.26，其面积用 PE 表示。

图 2.26　分段概率

注意，$P(-1PE \leqslant X \leqslant +1PE) = 0.50$ 可以写成 $P(|X| \leqslant 1PE) = 0.50$，由此得出 $P(|X| > 1PE) = 0.50$。换言之，X 方向均值 0 的可能性（绝对值），与概率误差对应的 50%可解性是一样的。从而可得到以下定义：

概率误差是指打击中心点射程内或方向上的距离，使得 $P(-1PE \leqslant X \leqslant +1PE) = 0.50$。

接下来，检验如何用概率误差的这种概念来计算击中目标的概率。首先，必须通过表格来求得 $P(1PE \leqslant X \leqslant 2PE) = 16$、$P(2PE \leqslant X \leqslant 3PE) = 0.07$ 和 $P(X > 3PE) = 0.02$ 时曲线下面积的近似概率。这些概率可以用给定概率的柱状图来展示。图 2.27 给出了这些概率的柱状图。请注意，这一概率分布函数，称为 $\hat{U}(x)$。

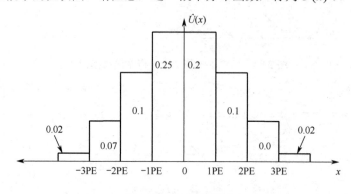

图 2.27 概率柱状图

在解决问题时，建议按照以下过程进行。

（1）画出目标。

（2）找到打击中心点 CI。

（3）从 CI 开始，用射程的概率误差 PE_R 和方向的概率误差 PE_D 完全覆盖目标。

（4）计算射程 $P(H_R)$ 内和方向 $P(H_D)$ 上击中目标的概率。

（5）击中目标就是在射程内和方向上命中，那么 $P(H_R \bigcap H_D) = P(H_R) \cdot P(H_D)$。

2.5.1.1　概率误差相关示例

例 2.19　假定您是 8 英寸炮的指挥官。用榴弹炮向敌方 10 米宽、40 米长的桥梁射击，桥的中心被确定为打击中心点。考虑炮弹的射程、仰角和弹型，概率误差为 $PE_R = 19$ 米和 $PE_D = 6$ 米。假设榴弹炮放置位置正确，所发射炮弹的打击中心点与桥的中心重合，并且炮击方向沿着桥的长轴，则计算预计命中一次所需发射的炮弹数。

按照上述过程，首先绘制目标，如图 2.28 所示。此处绘制了 40 米×10 米的桥梁，并确定了与桥梁中心相对应的打击中心点。接下来，从 CI 开始，用射程的概

率误差 PE_R 和方向的概率误差 PE_D 完全覆盖目标。

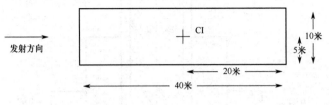

图 2.28　目标与打击中心点

如图 2.29 所示，$\pm PE_R$ 几乎覆盖了桥的整个长度，由 1 米延伸到 $1PE_R$ 和 $2PE_R$ 之间的区域（在 $1\text{-}PE_R$ 和 $2\text{-}PE_R$ 之间）。另请注意，$\pm PE_D$ 几乎覆盖了桥的整个宽度，每端留出 1 米的余量。现在计算在射程和方向上击中桥梁的概率。分别用图 2.30 和图 2.31 来直观呈现，并辅助计算：

$$P(H_R) = \frac{1}{19} \times 0.16 + 0.25 + 0.25 + \frac{1}{19} \times 0.16 \approx 0.517$$

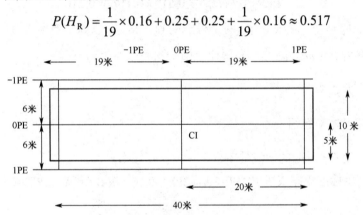

图 2.29　增加 PE 的目标

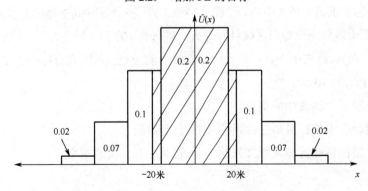

图 2.30　阴影表示距离误差

同样地，方向上击中目标的概率 $P(H_D)$ 为

$$P(H_D) = \frac{5}{6} \times 0.25 + \frac{5}{6} \times 0.25 \approx 0.417$$

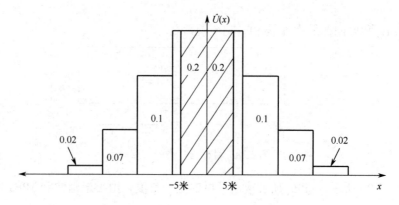

图 2.31　阴影表示方向误差

最后，通过乘法计算击中桥梁的概率：

$$P(H_R) \cdot P(H_D) = 0.517 \times 0.417 \approx 0.216$$

由于这是一个二项式分布（两个可能的独立结果，以固定概率重复试验 n 次），预期命中数为 $\mu = np$。因此，为预计命中一次（$\mu = 1$），$n = \dfrac{1}{p} = \dfrac{1}{0.216} \approx 4.63$，即必须发射 5 发炮弹。

2.5.1.2　本节练习

（1）一个 PE 对应的 z 值是多少？

（2）利用标准正态表求 $P(1\mathrm{PE} \leqslant X \leqslant 2\mathrm{PE}) = 0.16$、$P(2\mathrm{PE} \leqslant X \leqslant 3\mathrm{PE}) = 0.07$ 和 $P(X > 3\mathrm{PE}) = 0.02$。

（3）某火炮的 $\mathrm{PE_R}$ 为 20 米，$\mathrm{PE_D}$ 为 10 米。其打击目标是一座 50 米长（平行于炮目线）、10 米宽的桥。桥的中心为打击中心点。求该火炮击中桥的概率有多大？

（4）某火炮向一个矩形区域目标开火。目标长 100 米（射击方向），宽 50 米（垂直于射击方向）。打击中心点已是目标中心线上的一点，但距离目标中心 25 米。$\mathrm{PE_R}$ 为 35 米，$\mathrm{PE_D}$ 为 10 米。求：

① 只发射一次命中的概率。

② 预计击中目标区域 3 次所需发射的炮弹数。

③ 如果在目标区域发射 4 发炮弹，至少击中一次的概率。

2.5.2　目标搜索过程

本内容摘自 2006 年 DA3410 课堂讲义。

通常，由于目标不在观察者的视野范围内，因此获取目标并不容易。搜索模型聚焦目标隐藏的较大面积区域中的情况。设某观察者使用一个视野（FOV）相对较小的传感器来搜索目标，以调查搜索区域内各部分情况。在大多数情况下，目标不在视野范围内，因此无法检测到；当视野与目标重叠时，可以得到发现概率。这里构建搜索模型的目的是描述找到目标所需时间对应的概率。

本节将描述几种搜索方法及其相关的概率分布。

Koopman 的 OEG56 报告（主题为"搜索和筛选"）提供了不错的素材。其做出以下建模假设。

（1）在面积为 A 的搜索区域中有一个目标。

（2）可以计算搜索区域的面积 A。

（3）最初目标是静止的，但会移动以避免被发现。

（4）区域中的目标位置是随机的。

（5）搜索者所处的平台可沿着搜索区域内的任意路径匀速移动。传感器安装在平台上，因此可以查看搜索区域的各个部分。

（6）传感器的最大覆盖范围 R_{max} 小于搜索区域的尺寸。

搜索模型提供了以下问题的答案：

"传感器在其视野范围内覆盖目标的概率有多大？"或者"作为搜索时间的函数，发现目标的概率有多大？"

2.5.2.1 相对运动

当传感器在搜索区域中移动时，有可能在目标的 R_{max} 范围内移动，因此有机会发现目标。通过设置以移动传感器或其平台为中心的 (x, y) 坐标系，可以简化分析，如图 2.32 所示。

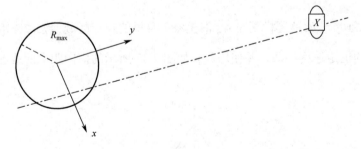

图 2.32 相对运动坐标

2.5.2.2 "曲奇刀"（Cookie Cutter）传感器

假设传感器在半径 R_{max} 的圆内能实现完全覆盖。目标一旦进入圆形传感器探测范围，就会被发现。本节用横向距离曲线（Lateral Range Curve，也译为横距曲线。——译者注）PBAR(X)来描述概率。

其中，当$X<R_{max}$时，PBAR(X)=1.0；在其他情况下，该概率为0.0。

2.5.2.3　无重复的搜索

随着传感器平台穿过搜索区域，传感器覆盖范围内会扫出一个宽度为$W=2\times R_{max}$的覆盖区域。

假设搜索者以恒定速度V穿过搜索区域，总搜索时间为T，则路径长度定义为$L=VT$。鉴于已设置搜索方式，覆盖范围不会重叠。覆盖的总面积为$LW=VTW$。

可发现搜索区域只是搜索总面积的一小部分，PDET(T)=P(时间T内探测到目标)=$LW/A=TVW/A=ST$，其中，S为搜索率，$S=VW/A$。

这里计算适用于最大$L_{max}=A/W$的路径长度公式，以及覆盖整个搜索区域的情况。当搜索时间为$T_{max}=A/(VW)=1/S$且PDET(T)=1.0时，覆盖范围最大。

2.5.2.4　随机搜索

随机搜索以随机方式将长度为$L=VT$的搜索路径纳入搜索区域A。这意味着在任何时候的位置和路径都独立于其他时间（距离第一时间较远时）的位置和路径。首先求在N条小路段中的一条小路段上的发现概率：

$$PDET(T/N)=(TVW)/(AN)$$

假设T/N足够短，保证搜索面积不会相互重叠。

然后在整条路径上的概率为

$$PDET(T)=1-e^{-ST}$$

式中，S为指数过程的搜索率，$S=VTW/A$。

例2.20　一架巡逻机正在40海里×80海里的矩形区域搜索敌方潜艇。飞机以200节的恒定速度移动，并使用具有如图2.33所示的横向距离曲线的传感器进行搜索。

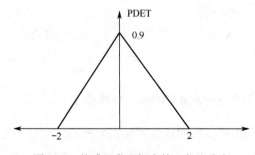

图2.33　传感器发现概率的三角形分布

设 W 为曲线下的面积，这里有两个直角三角形，底为 2 个单位，高为 0.9 个单位，即

$$W = 2 \times \frac{1}{2} \times 2 \times 0.9 = 1.8$$

（1）如果巡逻机在搜索区域搜索的时间为 2 小时，求找到潜艇的概率（采用任意搜索模型）。

对于任意搜索方案：

$$\mathrm{PDET}(T) = ST$$
$$S = VW/A, \ T = 2 \text{（小时）}$$
$$S = VW/A = 200 \times 3.6/3200 = 0.225$$
$$\mathrm{PDET}(2) = 2 \times 0.225 = 0.45$$

（2）根据上述模型求 T_{max}。根据图 2.33，R_{max} 为 2，面积为 3200。因此

$$L_{max} = A/(2 \times R_{max}) = 3200/4 = 800$$
$$T_{max} = L_{max}/V = 800/200 = 4 \text{（小时）}$$

（3）如果采用随机搜索法，则有

$$\mathrm{PDET}(T) = 1 - \mathrm{e}^{-ST}$$
$$\mathrm{PDET}(2) = 1 - \mathrm{e}^{0.225 \times 2} = 1 - 0.6376 = 0.3624$$

2.6　中心极限定理、置信区间和简单假设检验

2.6.1　中心极限定理

通常用平均值比用实际数据更容易建模，尤其是在实际数据不对称的情况下。例如，给定一个大样本，n 较大（$n > 30$），无论数据形状及 X 均值的分布情况如何，$\bar{X}$ 均是带有均值 $\bar{x}$ 的近似正态分布，标准差为 $\dfrac{s}{\sqrt{n}}$。

因此，为求得概率，都会假定对 $\bar{X}$ 比对 X 更感兴趣。

X 服从指数分布，样本均值为 0.55，样本标准差为 0.547，$n = 49$。

$\bar{X}$ 服从近似正态分布，平均值为 0.55，$s = 0.547/7$。

$P(\bar{X} > 0.69) = 1 - 0.96 = 0.04$。

2.6.2　置信区间

置信区间的基本概念和性质涉及初步理解和使用两个假设。

（1）总体分布正常。

（2）标准偏差 σ 是已知的或易于估计的。

在其最简单的形式中，尝试为 μ（以及相应的置信区间）找到一个区域，该区域将包含重要的真实参数值。从样本中找到未知总体均值的置信区间的公式为

$$\bar{X} \pm Z_{\alpha/2} \frac{\sigma}{\sqrt{n}}$$

式中，$Z_{\alpha/2}$ 为根据正态假设和理想的置信水平 $1-\alpha$ 计算得出的。

现在看一下健怡可乐例子的变体。例如，分配到一罐健怡可乐中的液体量大约是一个正态随机变量，平均液体量未知，标准偏差为 0.5 液体盎司。目标是确定真实均值的置信区间为 95%。抽取了 36 份健怡可乐的样本，发现样本均值 $\bar{x} = 11.35$。

已知 $1-\alpha = 0.95$，因此 $\alpha = 0.05$，因为有两个区域，所以需要 $\alpha/2 = 0.025$ 和 $Z_{\alpha/2} = 1.96$，如图 2.34 所示。

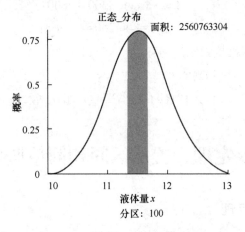

图 2.34　置信区间 $11.35 \pm 1.96 \times \dfrac{0.5}{\sqrt{36}}$

对参数 μ 的置信区间是 $11.35 \pm 1.96 \times \dfrac{0.5}{\sqrt{36}}$ 或 [11.18667　11.51333]。

现在解释该置信区间或其他任何置信区间：如果进行 100 次实验，每次实验选取 36 个随机样本，并以相同的方式计算 100 个置信区间，即 $\bar{X} \pm Z_{\alpha/2} \dfrac{\sigma}{\sqrt{n}}$。

因此，100 个置信区间中有 95 个将包含真实均值 μ，但 95 个置信区间中的哪一个包含真实均值是未知的。这对于建模人员来说，构建的每个置信区间要么包含真实均值，要么不包含。

在 Excel 中，求解命令是 CONFIDENCE(alpha, st_dev, size)，它只给出了

$Z_{\alpha/2}\dfrac{\sigma}{\sqrt{n}}$ 的值，仍然需要再次处理，以得到区间 $\overline{X}\pm Z_{\alpha/2}\dfrac{\sigma}{\sqrt{n}}$。

2.6.3　简单假设检验

就推论有关参数的信息而言，假设检验是一种非常有效的方法。统计假设检验可表明单个总体特征或多个总体特征的值。存在一个原假设（最初支持或被认为是正确的主张），用 H_0 表示。另一个假设为备择假设，用 H_a 表示。检验结果仍需要始终保持与原假设等价。检验目的是根据样本信息来决定这两种说法中的哪一种是正确的。典型的假设检验可分为 3 种情况，如表 2.15a 所示。

表 2.15a　假设检验的 3 种情况

情况 1	H_0	$\mu=\mu_0$	对比	H_a	$\mu\neq\mu_0$
情况 2	H_0	$\mu\leqslant\mu_0$	对比	H_a	$\mu>\mu_0$
情况 3	H_0	$\mu\geqslant\mu_0$	对比	H_a	$\mu<\mu_0$

在假设检验中容易出现两类错误，第一类错误称为 α 错误，第二类错误称为 β 错误。了解这两类错误很重要。现在看一下表 2.15b 中提供的信息。

关于 α 和 β 的一些重要事实如下。

（1）$\alpha=P($拒绝 $H_0|H_0$ 为真$)=P($第一类错误$)$。

（2）$\beta=P($未拒绝 $H_0|H_0$ 为假$)=P($第二类错误$)$。

（3）α 是检验的显著性水平。

（4）$1-\beta$ 为检验的效力。

因此，根据表 2.15b，希望 α 越小越好。因为其表示当 H_0 为真时拒绝 H_0 的概率。此外，也希望 $1-\beta$ 很大，因为其表示当 H_0 为假时拒绝 H_0 的概率。在建模过程中，需确定哪些错误代价更大，并作为主要的错误努力控制。

表 2.15b　第一类与第二类错误

估计概率		自然状态	
		H_0 真实	H_a 真实
试验结论	未能否决 H_0	$1-\alpha$	β
	否决 H_0	α	$1-\beta$

为假设检验提供以下标准流程。

第 1 步：确定重要参数。

第 2 步：确定原假设 H_0。

第 3 步：说明备择假设 H_a。

第 4 步：根据满足的假设给出检验统计量的公式。

第 5 步：根据 α 的值说明拒绝标准。

第 6 步：获取样本数据并代入检验统计量。

第 7 步：确定检验统计量所在的区域（拒绝范围或未拒绝范围）。

第 8 步：得出统计结论。选择要么拒绝原假设，要么不拒绝原假设。确保该结论针对实际场景。

假设您是一个小型航空运输部队的指挥官，厌倦了听上级司令部抱怨自己的工作人员白天休息太多。航空规定要求机组人员每天休息 9 小时左右。您收集了 37 名机组成员的样本，并确定其样本平均值 $\bar{x}$ 为 8.94 小时，样本偏差为 0.2 小时。

真实的总体均值是重要参数 μ。

$$H_0: \quad \mu \geqslant 9$$

$$H_a: \quad \mu < 9$$

检验统计量为 $Z = \dfrac{\bar{x} - \mu}{s/\sqrt{n}}$。这是一个单尾检验。

选择 α 为 0.05。

如果 $Z < -1.645$，在 $\alpha = 0.05$ 时拒绝 H_0。

从 36 名飞行员样本中，发现：$Z = \dfrac{\bar{x} - \mu}{s/\sqrt{n}} = \dfrac{8.94 - 9}{0.2/\sqrt{36}} = -0.06 \times 6/0.2 = -1.8$。

2.6.3.1　对结果的解释

由于 $-1.8 < -1.645$，拒绝飞行员每天休息 9 小时或更长时间的原假设，并得出备择假设正确的结论，即飞行员每天休息时间少于 9 小时。拒绝原假设是更好的策略，因此结论是：拒绝了飞行员每天休息 9 小时或更长时间的原假设。

P-值是检验统计量相应的概率，使结果为拒绝原假设的最小 α 水平。这是正态分布时的情况。根据上述内容，测试统计量为 -1.8，正在做左尾检验。P-值为 $P(Z < -1.8) = 0.0359$。因此，拒绝所有 $\alpha > 0.0359$ 的原假设。因此，如果 α 为 0.05，予以拒绝，但若 α 为 0.01，则无法拒绝。

在统计显著性检验中，P-值是在假设原假设为真的情况下，获得至少与实际观察到的统计量一样极端的检验统计量的概率。如果原假设下不太可能出现 a，则认为值 a 比值 b 更"极端"。当 P-值小于显著性水平 α（通常为 0.05 或 0.01），通常会"拒绝原假设"。当原假设被拒绝时，称结果为具有统计显著性。

　　P-值是一个概率，其取值范围从 0 到 1。该问题的答案是：如果总体均值确实相同，那么随机抽样导致样本均值之间的差异与观察到的一样大（或更大）的概率是多少？

　　通常可直接用正态分布或援引中心极限定理（对于 $n>30$）来检验均值。假设认为分布均值为0.5，目标是检验样本是否来自该分布。

$$H_0:\ \mu = 5$$

$$H_a:\ \mu \neq 5$$

　　检验统计量是关键。根据样本大小为 $n = 49$ 的数据，可知平均值为 0.41，标准差为 0.2。

　　某比例的一个样本检验的检验统计量为

$$Z = \frac{p - p_0}{\sqrt{p_0(1 - p_0)/n}}$$

　　因此代入 $p = 0.5$，$p_0 = 0.41$，$1 - p_0 = 0.59$，$n = 49$

$$Z = \frac{0.41 - 0.5}{\sqrt{0.5(1 - 0.5)/49}}$$

计算可得 $Z = -1.26$。

　　接下来，需要找到对应于表达式 $P(Z \leqslant -1.26) = 0.010385$ 的概率。

　　将该 P-值与显著性水平比较。

　　如果 P-值 $< \alpha$，则具备显著性（α 通常为 0.05 或 0.01）。

　　统计计算可回答该问题：如果总体确实有相同均值，那么在这种规模的实验中观察到样本均值间存在如此大的差异（或更大）的概率是多少？该问题的答案称为 P-值。

　　如果 P-值很小，则可得出结论：不能认为样本均值之间的差异可忽略。如果相反，则可得结论：该总体有不同的均值。

2.6.3.2　Excel 模板

　　鉴于上述假设检验，第一类错误的概率 α 是正态钟形曲线下以 μ_0 为中心的区域，对应于拒绝范围，该值为 0.05（见图 2.35）。

假设检验的模板			
2 Tail Test		Test Stat	Value
Mean	8.94		−1.8
Population Mean, hypoth	9	$Z = \dfrac{\bar{x} - \mu}{s / \sqrt{n}}$	
Standard Deviation, S	0.2		
N, sample size	36		
Alpha Level	0.05	−1.6449	Results
Enter tail information	2		Reject
Upper tail as 0			
Lower tail as 1			
Both tails as 2			
User inputs are in yellow			

图 2.35　假设检验的 Excel 模板截图

2.6.3.3　本节练习

练习如何将以下语句设为假设检验。

（1）喝咖啡会增加患癌风险吗？

（2）每天服用阿司匹林会降低心脏病发作的概率吗？

（3）两种量具，哪个更准确？

（4）为何一个人"在被证明有罪前是无辜的"？

（5）饮用水喝起来真的安全吗？

（6）为某嫌疑重罪犯设置模拟审判。用适当的原假设为其无辜或有罪构建一个矩阵。第一类和第二类错误中，哪类错误最严重？

（7）很多人投诉称，某台热咖啡机未将足量的热咖啡分到杯子中。供应商声称，平均而言，该机器至少给每个杯子分配 8 盎司咖啡。随机取 36 份热咖啡样本，计算均值为 7.65 盎司，标准差为 1.05 盎司。求真实均值的 95% 置信区间。

（8）很多人投诉称，某台热咖啡机未将足量的热咖啡分到杯子中。供应商声称，平均而言，该机器至少给每个杯子分配 8 盎司咖啡。随机取 36 份热咖啡样本，计算均值为 7.65 盎司，标准差为 1.05 盎司。设置并进行假设检验，以确定供应商所称是否为真。采用显著性水平 $\alpha = 0.05$。如果真实均值为 7.65 盎司，则确定为第二类错误。

2.6.3.4 假设检验

问题：检验假设——样本是否为正态分布？或是否由于检验关注的是均值，而使得样本很大（$n > 30$）？

2.6.3.5 符号和定义

H_0 是原假设，假设其为真。

H_a 是备择假设，通常是最坏的情况或想要证明的情况。

$\alpha = P$(第一类错误)，称为显著性水平（通常为 0.05 或 0.01）。

$\beta = P$(第二类错误)。

当原假设为真时，拒绝第一类错误。

当原假设为假时，无法拒绝第二类错误。

检验效力为 $1-\beta$。希望该效力很大，这是一个有罪者被认定有罪的概率。

结论：拒绝 H_0 或不拒绝 H_0。

检验统计量来自现有数据，由 $Z = \dfrac{\overline{x} - \mu}{s / \sqrt{n}}$ 求得。

拒绝范围：正态曲线下拒绝原假设的区域。

P-值是在给定数据集上使用特定检验法时拒绝 H_0 的最小显著性水平。将 P-值与给定的 α 比较。如果 P-值$\leqslant\alpha$，则在 α 水平上拒绝 H_0。如果 P-值$>\alpha$，则无法在 α 水平上拒绝 H_0。该概率通常被认为与检验统计量相关。

2.6.3.6 假设检验

如表 2.15c 所示，表示拒绝或不拒绝假设下相应两类错误的情况。

表 2.15c 第一类与第二类错误

假　设	H_0 为真	H_0 为假
拒绝 H_0	第一类错误 P(第一类错误) $=\alpha$	正确决定
不拒绝 H_0	正确决定	第二类错误 P(第二类错误) $=\beta$

例：

H_0：被告无罪。

H_a：被告有罪。

Note

第一类错误：无辜的人被定罪——希望该错误的概率很小。

第二类错误：有罪的人被证明无罪——同样希望该错误的概率很小。

例：

H_0：药物不安全但有效。

H_a：药物安全且有效。

第一类错误：批准了不安全/无效的药物。

第二类错误：安全/有效的药物未被批准。

这么做的原因是想证明该药是安全有效的。

数学上，检查假设检验时，我们总是把"="与 H_0 放一起进行。

如图 2.36 和图 2.37 所示为不同假设检验情况下的关键区域。

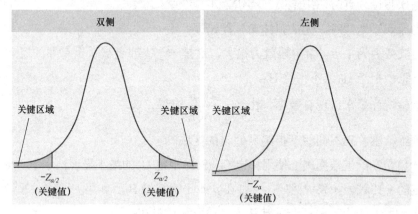

图 2.36　双侧假设检验与单侧假设检验

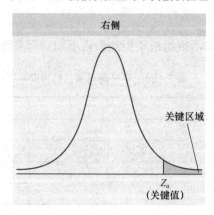

图 2.37　右侧假设检验

 例 2.21　双侧检验（对应于太大或太小都不好情况的场景）

步枪枪管的平均直径在生产时被设置为 0.50 英寸。在 100 个步枪枪管的样本中，发现 x^{bar} 为 0.51 英寸。假设标准差为 0.05 英寸，能否在 5% 的显著性水平下得出平均直径不是 0.50 英寸的结论？

$$H_0: \mu = 0.50$$

$$H_a: \mu \neq 0.50$$

拒绝范围：$|Z| > Z_{\alpha/2} = Z_{0.025} = 1.9$。

检验统计量：$Z = (x^{bar} - \mu) / (\sigma / \sqrt{n}) = (0.51 - 0.50) / (0.05 / \sqrt{100}) = 0.01/0.005 = 2.0$

结论：拒绝 H_0。

P-值：与显著性水平对应的样本结果的概率。

在步枪枪管的示例中：

$$P\text{-值} = 0.5 - 0.4772 = 0.0228$$

$$\Uparrow$$

$$Z = 2.00$$

使用 Excel 软件中公式：norm.dist(2, 4, 0, 1)，得到值为 0.022718

 例 2.22　左侧检验（对应于太小且为最坏情况的场景）

在劳资谈判中，某公司的总裁辩称，该公司的蓝领工人平均年薪很高，可达 30000 美元，因为该国所有蓝领工人的平均年收入低于 30000 美元。该数字受到工会的质疑，工会不相信蓝领平均收入低于 30000 美元。为了验证该公司总裁的看法，仲裁员从全国各地随机抽取 350 名蓝领工人作为样本，并要求每个人汇报其年收入。如果仲裁员假设蓝领收入分布的标准差为 8000 美元，是否可以在 5% 的显著性水平上推断出该公司总裁的说法是正确的？

$$H_0: \mu \geqslant 30000$$

$$H_a: \mu < 30000$$

拒绝范围：

$$Z < Z_\alpha = -Z_{0.05} = -1.645$$

$$\uparrow \uparrow$$

单侧检验，再次画图

$$\bar{x} = 29120$$

检验统计量：$Z = (\bar{x} - \mu) / (\sigma / \sqrt{n}) = (29120 - 30000) / (8000 / \sqrt{350}) = -880 / 427.618 = -2.058$

结论：拒绝 H_0。

P-值：α 的最小值，会导致拒绝原假设。

$$P\text{-值}= P(Z < -2.058) = 0.5 - 0.4803 = 0.0197$$

$$Z \approx 2.06$$

 例 2.23　左侧检验（对应于太大且为最坏情况的场景）

为了减少因非战斗相关的军事事故造成的工时损失，美国国防部制定了新的安全法规。在测试新规定的有效性时，随机抽取了 50 个部队作为样本，并研究记录了安全法规实施前一个月和后一个月损失的工时数。假设总体标准差为 $\sigma = 5$。使用 0.05% 的显著性水平，能得出什么结论？

$$\bar{x} = -1.2$$

$$H_0:\ \mu \geqslant 0$$

$$H_a:\ \mu < 0$$

拒绝范围：

$$Z < Z_\alpha = -Z_{0.05} = -1.644$$

$$\uparrow\ \uparrow$$

单侧检验

检验统计量：$Z = (x^{bar} - \mu)/(\sigma/\sqrt{n}) = (-1.2 - 0)/(5/\sqrt{50}) = -1.2/0.707 \approx -1.697$

$$P\text{-值} = 0.5 - 0.4554 = 0.0446$$

结论：拒绝 H_0，因为 $-1.697 < -1.644$，所以新的安全法规是有效的。

 例 2.24　右侧检验

阅读报纸的全国平均时间 μ 为 8.6 分钟。军事领导人每天阅读报纸的时间是否超过全国平均水平？

$$H_0:\ \mu \leqslant 8.6$$

$$H_a:\ \mu > 8.6$$

选取 100 名官员作为样本，发现他们会花 8.66 分钟阅读报纸（或从网络上阅读），标准差为 0.1 分钟。

$$Z = 8.66 - 8.6/(0.1/10) = 6$$

如果 $Z > Z_\alpha$，则拒绝，假设 $\alpha = 0.01$，$Z_\alpha = 2.32$。

由于 $6 > 2.32$，拒绝 H_0。

（1）第一类错误：当检验结果为真时，拒绝了原假设 H_0，得出结论：军事领导人平均阅读报纸的时间大于全国平均水平（8.6 分钟），而事实上并非如此。

如果针对那些被认为阅读报纸时间超过全国平均水平的领导发起活动，可能由此浪费金钱。

（2）第二类错误：当它为假时，不拒绝原假设 H_0，得出结论：军事领导人平均阅读报纸的时间小于或等于全国平均水平（8.6 分钟），而实际上多于 8.6 分钟。

可能的后果：错过了找出那些阅读报纸时间可能更长、超过全国平均水平的军事领导人的潜在机会。

 例 2.25 平均填充质量为 16 盎司，$\sigma = 0.8$ 盎司，样本量为 30，$\alpha = 0.05$。

$$H_0:\ \mu = 16 \qquad 继续生产$$
$$H_a:\ \mu \neq 16 \qquad 中断生产$$

（1）拒绝规则：双侧检验——与 $\alpha = 0.05$ 相关的 Z 值为 1.96→如果 $Z < -1.96$ 或如果 $Z > 1.96$ 则拒绝。

（2）如果 $x^{bar} = 16.32$；$(x^{bar} - \mu)/(\sigma/\sqrt{n}) = (16.32 - 16)/(0.8/\sqrt{30}) = 0.32/0.1460593 \approx 2.19$

因为 2.19 > |1.96|，所以拒绝 H_0；意味着应关掉生产线。

（3）如果 $x^{bar} = 15.82$；$(x^{bar} - \mu)/(\sigma/\sqrt{n}) = (15.82 - 16)/(0.8/\sqrt{30}) = -0.18/0.1460593 \approx -1.23$

不拒绝 H_0；意味着没必要调整生产线。

（4）P-值（如果样本平均值为 16.32）为 0.5−0.4857=0.0143。

单侧为 0.01419。

Excel（在其公式中）总是根据双侧检验给出 P-值。

（5）P-值（如果样本平均值为 15.82）为 0.5−0.3907=0.1093。

再看一下区间估计和假设检验的关系：
$$\mu_0 \pm Z_{\alpha/2}(\sigma/\sqrt{n}) = 16 \pm 1.96(0.8/\sqrt{30}) = 16 \pm 0.286 \Rightarrow [15.714, 16.286]$$

由于 16.32 在范围外，可得结论：应拒绝 H_0；但由于 15.82 在范围内，不拒绝 H_0。

测试得到的均值表达式为
$$t = (\overline{x} - \mu)/(s/\sqrt{n})$$

 例 2.26 来自正态分布总体的小样本 t

包括美国运通、E*Trade Group、高盛和美林在内的金融服务公司的总体平均每股收益为 3 美元（《商业周刊》，2000 年 8 月 14 日）。表 2.16 给出了 2001 年美国

10 家金融服务公司的每股平均收益。

表 2.16　2001 年美国 10 家金融服务公司的每股平均收益　　（单位：美元）

1	2	3	4	5	6	7	8	9	10
1.92	2.16	3.63	3.16	4.02	3.14	2.20	2.34	3.05	2.38

相应的每股收益均值和方差如表 2.17 所示。

表 2.17　每股收益均值和方差

		收益值	$(x-2.8)^2$
样本值		1.92	0.77
		2.16	0.41
		3.63	0.69
		3.16	0.13
		4.02	1.49
		3.14	0.12
		2.20	0.36
		2.34	0.21
		3.05	0.06
		2.38	0.18
和		28.00	4.42
均值		2.8	0.4908（方差）
			0.7006（标准差）

确定 2001 年的总体平均每股收益是否和 2000 年的 3 美元相同。设 $\alpha = 0.05$。

$$H_0: \mu = 3$$

$$H_a: \mu \neq 3$$

$$t_{0.025,9} = 2.262 \ \text{Excel} = (\text{TINV}(0.05, 9)) = 2.262159$$

如果 $t < -2.262$ 或 $t > 2.262$，则拒绝

$$t = x^{\text{bar}} - \mu = -0.9027$$

P-值：Excel = (TDIST(0.9027; 9; 2)) = 0.390

结论：不拒绝 H_0，因为不能得出认为总体平均每股收益已改变的结论。

再次使用置信区间来做决定：

$$\bar{x} \pm t_{\alpha/2}(s/\sqrt{n}) = 2.8 \pm 2.262(0.7006/\sqrt{10}) = 2.8 \pm 0.50 \Rightarrow [2.30, 3.30]$$

由于声称的均值 3 美元在上述范围内，因此不能拒绝原假设。

例 2.27　关于总体比例的检验假设

在某电视广告中，牙膏制造商声称超过 80% 的牙医推荐其产品中的成分。为了验证这一说法，某消费者保护组织随机抽样了 400 名牙医，并询问每位牙医是否会推荐某款含有某些成分的牙膏。回答为：0= 否和 1= 是；71 人答否，329 人答是。在 5%的显著性水平上，消费者群体能否推断出该说法是真还是假？

$$\hat{p}=329/400=0.8225, p=0.8,\ q=1-p$$

$$H_0:\ p\leqslant 0.8$$

$$H_a:\ p>0.8$$

拒绝范围：

$$Z>Z_\alpha=Z_{0.05}=1.645$$

检验统计量：

$$Z=(\hat{p}-p)/\sqrt{pq/n}=(0.8225-0.8)/\sqrt{0.8\times 0.2/400}$$
$$=0.0225/0.02=1.125$$

结论：不拒绝 H_0。该说法很可能为真。

如果其（由于某种原因）仍然是 0.8225。n 要多大才能支持该说法？

$$1.645=(0.8225-0.8)/\sqrt{0.8\times 0.2/n}$$

$$n=855.11\approx 856$$

 例 2.28　艾伯塔省对驾驶行为的观察假设

48%的司机没有在县道的停车标志处停车。2 个月后，该省开展了一场大规模宣传活动，结果是：在 800 名司机中，360 名没有在县道的停车标志处停车。

（1）不停车的司机比例有变化吗？

$$H_0:p=0.48$$

$$H_a:p\neq 0.48$$

（2）拒绝范围：

$$Z_{\alpha/2}=Z_{0.025}=1.96$$

如果 $Z<-1.96$ 或 $Z>1.96$，则拒绝假设。

（3）$\hat{p}=360/800=0.45,\quad p=0.48$。

（4）$(\hat{p}-p)/\sqrt{pq/n}=(0.45-0.48)/\sqrt{0.48\times 0.52/800}=-0.03/0.0176635\approx$ -1.70。

（5）不拒绝 H_0：不能得出结论，不停车司机的比例没变得更好。

2.7　假设检验的总结

假设检验的总结如表 2.18 所示。

表 2.18　假设检验的总结

	H_0 为真	H_0 为假
拒绝 H_0	第一类错误	正确决策
	P(第一类错误) = α	
不拒绝 H_0	正确决策	第二类错误
		P(第二类错误) = β

2.7.1　用一个样本均值检验

H_0: $\mu = \mu_0$

H_a: 如果需要，可以是以下情况中的任一种。

$$\mu \neq \mu_0, \quad \mu < \mu_0, \quad \mu > \mu_0$$

检验统计量：

$$Z = \frac{x^{\mathrm{bar}} - \mu_0}{\sigma / \sqrt{n}}$$

结论：可决定拒绝 H_0，当且仅当

$$\mu \neq \mu_0, \ \text{若} \ Z \geq Z_{\alpha/2} \ \text{或} \ Z \leq -Z_{\alpha/2}$$

$$\mu < \mu_0, \ \text{若} \ Z \leq -Z_\alpha$$

$$\mu > \mu_0, \ \text{若} \ Z \geq Z_\alpha$$

2.7.2　用总体比例检验（大样本）

如表 2.19 所示，不同的备择假设相应的拒绝范围不同。

表 2.19　备择假设和拒绝范围

备 择 假 设	拒 绝 范 围
H_a: $p > p_0$	$Z \geq Z_\alpha$
H_a: $p < p_0$	$Z \leq -Z_\alpha$
H_a: $p \neq p_0$	要么 $Z \geq Z_{\alpha/2}$ 或 $Z \leq -Z_{\alpha/2}$

原假设：

$$H_0: \quad p = p_0$$

检验统计量：

$$Z = \frac{p_1 - p_0}{\sqrt{p_0(1 - p_0) / n}}$$

结论：对于 $np_0 \geqslant 5$ 和 $n(1 - p_0) \geqslant 5$，检验是有效的。

2.7.3　比较两个样本均值的检验

H_0：$\mu_1 = \mu_2$，也可写成 $\mu_1 - \mu_2 = 0$。

H_a：如果需要，可以是以下情况中的任一种。

$$\Delta\mu \neq 0, \quad \Delta\mu < 0, \quad \Delta\mu > 0$$

检验统计量：

$$Z = \frac{x^{\text{bar1}} - x^{\text{bar2}}}{\sqrt{\dfrac{S_1^2}{m} + \dfrac{S_2^2}{n}}}$$

决策：拒绝说法 H_0，当且仅当

$$\Delta\mu \neq 0, \quad 若 Z \geqslant Z_{\alpha/2} \text{ 或 } Z \leqslant -Z_{\alpha/2}$$
$$\Delta\mu < 0, \quad 若 Z \leqslant -Z_\alpha$$
$$\Delta\mu > 0, \quad 若 Z \geqslant Z_\alpha$$

2.7.4　练习

（1）美国一家情报机构声称，阿富汗使用计算机的人口比例至少为 30%。选择了 500 人的样本，其中 125 人表示自己可以使用计算机。请以 5% 的显著性水平检验该说法。

（2）AA 电池制造商声称其电池的平均寿命为 800 小时。随机选择 40 个电池，发现其均值为 790 小时，标准差为 22 小时。请在 5% 和 1% 的显著性水平上进行假设检验。

（3）作为指挥官，您被要求在战场上测试一种新武器。这种武器据称可靠性为 95%。您向士兵发放了 250 件此种武器，其中 15 件不能正常工作，即不符合军用规格。请在 5% 的显著性水平上进行假设检验。

（4）您需要直径至少为 2.2 厘米的钢索来完成即将执行的任务。您采购了 35 根电缆，通过测量发现平均直径仅为 2.05 厘米，标准差为 0.3 厘米。请在 5%的显著性水平上对电缆进行假设检验。

（5）某化学物质用于制造某挥发性物质，出于安全原因，要确保其平均浓度不超过 8 毫克/升。34 个容器的随机样本的均值为 8.25 毫克/升，标准差为 0.9 毫克/升。这符合安全要求吗？

（6）在 2003 年的一项调查中，成年美国人被问及最讨厌但又离不开的发明，30%的人选择了手机。在最近的一项调查中，在接受调查的 1000 名美国成年人中，有 363 人表示，手机是他们最讨厌但又离不开的发明。如果讨厌且拥有手机的成年美国人的比例与 2003 年相同，则以 5%的显著性水平进行假设检验。

2.8　案例研究

2.8.1　菲律宾暴力冲突事件分析

在本案例研究中，借助基于 Durante 和 Fox（2015）研究的假设检验，检验社区中的贫困水平如何影响或是否会影响恐怖事件的发生。

2010 年，菲律宾的人口估计为 9400 万人。相对而言，从 2000 年的 7690 万人，增至 2005 年的 8530 万人，年增长率为 2.04%（国家统计协调委员会，2012）。人口增长率高、工作岗位少和就业率低导致 2003 年贫困率达 33.7%（Abinales 和 Amoroso，2005）。收入分配不均，最贫穷的 10%的人口仅掌握了 1.7%的国民收入，而前 10%的人口掌握了 38.4%的国民收入（Abinales 和 Amoroso，2005）。许多家庭依赖国外的 700 万菲律宾人汇款，且近年来每年汇回 60 亿～70 亿美元（Abinales 和 Amoroso，2005）。

第二次世界大战后，菲律宾成为亚洲最富有的国家之一（Philippines，2012）。但在马科斯执政期间，经济管理不善和政治动荡，以及科拉松·阿基诺执政期间的政局不稳定，导致经济停滞并进一步抑制了经济活动。后续政府开展了各项改革，以促进经济增长、吸引外国投资。

自 2000 年以来，菲律宾国内生产总值（GDP）普遍增长，但 2009 年增长最低，仅有 1.1%，主要由消费需求、出口和投资反弹以及选举相关支出造成。但在 2010 年反弹至 7.3%，而到 2011 年又降至 4%［CIA Factbook（美国中情局《世界百科全书》），2012]，如图 2.38 所示。

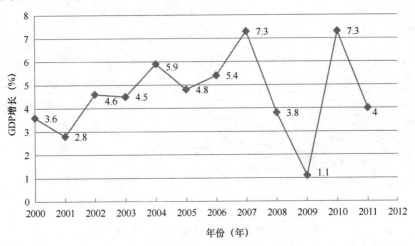

图 2.38　2000—2011 年菲律宾 GDP（Index Mundi，2012）

2000—2011 年，菲律宾经济被认为是稳定的。与该地区其他国家相比，该国能够承受 2008—2009 年的全球性经济衰退，主要原因包括对陷入困境的国际证券的敞口最小、对出口依赖度较低、国内消费相对具有弹性、来自海外菲律宾工人的大量汇款以及业务流程外包行业不断增长（CIA Factbook，2012）。尽管经济发展稳定，但该国未能充分开发国内人力资源，没有创造足够的就业机会，失业率居高不下。

制约经济增长的其他因素包括巨额赤字，主要由巨额国内外债务，以及国家征税不力造成。由于政府资源有限，社会需求仍未得到满足，加剧了政治的不稳定，从而阻碍了外国投资（Abinales 和 Amoroso，2005）。

贫困是导致暴力冲突的众多因素之一，甚至有人断言，贫困是叛乱的主要原因之一。为分析菲律宾的冲突和贫困，下面的散点图显示了贫困和重大事件（SIGACTS）的数据集（见图 2.39）。2003 年，共记录 1355 起暴力事件，包括武装冲突、暗杀、谋杀、绑架、纵火、伏击、突袭、爆炸、枪击和骚扰。

从图 2.39 中可以看出，SIGACTS 随着贫困指数的上升而增加。0.2315 的相关系数反映了这两个变量之间存在弱线性关系。线性回归方程仅解释了 R^2 描述的 0.0536 的数据。部分数值被认为是异常值，具有相当高的 SIGACTS 分数，分别为 217 和 225。描述性统计显示，贫困的均值为 31.77，中位数为 33.5，而 SIGACTS 的均值为 16.7，中位数为 8。

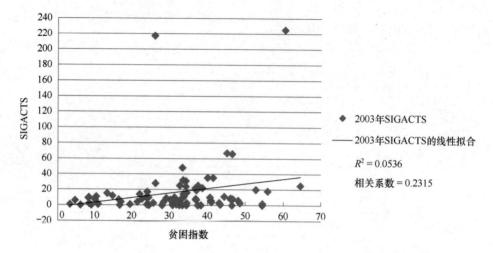

图 2.39　2003 年贫困指数和 SIGACTS 散点图

在应用描述性统计时，2003 年的贫困指数数据可分为两组：第一组贫困指数小于 28，第二组贫困指数大于 28。假设如下：

$$H_0:\ \mu_1-\mu_2=0$$

$$H_a:\ \mu_2>\mu_1$$

原假设（H_0）表明，划分的两组贫困指数的 SIGACTS 数量相同，而 μ_1 为贫困指数较低的组。同时，备择假设表示，贫困指数较高组的 SIGACTS 更多。描述性统计揭示了以下数值，如表 2.20 所示。

表 2.20　描述性统计的相应数值

$\bar{x}=12.256$
$\bar{y}=21.536$
$\sigma_x^2=1177.936$
$\sigma_y^2=1333.305$
$m=39$
$n=41$

检验统计表明，Z 值为 1.19。对于 5%显著性水平的单侧检验，检验统计量 Z 的值表明其不在拒绝范围内（见图 2.40）。

由于 $-1.19>-1.65$ 且不在拒绝范围内，原假设未被拒绝，因此得出结论：样本 1 的均值等于样本 2 的均值（$\alpha=0.05$）。有人断言，SIGACTS 的数量与贫困增加或减少的量相同。

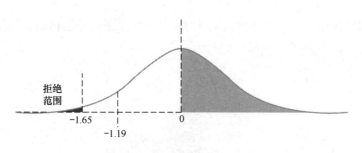

图 2.40　拒绝范围

2006 年，SIGACTS 下降了，记录了共 1091 起事件。线性趋势仅代表 0.0438 的数据（R^2）。此外，相关系数证明变量之间的相关量仅为 0.2092，仍是变量之间的弱线性关系（见图 2.41）。

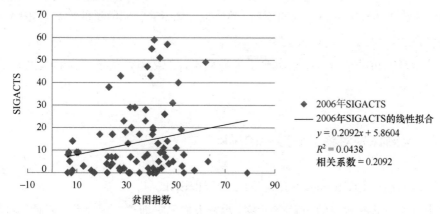

图 2.41　2006 年贫困指数和 SIGACTS 散点图

对于描述性统计，2006 年的贫困指数数据再次被分为两组：第一组贫困指数小于 37，第二组贫困指数大于 37。原假设（H_0）表明被划分贫困指数的两组 SIGACTS 数量相同。同时，备择假设表示，贫困指数较高组的 SIGACTS 更多。描述性统计揭示了以下数值，如表 2.21 所示。

表 2.21　描述性统计的相应数值

$\bar{x} = 9.5$
$\bar{y} = 17.342$
$\sigma_x^2 = 115.744$
$\sigma_y^2 = 338.880$
$m = 40$
$n = 41$

检验统计表明，Z 值为 2.35。对于 5%显著性水平的单侧检验，检验统计量 Z 值表明其在拒绝范围内（见图 2.42）。

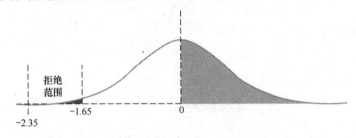

图 2.42　拒绝范围

由于 2.347 > 1.65 并且在拒绝范围内，拒绝原假设，因此得出结论：样本 2 的均值大于样本 1 在 $\alpha = 0.05$ 处的均值。有人断言，随着贫困数量的增加，SIGACTS 的数量也会增加。

从军事的角度来看，要想减少重大恐怖事件的数量，就需要提高人民的幸福感和财富水平。

2.8.2　卫勤保障对警卫队效能的影响

本内容摘自 LTCRamey Wilson 的一项课程设计。

影响警卫队的效能的因素有很多，尽管人们已对训练、领导力、后勤、设备、监督、政策和法律制度等显著因素的影响进行了大量调查和研究，但卫勤保障对警卫队效能的影响很少受到人们关注。事实上，没有任何证据表明，有人发表过卫勤保障对警卫队影响的任何定量分析或定性分析研究。

毫无疑问，提供安全保障，尤其是在存在主动的或潜在不稳定因素的地区，对于执行者来说存在固有的受伤风险。为了使安保有效而持久，警卫队必须进入和控制有争议的地区，以建立秩序、逮捕罪犯并保障和平。然而，由于安保工作的性质，警卫队会面临暴力和受伤的风险。对士兵或警察个人而言，这属于个人风险；对于国家而言，其治理的合法性往往在于通过合法使用强制和暴力措施来建立和维护秩序，作为国家发展的支柱之一，安全仍然是国家得以发展及经济得以进步的必要条件。

本案例研究采用大样本定量分析方法，探讨了警卫队的效能与不同水平卫勤保障之间的关系。结果表明，当确保警卫队在受伤时能得到有效的医疗护理时，其工作效率会更高，如图 2.43 所示。

Bliese 和 Castro（2003）所述的士兵适应力模型（Soldier Adaptation Model，SAM）提供了一个框架，可帮助读者理解哪些因素会影响安保人员工作的动机。SAM 采用基于系统的方法来描述人员的输出——"表现结果"（见图 2.43）。主要输入，也就是压力源，包括环境的因素，即"对士兵施加压力或提出要求"（Bliese 和 Castro，2003）。例如，天气、职责、角色不明、工作量、与家人的分离和危险。虽然其中一些压力源会因地点和时间而异，如危险，但其他压力源无处不在。

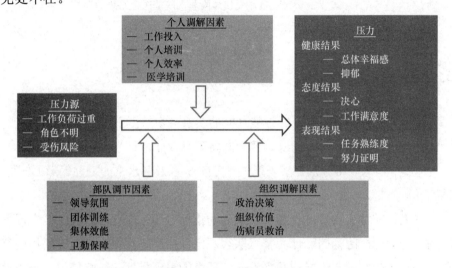

图 2.43　士兵适应力模型（Bliese 和 Castro，2003）

调节因素是指为减少压力源的影响而采取的缓冲或缓解行为。例如，培训、单位凝聚力和领导力是在压力暴露前培养的调节因素，以减少预期和意外压力源的影响。由于安保人员是在团体和组织背景下工作的，所以必须在每个层级提供调节因素来相互加强，以最大限度地减少压力源对人员表现的影响。Bliese 和 Castro（2003）认为，"当个人、团体和组织这 3 个层级中的每一层调节都达到最大限度时，士兵的幸福感和表现就会达到最佳"。

调节因素可减轻压力，而压力源会导致压力。就其基本形式而言，"压力"代表结果"（Bliese 和 Castro，2003）。使用健康、态度和表现三大领域的分类，可通过疾病发病率来分析压力。

图 2.44 采用 SAM 框架，探讨了受伤风险（压力源）、卫勤保障（调节因素）和警卫队表现（压力）之间的关系。

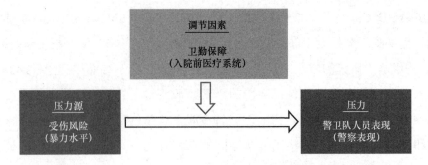

图 2.44 在 SAM 中表示的研究变量。受伤风险和入院前医疗系统的存在代表了影响
警察表现（因变量）的自变量

2.8.3 假设

为了研究医疗护理与警卫队效能之间的关系，本节提出了以下假设。

H_0：当医疗护理随时可用时，警卫队将更有效能。

为检验该假设，将分析警察表现（因变量），以及各水平的卫勤保障（自变量）和风险（自变量）。

尽管人们在将警察表现作为衡量效能的指标方面可能存在分歧，但它似乎是可用的最佳指标，因为国际性的警卫队客观定性指标仍然很少，全球通用的警卫队和司法系统的客观定性指标几乎没有。现有的表现指标将影响警卫队合法性的其他因素与表现相结合，如侵犯人权和暴行等。例如，由美国和平基金会编制的《失败国家指数》将腐败的影响、武器供应、专业精神和是否存在私人军队纳入表现指标（失败国家指数，2011）。在直言量化警卫队质量的困难时，联合国毒品和犯罪问题办公室及欧洲犯罪预防和控制研究所表示，全面评估必然意味着在理论和实践方面要深入研究各国刑事司法系统。即使对世界上所有刑事司法系统都有足够的了解，要将这些知识转化为一项便捷的表现指数也是一项非常庞大的任务，其目的是根据刑事司法表现情况对各国进行排名（Harrendorf 等，2010）。

虽然"失败国家指数"考虑的因素有助于建立国家安全部门的格式塔，但可以通过将警察表现描述为一种行为的定量指标来更好地评估健康对安全系统的影响。警察表现提供了一个量化警卫队行为的指标，可以在各级卫勤保障中加以分析。

警卫队人员在履行职责时面临的风险水平决定了为降低风险所做努力的影响。当风险较低时，调节因素中可感知的好处（此处是指卫勤保障）可能不会被完全理解或转化为个人行为。但随着风险的增加，调节因素中可感知到的效用和影响可能会涌现，并直接影响个人行为。如果风险显著增加，则存在一个潜在的风险水平，此时调节因素可能无法提供足够的支持来降低风险，且无法进一步改变行为。在此分析中，一个州的暴力程度代表了警卫队人员在履行职责时必须面临的风险。

暴力程度作为衡量标准，有两种不同的使用方式，即作为自变量和作为因变量。作为一个自变量，暴力会给努力减少暴力的人带来压力。在暴力程度较高的地区，警卫队人员在履行职责时面临的受伤风险更高。

作为一个因变量，暴力是提供安全的副产品，可衡量提供安全的质量。正如纳尔逊·曼德拉在世卫组织 2002 年《世界暴力与健康报告》前言中所写，"（暴力）在缺乏民主、不尊重人权和缺失良好治理的情况下茁壮成长"。在此方式下，暴力可被用作衡量警卫队效能的指标。

在此分析中，暴力主要作为一个独立变量来核实本研究的中心假设。在特定部分，暴力被用作一个因变量来研究安全和卫勤保障的质量。

2.8.3.1 初始限制

这里的分析有几方面的限制，也大体框定了研究的方法论和最后结果。由于之前没有实证或定量研究来确定安全卫勤保障与警卫队效能之间的关系，缺乏前瞻性或经验数据，需要使用合理的指标来量化因变量和自变量，从而对假设进行合理评估。虽然无法确定因果关系，但本节的目的是阐明卫勤保障对警卫队效能的影响，并在美国采取战略行动来加强其伙伴国警卫队的背景下，主张进一步重视警卫队卫生状况。

2.8.3.2 数据库

该研究数据库中的大部分数据来自世界卫生组织（WHO）数据登记处，以及联合国毒品和犯罪问题办公室及欧洲犯罪预防与控制研究所（HEUNI）发布的《国际犯罪与司法统计》（ISCJ）。

世界卫生组织数据登记处收集和发布所有世界卫生组织成员国的公共卫生数据，并为研究提供大规模数据集（2012 年全球卫生观察站数据库）。该组织纵向收集了所有与健康相关的信息，包括发展指标、经济因素和发病率。2008 年，世界卫生组织发布了《全球疾病负担：2004 年更新》（GBD）报告，并将其数据收录至世界卫生组织数据登记处。作为对 2002 年数据的更新，GBD 总结了 2004 年疾病在其 192 个成员国的影响。该报告在收集和验证数据时，利用了世界卫生组织和国际组织的资源，以标准化、按照年龄修正后的指标描述了数据，并按人口分布进行了调整，从而可在各国之间进行比较。鉴于冲突和社会不稳定造成的人员受伤消耗了大量医疗资源，GBD 提供了 2004 年全球各地战争和暴力对健康影响的指标（《全球疾病负担：2004 年更新》）。此项研究从世界卫生组织数据登记处 2004 年的健康数据中提取了额外数据以丰富数据库。对部分国家由于未能获得 2004 年的数据，采用了与 2004 年非常接近的数据。例如，只有 2007 年才有正式的入院前医疗系统（Pre-Hospital Medical System，PHMS）。

ISCJ 报告则研究了所有联合国成员国的犯罪和刑事司法效率（Harrendorf 等，2010）。该报告于 2010 年发布，提供了有关警察、起诉和拘留能力的关键指标，从 ISCJ 数据集中，研究提取了有关警察密度和效率的信息并将其纳入数据库，大部分国家的数据涵盖了 2004—2006 年。但某些国家/地区的数据不在此范围内或未被列出。警察表现的指标（稍后定义）汇总了量化一个国家刑事司法系统活动的比率。

数据库中缺失的信息是通过开放文件获得的（如可能），如美国国务院网站或相关国家驻美大使馆网站。这些网站提供了关于 PHMS 存在的当前证据（未能获取这些国家 2004 年的 PHMS 的信息）。在这种情况下，当前数据代表了较好的可用数据并可在数据库中获取。

经过编辑后，该数据库排除了 2002—2004 年经历大规模武装冲突的国家，以消除数据中战争和冲突导致的偏斜。这里基于乌普萨拉冲突数据计划/内战研究中心以及奥斯陆国际和平研究所（UCDP/PRIO）武装冲突数据集 v.4-2012（涵盖了 1946—2011 年），其中省略了 2002—2004 年每年死亡人数超过 1000 人的国家（Themner 和 Wallensteen，2012）。数据集保留了 2004 年冲突程度低的县，以评估暴力增加对各卫勤保障水平下警卫队人员表现的影响。根据这些标准，数据库中删除了 9 个国家，分别是尼泊尔、哥伦比亚、苏丹、乌干达、印度、利比里亚、伊拉克、俄罗斯和布隆迪。此外，以下 3 个国家因与战争相关的伤残人数过多而被排除在外（根据 GBD，每 10 万人中因战争伤残的标准年龄人数超过 1000 人/年）：索马里、刚果民主共和国和前南斯拉夫的马其顿共和国。由于缺乏数据，朝鲜也被排除在外。

最后得到的数据库包括了 179 个国家，人口从 2000 人到 13 亿人，共覆盖 49 亿人。未获得关于以下内容的指标：PHMS 的质量、其在农村地区的渗透，以及民用卫勤保障系统外专用卫勤保障的使用情况。表 2.22 提供了概要信息。

图 2.45 展示了警卫队人员的表现与暴力的关系。

表 2.22　数据库指标

项　　目	数量（个）		
总共包含的国家	179		
总共排除的国家	13		
有 PHMS 的国家	140		
无 PHMS 的国家	39		
有警卫队人员表现数据的国家	91		
无警卫队人员表现数据的国家	88		
项　　目	中 位 数	最 小 值	最 大 值
人口（千人）	5799	2	1312433
全因死亡率（每 10 万人 DALY）	19032	8013	82801
暴力（每 10 万人 DALY）	236	8	2031
战争（每 10 万人 DALY）	16	0	838
暴力负担（%）	0.99	0.09	9.98
警卫队人员的表现（比率）	0.077	0	1
5 岁以下儿童死亡率（每 1000 人死亡人数）	25	3	202

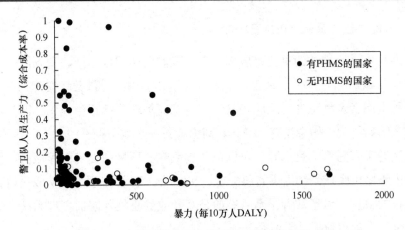

图 2.45　各国暴力水平与警卫队人员表现的散点图

2.8.3.3　术语及变量的定义

数据库中使用的术语及变量定义如下。

1. 年龄标准化、残疾调整生命年（Disability-Adjusted Life Year，DALY）

DALY 通过计算 "……因过早死亡而损失的生命年数和不完全健康的生命年数……" 来计算疾病过程的负担，作为特定疾病的结果（《全球疾病负担情况：2004 年更新》）。虽然 GBD 以多种形式给出了 DALY，但本研究采用年龄标准化指标。

年龄标准化的 DALY 依据世界卫生组织世界标准人口（《全球疾病负担：2004 年更新》），按年龄和性别计算疾病发生率。经由标准化，可比较具有不同人口年龄密度的国家（Ahmad 等，2001）。

2. 暴力（每 10 万人中的年龄标准化后 DALY）

每 10 万人中归因于暴力的 DALY 数量。

3. 战争（每 10 万人中的年龄标准化后 DALY）

每 10 万人中归因于战争冲突的 DALY 数量。

4. 全因死亡率/发病率（每 10 万人中的年龄标准化后 DALY）

归因于所有疾病或疾病过程（包括冲突和暴力）的 DALY 数量，这些数据来自健康和幸福感受到影响的民众。

5. 暴力负担（BOV）

暴力负担代表暴力引起的 DALY 占总疾病负担（全因死亡率/发病率）的比例。

6. 入院前医疗系统（PHMS）

作为基本医疗服务的重要组成部分，入院前创伤护理已开始受到国际卫生界的关注（Sasser 等，2005）。通过应对院外伤害和疾病、提供初步复苏护理、运送过程中稳定患者及将患者送至医院救治，入院前医疗系统逐渐成为社区与对应医疗系统之间的桥梁。如果没有 PHMS，则患者必须在被送往医院后方可接受治疗。虽然军队通常有随军卫勤保障，可以在严峻或驻扎环境中提供医疗服务，但警卫队主要依赖民用医疗系统提供紧急护理。2007 年，世界卫生组织从成员国收集了自行上报的数据，以了解各国是否有向公众开放的正规入院前护理系统，每个国家都提供了二项型数据（是或否）。

对于没有报告数据的国家，在美国大使馆网站中寻找当前国务院现有 PHMS 的证据，将其纳入数据库。本分析用该指标来了解为警卫队提供的医疗保健。借助 PHMS，警卫队人员如果在履行职责时受伤，可得到加急护理并专程运送至医院。如果没有 PHMS，伤员就可能无法及时获得紧急医疗护理，从而无法保护其生命或防止造成永久性残疾。

7. 警卫队人员表现

联合国毒品和犯罪问题办公室及欧洲犯罪预防和控制研究所的指标并未要求

衡量质量或"……暗示生产率高的系统比生产率低的系统表现更好"（Harrendorf 等，2010）。这两所单位的"国际犯罪与司法统计"中提供了一个指标，将警卫队人员的意愿与逮捕并通过法律制度审理罪犯联系起来。警卫队人员的表现代表一个指标，用于求 3 个子指标比率的平均值，前者用于衡量安全部门的效率，包括每位警卫队人员处理的嫌疑人比例、每位检察官经手被起诉的嫌疑人比例，以及每位检察官的定罪比例。这些指标量化了警卫队在揭露、调查和协助起诉犯罪分子时的"产出"。根据 SAM，该指标代表压力情况，用于评估卫勤保障对警卫队生产力的影响。

8. 5 岁以下儿童死亡率

5 岁以下儿童死亡率代表每 1000 名活胎婴儿在 5 岁前死亡的概率，通常作为衡量一国卫生系统有效性的指标，影响其值的因素包括健康和营养服务资源、粮食安全、喂养方式、个人卫生和环境卫生水平、用水安全、女性文盲、早孕、健康服务的供应和性别平等。作为一个结果指标，5 岁以下儿童死亡率反馈一国的卫生系统总体运行情况，以及与其他部委的协调情况（世界儿童状况，2007）。在本研究中，5 岁以下儿童死亡被视为一个指标，用于衡量提供 PHMS 服务的民用医疗部门服务质量及其发展程度。

9. 人口（以千为单位）

人口指标代表各国实际人口。世界卫生组织计算人口数据时，参考了联合国人口司发布的《世界人口远景》报告。本研究提取了 2004 年的数据（世界人口远景：2004 年修订，2005）。

2.8.3.4　结果与讨论

1. 假设检验

H_0：当医疗服务随时可用时，警卫队将更有效率。

对数据库的分析表明，当 PHMS 用于支持其安保行动时，警卫队的生产力（效率）显著提高（$p = 0.000$）。这一发现支持了卫勤保障影响警卫队生产力的假设。其他分析分别说明了风险和暴力的减少对卫勤保障带来的正面影响、卫勤保障在提高警卫队质量方面的作用、数据库的质量，以及实施高质量 PHMS 的重要性。

2. 风险等级

卫勤保障对强化警卫队的影响似乎与警卫队在履行职责时面临的相对风险有

关。按照一国的暴力程度，受伤风险被标准化为人口规模，并按每 10 万人的比率报告。将风险作为一国总疾病负担的百分比来评估，可提供该国暴力犯罪量的更多信息。通过将暴力 DALY 除以全因死亡率/发病率（总疾病负担）的 DALY，可计算出暴力负担（BOV）占总疾病负担的百分比。分析表明，一旦 BOV 高于 2.25%，PHMS 的存在就无法缓解风险的增加。若 BOV 水平高于 2.25%，则 PHMS 的存在对风险没有影响（$p = 0.3097$）。若 BOV 水平低于 2.25%，则 PHMS 的存在继续对风险等级产生显著影响（$p = 0.008$）。这些发现表明，当 BOV 超过 2.25% 时，相对风险的大小会减少 PHMS 对安保行动的效果。

在评估警卫队人员表现高于还是低于 BOV 2.25% 的风险等级时，这些发现的重要性更加明显。当 BOV 高达 2.25% 时，警卫队人员表现在卫勤保障的支持下继续显著提高（$p = 0.002$）。一旦风险等级超过 2.25% 的 BOV，卫勤保障的存在就无法提高警卫队生产力（$p = 0.9512$）。

这些发现表明，卫勤保障在一定程度上显著提高了警卫队生产力。造成这种上限效果的可能原因有两个：一是警卫队感知到风险增加，二是 PHMS 人员愿意在高风险地区开展工作。第一个原因表明，一旦警卫队认为伤害风险大于提供安全的好处，PHMS 的调节作用就会减弱。为抵消生产力的这种变化，警卫队需要强化其他调节因素，如派遣更庞大的队伍、提供更好的武装，以及加强训练。第二个原因表明，暴力风险也会影响 PHMS 的可靠性。救护人员必须愿意在暴力地区开展工作。如果医疗急救人员不愿进入高风险地区，警卫队则将无法获得卫勤保障。正如该分析所示，如果对卫勤保障失去信心，警卫队在保卫安全上的效率就会改变。在高风险地区设立专门的卫勤保障部门来辅助安保人员，可以增加对卫勤保障的信心。

3．警卫队的质量

如前所述，该分析主要用暴力作为独立变量，代表警卫队在履行职责时必须面对的受伤风险。但暴力也可以视为一个受警卫队效能影响的因变量。以下讨论将暴力使用情况视为因变量，代表有效安保行动的结果。

分析数据提供的证据表明，PHMS 的存在可能会提高警卫队效能的质量。在反馈警卫队人员表现指标的国家子集中，拥有 PHMS 的国家暴力水平显著降低（$p = 0.000$）。在比较数据库中所有国家的暴力程度时，这种差异仍然存在（$p = 0.025$）。为确保一致性，本书将其与其他安保质量的指标进行了比较。如前所述，和平基金失败国家指数包括各国安全机构的指标（失败国家指数，2011）。本书提取了 2006

年指数中各国指定的安全评分，分析了 PHMS 可用性的值。具有 PHMS 国家其安全机构指标显著低于（更好的质量）不具有 PHMS 的国家（$p = 0.000$）。这些发现表明，警卫队获得的卫勤保障与其提供的安保质量之间存在关系。

4. 缺失数据

数据库中只有约 50%（179 个国家中占 91 个）的世界卫生组织成员国的警卫队人员表现数据可用。如此大比例的国家无警卫队人员表现数据，可能会使结论产生偏差并限制其对推论的使用。为了评估缺失数据的影响，本书对比了是否反馈警卫队人员指标国家之间的暴力水平。无警卫队人员表现指标的国家暴力水平显著更高（$p = 0.002$）。如果暴力水平反映了安保质量的影响，那么暴力水平较高表明无警卫队人员表现指标的国家效率和质量都较低。收集和报告生产力措施的行为本身表明安全部门的发展水平在某些程度上是最低的。这一发现表明，与未提供这些指标的国家相比，其他国家的安保工作通常更有效，且质量更好。如果卫勤保障提高了高质量警卫队的生产力，那么低质量警卫队也会受到影响。但前提是假设 PHMS 质量足够优秀，可为低水平警卫队在照护方面提供更多信心。

5. 入院前医疗系统的质量

虽然这些数据不是本研究的具体目标，但它们提供了向警卫队提供卫勤保障质量影响的证据。对于所有没有 PHMS 的国家，报告安保效率的国家和没有报告的国家之间的暴力水平没有显著差异（$p = 0.530$），这表明，医疗部门和安全部门都很落后。对于拥有 PHMS 的国家，与没有报告安保效率的国家相比，报告其安保效率的国家暴力水平显著降低（$p = 0.001$）。这一发现质疑了在安全性欠佳的国家里 PHMS 提供的卫勤保障的影响或质量。虽然看起来有 PHMS，但医疗系统可能无法为安保行动提供足够的支持。通过比较提供安保效率数据而无 PHMS 的国家与未提供该数据但有 PHMS 的国家之间的暴力水平，发现这些指标之间缺乏显著差异，$p = 0.221$ 的数据也支持了这一结论。

在比较 5 岁以下儿童死亡率时，本研究发现了医疗部门质量影响的进一步证据，该死亡率是卫生系统产出和有效性的标志。将有 PHMS 但质量较差（未提供效率数据）的警卫队与没有 PHMS 而质量更好的警卫队（提供了效率数据）相比，这些国家的 5 岁以下儿童死亡率没有显著差异（$p = 0.7042$）。为支持安保工作，医疗系统需要高质量的 PHMS 和非常成熟的医疗机构，以提高警卫队的效能。

2.8.3.5　有效性

这项调查的主要限制来自数据的质量和数量。由于该分析依赖为其他研究工作收集的数据，其范围和结论是有限的。作为一项大样本研究，其描述能力本质上是回顾性的，以证明风险、卫勤保障和安保效率之间的关系。虽然数据允许对质量问题进行一些讨论和调查，但并没有具体衡量或量化质量。分析的另一个主要限制是缺乏关于各国 PHMS 的质量、可靠性和能力的定性和定量指标。虽然本书为警卫队提供可靠支持这一关系探讨了 PHMS 质量的概念，但 PHMS 数据的二项取值性质限制了进一步的分析。为安保工作实施定量和定性卫勤保障措施分析，将有助于对需要开发的 PHMS 的关键特征开展深入研究，以便增强外国的警卫力量。

2.8.3.6　案例研究结论

警卫队的卫勤保障在加强安保效率方面发挥着关键作用。通过减轻潜在受伤的压力，卫勤保障可以提高安保效率，这是一个关键方面。但一旦受伤风险过高，使安保人员认为无法承受，或环境阻碍有效而可靠的卫勤保障，这些效果似乎会停滞不前。随着美国希望强化其伙伴国的警卫队，高度重视并提供卫勤保障至关重要。在针对高危活动训练伙伴国军队时，提供能够承受高风险的专门医疗队是必不可少的。在培训国内警卫队时，所有健康或医疗发展工作都必须围绕干预措施，以提高平民急救技能、疏散能力和医院处置创伤的能力。

原书参考文献

Abinales, P., Amoroso, D. (2005). State and society in the Philippines. Lanham: Rowland and Little Field Publishers.

Ahmad, O. B., et al. (2001). Age standardization of rates: A new WHO standard. Report, GPE Discussion Paper 31. Geneva: World Health Organization.

Bliese, P. D., Castro, C. (2003). The Soldier Adaptation Model (SAM): Applications to peacekeeping research. In T. W. Britt & A. B. Adler (Eds.), The psychology of the peacekeeper:Lessons from the field (pp. 185-203). Westport: Praeger.

CIA Factbook. (2012). Retrieved March 13, 2012.

Coughlan, T. (2018). US Forces in Afghanistan should expect up to 500 casualties a month. The Times. Retrieved November 10, 2018.

Durante, J., Fox, W. P. (2015). Modeling violence in the Philippines. Journal of

Mathematical Science, 2(4) Serial 5, pp. 127-140.

Global Health Observatory Data Repository. (2012). Retrieved September 8, 2012.

Harrendorf, S., Heiskanen, M., Malby, S. (Eds.) (2010). International statistics on crime and justice. Report, HEUNI Publication 64. Helsinki: Institute for Crime Prevention and Control and United Nations Office on Drugs and Crime. Retrieved February 2, 2018.

Index Mundi. (2012). Retrieved March 13, 2012.

National Statistics Coordination Board. Population statistics. Retrieved March 13, 2012.

Philippines. (2012). US Department of State. Retrieved April 7, 2012.

Sasser, S., et al. (Eds.) (2005). Prehospital trauma care systems. Report. Geneva: World Health Organization.

The Failed State Index. (2011). Conflict assessment indicators: The fund for peace country analysis indicators and their measures. Report. Washington, DC: Fund for Peace. Retrieved January 1, 2018.

推 荐 阅 读

Ahmad, O. B., Boschi-Pinto, C., Lopez, A. D., Murray, C. J. L., Lozano, R., Inouem M. (2001). Age standardization of rates: A new WHO standard. Report. GPE Discussion Paper 31. Geneva: World Health Organization.

Themnér, L., Wallensteen, P. (2012). Armed Conflict, 1946-2011. Retrieved September 8, 2012.

第3章

数据拟合建模

本章目标

(1) 了解何时使用简单回归分析

(2) 理解相关性的含义及如何计算

(3) 理解指数回归和正弦回归模型之间的差异及使用场景

3.1 概述

军事问题通常需要分析数据，很多情况下需要使用回归分析。回归分析并不万能，它还需要好的方法和常识来配合分析中用到的数学和统计方法。本章探讨一些在商业、工业和政府数据分析中经常使用的简单回归和高级回归方法，以及在构建回归模型后检查模型是否得当的一些方法。此外，方法本身对于一项好的分析至关重要，本章在示例和案例研究中将加以说明。

通常情况下需要对数据建模，以便预测或解释数据域内发生的情况。除了模型，还可通过各种方法［包括回归方差分析（ANOVA）输出、残差图和百分比相对误差］来考察模型是否得当。

一般情况下，建议采用以下步骤实施回归分析。

步骤 1：输入数据（x, y）得到数据的散点图，并关注数据对应的趋势。

步骤 2：如有必要，则将数据转换为"y"和"x"分量。

步骤 3：构建或计算回归方程，得到所有输出结果。解读方差分析的输出，包括 R^2、F 检验和系数的 P-值。

步骤 4：绘制回归函数和数据以直观了解拟合情况。

步骤 5：计算预测值、残差、相对误差百分比。

步骤 6：确保预测结果通过常识测试。

步骤 7：对残差与预测对比情况绘图，以确定模型是否得当。

本节提出了几种检查模型是否得当的方法。首先，建议对预测结果进行"常识"测试。如果未通过，则返回修改回归模型，如 3.3 节的指数衰减模型。残差图也很能说明问题。图 3.1 显示了可能的残差图结果，其中只有数据随机情况下才能从残差图的角度表明模型是否得当。线性趋势、曲线形或扇形形态表明了回归模型中的问题（Affi 和 Azen，1979），根据发现的趋势，可对改进方法开展富有成效的讨论。通过相对误差百分比也可了解模型与原始值的近似程度，并了解模型在哪里非常合适，以及在哪里可能不合适，式（3.1）可用来定义相对误差百分比。

$$相对误差百分比 = \frac{100\left|y_a - y_p\right|}{y_a} \tag{3.1}$$

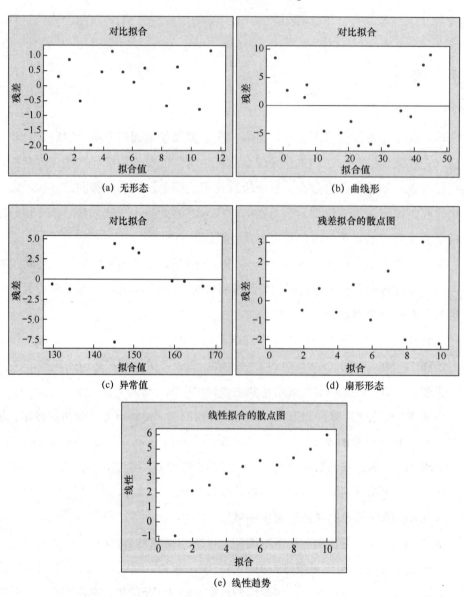

图 3.1　残差的形态示例

3.2　相关性与简单线性回归

3.2.1　反弹力数据的相关性

首先定义相关性。相关性衡量的是数据集 X 和 Y 之间的线性关联度。在数学上，相关性定义如下。

X 和 Y 之间的相关系数用式（3.2）表示，记为 ρ_{xy}，即

$$\rho_{xy} = \frac{\text{COV}(X,Y)}{\sigma_x \sigma_y} = \frac{E[XY] - \mu_x \mu_y}{\sigma_x \sigma_y} \tag{3.2}$$

相关值范围从 -1 到 $+1$。-1 对应于具有完全负相关的斜率线，$+1$ 对应于具有完全正相关的斜率线。若值为 0，则表示不存在线性（相关）关系。

本节从文献中引用两条相关性的经验法则。首先，根据 Devore（2012）的研究，对于数学、科学和工程数据，有如下结论：

- $0.8 < |\rho| \leq 1.0$——强线性关系；
- $0.5 < |\rho| \leq 0.8$——中等线性关系；
- $|\rho| \leq 0.5$——弱线性关系。

根据 Johnson（2012）的研究，对于非数学、非科学和非工程数据，对 ρ 的解释更宽泛，一般结论为

- $0.5 < |\rho| \leq 1.0$——强线性关系；
- $0.3 < |\rho| \leq 0.5$——中等线性关系；
- $0.1 < |\rho| \leq 0.3$——弱线性关系；
- $|\rho| \leq 0.1$——无线性关系。

此外，在建模工作中，强调 $|\rho| \approx 0$ 可以解释为没有线性关系或存在非线性关系。大多数学生和研究人员未能认识到解释中非线性关系方面的重要性。

在 Excel 中，计算两个（或多个）变量之间的相关性很简单。在 Excel 中加载反弹力数据（见表 3.1）后，可以首先以表格格式可视化数据。这样可以确保数据的格式正确，并且不会导致异常情况（缺失值、输入的是字符而不是数字）。

Note

表 3.1　弹簧反弹力数据

质量（克）	弹性（米）
50	0.1
100	0.1875
150	0.275
200	0.325
250	0.4375
300	0.4875
350	0.5675
400	0.65
450	0.725
500	0.80
550	0.875

使用任一经验法则，相关系数$|\rho|$=0.999272，都表示强线性关系。如图 3.2[①]所示，呈现的是一个极好的线性关系，其正相关性非常接近 1。

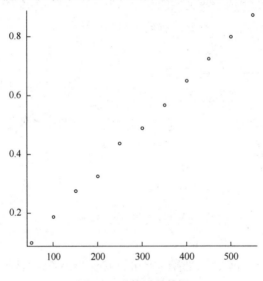

图 3.2　弹簧质量数据

为估计该数据集中两列之间的相关性，只需要找到相关系数 ρ。该数据的相关系数为 0.9993，非常接近于 1，在图 3.2 中该数据间的这种关系显而易见，呈现出具有正斜率的线性关系，如图 3.2 和图 3.3 所示。

---

　① 原文中此处有误，已修正。——译者注

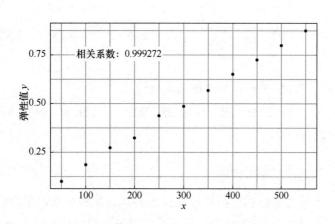

图 3.3 带有相关系数的弹簧弹性数据图

3.2.2 反弹力数据的线性回归

最小二乘曲线拟合法，也称普通最小二乘法和线性回归，其通过求解模型的解，使观测值和预测值间偏差的平方和最小化。最小二乘法将找到函数 $f(x)$ 的参数，将实数据和设想模型之间平方差之和最小化，如式（3.3）所示：

$$\min \ \text{SSE} = \sum_{j=1}^{m}[y_1 - f(x_j)]^2 \tag{3.3}$$

例如，为将一组数据拟合到设想的比例模型 $y = kx^2$，最小二乘准则要求最小化等式（3.4）：

$$\min \ S = \sum_{j=1}^{5}(y_i - kx_j^2) \tag{3.4}$$

注意，式（3.3）中对 k 值的估计如表 3.2 所示。

表 3.2 $y = kx^2$ 对应的数据

x 的取值	0.5	1.0	1.5	2.0	2.5
y 的取值	0.7	3.4	7.2	12.4	20.1

使用一阶导数最小化式（3.4），将其设为零，并求解未知参数 k。

$$\frac{\mathrm{d}s}{\mathrm{d}k} = -2\sum x_j^2(y_j - kx_j^2) = 0$$

得到

$$k = \left(\sum x_j^2 y_j\right) / \left(\sum x_j^4\right) \tag{3.5}$$

利用表 3.2 中的数据集，可找到适合模型的最小二乘表达式：$y=kx^2$。

求 k 的解：$k = \left(\sum x_j^2 y_j\right) / \left(\sum x_j^4\right) = 195.0 / 61.1875 \approx 3.1869$，模型 $y=kx^2$ 变为 $y = 3.1869x^2$。

在第 4 章还将更全面地探讨上述优化过程。

软件工具的使用：Excel、R、Minitab、JMP、MAPLE、MATLAB 等软件都可以用来进行回归分析。

 例 3.1　反弹力数据的回归

随后对该反弹力数据执行简单的线性回归，并生成表格，得到系数估计值和一系列诊断统计数据，由此可评估该模型与所提供数据的拟合程度，如表 3.3 所示。

表 3.3　拟合线性模型及其方差——反弹力案例

	估 计 值	标 准 误 差	t 值	$\Pr(>|t|)$
x	0.001537	1.957e-05	78.57	4.437×10^{-14}
截距	0.03245	0.006635	4.891	0.0008579
拟合线性模型：$y \sim x$				
观 察 值	剩余标准误差	R^2		调整后的 R^2
11	0.01026	0.9985		0.9984
方差分析表				
	D_f	平 方 和	均 方 差	F 值	$\Pr(>F)$
x	1	0.6499	0.6499	6173	4.437×10^{-14}
残差	9	0.0009475	0.0001053	NA	NA

注：NA 表示为空，下同。

通过将拟合结果叠加到弹簧数据的回归图（见图 3.4）中，可以直观地展示这种估计的关系。该图表明，线性模型估计的趋势线与数据非常吻合。R^2 和 ρ 之间的关系为 $R^2 = \rho^2$。

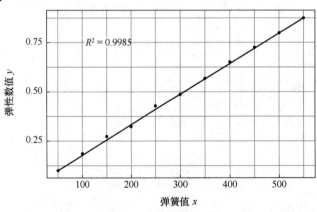

图 3.4　弹簧数据的回归图

3.2.3 菲律宾 SIGACTS 数据的线性回归

这里使用简单线性回归模型对第 2 章中有关菲律宾的案例研究中的数据进行拟合，数据如表 3.4 所示。

表 3.4 拟合线性模型及其方差——识字率案例

	估 计 值	标 准 误 差	t 值	Pr(>|t|)
识字率	−1.145	0.4502	−2.543	0.01297
截距	113	37.99	2.975	0.003903
拟合线性模型：SIGACTS_2008～识字率				
观 察 值	残差标准误差		R^2	调整后的 R^2
80	25.77		0.07656	0.06472
方差分析表				
	D_f	平 方 和	均 方 差	F 值	Pr(>F)
识字率	1	4295	4295	6.467	0.01297
残差	78	51805	664.2	NA	NA

线性回归并非所有分析中的正确做法，正如识字率和暴力事件一例所示，线性回归模型（见图 3.5）用处不大。本章后面还会介绍该例。

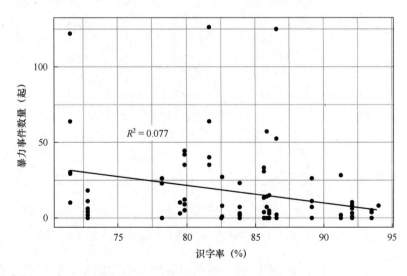

图 3.5 识字率与暴力事件数据回归分析

3.3 指数衰减模型

3.3.1 某军队医院病患恢复数据

通过 VA 获得的数据进行分析以确定患者恢复情况，数据如表 3.5 所示。

表 3.5 患者恢复时间

住院天数 T	2	5	7	10	14	19	26	31	34	38	45	52	53	60	65
恢复指数 Y	54	50	45	37	35	25	20	16	18	13	8	11	8	4	6

恢复数据表表明，该数据结构适合统计分析。根据两行数据 T（住院天数）和 Y（估计恢复指数），需要生成一个模型，根据患者住院时间来预测其恢复情况。用 Excel 可计算出 $\rho = -0.941$ 的相关系数。

再次，创建数据的散点图（见图 3.6）可直观显示估计的相关值与数据整体趋势的匹配程度。

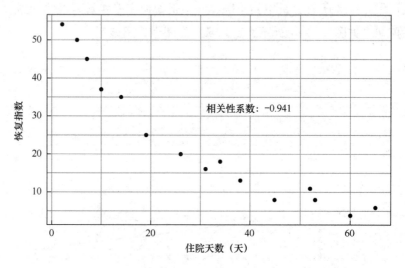

图 3.6 住院天数和恢复指数散点图

通过此案例，将演示线性回归、多项式回归和指数回归，以构建更实用的模型。

3.3.2　医院病患恢复数据的线性回归

这里显然存在显著的负相关关系：病人住院时间越久，其恢复指数就越低。接下来，将数据与普通最小二乘（Ordinary Lease Square，OLS）模型拟合，以估计线性关系的强弱。

OLS 模型表明，住院时间与患者恢复指数之间呈负相关性，且具有统计学意义，如表 3.6 所示。

表 3.6　拟合线性模型及其方差——住院时间案例

	估 计 值	标 准 误 差	t 值	$\Pr(>\vert t \vert)$
T	− 0.7525	0.07502	−10.03	1.736×10^{-7}
截距	46.46	2.762	16.82	3.335×10^{-10}
拟合线性模型：$Y \sim T$				
观 察 值	残差标准误差		R^2	调整后的 R^2
15	5.891		0.8856	0.8768
方差分析表				
	D_f	总 方 差	均 方 差	F 值	$\Pr(>F)$
T	1	3492	3492	100.6	1.736×10^{-7}
残差	13	451.2	34.71	NA	NA

但本例中，普通最小二乘回归可能不是最佳选择，原因有两个。首先，处理的是现实数据，其中得到恢复指数负相关估计的模型不适用于该模型。其次，与所有线性模型一样，OLS 的假设是输入和输出变量间关系的大小在数据的全部范围内保持不变。但将数据可视化后表明这一假设可能不成立——事实上，对于低 T 值，这种关系强度似乎非常大，而对于住院时间长的患者，这种关系强度有所减弱。

为检验是否有如上现象，可以检查线性模型的残差。残差分析可快速在视觉上反馈，以便于了解模型拟合及估计的关系是否适用于整个数据范围。残差可计算为观测值 Y 与估计值或 $Y_i - Y_i^*$ 间的差异。随后将残差归一化为观察值和估计值间的相对误差百分比，这有助于比较模型对数据集中每个单独观察值的预测效果（见表 3.7）。

表 3.7　残差分析

T	Y	指 数	预测值	残 差	相对误差百分比（%）
2	54	1	44.96	9.04	16.74
5	50	2	42.7	7.3	14.60
7	45	3	41.19	3.81	8.47

（续表）

T	Y	指 数	预 测 值	残 差	相对误差百分比（%）
10	37	4	38.94	−1.94	−5.24
14	35	5	35.93	−0.93	−2.66
19	25	6	32.16	−7.16	−28.64
26	20	7	26.9	−6.9	−34.50
31	16	8	23.13	−7.13	−44.56
34	18	9	20.88	−2.88	−16.00
38	13	10	17.87	−4.87	−37.46
45	8	11	12.6	−4.6	−57.50
52	11	12	7.33	3.67	33.36
53	8	13	6.58	1.42	17.75
60	4	14	1.31	2.69	67.25
65	6	15	−2.45	8.45	140.83

图 3.7 所示为残差呈现出的曲线形状，在输入变量的范围内，其幅度先减小后增大，这意味着可通过非线性效应来提高模型拟合度。此外，当前的模型做出的预测基本上是荒谬的，即使在统计上是有效的。例如，用模型预测时，在住院 100 天后，患者的估计恢复指数值为−29.79。这不符合常理，因为恢复指数变量在现实中始终为正。通过考虑非线性项，也许可以避免这类无意义的预测。

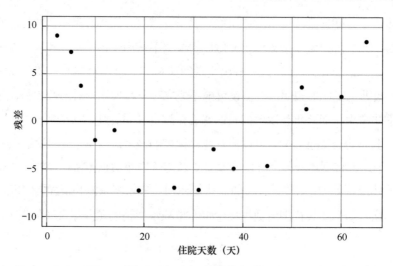

图 3.7　线性模型残差图

用这些数据绘图后，可直观地呈现模型在输入变量范围内的拟合情况。

3.3.3　医院病患恢复数据的二次回归

若在模型中加入一个二次项会改变模型表达式，变为 $Y = \beta_0 + \beta_1 x + \beta_2 x^2$。将此模型与数据拟合，可分别估计 T 本身的影响及二次项 T^2 的影响，如表 3.8 所示。

表 3.8　加入二次项的拟合模型——医院病患恢复数据案例

	估计值	标准误差	t 值	Pr(>|t|)
T	−1.71	0.1248	−13.7	1.087×10^{-8}
IT^2	0.01481	0.001868	7.927	4.127×10^{-6}
截距	55.82	1.649	33.85	2.811×10^{-13}
拟合线性模型：$Y = \beta_0 + \beta_1 T + \beta_2 T^2$				
观 察 值	残差标准误差		R^2	调整后的 R^2
15	2.455		0.9817	0.9786
方差分析表				
	D_f	总 方 差	均 方 差	F 值	Pr(>F)
T	1	3492	3492	579.3	1.59×10^{-11}
IT^2	1	378.9	378.9	62.84	4.127×10^{-6}
残差	12	72.34	6.029	NA	NA

纳入二次项可将模型拟合度（由 R^2 衡量）从 0.88 提高到 0.98，幅度相当大。为评估这一新输入变量是否影响曲线趋势，可根据线性模型的残差，计算二次项回归模型的残差并直观显示，如表 3.9 和图 3.8 所示。

表 3.9　加入二次项后模型的残差分析

T	Y	指　　数	预 测 指	残　　差	相对误差百分比（%）
2	54	1	52.46	1.54	2.85
5	50	2	47.64	2.36	4.72
7	45	3	44.58	0.42	0.93
10	37	4	40.2	−3.2	−8.65
14	35	5	34.78	0.22	0.63
19	25	6	28.67	−3.67	−14.68
26	20	7	21.36	−1.36	−6.80
31	16	8	17.03	−1.03	−6.44
34	18	9	14.79	3.21	17.83
38	13	10	12.21	0.79	6.08
45	8	11	8.44	−0.44	−5.50

（续表）

T	Y	指　　　数	预　测　值	残　　差	相对误差百分比（%）
52	11	12	6.93	4.07	37.00
53	8	13	6.77	1.23	15.38
60	4	14	6.51	−2.51	− 62.75
65	6	15	7.21	−1.21	−20.17

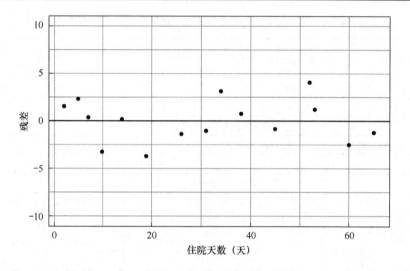

图 3.8　多项式回归模型残差图

在评估二次模型的残差时，图 3.8 明显表明趋势已消失，这意味着可以假设无论 $T = 1$ 还是 $T = 100$，都存在相同的关系。但仍不确定该模型是否能得出可通过常识检验的数值估计。最简单的评估方法是用二次模型生成恢复指数变量的预测值，并据其绘制成图以了解其是否有意义。

要在 R 语言中生成预测值，可将二次模型的对象与一组假设输入值一起传递给 predict() 函数。换句话说，可以通过模型来了解，一组住院 0～120 天的假想患者其恢复指数如何。

然后可以绘制上述估计值，以快速评估是否通过了现实预测值的常识测试，如图 3.9 所示。

从图 3.9 中可以看出，预测值向无穷大弯曲，这显然是一个问题。由于在模型中纳入了二次项，在 T 值较大的情况下对恢复指数的估计不切实际。这不仅对本模型背景而言不可接受，而且从表面上看也不现实。毕竟，人们通常会因严重或危及生命的疾病（如严重疾病或身体受到严重伤害）而住院很久。因此可认定，住院 6 个月的患者其恢复指数不应高于只住院一两天的患者。

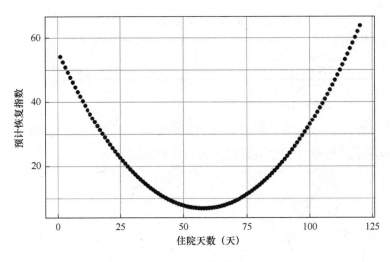

图 3.9　多项式回归图（二次多项式）

3.3.4　医院病患恢复数据的指数衰减模型

假设建立了一个模型，既能准确拟合数据，又能通过指数衰减模型生成通过常识检验的估计值。利用该建模方法，能以非线性方式对随时间而变化的关系建模——在这种情况下，希望准确掌握 T 下限的强相关性，同时这种关系强度可随着 T 的增加而减弱，因为数据似乎能表明这一点。

在 R 语言中生成非线性模型是运用非线性最小二乘或 NLS 函数完成的，正确表达为 nls()，该函数可根据用户指定的函数形式自动拟合各种非线性模型。特别要注意，当在 R 语言中拟合 NLS 模型时，最小化 $\sum_{i=1}^{n}(y_i - a(\exp(bx_i)))^2$ 的总和是通过计算形式完成的，而非通过数学分析方法。这意味着，选择优化函数的起始值很重要——模型产生的估计值可能会根据所选的起始值而有很大差异（Fox，2012）。因此，明智的做法是在拟合这些非线性值时进行实验，以测试结果估计对起始值选择的效果。建议首先对这些数据进行 ln-ln 转换，然后再转换回原 xy 空间以得到"理想的"估计值。由模型 $\ln(y) = \ln(a) + bx$ 产生 $\ln(y) = 4.037159 - 0.03797x$，转化为估计的模型：$y = 56.66512e^{-0.03797x}$。$(a, b)$ 的起始值应该是 (56.66512，−0.03797)。要求得到该起始值，可对模型的 ln-ln 变换执行线性回归并转换回原空间（Fox，2012）。

拟合非线性回归模型：$Y \sim a(e^{(bT)})$，其中参数如表 3.10 所示。

表 3.10　参数估计

a	b
58.61	− 0.03959

其中残差平方和为 1.951。

最终模型为 $y = 58.61e^{-0.03959x}$。将模型生成的趋势曲线叠加在观察值的图上，如图 3.10 所示，可看到 NLS 建模法非常适合该数据。

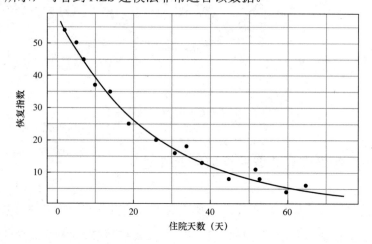

图 3.10　指数回归模型和数据

可再一次通过计算和绘制残差图来直观地评估模型的拟合情况。图 3.11 显示了在住院天数 T 和恢复指数 Y 之间按天数绘制的残差图相同。指数模型残差分析如表 3.11 所示。

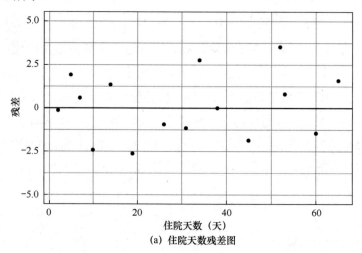

(a) 住院天数残差图

图 3.11　住院天数残差图及恢复指数残差图

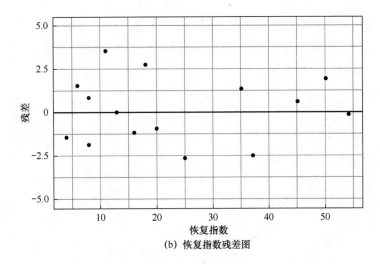

(b) 恢复指数残差图

图 3.11　住院天数残差图及恢复指数残差图（续）

表 3.11　指数模型的残差分析

T	Y	指　数	预　测　值	残　差	相对误差百分比（%）
2	54	1	52.46	−0.14	−0.26
5	50	2	47.64	1.92	3.84
7	45	3	44.58	0.58	1.29
10	37	4	40.2	−2.44	−6.59
14	35	5	34.78	1.34	3.83
19	25	6	28.67	−2.62	−10.48
26	20	7	21.36	−0.93	−4.65
31	16	8	17.03	−1.17	−7.31
34	18	9	14.79	2.75	15.28
38	13	10	12.21	−0.01	−0.08
45	8	11	8.44	−1.86	−23.25
52	11	12	6.93	3.52	32.00
53	8	13	6.77	0.81	10.13
60	4	14	6.51	−1.45	−36.25
65	6	15	7.21	1.53	25.50

　　从图 3.11 所示的两种情况可以看出，残差中没有容易辨认的形状。最后，针对一组从 1～120 的 T 值，通过生成和绘制预计恢复指数值来进行常识检查。

　　指数衰减模型生成的预测值意义很直观。随着患者住院天数的增加，该模型预测其恢复指数将以递减的速度下降。这意味着，虽然恢复指数变量不断减少，但不会呈现负值（如线性模型所预测的）或超大值（如二次模型所预测的）。似乎指数衰减模型不仅从数据的角度最适合数据，而且生成的值可通过观察者或分析人员进行常识测试，如图 3.12 所示。

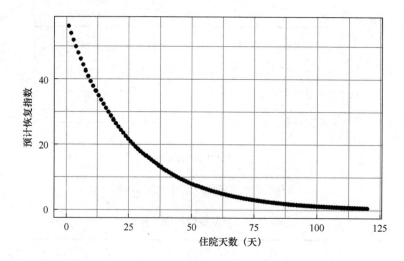

图 3.12　指数回归模型图

3.4　正弦回归

3.4.1　军需品运输数据概述

本例中需要对运输数据建模以估计可能的结果（见表 3.7）。

首先计算相关性，$\rho = 0.6725644$。

然后在散点图中直观地呈现数据，以评估整体趋势是否能证实这种正相关。

根据图 3.13 所示的数据可以看到，随着时间的推移，运输量有明显的增大趋势。但通过更详细地检查数据可以发现，简单的线性模型可能并不是一种最适合掌握数据变化情况的方法，此时可以通过使用多项式或非参数光滑函数的趋势线，绘制数据更复杂的形状（见图 3.14）。

利用样条函数绘制的趋势线表明，运输数据中，似乎存在随时间推移而稳定增加的振荡图形。

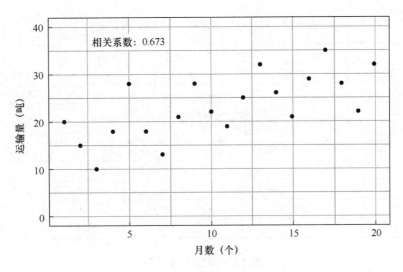

图 3.13　运输数据散点图

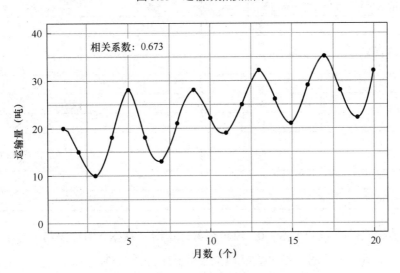

图 3.14　数据点连接的运输数据（表明存在波动趋势）

3.4.2　运输数据的线性回归

作为比较的基础，首先用 R 语言中的 lm()函数拟合一个标准的 OLS 回归模型：

```
## Generatemodel
shipping_model1 <-lm(UsageTons~Month,data =shipping_data)
```

计算结果如表 3.12 所示，实际运输数量如表 3.13 所示。

表 3.12　拟合模型与方差——运输问题的案例

	估 计 值	标 准 误 差	t 值	Pr(>|t|)
月数	0.7594	0.1969	3.856*	0.001158
截距	15.13	2.359	6.411	4.907×10^{-6}
拟合线性模型：UsageTons～Month（月）				
观察值	残差标准误差		R^2	调整后的 R^2
20	5.079		0.4523	0.4219
方差分析表				
	D_f	平 方 和	均 方 差	F 值	Pr(>F)
月数	1	383.5	383.5	14.87	0.001158
残差	18	464.3	25.79	NA	NA

表 3.13　实际运输数量

月数（个）	运输量（吨）	月数（个）	运输量（吨）
1	20	11	19
2	15	12	25
3	10	13	32
4	18	14	26
5	28	15	21
6	18	16	29
7	13	17	35
8	21	18	28
9	28	19	22
10	22	20	32

　　虽然线性模型 $y = 15.13 + 0.7594x$ 很好地拟合了数据，但样条图中显示的波动表明，应采用一个新的模型来更好地拟合数据中的季节性变化。

3.4.3　运输数据的正弦回归

　　R 语言及其他软件将正弦回归模型视为更大的非线性最小二乘（NLS）回归模型系列的一部分。这意味着，可以使用 nls()函数和句法来拟合正弦模型，与上面使用指数衰减模型相同，此处采用的正弦模型的函数形式可以写为

$$运输数量\ \mathrm{Usage} = a \times \sin(b \times \mathrm{time} + c) + d \times \mathrm{time} + e$$

该函数可以用三角学方法展开为

$$\mathrm{Usage} = a \times \mathrm{time} + b \times \sin(c \times \mathrm{time}) + d \times \cos(c \times \mathrm{time}) + e$$

该方程可以传递给 nls()函数，R 语言将通过计算来确定 *a*、*b*、*c*、*d* 和 *e* 项的最佳拟合值。需要强调，为这一过程选择好的起始值非常重要，特别是对于此类需同时估计多个参数的模型，此处根据数据的预分析设置起始值。需要注意的是，由于 Excel 和 R 语言用于优化这些函数的底层算法不同，因此采用这两种方法生成的模型参数也不同，但预测质量几乎相同。该模型可以在 R 语言中指定为：

```
##Generate model
shipping_model2<-nls(
UsageTons~a*Month+b*sin(c*Month)+d*cos(c*Month)+e
,data=shipping_data
,start=c(
a=5
  ,b=10
  ,c=1
  ,d=1
  ,e=10
)
,trace=T
)
##45042.53: 510 1 110
##663.046: 0.7736951 -1.5386559 0.9616379 4.22893921 5.3202771
##458.8408: 0.7425778 -0.8555154 0.9595757 -0.18013221 5.3201412
##380.7509: 0.7687894 -1.5130791 1.3777090 3.76554081 5.3260166
##126.2519: 0.8345060 2.8210160 1.4873130 4.92312701 4.6378500
##99.34237: 0.8624600 8.1301200 1.5831910 2.14699301 4.0661100
##22.29435: 0.8478613 6.4959045 1.5747331 0.58601081 4.1975699
##21.80271: 0.8479764 6.6646276 1.5733725 0.55792651 4.1866924
##21.80233: 0.8479494 6.6663745 1.5735053 0.55186891 4.1865380
##21.80233: 0.8479513 6.6663622 1.5735011 0.55207111 4.1865328
```

拟合非线性回归模型如下：

$$\text{UsageTons} \sim a \times \text{Month} + b \times \sin(c \times \text{Month}) + d \times \cos(c \times \text{Month}) + e$$

参数估计值如表 3.14 所示。

表 3.14　参数估计值

a	*b*	*c*	*d*	*e*
0.848	6.666	1.574	0.5521	14.19

残差平方和：1.206。

最终模型为：

Usage = 0.848 × time + 6.666 × sin(1.574 × time) + 0.5521 × cos(c × time) + 14.19

　　绘制正弦模型产生的趋势线表明，此建模方法更好地拟合了数据，同时考虑了短期季节性变化和运输量的长期增长（见图 3.15 和表 3.15）。

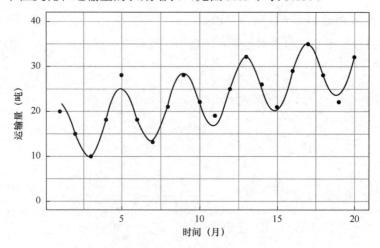

图 3.15　回归模型与数据重叠

表 3.15　回归模型的残差分析

时间（月）	运量量（吨）	预测值	残差	相对误差百分比（%）
1	20	21.7	−1.7	−8.50
2	15	15.29	−0.29	−1.93
3	10	10.07	−0.07	−0.70
4	18	18.2	−0.2	−1.11
5	28	25.08	2.92	10.43
6	18	18.61	−0.61	−3.39
7	13	13.47	−0.47	−3.62
8	21	21.67	−0.67	−3.19
9	28	28.47	−0.47	−1.68
10	22	21.93	0.07	0.32
11	19	16.87	2.13	11.21
12	25	25.13	−0.13	−0.52
13	32	31.85	0.15	0.47
14	26	25.25	0.75	2.88
15	21	20.67	0.33	1.57
16	29	28.59	0.41	1.41
17	35	35.24	−0.24	−0.69
18	28	28.57	−0.57	−2.04
19	22	23.67	−1.67	−7.59
20	32	32.06	−0.06	−0.19

模型残差分析证实了这一点，同时显示出 Excel 和 R 语言求解方法的差异。R 语言中拟合的模型参数估计值不同，且模型拟合稍差（平均百分比相对误差为 3.26%，相对而言，Excel-拟合模型的误差为 3.03%），但数据呈现的整体趋势是一致的。

阿富汗战争中伤亡数据的散点图如图 3.16 所示。

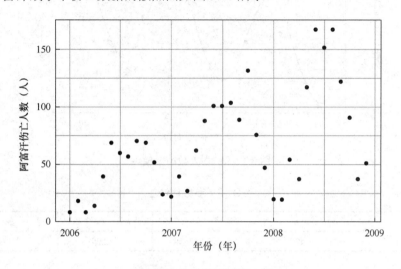

图 3.16 伤亡数据的散点图

3.4.4 阿富汗战争中伤亡数据的正弦回归

图 3.16 展示了 2006—2008 年阿富汗战争伤亡人数总体上增加的趋势和显著的季节性波动。此时需要拟合一个非线性模型来解释数据中的波动。此处使用与 3.4.3 节相同的正弦函数形式，即

$$伤亡人数 \ Casualties = a \times \sin(b \times time + c) + d \times time + e$$

进一步展开，表示为

$$Casualties = a \times time + b \times \sin(c \times time) + d \times \cos(c \times time) + e$$

我们再次使用 nls()函数拟合模型：

1.8495765　−42.9150139　0.5470479　−12.2949258　33.5334641

拟合非线性回归模型如图 3.17 所示。

$$Casualties \sim a \times DateIndex + b \times \sin(c \times DateIndex) + d \times \cos(c \times DateIndex) + e$$

参数估计值如表 3.16 所示，残差分析如表 3.17 所示。

Note

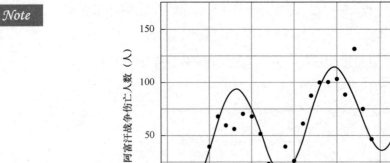

图 3.17　伤亡人数回归模型

表 3.16　参数估计值

a	b	c	d	e
1.85	−42.92	0.547	−12.29	33.53

残差平方和：21.56。

表 3.17　正弦模型的残差分析

时间（月）	伤亡人数（人）	日　期	日期指数	预　测　值	残　差
1	7	1/1/2006	1	2.56	4.44
2	17	1/2/2006	2	−6.54	23.54
3	7	1/3/2006	3	−2.86	9.86
4	13	1/4/2006	4	13.06	−0.06
5	39	1/5/2006	5	37.11	1.89
6	68	1/6/2006	6	62.82	5.18
7	59	1/7/2006	7	83.22	−24.22
8	56	1/8/2006	8	92.90	−36.90
9	70	1/9/2006	9	89.57	−19.57
10	68	1/10/2006	10	74.74	−6.74

注：表格剩余部分还有 26 行、1 个变量。

最终模型为：

$$伤亡人数\ Casualties = 1.85 \times time \pm 42.92 \times \sin(0.547 \times time) -$$
$$12.19 \times \cos(0.547 \times time) + 33.53$$

由正弦模型得到的趋势线表明，正弦建模方法可以说明短期波动和长期增长的原因（见图 3.17）。现在还可以估计残差和误差指标，并评估模型在整个数据范围内的拟合情况。

同样，这里突出显示了起始值的重要性，以及 R 语言和 Excel 之间在估计方面的差异（见图 3.18）。尽管采用了不同的起始值且估计的参数差异很大，但每个模型都会随着时间的推移生成对伤亡人数非常相似的估计值。Excel 模型的 SSE 为 14415.2125，与 R 模型 SS 的 14408.35 相差无几。

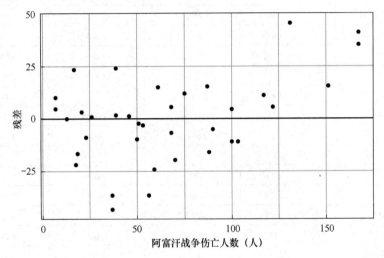

图 3.18　伤亡人数回归模型的残差图

3.5　逻辑回归

因变量经常具有一些特殊的特征，这里主要研究两个此类特殊情况：因变量是二进制{0, 1}，以及因变量计数符合泊松分布。

3.5.1　案例研究：借助逻辑回归分析"去人性化"及冲突的结果

"去人性化"并非人类冲突中的新现象。可以说，人类已将其他同为人的对手"非人化"，从而胁迫、致残或最终杀死他人，同时避免因犯下极端暴力行为而遭受良心的谴责。通过剥夺对手的人性特征，人类使对手成为发泄怒火的对象，并自认为自己的行动是正义的。如今，在发达国家和不发达国家中，其社会体系内部，去人性化的事仍然存在。本案例分析去人性化以各种表现形式对某国能够赢得冲突这一结果的影响。

高强度和低强度冲突造成的平民和军人伤亡人数如表 3.18 所示。

表 3.18　高强度和低强度冲突造成的平民和军人伤亡人数

国家/地区	年份（年）	平民（人）	军人（人）	总计（人）
印度	1946—1948	800000	0	800000
哥伦比亚	1949—1962	200000	100000	300000
韩国	1950—1953	1000000	1889000	2889000
阿尔及利亚	1954—1962	82000	18000	100000
卢旺达	1956—1965	102000	3000	105000
伊拉克	1961—1970	100000	5000	105000
苏丹	1963—1972	250000	250000	500000
印度尼西亚	1965—1966	500000	a	500000
越南	1965—1975	1000000	1058000	2058000
危地马拉	1966—1987	100000	38000	138000
尼日利亚	1967—1970	1000000	1000000	2000000
埃及	1967—1970	50000	25000	75000
孟加拉国	1971—1971	1000000	500000	1500000
乌干达	1971—1978	300000	0	300000
布隆迪	1972—1972	80000	20000	100000
埃塞俄比亚	1974—1987	500000	46000	546000
黎巴嫩	1975—1976	76000	25000	100000
柬埔寨	1975—1978	1500000	500000	2000000
安哥拉	1975—1987	200000	13000	213000
阿富汗	1978—1987	50000	50000	100000
萨尔瓦多	1979—1987	50000	15000	65000
乌干达	1981—1987	100000	2000	102000
莫桑比克	1981—1987	350000	51000	401000

注：a 表示数据缺失（部分数据未列入）。

资料来源：摘自《世界军事和社会支出》1987—1988（Sivard，1987），以及 Melander 等（2006）的研究。

为将"去人性化"作为一个定量统计数据来检验，本案例参考的数据来自多达 25 次冲突，以及之前对冲突造成的平民伤亡的研究。冲突伤亡数据集来自 Erik Melander、Magnus Oberg 和 Jonathan Hall 的《乌普萨拉和平与冲突》研究论文——《重新审视"新战争"辩论：对"新战争"残暴性的实证评估》（*The "New Wars" Debate Revisited: An Empirical Evaluation of the Atrociousness of "New Wars"*）。

如前所述，上述冲突包括国与国间冲突和国家内部冲突，代表了冲突的高强度和低强度范围，因此数据基本上公正地呈现了冲突情况。但上述数据表用于支持该项聚焦冲突伤亡结果的研究，而界定的平民伤亡（本节定义的"去人性化"指标）与国家间冲突结果存在相互关系。通常，冲突中没有明确的胜方或败方，但为了分析平民伤亡率与冲突结果之间的关系，有必要对上述每次冲突的赢家和输家进行明确的二值评估。为此，可采用了一个附加数据集，来确定哪一方"赢得"了冲突。该案例研究的意义很大，但本书特别关注冲突中的平民死亡人数，作为"去人性化"事件发生可能性的指标，以及随之考虑的"去人性化"对国家赢得冲突能力的影响。

通过平民伤亡与总伤亡的比率，可确定每次冲突中平民伤亡的百分比，如表 3.18 所示。这一比率提供了一个可量化的自变量以便分析，此外还可以推断，平民伤亡百分比较高的冲突可能意味着更高的"目标值"，也就是前述的"去人性化"的表征。通过将平民伤亡百分比作为自变量，并将其与评估的胜负二值结果（因变量）比较，可将数据综合成二元逻辑回归模型，以评估平民伤亡占比对国家（甲方）获胜能力结果而言的重要性（有关详细信息，请参阅 Kreutz（2010）的论文）。相关数据见表 3.19 所示。

表 3.19 冲突结果与平民伤亡比例数据集

冲突位置	甲方	甲方胜（1）或负（0）	乙方	乙方胜（1）或负（0）	年份（年）	平民伤亡人数（人）	军人伤亡人数（人）	总伤亡人数（人）	平民伤亡占比
印度	印度	1	CPI	0	1946—1948	800000	0	800000	1.0000
哥伦比亚	哥伦比亚	1	军事执政团	0	1949—1962	200000	100000	300000	0.6667
韩国	朝鲜	0	韩国	1	1950—1953	1000000	1889000	2889000	0.3460
阿尔及利亚	法国	0	FLN	1	1954—1962	82000	18000	100000	0.8200
卢旺达	图西人	0	胡图人	1	1956—1965	102000	3000	105000	0.9714
伊拉克	伊拉克	1	KDP	0	1961—1970	100000	5000	105000	0.9524
苏丹	苏丹	1	Anya Nya	0	1963—1972	250000	250000	500000	0.5000
印度尼西亚	印度尼西亚	1	OPM	0	1965—1966	500000	*	500000	1.0000
越南	北越	1	南越	0	1965—1975	1000000	1058000	2058000	0.4859
危地马拉	危地马拉	1	FAR	0	1966—1987	100000	38000	138000	0.7246
尼日利亚	尼日利亚	1	比夫拉共和国	0	1967—1970	1000000	1000000	2000000	0.5000

（续表）

冲突位置	甲方	甲方胜（1）或负（0）	乙方	乙方胜（1）或负（0）	年份（年）	平民伤亡人数（人）	军人伤亡人数（人）	总伤亡人数（人）	平民伤亡占比
埃及	埃及	0	以色列	1	1967—1970	50000	25000	75000	0.6667
孟加拉国	孟加拉国	1	JSS/SB	0	1971—1971	1000000	500000	1500000	0.6667
乌干达	乌干达	1	军事派系	0	1971—1978	300000	0	300000	1.0000
布隆迪	布隆迪	1	军事派系	0	1972—1972	80000	20000	100000	0.8000
埃塞俄比亚	埃塞俄比亚	1	OLF	0	1974—1987	500000	46000	546000	0.9158
黎巴嫩	黎巴嫩	1	LNM	0	1975—1976	76000	25000	100000	0.7600
柬埔寨	柬埔寨	0	红色高棉	1	1975—1978	1500000	500000	2000000	0.7500
安哥拉	安哥拉	1	FNLA	0	1975—1987	200000	13000	213000	0.9390
阿富汗	阿富汗	1	USSR	0	1978—1987	50000	50000	100000	0.5000
萨尔瓦多	萨尔瓦多	1	FMLN	0	1979—1987	50000	15000	65000	0.7692
乌干达	乌干达	1	Kikosi Maalum 等	0	1981—1987	100000	2000	102000	0.9804
莫桑比克	莫桑比克	1	Renamo	0	1981—1987	350000	51000	401000	0.8728

注：部分数据未列入。*表示数据缺失。

资料来源：Kreutz（2010）。

3.5.2 "去人性化"的二元逻辑回归分析

分析"去人性化"对（通过较高百分比的平民伤亡）冲突结果（显示为胜"1"或负"0"）的影响之间的关系，二元逻辑回归分析是理想的方法。通过二元逻辑回归模型统计数据，可以解释平民伤亡占比（自变量）对结果的影响是否显著。借助表 3.19 中的数据，将平民伤亡占比作为自变量"X"来评估，将甲方在冲突中的赢/输结果作为因变量"Y"来评估。根据这些数据，可以构建一个二元逻辑回归模型。采用统计分析软件包，可以从模型中推导出逻辑回归统计量，如表 3.20 所示，数据来自 Minitab$^{©}$。

冲突结果与之前研究的数据不同，因为国家胜利的衡量标准只有两个值——1 和 0。此类数据采用二值逻辑（有时简称为"logit"）回归建模。逻辑（Logistic）回归估计的是通常称为 Y 的基础连续变量，然后将其转换为低于 0 和高于 1 的估计值。这意味着，逻辑回归建模方法在估计二元（1/0）结果上的效果卓著，因为估计值可以很容易地转换为点估计值，或观察 1 对比 0 的对数概率。

可通过对数化将分式转化为线性表达：

$$\ln\left(\frac{P}{1-P}\right) = \beta_0 + \beta_1 X_1$$

R 语言中的逻辑回归模型属于广义线性模型（GLM）的范畴，可以调用简单命名的 glm() 函数。请注意，由于 glm() 是基于所提供的输入来执行广泛的广义线性模型，用户有必要指定模型族（二值型）和连接函数（logit）。

```
##Generatemodel
war_model<-glm(
side_a~cd_pct
,data=war_data
,family=binomial(link='logit')
)
```

使用拟合广义（二值型/logit）线性模型：side_a～cd_pct，得到如表 3.20 所示的结果。

表 3.20　广义（二值型/logit）线性模型拟合结果

	估计值	标准误差	z 值	Pr(>|z|)
cd_pct	1.85	2.556	0.7237	0.4692
截距	0.004716	1.925	0.00245	0.998

逻辑回归表明，平民伤亡与战争胜利之间存在正相关，但这种关系在 $p < 0.05$ 水平上无统计学意义。这意味着，不能拒绝原假设 H_0：输入变量和输出变量之间没有关系。

3.5.3　国际联盟数据

现在来看一个更大的数据集，衡量的是 2000 年国际体系中政治上相关的国家（大国和接壤国）之间的联盟。学者通常对预测两国是否将形成军事联盟的因素感兴趣，因为这些因素代表着显著而持久的合作形式，表明政府之间的信任程度（或至少没有公开表明敌意）。

除了联盟是已有数据，还可得到关于各国在主要政府间组织（IGO）中身份重叠程度的数据。这些 IGO 包括联合国、世界贸易组织和国际原子能机构等重大国际组织，以及东南亚国家联盟（ASEAN）或石油输出国组织（OPEC）等区域或政策性组织，表 3.21 列出了用于该分析的数据。前两列代表标识各国的 ISO-3000 代码。联盟记为存在（1）或不存在（0），IGO 成员身份重叠记为下界为零的标准值。

表 3.21　存在的联盟对应的数据

序　　号	交 战 国 1	交 战 国 2	是 否 联 盟	成员身份标记值
## 1	AZE	ARM	1	33
## 2	BFA	BEN	1	67
## 3	BOL	ARG	1	63
## 4	BRA	ARG	1	73
## 5	BRA	BOL	1	64
## 6	CHE	AUT	0	74
## 7	CHL	ARG	1	73
## 8	CHL	BOL	1	63
⋮	⋮	⋮	⋮	⋮
## n	后面还有 1578 行			

3.5.4　国际联盟数据的逻辑回归

在很多相同的 IGO 中，有着共同成员身份的国家可能具有相似的政策偏好、区域热点问题和经济地位，因而才选择加入相应组织。如果认为相似性会提高熟悉程度并减少合作障碍（类似于"物以类聚"的论点），那么通过考察 IGO 的共同成员资格与联盟形成的可能性之间的关系，就可以产生可验证的预期。具体而言，假设随着两国之间共享 IGO 成员身份的增加，这些国家共享军事联盟的可能性也会增加。

可通过 glm() 函数在 R 语言中拟合另一个逻辑模型来检验该假设。

```
alliance_model<-glm(
alliance_present~igo_overlap
,data=alliance_data
,family=binomial(link='logit')
)
```

如表 3.22 所示，逻辑回归的结果表明，两国共享的 IGO 成员身份数与其共享联盟的可能性之间呈正相关。这种关系在 $p < 0.01$ 的水平上是显著的，这意味着，可以高置信度拒绝原假设 H_0。

表 3.22　二值型模型回归结果

	估 计 值	标 准 误 差	z 值	Pr(>|z|)
igo_overlap	0.08358	0.005461	15.3	7.2×10^{-53}
截距	−5.121	0.2617	−19.57	2.937×10^{-85}
二值型模型族的离散参数取 1				
零偏差		1585 自由度取 1497		
残差		1584 自由度取 1156		

注意，逻辑回归模型可根据给定的一组输入值生成 0 到 1 之间的估计概率。该方法对直观呈现模型与观察数据的拟合程度帮助很大。此处生成一组预测概率（范围在 0 到 1 之间），表示基于两国 IGO 成员身份重叠，二者之间存在联盟的概率，并将这条趋势线置于数据 0 和 1 的散点图上，如图 3.19 所示。

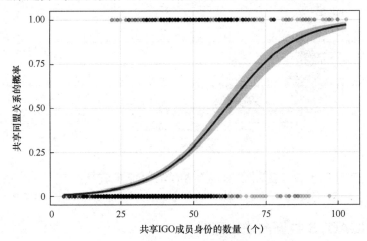

图 3.19　IGO 成员身份的逻辑回归模型

通过直观呈现预测的概率估计值可知，该模型在根据输入来分离 0 和 1 方面效果显著。注意，IGO 成员身份不是解释国家如何结盟的唯一因素，但可为建模奠定可靠的基础。

3.6　泊松回归

3.6.1　SIGACTS 数据

如前文所述，菲律宾记录的区域性 SIGACTS 数据是计数数据，意味着，仅采用整数值并以零为下界。在直方图中呈现计数数据是评估数据分布方式的有效方法。

```
##'stat_bin()'using'bins =30'. Pick better value with 'binwidth'.
```

通过观察图 3.20 所示直方图中呈现的数据，可以发现其呈泊松分布，这在计数数据中很常见。此处，还建议采用拟合优度检验来证明数据呈泊松分布，图 3.20 中的直方图只是看起来像泊松分布，而拟合优度检验则可证实其确为泊松分布。

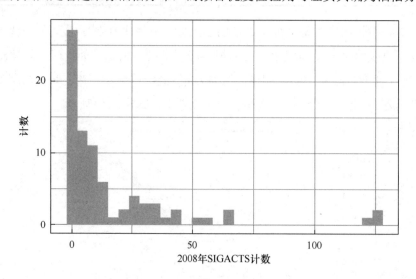

图 3.20　2008 年 SIGACTS 的直方图

3.6.2　SIGACTS 数据的泊松回归

R 语言中的泊松回归，类似于 3.5 一节中介绍的逻辑回归，也被视为 GLM 的特例，因此可使用相同的 glm()函数，但需将模型族指定为"泊松"，由 R 语言执行泊松回归模型。此处使用的模型可指定为

$$Y = e^{\beta_0 + \beta_1 \text{GGI} + \beta_2 \text{Literacy} + \beta_3 \text{Poverty}}$$

```
## Generate model
sigacts_model<-glm(
sigacts_2008 ~ggi_2008 +literacy +poverty
, data =sigacts_data
, family =poisson
)
```

泊松回归模型的结果如表 3.23 所示。

表 3.23　泊松回归模型的结果

	估计值	标准误差	z 值	Pr(>|z|)
ggi_2008	−0.0136	0.001475	−9.22	2.973×10^{-20}
识字率	−0.02098	0.005091	−4.12	3.79×10^{-5}
贫穷比例	0.02297	0.002214	10.37	3.265×10^{-25}
截距	5.288	0.4665	11.34	8.755×10^{-30}
（泊松分布族的离散参数取 1）				
零偏差	79 自由度取 2358			
残差	76 自由度取 1852			

注：模型为 $\mathrm{SIGACTS} = e^{(5.288 + 0.02297\,\mathrm{Poverty} - 0.02098\,\mathrm{Literacy} - 0.0136\,\mathrm{GGI})}$。

请注意，泊松回归模型会生成对数概率估计值。这意味着，可以很容易地将系数估计值转换为优势比，表明给定输入变量中一个单位的变化对估计的事件数的影响。在解读优势比时，请记住，优势比高于 1.0 表示增加输入变量会增加估计的事件计数，而优势比低于 1.0 则表示增加输入变量会降低估计的事件计数。

- EXP(−0.0136) = 0.986。这意味着，政府满意度值增加一个单位，将使预期的暴力水平降低约 1.4%。
- EXP(−0.02098) = 0.979。这意味着，识字率值增加一个单位，将使预期的暴力水平降低约 2.1%。
- EXP(0.02297) = 1.023。这意味着，贫困值增加一个单位，将使预期的暴力水平增加约 1.02%。

这些结论都符合直觉预期。识字率较高和对政府的满意度较高理应对应反政府暴力水平较低，而贫困严重可能会导致不满和混乱，包括暴力行为。但只有政府满意度和识字率的估计系数在统计上是显著的，对于贫困，不能在 $p < 0.05$ 时拒绝原假设。

3.7　本章小结

本章展示了决策者对相关性和回归的一些常见误解，目的是为 21 世纪培养更有能力和信心的问题解决者。当相关性非常差、接近于零时，可以使用部分正弦曲线来拟合数据，据此决策者可以绘出图形，看到数据中的关系是周期性的或有波动的。有人认为相关性几乎为零意味着没有关系，而本章所举的例子显示，这种想法并不成立。决策者需要了解并掌握与相关性、线性关系和非线性关系相关的概念。

根据总结，推荐以下步骤实施回归分析。

步骤 1：确保理解遇到的问题及需要哪些答案。

步骤 2：获取可用数据，找出因变量和自变量。

步骤 3：绘制因变量与自变量的关系图并观察趋势。

步骤 4：如果因变量是二元变量{0, 1}，则可以使用二元逻辑回归。如果因变量计数符合泊松分布，则使用泊松回归。否则，根据需要尝试线性、多重或非线性的回归模型。

步骤 5：确保通过模型得到可接受的结论。

原书参考文献

Affi, A., Azen, S. (1979). Statistical analysis (2nd ed., pp. 143-144). London: Academic.

Fox, W. (2012). Mathematical modeling with maple. Boston: Cengage Publishers.

Johnson, I. (2012). An introductory handbook on probability, statistics, and excel. Retrieved 11 July, 2012.

Kreutz, J. (2010). How and when armed conflicts end: Introducing the UCDP Conflict Termination Dataset. Journal of Peace Research, 47(2), 243-250.

Melander, E., Oberg, M., Hall, J. (2006). The "New Wars" debate revisited: An empiricalevaluation of the atrociousness of "New Wars". Uppsala peace research papers no. 9. Department of Peace and Conflict Research. Sweden: Uppsala University. Retrieved September 12.

Sivard, R. (1987). World military social expenditures 1987—1988. Washington, DC: World Priorities Publishing.

推 荐 阅 读

Devore, J. (2012). Probability and statistics for engineering and the sciences (8th ed., pp. 211-217). Belmont: Cengage Publisher.

Fox, W. (2011). Using the Excel solver for nonlinear regression. Computers in Education Journal (COED), 2(4), 77-86.

Fox, W. (2012). Issues and importance of "good" starting points for nonlinear regression for mathematical modeling with maple: Basic model fitting to make predictions with oscillating data. Journal of Computers in Mathematics and Science Teaching, 31(1), 1-16.

Fox, W., Fowler, C. (1996). Understanding covariance and correlation. PRIMUS, VI(3), 235-244.

Giordano, F., Fox, W., Horton, S. (2013). A first course in mathematical modeling (5th ed.). Boston: Cengage Publishers.

Neter, J., Kutner, M., Nachtsheim, C., Wasserman, W. (1996). Applied linear statistical models (4th ed., pp. 531-547). Chicago: Irwin Press.

第4章

数学规划：军事决策中的线性、整数和非线性优化

本章目标

（1）能对数学规划问题正确建模

（2）能区分数学规划问题的类型

（3）能采用正确的方法求解

（4）理解灵敏度分析的重要性

4.1　概述

如前文所述，某军事基地的应急服务协调员（Emergency Service Coordinator，ESC）希望确定基地 3 辆救护车的部署位置，以便在紧急情况下尽可能在 8 分钟内到达各驻地。将基地分为 6 个区域，在基本理想状况下从一个区域 i 到下一个区域 j 所需的平均行驶时间汇总于表 4.1。这相当于军方在某些地点部署转运医院。

表 4.1　基本理想状况下区域 i 到区域 j 的平均行驶时间　　（i、j =1,2,…,6）

区　　域	1	2	3	4	5	6
1	1	8	12	14	10	16
2	8	1	6	18	16	16
3	12	18	1.5	12	6	4
4	16	14	4	1	16	12
5	18	16	10	4	2	2
6	16	18	4	12	2	2

表 4.2 给出了区域 1、2、3、4、5 和 6 的人口数。

表 4.2　每个区域人口

区　　域	人　口　数（人）
1	50000
2	80000
3	30000
4	55000
5	35000
6	20000
总计	270000

第 1 章已经给出了这一问题的说明和基本假设。

问题描述：确定救护车停放的位置，以在规定时间内最大化覆盖范围。

假设：区域间往返时程可忽略不计，数据中的时间是理想情况下的平均值。

此处，可进一步假设采用优化方法是值得的。首先使用一个线性模型，其次使用整数规划来改进该模型。

下面的情境也可对应类似的模型：部队计划将所需物品从制造车间和仓库运送到相应配送中心，来满足作战行动所需。

在不同的位置有 3 座仓库——DT、PT 和 BT。相应地，有 250 吨、130 吨和235 吨补给。BS、NY、CH 和 IN 地区有 4 个配送中心，为各自部队订购了 75 吨、230 吨、240 吨和 70 吨的补给品。表 4.3 列出了运输 1 吨物资的相应运输成本（以美元计）。

表 4.3　运输成本　　　　　　　　　　　　　　　　（单位：美元）

从/到	BS	NY	CH	IN
DT	15	20	16	21
PT	25	13	5	11
BT	15	15	7	17

上一级司令部希望在满足需求的同时尽量降低运输成本。该问题涉及资源分配，可以建模为线性规划问题，后续会进一步探讨。

在工程管理中，在受限的环境中优化结果的能力是成功的关键。此外，进行边界的灵敏度分析或"假设分析"的能力对决策也非常重要。考虑如下情境：你将开始执行一套新的健康饮食方案。营养师提供了很多关于食物的信息，他们建议你要坚持吃 6 种食物：面包、牛奶、奶酪、土豆、鱼类和酸奶，并提供了一个信息表（见表 4.4），其中包括这些食物的平均价格。

表 4.4　营养师建议的食物结构

	面包	牛奶	奶酪	土豆	鱼类	酸奶
费用（美元）	2.0	4.5	8.0	1.5	11.0	1.0
蛋白质（克）	4.0	8.0	7.0	1.3	8.0	9.2
脂肪（克）	1.0	5.0	9.0	0.1	7.0	1.0
碳水化合物（克）	15.0	11.7	0.4	22.6	0.0	17.0
卡路里	90	120	106	97	130	180

营养师建议饮食结构中要不少于 150 卡路里、10 克蛋白质、10 克碳水化合物及 8 克脂肪。此外，要使饮食方案的总花费最低，还认为该方案应包括至少 0.5

克鱼和不超过 1 杯牛奶。这又成为一个资源分配问题，如果希望制定出成本最低的最佳饮食方案，可以用 6 个未知变量来对应食物的重量，鱼类的下限为 0.5 克，牛奶的上限为 1 杯。为了对该问题建模和求解，可使用线性规划。

现代意义上的线性规划是美国空军部以最优规划的科学计算（Scientific Computation of Optimum Programs，SCOOP）项目为题的研究结果。随着第二次世界大战中一线部队数量的增加，有效协调部队补给变得越来越困难。数学家开始寻找可用方法来有效利用研发出的新计算机，以实现快速计算。SCOOP 团队的成员 George Dantzig 开发了单纯形算法，用来求解联立的线性规划问题。单纯形算法的优点：非常高效、可求解多变量问题，采用了线性代数的方法，很容易求解。

1952 年 1 月，通过国家标准局 SEAC 机器上的高速电子计算机，研究人员首次成功求解了一个线性规划（LP）问题。如今，大多数线性规划问题都是通过高速计算机求解的。人们已开发出计算机专用软件，如 LINDO、Excel SOLVER 和 GAMS，用于帮助求解和分析线性规划问题，本章将借助 LINDO 的强大功能来求解线性规划问题。

为了给讨论的内容提供一个框架，式（4.1）给出了一个基本模型：

$$\max \,(\text{or min}) \, f(\boldsymbol{X})$$

满足

$$g_i(\boldsymbol{X}) \begin{cases} \geqslant \\ = \\ \leqslant \end{cases} b_i \quad \text{对所有的 } i \qquad (4.1)$$

现在解释式（4.1）中的符号，向量 $\boldsymbol{X}$ 的各分量称为模型的决策变量，这些变量可以被控制或操纵，函数 $f(\boldsymbol{X})$ 称为目标函数。通过设置条件，表达出必须满足某些附加条件、资源要求或资源的限制，这些条件称为约束，常数 b_i 表示相关约束 $g_i(\boldsymbol{X})$ 的水平，在模型中称为右端项。

线性规划是一种求解线性问题的方法，几乎在当代每个行业中都被频繁用到。事实上，使用线性规划的领域非常多元，涉及国防、健康、运输、制造、广告和电信。其实用的原因是：大多数情况下经典的经济问题都存在最大化产出但又要争夺有限的资源的问题。线性规划中的"线性"意味着，在生产中生产的数量与使用的资源及产生的收入成正比，相应的系数还是常数，不允许出现变量的乘积。

为了运用该方法，公司必须确定一些限制其商品生产或运输的约束，可能包括工时、能源和原材料等因素。每个约束都必须用一个输出的单位来量化，因为求解的方法取决于所使用的约束。

具有以下 5 条属性的优化问题称为线性规划问题。

- 有唯一的目标函数 $f(X)$。
- 当决策变量 X 出现在目标函数或约束函数中时，其幂指数必须为 1，可乘以一个常数。
- 没有项含有决策变量的乘积形式。
- 决策变量的所有系数都是常数。
- 要允许决策变量取小数及整数值。
- 线性问题，由于变量可能很多，很难通过人工来求解，人们已开发出一些方法利用计算机来完成。

4.2　数学规划问题建模

线性规划问题需要在符合资源约束的条件下最大化或最小化目标函数。找出决策变量是对线性规划问题建模的关键，目标函数和所有约束条件都是根据这些决策变量编写的。

一个数学模型成为线性规划（LP）的条件包括：

- 所有变量都是连续的（可以取小数值）。
- 有单一目标（最小化或最大化）。
- 目标和约束都是线性的，即任何项要么是常数，要么是常数乘未知数。
- 决策变量必须非负[1]。

线性规划很重要，这是因为：

- 许多实际问题可以表述为线性规划。
- 借助算法（称为单纯形算法），可相对容易地在数值层面求解线性规划问题。

稍后会介绍求解线性规划的单纯形算法，但目前专注线性规划建模。可应用线性规划的一些主要领域包括：

- 混料问题
- 生产计划

---

① 如果有负的变量，可将其转化为非负。——译者注

- 炼油厂管理
- 分配
- 财务和经济规划
- 人力规划
- 高炉配料
- 农场规划

下面研究一些具体示例，看哪些问题可以表述为线性规划。注意，线性规划建模的关键是实践。此外，线性规划的通用目标是最小化成本或最大化利润。

4.2.1　零件的简单 3D 打印问题

以下为问题说明：某供货商想用 3D 打印机按需生产零件，打印零件 A 需要 2 小时，正确贴标签需要 1 小时；打印零件 B 需要 3 小时，正确贴标签需要 4 小时。供货商现地打印一件 A 可省 10 小时，打印一件 B 可节省 20 小时。假设每天有 20 小时用于打印零件，15 小时用于给零件贴标签，那么每种零件应如何安排打印才能最大限度地节省时间？

找出问题：最大限度地节省打印零件的时间。

定义变量：

$$x_1 = 打印零件 A 的数量$$
$$x_2 = 打印零件 B 的数量$$

目标函数：

$$Z = 10x_1 + 20x_2$$

约束：

（1）利用仅有的 20 小时打印：

$$2x_1 + 3x_2 \leqslant 20$$

（2）利用仅有的 15 小时贴标签：

$$x_1 + 4x_2 \leqslant 15$$

（3）非负限制：

$$x_1 \geqslant 0（项非负）$$
$$x_2 \geqslant 0（项非负）$$

完整表述：

$$\max Z = 10x_1 + 20x_2$$

Note

满足

$$\begin{cases} 2x_1 + 3x_2 \leqslant 20 \\ x_1 + 4x_2 \leqslant 15 \\ x_1 \geqslant 0 \\ x_2 \geqslant 0 \end{cases}$$

在 4.3 节中将介绍如何通过绘图求解这一双变量问题。

4.2.2　财务规划问题

某银行向个人客户提供 4 种贷款，这些贷款为银行带来的年利率如下：

- 第一次抵押 14%。
- 第二次抵押 20%。
- 家装 20%。
- 个人透支 10%。

该银行的最大可预见贷款能力为 2.5 亿美元，且会受到政策限制。

（1）第一次抵押必须至少为所有已发行抵押贷款的 55%，至少占所有已发行贷款的 25%（以美元计）。

（2）第二次抵押不能超过所有已发放贷款的 25%（以美元计）。

（3）为避免公众不满和征收新的暴利税，所有贷款的平均利率不得超过 15%。

将银行的贷款问题表述为线性规划问题，在满足政策限制的同时最大化利息收入。

请注意，这些政策条件虽然能限制银行的利润，但也限制了其在特定领域的风险敞口。通过在不同领域（适当地）分散资金是降低风险的基本原则。

4.2.2.1　财务规划问题的数学表达

请注意，与所有建模练习一样，此处需要将问题的口头描述转换为等价的数学描述。

建议在用数学形式表达变量、约束和目标之前，先用文字表达，这是表述线性规划时的一个实用技巧。

4.2.2.2　变量

从根本上说，让人感兴趣的是该银行在四大领域中分别向客户贷款的金额（以美元计）（而非此类贷款的实际金额）。因此，设 x_i 为在区域 i 以百万美元为单位的贷款金额（其中 $i = 1$ 对应于第一次抵押，$i = 2$ 对应于第二次抵押等），且这里每个 $x_i \geq 0$（$i = 1, 2, 3, 4$）。请注意，根据惯例，线性规划中的所有变量都大于或等于 0。任何可正可负的变量（如 X）都可以写为 $X_1 - X_2$（两个新变量的差），其中 $X_1 > 0$ 且 $X_2 > 0$。

4.2.2.3　约束条件

（1）贷出款额的限制：

$$x_1 + x_2 + x_3 + x_4 \leq 250$$

（2）政策条件 1：

$$x_1 \geq 0.55(x_1 + x_2)$$

（3）第一次抵押时的贷款总额，对应表达式为

$$x_1 \geq 0.25(x_1 + x_2 + x_3 + x_4)$$

（4）第二次抵押时的贷款总额，对应表达式为

$$x_2 \leq 0.25(x_1 + x_2 + x_3 + x_4)$$

（5）政策条件 2：

$$x_2 \leq 0.25(x_1 + x_2 + x_3 + x_4)$$

（6）政策条件 3：已知对于贷款总额（$x_1 + x_2 + x_3 + x_4$），年利息总额为 $0.14x_1 + 0.20x_2 + 0.20x_3 + 0.10x_4$。因此与政策条件 3 相关的约束为

$$0.14x_1 + 0.20x_2 + 0.20x_3 + 0.10x_4 \leq 0.15(x_1 + x_2 + x_3 + x_4)$$

4.2.2.4　目标函数

最大化利息收入（上文已给出），即

$$\max Z = 0.14x_1 + 0.20x_2 + 0.20x_3 + 0.10x_4$$

4.2.3　混合与配方问题

下面来看某饲料厂的例子，该饲料厂主要生产奶牛用混合饲料。简单示例如表 4.5 所示。设混合饲料包含两种活性成分，每千克混合饲料必须至少包含表 4.5 中的 4 种营养素。

表 4.5　4 种营养素

营养素	A	B	C	D
克数	90	50	20	2

成分营养价值和成本如表 4.6 所示。

表 4.6 成分营养价值和成本

	A（克/千克）	B（克/千克）	C（克/千克）	D（克/千克）	成本（元/千克）
成分 1	100	80	40	10	40
成分 2	200	150	20	0	60

要想将成本最小化，1 千克混合饲料中活性成分量应该是多少？下面说明求解过程。

1. 变量

为求解该问题，最好以 1 千克的混合饲料为思路。这 1 千克饲料由两部分组成——成分 1 和成分 2。

$$x_1 = 1 \text{ 千克混合饲料中成分 } 1 \text{ 的含量（千克）}$$

$$x_2 = 1 \text{ 千克混合饲料中成分 } 2 \text{ 的含量（千克）}$$

其中，$x_1 > 0$，$x_2 > 0$。

本质上，可将这些变量（x_1 和 x_2）视为配制 1 千克混合饲料的组合。

2. 约束

- 营养素约束：

$$\begin{cases} 100x_1 + 200x_2 \geqslant 90 \text{（营养素 A）} \\ 80x_1 + 150x_2 \geqslant 50 \text{（营养素 B）} \\ 40x_1 + 20x_2 \geqslant 20 \text{（营养素 C）} \\ 10x_1 \geqslant 2 \text{（营养素 D)} \end{cases}$$

- 平衡约束（根据变量定义得出的一个隐含约束）：

$$x_1 + x_2 = 1$$

3. 目标函数

假设要最小化成本，即

$$\min Z = 40x_1 + 60x_2$$

这就给出了针对该混合问题的完整线性规划模型。

4.2.4 生产计划问题

某公司生产 4 款同一类型的桌子，生产的最后工序包括装配、抛光和包装等操作。对于每款桌子，这些操作所需的时间（以分钟为单位）及每个单位产品销售的利润如表 4.7 所示。

表 4.7　每款桌子的时间和利润

	装配（分钟）	抛光（分钟）	包装（分钟）	利润（美元）
款式 1	2	3	2	1.50
款式 2	4	2	3	2.50
款式 3	3	3	2	4.00
款式 4	7	4	5	4.50

- 鉴于当前劳动力水平，该公司估计，每年各工序时间为：装配 100000 分钟、抛光 50000 分钟和包装 60000 分钟。对于每款桌子，该公司每年应生产多少？相关的利润是多少？

1．变量

设 x_i 为每年生产的款式 i 的数量，其中 $x_i > 0$，$i = 1,2,3,4$。

2．约束

装配、抛光和包装操作需要相应的资源，相应约束条件为

$$\begin{cases} 2x_1 + 4x_2 + 3x_3 + 7x_4 \leqslant 100000 \text{（装配）} \\ 3x_1 + 2x_2 + 3x_3 + 4x_4 \leqslant 50000 \text{（抛光）} \\ 2x_1 + 3x_2 + 2x_3 + 5x_4 \leqslant 60000 \text{（包装）} \end{cases}$$

3．目标函数

$$\max Z = 1.5x_1 + 2.5x_2 + 4.0x_3 + 4.5x_4$$

4.2.5　运输问题

正如前文所述，假设计划从制造车间和仓库运送所需货物到有需求的配送中心。共有 3 座仓库，位于不同的城市：底特律、匹兹堡和布法罗。相应地，各有 250 吨、130 吨和 235 吨纸。波士顿、纽约、芝加哥和印第安纳波利斯有 4 家出版商，分别订购了 75 吨、230 吨、240 吨和 70 吨纸来出版新书。

表 4.8 给出了每吨纸的运输成本（以美元计）。

表 4.8　每吨纸的运输成本　　　　　　（单位：美元）

起　点	终　点			
	波士顿（BS）	纽约（NY）	芝加哥（CH）	印第安纳波利斯（IN）
底特律（DT）	15	20	16	21
匹兹堡（PT）	25	13	5	11
布法罗（BF）	15	15	7	17

管理层希望在满足需求的同时尽量降低运输成本。

将 x_{ij} 定义为从城市 i（1 是底特律，2 是匹兹堡，3 是布法罗）到城市 j（1 是波士顿，2 是纽约，3 是芝加哥，4 是印第安纳波利斯）的行程。

$$\min Z = 15x_{11} + 20x_{12} + 16x_{13} + 21x_{14} + 25x_{21} + 13x_{22} +$$
$$5x_{23} + 11x_{24} + 15x_{31} + 15x_{32} + 7x_{33} + 17x_{34}$$

满足

$$\begin{cases} x_{11} + x_{12} + x_{13} + x_{14} \leqslant 250 \text{（底特律供应量）} \\ x_{21} + x_{22} + x_{23} + x_{24} \leqslant 130 \text{（匹兹堡供应量）} \\ x_{31} + x_{32} + x_{33} + x_{34} \leqslant 235 \text{（布法罗供应量）} \\ x_{11} + x_{21} + x_{31} \geqslant 75 \text{（波士顿的需求）} \\ x_{12} + x_{22} + x_{32} \geqslant 230 \text{（纽约的需求）} \\ x_{13} + x_{23} + x_{33} \geqslant 240 \text{（芝加哥的需求）} \\ x_{14} + x_{24} + x_{34} \geqslant 70 \text{（印第安纳波利斯的需求）} \\ x_{ij} \geqslant 0 \end{cases}$$

4.2.5.1　纯整数规划与混合整数规划

对于纯整数规划和混合整数规划，需要充分利用工具。本节不会介绍分支定界法[①]，但建议参考温斯顿或其他类似的数学规划教材，从总体上了解该主题。

在"运输问题"中，所有运输量有可能都必须是整数，且不允许分批装运，由此该问题要作为整数规划问题求解。指派问题、运输问题和带 0-1 型约束的指派问题是较常见的整数型和 0-1 型整数规划问题。

4.2.5.2　非线性规划

本书不介绍如何表述或求解非线性规划问题，这类问题通常有非线性目标函数或非线性的约束条件。一言以蔽之，读者会理解并使用各种工具软件来协助求

---

① 指求解纯整数规划和混合整数规划的方法。——译者注

解。本书的推荐阅读部分给出了一些优秀的非线性规划资料、方法论和相应算法。许多问题实际上都是非线性的，本章后面会提供一些示例，此处要指出的是，通常可用数值算法，如一维黄金分割或二维梯度寻优法来解决非线性问题。

4.2.5.3　练习

对如下问题建模。

（1）将 3D 打印问题改成如下内容：某供货商想用 3D 打印机根据需要生产零件。打印零件 A 需要 3 小时，正确贴标签需要 2 小时。打印零件 B 需要 3 小时，正确贴标签需要 2.5 小时。供货商现地打印 A 可节省 15 小时，打印 B 可省 18 小时。假设每天有 40 小时用于打印零件，35 小时用于给零件贴标签，那么每种零件应打印多少才能最大限度地节省时间？

（2）某公司想生产 3 款船模，以最大化获取利润。公司发现一款轮船模型需要切割工工作 1 小时、油漆工工作 2 小时、装配工工作 4 小时；可产生 6.00 美元的利润。帆船需要切割工工作 3 小时，油漆工工作 3 小时，装配工工作 2 小时：可产生 4.00 美元的利润。潜艇需要切割工工作 1 小时，油漆工工作 3 小时，装配工工作 1 小时：可产生 2.00 美元的利润。切割工每周只能工作 45 小时，油漆工每周只能工作 50 小时，装配工每周只能工作 60 小时。假设能售出制造的所有船模，就此线性规划问题建模以确定公司应生产的每款船模数量。

（3）要生产 1000 吨用于发动机阀门的抗氧化钢，每周至少需要 10 单位的锰、12 单位的铬和 14 单位的钼（1 单位为 10 磅）。这些材料从某经销商处购买，后者在销售这些金属时分小（S）、中（M）和大（L）3 种尺寸。1 个 S 号箱售价 9 美元，包含 2 单位锰、2 单位铬和 1 单位钼。1 个 M 号箱售价 12 美元，包含 2 单位锰、3 单位铬和 1 单位钼。1 个 L 号箱售价 15 美元，包含 1 单位锰、1 单位铬和 5 单位钼。请问每周每箱（S、M、L）材料应分别买多少，才能以最低成本获得足够的锰、铬和钼？

（4）Recruiting 公司总部聘请了一家广告公司，希望在电视、广播和杂志 3 种媒体上策划一次广告活动，目的是触达尽可能多的潜在客户。表 4.9 给出了某市场情况研究的结果。

该公司不想在广告上花费超过 800000 美元。要求：①在女性中宣传至少 200 万次；②电视广告不得超过 500000 美元；③日间电视至少购买 3 个单位的广告，黄金时段电视至少购买 2 个单位的广告；④广播和杂志广告单位数应为 5~10。

表4.9　广告成本

	日间电视	黄金时段电视	广播	杂志
广告单位成本（美元）	40000	75000	30000	15000
每单位触达的潜在客户数量	400000	900000	500000	200000
每单位触达的女性客户数量	300000	400000	200000	100000

（5）食堂正在订购下个月的食物。根据以下规格为肉饼（混合碎牛肉、猪肉和小牛肉）订购1000磅肉类原料：

① 碎牛肉不得少于400磅且不超过600磅。

② 碎猪肉介于200磅到300磅。

③ 碎小牛肉必须在100磅到400磅。

④ 碎猪肉不得超过小牛肉重量的1.5倍。

合同要求食堂为肉支付1200美元。每磅肉的成本为：碎牛肉0.70美元，猪肉0.60美元，小牛肉0.80美元。这该如何建模？

（6）投资组合问题。某银行的组合投资经理想投资1000万美元。在售的债券名、银行质量登记、到期收益率等信息如表4.10所示。

表4.10　组合投资选项

债券名	债券类型	穆迪质量等级	银行质量登记	剩余年限	到期收益率	税后收益
A	MUNICI-PAL	Aa	2	9	4.3%	4.3%
B	AGENCY	Aa	2	15	5.4%	2.7%
C	GOVT 1	Aaa	1	4	5%	2.5%
D	GOVT 2	Aaa	1	3	4.4%	2.2%
E	LOCAL	Ba	5	2	4.5%	4.5%

该银行对该经理的行为设置了某些政策限制。

① 政府和机构债券总额必须至少为400万美元。

② 投资组合的平均质量不能超过银行质量等级的1.4。注意，这里的数字低意味着质量高。

③ 平均到期年限不得超过5年。

假设目标是最大化投资的税后收益。

（7）假设：某报社必须购买3类纸张；出版商必须满足其需求，但想在此过程中尽量减少成本；决定用经济批量模型来帮助决策；给定一个有约束的经济订货批量模型（EOQ），其总成本为单个数量成本的总和。

$$C(Q_1, Q_2, Q_3) = C(Q_1) + C(Q_2) + C(Q_3)$$

$$C(Q_i) = a_i d_i / Q_i + h_i Q_i / 2$$

式中，d 为订单率；h 为每单位时间（存储）的成本；$Q/2$ 为平均现有量；a 为订单成本。

约束是出版商可用的存储区域数，需储备 3 类纸张以供使用。货品不能堆叠，但可以并排放置，其受可用存储区域 S 的限制。

3 类纸张的相关数据如表 4.11 所示。

表 4.11 3 类纸张的相关数据

	第一类	第二类	第三类
D（卷/周）	32	24	20
A（美元）	25	18	20
H（美元/卷·周）	1	1.5	2.0
S（平方英尺/卷）	4	3	2

共有 200 平方英尺的储存空间可用。请为该问题建模。

（8）假设：想用柯布—道格拉斯生产函数模型 $P(L, K) = AL^a K^b$，依据使用的资本和劳动力数量来预测产量（以千为单位）；已知每年资本和劳动力价格分别为 10000 美元和 7000 美元。公司估计 A 的值为 1.2、$a = 0.3$ 和 $b = 0.6$；总成本为 $T = P_L \cdot L + P_k \cdot k$，其中，$P_L$ 和 P_k 分别为资本和劳动力的价格。有 3 个可能的融资水平：63940 美元、55060 美元或 71510 美元。请为该问题建模来确定哪种预算能提供最优解。

（9）某新厂商计划推出两款新产品：一款 19 英寸立体声彩电，厂商建议零售价（MSRP）为 339 美元；一款 21 英寸立体声彩电，厂商建议零售价为 399 美元。公司的成本为每台 19 英寸的彩电为 195 美元，每台 21 英寸的彩电为 225 美元，外加 400000 美元的初始零件、初始劳动力和机械的固定成本。在目标竞争市场中，每年销量将影响平均售价。据估计，对于每款彩电，每多售出一台，平均售价就会下降 1 美分。此外，19 英寸彩电的销量将影响 21 英寸彩电的销量，反之亦然。另据估计，每售出一台 21 英尺彩电，19 英寸彩电的平均售价将额外减少 0.3 美分，而每售出一台 19 英尺彩电，21 英寸彩电的平均售价将减少 0.4 美分。目标是计算出每款彩电的最佳生产数量并确定预期利润。利润是收入减去成本，即 $P = R - C$。请通过建模来确定最大利润，要确保已计入所有收入和成本，并定义所有变量。

（10）假设某公司有潜力每年生产任意数量的电视机。现在意识到产能有限，之所以考虑两款产品，是因为该公司计划停止生产黑白电视，从而为其装配厂提供超额产能。这种超额产能可用于增加其他现有产品线的产量，但该公司认为这些新产品利润更大。预计现有产能将足以生产 10000 台/年（约 200 台/周）。该公司有充足的 19 英寸和 21 英寸彩管、底座等标准件供应，但电路组件供不应求。此外，19 英寸电视机所需的电路组件与 21 英寸电视机不同，供应商每年可为 21 英寸型号提供 8000 块电路板，而 19 英寸的型号每年只提供 5000 块电路板。鉴于这些新信息，公司现在应该怎么做？请为该问题建模。

4.3 线性规划的图解法

商业和经济学中的许多应用都涉及一个称为优化的过程。在优化问题中，你需要求解最小或最大结果。本节说明线性规划的图形化求解策略。在图形化求解过程中，维度限制为二维，单纯形法中的变量仅限于正变量（如 $x > 0$）。

二维线性规划问题由线性目标函数和称为资源约束的线性不等式组成。目标函数给出要最大化（或最小化）的线性组合，而约束决定了可行解的集合。掌握双变量的具体情况有助于理解更复杂的规划问题。下面探讨一个双变量的例子。

 例 4.1 救济灾难或战争受害者的问题

假设军方要求运送成包的食品和衣物来救济灾民。承运人将运输这些包裹，前提是要有可用的货物空间。每箱（20 立方英尺）食品重 40 磅，每箱（30 立方英尺）衣物重 20 磅，而总重量不能超过 16000 磅，总体积不能超过 18000 立方英尺。每箱食品可满足 10 人需求，而每箱衣物可满足 8 人需求，相关数据如表 4.12 所示。为最大化受救济的人数，应该运送多少箱食品和多少箱衣物？能救济多少人？

表 4.12　货品数据

	食　品	衣　物	供　应　量
重量（磅）	40	20	16000
空间（立方英尺）	20	30	18000
惠及人数（人）	10	8	

$$x_1 = 要运送的食品箱数$$

$$x_2 = 要运送的衣物箱数$$

军方希望每箱食品能惠及 10 人，而每箱衣物能惠及 8 人。表 4.12 提供了技术资料要素。

表 4.12 中提供的约束信息用数学形式表达为不等式：

$$\begin{cases} 40x_1 + 20x_2 \leqslant 16000 \text{（重量）} \\ 20x_1 + 30x_2 \leqslant 18000 \text{（立方英尺的空间）} \\ x_1 \geqslant 0, \ x_2 \geqslant 0 \end{cases}$$

惠及人数的方程为

$$Z = 10x_1 + 8x_2$$

4.3.1　可行域

考虑该线性规划的约束：

$$\begin{cases} 40x_1 + 20x \leqslant 16000 \text{（重量）} \\ 20x_1 + 30x_2 \leqslant 18000 \text{（立方英尺的空间）} \\ x_1 \geqslant 0, \ x_2 \geqslant 0 \end{cases}$$

线性规划的约束，包括决策变量的任何限制，实际塑造了 x - y 平面中的区域，该区域将在执行任何优化之前就可作为目标函数的范围。每个不等式约束，作为模型的一部分，都将由决策变量定义的整个空间分成两部分：包含违反约束的点的空间部分，以及满足约束的点的空间部分。

容易确定哪一部分属于可行域。可以简单地将任一半空间中某个点的值代入约束，任何一点都可以，但需要特别关注原点，由于只有一个原点，如果其满足约束，那么包含原点的半空间将对目标函数范围有贡献。

当对问题中的每个约束都执行此操作时，结果表示了一个区域，即独立满足约束条件的所有半空间的交集。该交集是要优化的目标函数的范围。因为它包含同时满足所有约束的点，对问题而言这些点被认为是可行的。该域的通用名为可行域。

考虑以下约束：

$$\begin{cases} 40x_1 + 20x_2 \leqslant 16000 \text{（重量）} \\ 20x_1 + 30x_2 \leqslant 18000 \text{（立方英尺的空间）} \\ x_1 \geqslant 0, \ x_2 \geqslant 0 \end{cases}$$

在绘图时，用约束 $x_1 > 0$，$x_2 > 0$ 设置区域。

此处完全在 x_1 - x_2 平面（第一象限）中。

首先，来看第一象限中的约束：$40x_1 + 20x_2 < 16000$，如图 4.1 所示。

其次，平等地绘制出每个约束，一次一个。选择一个点（通常是原点）来检验不等式约束的有效性。所有有效的区域用阴影表示。对所有约束重复此过程得到图 4.2。

图 4.2 所示为第一象限中装配时间约束和安装时间约束的图。连同对决策变量的非负性限制，由这些约束界定的半空间的交集为可行域，用阴影区域表示。该区域代表目标函数优化的范围。

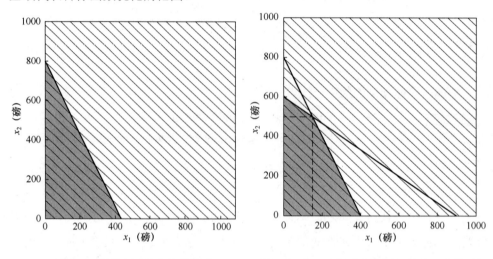

图 4.1　阴影表示的重量不等式　　图 4.2　第一象限中装配时间约束和安装时间约束的图

4.3.2　用图形求解线性规划问题

前文已经定义了决策变量和要最大化或最小化的目标函数。尽管可行域内的所有点都提供了可行解，但根据线性规划的基本定理，如果存在一个（最优）解，则出现特定地方。如果存在最优解，则出现在可行域的一个顶点。

请注意，示例中由约束的交叉形成的顶点（各个）点非常重要。线性优化中有一个很棒的定理——"如果存在最优解，则存在最优的顶点"。其结果是，任何求线性规划最优解的算法都应具有某种机制，通向将出现（最优）解的顶点。如果搜索过程在寻求最优解的同时局限在可行域的外边界上，则称为外点法。如果搜索过程穿过可行域的内部，则称为内点法。

因此，在线性规划问题中，如果存在解，则必然在可行解（该区域的顶点）集的一个顶点上找到。请注意，图 4.2 中，可行域的顶点是 4 个坐标点，可用代数的方法来找到：(0, 0)，(0, 600) (400, 0)和(150, 500)。

如何得到点(150, 500)？该点是两条直线的交点：$40x_1 + 20x_2 = 16000$ 和 $20x_1 + 30x_2 = 18000$。用矩阵代数求解(x_1, x_2)，来自：

$$\begin{bmatrix} 40 & 20 \\ 20 & 30 \end{bmatrix} \begin{bmatrix} x_1 \\ x_2 \end{bmatrix} = \begin{bmatrix} 16000 \\ 18000 \end{bmatrix}$$

现在，已知(x_1, x_2)所有可能解的坐标，需要知道哪个是最优解。需评估每个点处的目标函数并选择最优解。

目标函数是最大化 $Z = 10x_1 + 8x_2$。可以做一个表，列出顶点坐标和对应的 Z 值，如表 4.13 所示。

表 4.13　顶点坐标和对应的 Z 值

顶 点 坐 标	$Z = 10x_1 + 8x_2$
(0, 0)	$Z = 0$
(0, 600)	$Z = 4800$
(150, 500)	$Z = 5500$
(400, 0)	$Z = 4000$
最优解为(150, 500)	$Z = 5500$

从图形上看，通过绘制目标函数线 $Z = 10x_1 + 8x_2$ 与可行域来可视化观察结果。确定平行直线的方向以最大化（在此情况下）Z。平行移动直线，直到它穿过可行集中的最后一个点，该点就是要求的解。以 $\dfrac{10}{8}$ 的斜率穿过原点的线称为等利润线（ISO-Profit line），通过图 4.3 说明了这一点。

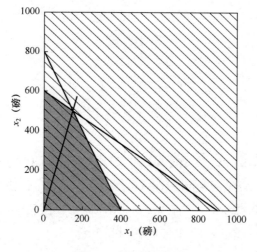

图 4.3　增加等利润线

Note

这里用 KTT 条件[①]进行灵敏度分析是捷径，用以下形式设置函数 L：

$$L = f(x) + l_1(b_1 - g_1(x)) + l_2(b_2 - g_2(x)) + \cdots$$

对于本例，其为

$$140x_1 + 120x_2 + l_1(1400 - 2x_1 + 4x_2) + l_2(1500 - 4x_1 + 3x_2)$$

取 L 关于 x_1、x_2、l_1、l_2 的偏导数。对于灵敏度分析，只关心关于这些 l 值的偏导数即可。因此，将求解以下两个方程和两个未知数：

$$140 = 2l_1 - 4l_2$$
$$120 = 4l_1 - 3l_2$$

结果为 $l_1 = 6$，$l_2 = 32$。

借助工具软件，稍后就会发现这些都是影子价格。此处可知，比起第一个约束条件对应的资源增加了一个单位，而第二种资源增加一个单位使 Z 增加幅度更大。

求解仅涉及两个变量的线性规划问题的步骤总结如下。

（1）绘制对应于所有约束条件的区域。满足所有约束的点构成可行解。

（2）找到所有的顶点（或可行域中的交点）。

（3）在每个顶点测试目标函数，选择优化目标函数的变量值。对于有界区域，将同时存在最大值和最小值。对于无界区域，如果存在解，则位于拐角处。

4.3.3 最小化问题示例

$$\min Z = 5x + 7y$$

满足

$$\begin{cases} 2x + 3y \geqslant 6 \\ 3x - y \geqslant 15 \\ -x + y \geqslant 4 \\ 2x + 5y \geqslant 27 \\ x \geqslant 0, \quad y \geqslant 0 \end{cases}$$

图 4.4 中的顶点包括 $(0, 2)$，$(0, 4)$，$(1, 5)$，$(6, 3)$，$(5, 0)$ 和 $(3, 0)$。

如果在每个点上评估 $Z = 5x + 7y$，可得到表 4.14 中列出的值。

最小值出现在 $(0, 2)$ 处时，Z 值为 14。请注意，在图表中，等利润线将最后穿过点 $(0, 2)$，因为它沿最小化 Z 的方向离开可行域。

---

① 这里原文有误。——译者注

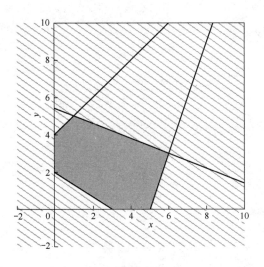

图 4.4　最小化问题示例的可行域

表 4.14　已解顶点

顶　　点	$Z = 5x + 7y$（最小化）
(0, 2)	$Z = 14$
(1, 5)	$Z = 40$
(6, 3)	$Z = 51$
(5, 0)	$Z = 25$
(3, 0)	$Z = 15$
(0, 4)	$Z = 28$

4.3.3.1　练习

求极大解和极小解。假设对每个问题都有 $x \geqslant 0$ 和 $y \geqslant 0$：

（1）$Z = 2x + 3y$

满足

$$\begin{cases} 2x + 3y \geqslant 6 \\ 3x - y \leqslant 15 \\ -x + y \leqslant 4 \\ 2x + 5y \leqslant 27 \end{cases}$$

（2）$Z = 6x + 4y$

满足

$$\begin{cases} -x + y \leqslant 12 \\ x + y \leqslant 24 \\ 2x + 5y \leqslant 80 \end{cases}$$

（3）$Z = 6x + 5y$

满足

$$\begin{cases} x + y \geqslant 6 \\ 2x + y \geqslant 9 \end{cases}$$

（4）$Z = x - y$

满足

$$\begin{cases} x + y = 6 \\ 2x + y = 9 \end{cases}$$

（5）$Z = 5x + 3y$

满足

$$\begin{cases} 1.2x + 0.6y \leqslant 24 \\ 2x + 1.5y \leqslant 80 \end{cases}$$

4.3.3.2　项目

对于每种情形：

（1）列出决策变量并定义。

（2）列出目标函数。

（3）列出限制该问题的资源。

（4）画出"可行域"。

（5）标注可行域的所有交点。

（6）用不同的颜色绘制目标函数（如果需要，高亮目标函数线）并将其标记为等利润线。

（7）在图表上明确指出哪个点为最优解。

（8）列出最优解的坐标和目标函数的值。

（9）回答针对各种情形的所有问题。

涉及问题如下：

（1）随着汽油成本及汽油售价的上涨，拟使用添加剂来提高汽油的性能，考虑两种添加剂——添加剂 1 和添加剂 2。使用添加剂必须满足以下条件：

① 每辆汽车油箱的有害化油器沉积物不得超过 1/2 磅。

② 每辆汽车油箱的添加剂 2 的量加上两倍的添加剂 1 的量必须至少为 1/2 磅。

③ 每个油箱 1 磅添加剂 1 增加 10 个单位的辛烷，1 磅添加剂 2 增加 20 个单位的辛烷，添加的辛烷总数的单位不得少于 6。

④ 添加剂价格昂贵，添加剂 1 的成本为 1.53 美元/磅，而添加剂 2 的成本为 4.00 美元/磅。

本项目的目标是确定每种添加剂的数量，须满足上述限制并最小化成本。

现假设添加剂厂商有机会向您出售一份不错的电视特价商品，提供至少 0.5 磅的添加剂 1 和至少 0.3 磅的添加剂 2。使用图形化线性规划的方法来协助建议是否应该购买此特价商品，并证明为何这么建议。

给公司的老板写一封一页纸的说明信，总结发现的结果。

（2）某农场主有 30 英亩的土地可以种植西红柿和玉米。每 100 蒲式耳的西红柿需要 1000 加仑的水和 5 英亩的土地。每 100 蒲式耳玉米需要 6000 加仑的水和 2.5 英亩的土地。西红柿和玉米的人工成本均为每蒲式耳 1 美元。该农场主有 30000 加仑的水和 750 美元的资金。他知道自己不能卖出超过 500 蒲式耳的西红柿或超过 475 蒲式耳的玉米。他估计每蒲式耳西红柿的利润为 2 美元，每蒲式耳玉米的利润为 3 美元。则应种植两种作物各多少蒲式耳才能使利润最大化？

① 现假设该农场主有机会与一家杂货店签订一份不错的合同，需种植和运送至少 300 蒲式耳的西红柿和 500 蒲式耳的玉米。使用图形化线性规划的方法向该农场主建议应怎样决策，并解释为何这么建议。

② 如果该农场主能够以 50 美元的总成本获得额外 10000 加仑水，那么这么做是否值得？计算增加这些资源后最优解的变化。

③ 给公司老板写一封一页纸的说明信，总结发现的结果。

（3）Fire Stone Tires 总部位于俄亥俄州阿克伦市，在南卡罗来纳州的佛罗伦萨设有工厂，生产两款轮胎——SUV 225 子午线轮胎和 SUV 205 子午线轮胎。由于召回的缘故，轮胎需求量很大。每 100 个 SUV 225 子午线轮胎需要 100 加仑的合成塑料和 5 磅的橡胶，每 100 个 SUV 205 子午线轮胎需要 60 加仑的合成塑料和 2.5 磅的橡胶，每款轮胎的人工成本为每个轮胎 1 美元。该厂每周有 660 加仑的合成塑料、750 美元的资金和 300 磅的橡胶可用。该公司估计每个 SUV 225 子午线轮胎的利润为 3 美元，每个 SUV 205 子午线轮胎的利润为 2 美元。每款轮胎应生产多少才能使利润最大化？

① 现假设该工厂有机会与轮胎代销店签订一份不错的合同，需交付至少 500 个 SUV 225 子午线轮胎和至少 300 个 SUV 205 子午线轮胎。使用图形化线性规划的方法向该工厂建议应怎样决策，并解释为何这么建议。

② 如果该工厂可以 50 美元的总成本获得额外 1000 加仑合成塑料，这么做值得吗？计算并说明增加这些资源后最优解的变化。

③ 如果该工厂可以 50 美元的成本获得额外 20 磅橡胶，应该这么做吗？请寻找如果这样做对应的新的解。

④ 给公司老板写一封一页纸的说明信，总结发现的结果。

（4）设某玩具制造商雕刻木制士兵玩具。该公司专门生产两款：北军士兵和南军士兵。每款的估计利润分别为 28 美元和 30 美元。每个木制北军士兵需要 2 个单位木材、4 小时木工和 2 小时精加工才能完成。每个木制南军士兵需要 3 个单位木材、4.5 小时木工和 3 小时精加工才能完成。该公司每周都能收到 100 个单位木材。工人最多可以提供 120 小时的木工和 90 小时的精加工。确定每款木制士兵的数量，以最大化每周利润。

4.4 利用软件求解数学规划问题

4.4.1 线性规划

工具软件对求解、分析线性规划问题和进行灵敏度分析至关重要。工具软件提供了一套功能强大、可靠的操作流程来求解优化问题，包括线性规划（LP）。本书对工程中常用的工具 Excel、LINDO 和 LINGO 进行了说明，还研究了 GAMS，发现其虽然功能强大，但过于烦琐，故不在此讨论。另外，本书还测试了所有其他软件包，发现它们都很有用。

首先用工具来处理计算机芯片问题：

$$Z_{利润} = 140x_1 + 120x_2$$

满足

$$\begin{cases} 2x_1 + 4x_2 \leqslant 1400 \text{（装配线）} \\ 4x_1 + 3x_2 \leqslant 1500 \text{（安装线）} \\ x_1 \geqslant 0, x_2 \geqslant 0 \end{cases}$$

4.4.1.1 使用 Excel

（1）将问题模型输入 Excel 中。注意，必须在单元格中表达目标函数和约束条件的公式。

突出显示目标函数，打开 Solver，选择为求解方法。

（2）选择 SimplexLP。

（3）将决策变量插入"By Changing Variable Cells"（通过更改变量单元格）中，通过调用"Add"（添加）命令输入约束。

（4）输入约束条件。

（5）求解，保存结果和灵敏度分析的工作表。

（6）查看解和分析报告（见图 4.5～图 4.10）。

图 4.5　Excel Solver 窗口

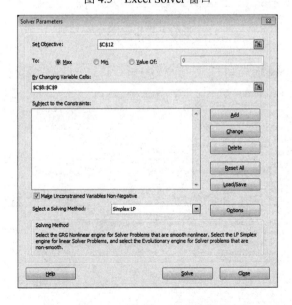

图 4.6　Excel Solver 窗口更改变量单元格

图 4.7 Excel Solver 添加约束窗口

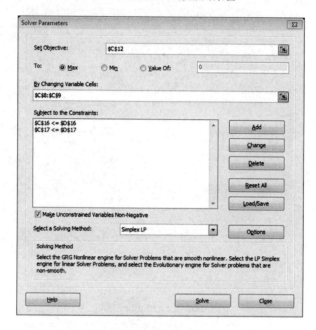

图 4.8 带约束的 Excel Solver 窗口

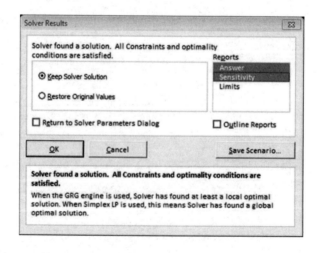

图 4.9 Excel Solver 解窗口

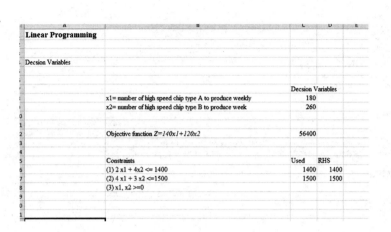

图 4.10　显示求解结果的 Excel 模型截图

4.4.1.2　结果报告（见图 4.11）

图 4.11　Excel Solver 答案报告截图

4.4.1.3　灵敏度分析报告（见图 4.12）

可将以下示例试用各种工具：

$$\max Z = 25x_1 + 30x_2$$

满足

$$\begin{cases} 20x_1 + 30x_2 \leqslant 690 \\ 5x_1 + 4x_2 \leqslant 120 \\ x_1, x_2 \geqslant 0 \end{cases}$$

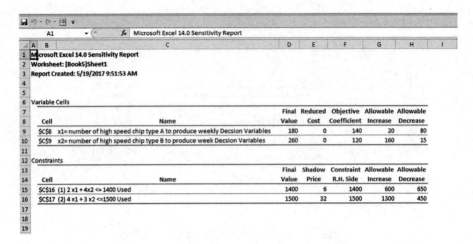

图 4.12　Excel Solver 灵敏度分析报告截图

4.4.1.4　使用 Excel 进行求解（见图 4.13 和图 4.14）

	A	B	C	D	E	F
1	LP in EXCEL					
2						
3						
4	Decision	Variables			Objective Function	
5		Initial/Final Values			=28*B6+30*B7	
6	x1	0				
7	x2	0				
8						
9						

图 4.13　Excel 中线性规划的截图

=2*B6+3*B7

	A	B	C	D	E	F
1	LP in EXCEL					
2						
3						
4	Decision	Variables			Objective Function	
5		Initial/Final Values			0	
6	x1	0				
7	x2	0				
8						
9						
10	Constraints			Used	RHS	
11				0	100	
12				0	120	
13				0	90	
14						
15						

图 4.14　Excel 中线性规划的截图——约束

4.4.1.5 使用 Solver 插件（见图 4.15）

图 4.15 Excel Solver 参数设定窗口

4.4.1.6 将约束纳入 Solver（见图 4.16）

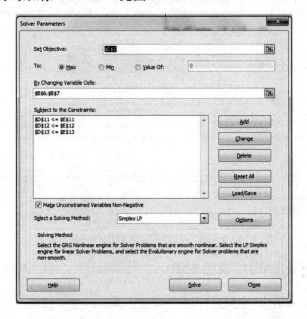

图 4.16 带约束的 Excel Solver 窗口

完成设置后点击 Solve，得到答案：x_1=9，x_2=24，Z= 972（见图 4.17）。

此外，从 Excel 中也可得到报告。答案报告和灵敏度报告是两份关键报告。

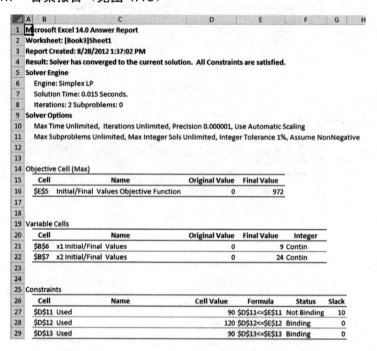

图 4.17　Excel 线性规划截图——答案

4.4.1.7　答案报告（见图 4.18）

图 4.18　Excel 中线性规划的截图——答案报告

4.4.1.8　灵敏度报告（见图 4.19）

求得解为 $x_1 = 9$，$x_2 = 24$，$P = 972$ 美元。从灵敏度分析的角度，Excel 令人满意，因为它给出了影子价格。

局限性：没有提供任何图表，因此很难找到替代解。

进一步探讨：无。

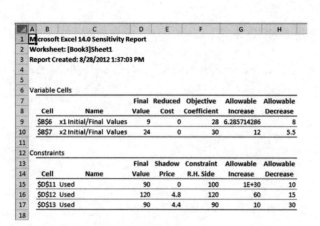

图 4.19 Excel 中线性规划的截图——灵敏度报告

4.4.2 替代最优解的影子价格

4.4.2.1 使用 LINDO 求解

图 4.20 所示为在 LINDO 中直接输入的模型模板及相应的求解结果。

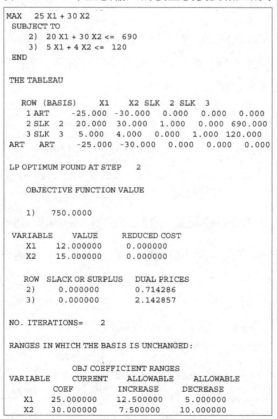

图 4.20 在 LINDO 中直接输入的模型模板及相应的求解结果

Note

4.4.2.2 使用 LINGO 求解

图 4.21 所示为在 LINGO 中输入模型的形式及求解的结果。

```
MAX = 25 * x1 + 30 * x2;

20 * x1 + 30 * x2 <= 690;

5 * x1 + 4 * x2 <= 120;
x1>=0;
x2>=0;

END

Variable        Value  Reduced    Cost
                X1     12.00000   0.0000000
                X2     15.00000   0.0000000

                Row    Slack or Surplus   Dual Price
                1      750.0000           1.000000
                2      0.0000000          0.7142857
                3      0.0000000          2.142857
                4      12.00000           0.0000000
                5      15.00000           0.0000000
```

图 4.21　在 LINGO 中输入模型的形式及求解的结果

4.4.2.3 使用 Maple 求解

Maple 是一套代数软件，它包含一个优化软件包，可求解线性规划问题。以下是针对此类问题的设置示例。请注意，如果将名称的第一个字母大写，则会出错。输入命令的形式及求解的结果如图 4.22 所示。

> *objectiveLP* := **25·x1 + 30·x2;**
$$objectiveLP := 25\,x1 + 30\,x2$$

> *constraintsLP* := {**20·x1 + 30·x2 ≤ 690, 5·x1 + 4·x2 ≤ 120, x1 ≥ 0, x2 ≥ 0**}
$$constraintsLP := \{0 \le x1,\ 0 \le x2,\ 5\,x1 + 4\,x2 \le 120,\ 20\,x1 + 30\,x2 \le 690\}$$

图 4.22　在 Maple 中输入模型的形式及求解的结果

调出优化软件包，在此情况下最大化线性规划问题。有两种使用 Maple 的方法：一种方法是借助单纯形，下达最大化或最小化命令；另一种方法是使用 LPSolve，进行最大化或最小化操作，如图 4.23 所示。使用两种方法获得的答案相同。

> *with*(***Optimization***) : *with*(***simplex***) :
> *maximize*(***objectiveLP, constraintsLP, NONNEGATIVE***);
$$\{x1 = 12, x2 = 15\}$$
> *LPSolve*(***objectiveLP, constraintsLP, maximize***);
$$[750.,\ [x1 = 12.,\ x2 = 15.]]$$

图 4.23　在 Maple 中输入模型的形式及求解的结果

Maple 中的基本线性规划程序包无法直接提供图表或灵敏度分析。Fishback（2010）的著作很详细地介绍了如何使用 Maple 处理线性规划问题。该过程是循序渐进的，用户必须了解单纯形算法程序。

图 4.24 和图 4.25 所示为对问题输入的命令，这里提供了图表形式。

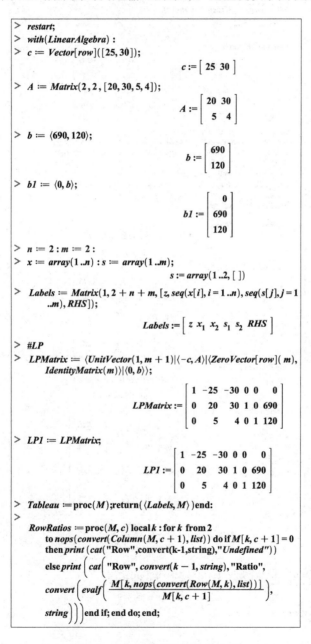

图 4.24　在 Maple 中输入命令 1

```
> Iterate := proc(M, r, c) RowOperation(M, r + 1, (M[r + 1, c + 1])^(-1), inplace = true) : Pivot(M, r + 1, c + 1, inplace = true) :
    return(Tableau(M)) :end;

        Iterate := proc(M, r, c)
            LinearAlgebra:-RowOperation(M, r + 1, 1/M[r + 1, c + 1],
            inplace = true);
            LinearAlgebra:-Pivot(M, r + 1, c + 1, inplace = true);
            return Tableau(M)
        end proc

> Tableau(LPMatrix);
```

$$\begin{bmatrix} z & x_1 & x_2 & s_1 & s_2 & RHS \\ 1 & -25 & -30 & 0 & 0 & 0 \\ 0 & 20 & 30 & 1 & 0 & 690 \\ 0 & 5 & 4 & 0 & 1 & 120 \end{bmatrix}$$

```
> RowRatios := proc(M, c) local k :
    for k from 2 to nops(convert(Column(M, c + 1), list)) do
    if M[k, c + 1] = 0 then print(cat("Row", convert(k-1, string), "
    Undefined"))
    else print(cat("Row", convert(k-1, string), "Ratio ",
    convert(evalf(M[k, nops(convert(Row(M, k), list))]/M[k, c + 1]),
        string)))
    end if; end do;end;

> RowRatios(LPMatrix, 2);
```

$$Row1Ratio23.$$
$$Row2Ratio30.$$

```
> Iterate(LPMatrix, 1, 2);
```

$$\begin{bmatrix} z & x_1 & x_2 & s_1 & s_2 & RHS \\ 1 & -5 & 0 & 1 & 0 & 690 \\ 0 & \frac{2}{3} & 1 & \frac{1}{30} & 0 & 23 \\ 0 & \frac{7}{3} & 0 & -\frac{2}{15} & 1 & 28 \end{bmatrix}$$

```
> RowRatios(LPMatrix, 1);
```

$$Row1Ratio34.50000000$$
$$Row2Ratio12.$$

```
> Iterate(LPMatrix, 2, 1);
```

$$\begin{bmatrix} z & x_1 & x_2 & s_1 & s_2 & RHS \\ 1 & 0 & 0 & \frac{5}{7} & \frac{15}{7} & 750 \\ 0 & 0 & 1 & \frac{1}{14} & -\frac{2}{7} & 15 \\ 0 & 1 & 0 & -\frac{2}{35} & \frac{3}{7} & 12 \end{bmatrix}$$

图 4.25　在 Maple 中输入命令 2

4.4.3　利用软件处理整数与非线性规划问题

4.4.3.1　整数

Excel 中，整数规划只需要在约束集中将变量标识为整数。选择包括二进制整数 $\{0, 1\}$ 或整数。注意，Solver 命令无法识别不同的方法。

4.4.3.2　非线性规划

优化中有很多形式的非线性问题。Maple 和 Excel 在求解上效果都不错。在 4.5 节的案例研究中将举例说明如何使用工具。

4.4.3.3　本节练习

用合适及可用的工具解答 4.3 节的练习和项目。

4.5　数学规划的案例研究

4.5.1　军事供应链运营

本案例由 Fox 和 Garcia 于 2014 年提出。

案例围绕供应链设计展示了如何使用线性规划。在此先考虑生产一种新的汽油混合物，目标是最小化制造和分销新混合物的总成本。要建模的产品涉及一个供应链，产品由单独生产的成分构成，如表 4.15 所示。

表 4.15　供应链汽油混合物

原油类型	混合物 A（%）	混合物 B（%）	混合物 C（%）	成本（美元/桶）	供应量（桶）
X10	35	25	35	26	15000
X20	50	30	15	32	32000
X30	60	20	15	55	24000

表 4.16 给出了供应链汽油需求信息。

表 4.16　供应链汽油需求

汽　油	混合物 A（%）	混合物 B（%）	混合物 C（%）	预计需求量（桶）
优质	>55	<23		14000
特级		>25	<35	22000
普通	>40		<25	25000

设 i＝原油类型 1，2，3（分别为 X10、X20、X30）；

设 j＝汽油类型 1，2，3（分别为优质、特级、普通）。

决策变量定义如下：

G_{ij}=用于生产汽油 j 的原油量

例如，G_{11}=用于生产优质汽油的原油 X10 的量

G_{12}=用于生产优质汽油的原油 X20 的量

G_{13}=用于生产优质汽油的原油 X30 的量

G_{21}=用于生产特级汽油的原油 X10 的量

G_{22}=用于生产特级汽油的原油 X20 的量

G_{23}=用于生产特级汽油的原油 X30 的量

G_{31}=用于生产普通汽油的原油 X10 的量

G_{32}=用于生产普通汽油的原油 X20 的量

G_{33}=用于生产普通汽油的原油 X30 的量

线性规划模型：

$$\min \text{Cost} = 86(G_{11}+ G_{21}+ G_{31})+92(G_{12}+ G_{22}+ G_{32})+95(G_{13}+ G_{23}+ G_{33})$$

满足

需求：

$$\begin{cases} G_{11} + G_{21} + G_{31} > 14000 \text{（优质）} \\ G_{12} + G_{22} + G_{32} > 22000 \text{（特级）} \\ G_{13} + G_{23} + G_{33} > 25000 \text{（普通）} \end{cases}$$

产品供应量：

$$\begin{cases} G_{11} + G_{21} + G_{31} < 15000 \text{（原油 1）} \\ G_{21} + G_{22} + G_{32} < 32000 \text{（原油 2）} \\ G_{31} + G_{23} + G_{33} < 24000 \text{（原油 3）} \end{cases}$$

混合形式下的产品组合：

$$\begin{cases} (0.35G_{11} + 0.50G_{21} + 0.60G_{31})/(G_{11}+ G_{21} + G_{31}) > 0.55 \text{（优质 X10）} \\ (0.25G_{11} + 0.30G_{21} + 0.20G_{31})/(G_{11}+ G_{21} + G_{31}) < 0.23 \text{（优质 X20）} \\ (0.35G_{12} + 0.50G_{22} + 0.60G_{32})/(G_{12} + G_{22} + G_{32}) < 0.40 \text{（特级 X10）} \\ (0.35G_{12} + 0.15G_{22} + 0.15G_{32})/(G_{12} + G_{22} + G_{32}) < 0.25 \text{（特级 X30）} \\ (0.35G_{13} + 0.15G_{23} + 0.15G_{33})/(G_{13} + G_{23} + G_{33}) > 0.25 \text{（普通 X20）} \\ (0.35G_{13} + 0.15G_{23} + 0.15G_{33})/(G_{13} + G_{23} + G_{33}) < 0.35 \text{（普通 X30）} \end{cases}$$

下面的解是使用 LINDO 求得的，请注意，这里得到了第二个最优解。

共求得两个解，最低成本为 1940000 美元（见表 4.17）。

表 4.17　供应链的解

决策变量	Z=1940000美元	Z=1940000美元	决策变量	Z=1940000美元	Z=1940000美元
G_{11}	0	1400	G_{23}	0	0
G_{12}	0	3500	G_{31}	0	12500
G_{13}	14000	9100	G_{32}	25000	7500
G_{21}	15000	1100	G_{33}	0	4900
G_{22}	7000	20900			

根据是否要额外减少交付量（跨区域）或通过设置更多分销点来最大化份额，可以做出选择。

图 4.26～图 4.28 演示了借助 LINDO 给出的一个解（在第 7 步得到）。

```
         OBJECTIVE FUNCTION VALUE

    1)      1904000.


VARIABLE      VALUE          REDUCED COST
    P1       0.000000          0.000000
    R1   15000.000000          0.000000
    E1       0.000000          0.000000
    P2       0.000000          0.000000
    R2    7000.000000          0.000000
    E2   25000.000000          0.000000
    P3   14000.000000          0.000000
    R3       0.000000          0.000000
    E3       0.000000          0.000000


  ROW   SLACK OR SURPLUS    DUAL PRICES
   2)       0.000000          9.000000
   3)       0.000000          4.000000
   4)   10000.000000          0.000000
   5)       0.000000        -35.000000
   6)       0.000000        -35.000000
```

图 4.26　在 LINDO 中的模型求解结果 1

```
    7)      0.000000   -35.000000
    8)    700.000000     0.000000
    9)   3500.000000     0.000000
   10)   1400.000000     0.000000
   11)   2500.000000     0.000000
   12)   2500.000000     0.000000
   13)    420.000000     0.000000


NO. ITERATIONS= 7

RANGES IN WHICH THE BASIS IS UNCHANGED:


            OBJ COEFFICIENT RANGES
VARIABLE      CURRENT      ALLOWABLE      ALLOWABLE
              COEF         INCREASE       DECREASE
    P1      26.000000      INFINITY       0.000000
    R1      26.000000      0.000000       INFINITY
    E1      26.000000      INFINITY       0.000000
    P2      32.000000      0.000000       0.000000
    R2      32.000000      0.000000       0.000000
    E2      32.000000      0.000000      35.000000
    P3      35.000000      0.000000       4.000000
    R3      35.000000      INFINITY       0.000000
    E3      35.000000      INFINITY       0.000000
```

图 4.27　在 LINDO 中的模型求解结果 2

```
                RIGHTHAND SIDE RANGES
ROW     CURRENT      ALLOWABLE     ALLOWABLE
          RHS        INCREASE      DECREASE
 2   15000.000000  4200.000000     0.000000
 3   32000.000000  4200.000000     0.000000
 4   24000.000000    INFINITY   10000.000000
 5   14000.000000 10000.000000  14000.000000
 6   22000.000000     0.000000   4200.000000
 7   25000.000000     0.000000   4200.000000
 8       0.000000   700.000000     INFINITY
 9       0.000000  3500.000000     INFINITY
10       0.000000    INFINITY    1400.000000
11       0.000000  2500.000000     INFINITY
12       0.000000    INFINITY    2500.000000
13       0.000000    INFINITY     420.000000
```

图 4.28　在 LINDO 中的模型求解结果 3

4.5.2　征兵问题

本问题改编自 McGrath 2007 年的研究。

虽然这是一个简单模型，但被美国陆军征兵办广泛用于各项任务。该模型确定了征兵人员在给定一周时间内用于查找潜在征兵对象的最佳策略组合。最初建模和分析的两种策略分别为电话查找和电子邮件查找。数据来自 Raleigh 招募公司美国陆军征兵办公室（2006），如表 4.18 和表 4.19 所示。

表 4.18　征兵人员电话和邮件数据

	电话（x_1）	邮件（x_2）
查找时间	每次介绍 60 分钟	每次介绍 1 分钟
预算	每次介绍 10 美元	每次介绍 37 美元

表 4.19　征兵人员的数据灵敏度报告

单元格	名称	最终值	降低的成本	目标系数	容许 增加	容许 减少
变量单元格						
$B$3	x_1	294.2986425	0	0.041	8.479	0.002621622
$B$4	x_2	154.081448	0	0.142	0.0097	0.141316667

单元格	名称	最终值	影子价格	约束 A 右侧	容许 增加	容许 减少
约束条件						
$C$10		19200	0.000438914	19200	340579	17518.64865
$C$11		60000	0.003836652	60000	648190	56764.16667
$C$12		294.2986425	0	1	294.2986425	10^{30}
$C$13		154.081448	0	1	154.081448	10^{30}

由表 4.19 可知，平均每次电话介绍使得 0.041 人入伍，平均每次电子邮件介绍使得 0.142 人入伍。分配到征兵办公室的 40 名征兵人员预计每周通过电话和电子邮件共工作 19200 分钟。该公司的每周预算为 60000 美元。

决策变量为

$$x_1 = 电话介绍次数$$
$$x_2 = 电子邮件介绍次数$$
$$\max Z = 0.041x_1 + 0.142x_2$$

满足

$$\begin{cases} 60x_1 + 1x_2 \leqslant 19200 \text{（可用时间）} \\ 10x_1 + 37x_2 \leqslant 60000 \text{（可用预算——美元）} \\ x_1, x_2 > 0 \text{（非负性）} \end{cases}$$

如果检查所有的交点，会找到一个次优点：$x_1 = 294.29$，$x_2 = 154.082$，实现征兵 231.04 人。

下面进行灵敏度分析。

首先，在相当大的取值范围内，为 x_1 和 x_2 的系数保持了一个混合的解。此外影子价格提供了附加信息。可用的时长（分钟）每增加一个单位，征兵人数就会增加约 0.00004389，而预算每增加 1 美元，征兵人数就会增加 0.003836652。这样看起来似乎使用额外 1 美元的资源效果更好。

结果如表 4.20 所示。

表 4.20　修改后的征兵人员电话和邮件数据

	电话（x_1）	邮件（x_2）
时间（分钟/每次介绍）	45	1
预算（美元/每次介绍）	15	42

假设时间每增加一分钟只需要 0.01 美元。因此，在增加相同单位成本的情况下，征兵人数可增加 100×0.00004389 或 0.004389。在此情况下，最好能有额外的查找时间。

本节练习如下：在供应链案例研究中，用表 4.21 和表 4.22 中的数据求解。

表 4.21　供应链汽油混合物

原油类型	混合物 A（%）	混合物 B（%）	混合物 C（%）	成本（美元/桶）	供应量（桶）
X10	45	35	45	26.50	18000
X20	60	40	25	32.85	35000
X30	70	30	25	55.97	26000

表 4.22　供应链汽油需求

汽油类型	混合物 A（%）	混合物 B（%）	混合物 C（%）	预计需求（桶）
优质	>55	<23		14000
特级		>25	<35	22000
普通	>40		<25	25000

4.6　整数、混合整数和非线性优化示例

4.6.1　紧急医疗服务问题

此处展示进行建模并给出解的过程。

求解：由于问题的性质，对于某设施位置选择问题，应决定采用整数规划来求解。

决策变量：

$$y_i = \begin{cases} 1 & \text{如果节点已涵盖} \\ 0 & \text{如果节点未涵盖} \end{cases}$$

$$x_j = \begin{cases} 1 & \text{如果救护车位于} j \\ 0 & \text{如果救护车不位于} j \end{cases}$$

m = 可用的救护车数量

h_i = 需求节点 i 要服务的人数

t_{ij} = 理想状况下节点 j 到节点 i 的最短时间

i = 所需需求节点的集合

j = 可部署救护车的节点的集合

模型表述：

$$\max Z = 50000y_1 + 80000y_2 + 30000y_3 + 55000y_4 + 35000y_5 + 20000y_6$$

满足

$$\begin{cases} x_1 + x_2 \geqslant y_1 \\ x_1 + x_2 + x_3 \geqslant y_2 \\ x_3 + x_5 + x_6 \geqslant y_3 \\ x_3 + x_4 + x_6 \geqslant y_4 \\ x_4 + x_5 + x_6 \geqslant y_5 \\ x_3 + x_5 + x_6 \geqslant y_6 \\ x_1 + x_2 + x_3 + x_4 + x_5 + x_6 = 3 \end{cases}$$

这里所有变量都是 0-1 型整数。

求解与分析：建模发现，通过在位置 1、3 和 6 部署 3 辆救护车，可以覆盖所有 270000 名潜在患者。而仅在位置 1 和 6 部署两辆救护车，也可以覆盖所有 270000 名潜在患者。如果只有一辆救护车，将其部署在位置 4，最多可以覆盖 185000 名潜在患者，将有 85000 名潜在患者无法覆盖到。对于管理层，有多种选择来满足需求。他们可能会选择成本最低的选项。

4.6.2　运输危险品的最佳路径问题

FEMA 需要进行两部分分析，其关注的问题是：如何将核废料从萨凡纳河核电站运送到适当的处置点。明确路线后，FEMA 要求对处置点的位置和组成进行分析。在此示例中，仅用通用数据来探讨模型的最佳路径部分。

Excel 线性规划设置截图如图 4.29 所示。

From to	Route		prob	no accident		Node	Net Flow	Supply & Dem
12	0		0.003	1		1	-1	
13	0		0.004	1		2	0	
14	1		0.002	0.998		3	0	
24	0		0.01	1		4	0	
26	0		0.006	1		5	0	
34	0		0.002	1		6	0	
35	0		0.01	1		7	0	
45	0		0.002	1		8	0	
46	1		0.004	0.996		9	0	
48	0		0.009	1		10	1	
57	0		0.001	1				
67	0		0.01	1				
68	1		0.001	0.999				
78	0		0.004	1				
79	0		0.001	1				
710	0		0.005	1				
810	1		0.001	0.999				
910	0		0.006	1				
				0.999556				
	Links of the Route							
	1 to 4				Cooridor appears safe.			
	4 to 6							
	6 to 8							
	8 to 10							

图 4.29　Excel 线性规划设置截图

设有某模型，要求找到从节点 A 到节点 B 的路径，以最小化交通事故的概率。一个主要关注点是 I-95 和 I-20 州际公路的交叉点在南卡罗来纳州佛罗伦萨。

为了简化使用软件工具的难度，特意对模型进行改造，以最大化无事故的概率。

$$\max f(x_{1,2}, x_{1,3}, \cdots, x_{9,10}) = (1 - p_{1,2}x_{1,2})(1 - p_{1,3}x_{1,3})\cdots(1 - p_{9,10}x_{9,10})$$

满足

$$
\begin{cases}
x_{1,2} - x_{1,3} - x_{1,4} = -1 \\
x_{1,2} - x_{2,4} - x_{2,6} = 0 \\
x_{1,3} - x_{3,4} - x_{3,5} = 0 \\
x_{1,4} + x_{2,4} + x_{3,4} - x_{4,5} - x_{4,6} - x_{4,8} = 0 \\
x_{3,5} + x_{4,5} - x_{6,7} = 0 \\
x_{2,6} + x_{4,6} - x_{6,7} - x_{6,8} = 0 \\
x_{5,7} + x_{6,7} - x_{7,8} - x_{7,10} = 0 \\
x_{4,8} + x_{6,8} + x_{7,8} - x_{8,10} = 0 \\
x_{7,9} - x_{9,10} = 0 \\
x_{7,10} + x_{8,10} + x_{9,10} = 1 \\
\text{所有变量取非负值}
\end{cases}
$$

4.6.3 TSP 预计投资收益的最小方差

本案例由 Fox 于 2012 年提出。

一家新公司有 5000 美元可用于投资，但需要赚取约 12% 的利息。一位股票专家为公司建议了 3 款共同基金 A、B 和 C。根据上一年的收益情况，这些基金似乎相对稳定。基金之间收益的期望值、收益的方差和协方差如表 4.23 所示。

表 4.23　预计投资收益

收益的期望值	A	B	C
	0.14	0.11	0.10
收益的方差	A	B	C
	0.2	0.08	0.18
收益的协方差	AB	AC	BC
	0.05	0.02	0.03

建模：

模型使用了期望值、方差和协方差。设 x_j 为投资于基金 j（$j = 1, 2, 3$）的金额（美元）。

$$\min V_I = \mathrm{var}(Ax_1 + Bx_2 + Cx_3)$$
$$= x_1^2 \,\mathrm{var}(A) + x_2^2 \,\mathrm{var}(B) + x_3^2 \,\mathrm{var}(C) + 2x_1 x_2 \,\mathrm{cov}(AB) +$$
$$2x_1 x_3 \,\mathrm{cov}(AC) + 2x_2 x_3 \,\mathrm{cov}(BC)$$
$$= 0.2x_1^2 + 0.08x_2^2 + 0.18x_3^2 + 0.10x_1 x_2 + 0.04x_1 x_3 + 0.06x_2 x_3$$

这里的约束条件包括：

（1）预期是实现最低预期 12%的收益率，来自所有预期收益的总和：

$$0.14x_1 + 0.11x_2 + 0.10x_3 \geqslant (0.12 \times 5000)$$

或

$$0.14x_1 + 0.11x_2 + 0.10x_3 \geqslant 600$$

（2）所有投资总和不得超过 5000 美元的资本：

$$x_1 + x_2 + x_3 < 5000$$

通过 LINGO 得到的最优解为

$$x_1 = 1904.80，x_2 = 2381.00，x_3 = 714.20，$$
$$z = 1880942.29 \text{ 美元或标准差 } 1371.50 \text{ 美元}$$

预期收益为(0.14×1904.8+0.11×2381+0.1×714.2)/5000×100%≈12%。该例可被用作投资策略的一个典型案例。

4.6.4　电缆铺设

假设某小公司计划安装一台中央计算机，其电缆能连接到 5 个新部门，如图 4.30 所示。根据平面图，5 个部门的外围计算机的位置在图 4.30 中用小方块表

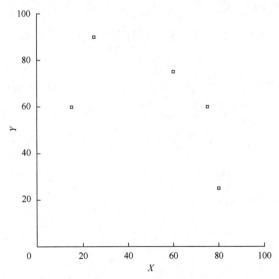

图 4.30　5 个部门的外围计算机的位置

示。该公司希望确定中央计算机的位置,使得用最少的电缆连接 5 台外围计算机。假设电缆可以以直线固定在天花板上,从任一台外围计算机上方的点到中央计算机上方的点,可用距离公式来确定将任何外围计算机连接到中央计算机所需的电缆长度。忽略从计算机本身到其正上方天花板上一点间所用电缆长度。也就是说,只需要用到天花板上固定的电缆长度。

5 台外围计算机的位置坐标如表 4.24 所示。

表 4.24　5 台外围计算机的平面直角坐标

部　　门	X 轴	Y 轴
1	15	60
2	25	90
3	60	75
4	75	60
5	80	25

4.6.5　5 个部门的平面直角坐标系坐标

假设中央计算机位于坐标 (m, n),其中 m 和 n 在网格中为整数,代表办公室空间。确定中央计算机所在坐标 (m, n),以最小化所需电缆的总量。给出此位置所需的电缆总英尺数及坐标 (m, n)。

下面说明模型形式。

模型为无约束最优化模型。目标是最小化从每个部门到中央计算机位置的距离总和。用距离表示电缆长度,假设直线是两点之间的最短距离。使用距离公式

$$d = \sqrt{(x - X_1)^2 + (y - Y_1)^2}$$

式中,d 为中央计算机的位置 (x, y) 和第一台外围计算机的位置 (X_1, Y_1) 之间的距离(电缆长度,以英尺为单位)。由于有 5 个部门,定义

$$\text{dist} = \sum_{i=1}^{5} \sqrt{(x - X_i)^2 + (y - Y_i)^2}$$

使用 Excel Solver 的梯度下降法,发现解为,当中央计算机位于坐标(56.82,68.07)时,距离为 157.66 英尺。

4.6.6　练习

(1)假设你的公司正在考虑一批投资项目。投资项目 1 的净现值(Net Present

Value，NPV）为 17000 美元；投资项目 2 的 NPV 为 23000 美元；投资项目 3 的 NPV 为 13000 美元；投资项目 4 的 NPV 为 9000 美元。每项投资需要的当前现金流为：投资项目 1——6000 美元；投资项目 2——8000 美元；投资项目 3——5000 美元；投资项目 4——4000 美元。目前有 21000 美元可供投资，将其作为整数规划问题建模和求解，假设每项最多只能投资一次。

（2）对于电缆安装的案例，假设在表 4.25 给出的坐标附近移动计算机并求解。

表 4.25　5 个部门的平面直角坐标

部　　门	X 轴	Y 轴
1	10	50
2	35	85
3	60	77
4	75	60
5	80	35

4.7　本章项目

找到多个可用的非线性软件程序，用每款软件求解 4.6.4 节所介绍的电缆铺设问题，比较速度和准确性。

4.8　Excel 中的单纯形法

对于多于两个变量的问题，可使用一种称为单纯形法的方法，其由 George Dantzig 于 1947 年提出，该算法结合了最优性和可行性检验，用来求得线性规划的最优解（如果存在）。

最优性检验展示了对应于目标函数某值的顶点是否比目前找到的最佳值更好。

可行性检验确定了选定的顶点是否可行，要求不违反任何约束。

单纯形法从选择一个顶点（如果是可行点，则通常为原点）开始，然后通过系统的方法，移动到可行域的相邻顶点，直到找到最优解，或显示出无解。

下面用一个芯片工厂的示例来说明。

$$Z_{最大化利润} = 140x_1 + 120x_2$$

$$2x_1 + 4x_2 \leqslant 1400 \text{（装配线）}$$
$$4x_1 + 3x_2 \leqslant 1500 \text{（安装线）}$$
$$x_1 \geqslant 0, \ x_2 \geqslant 0$$

4.8.1 单纯形法的步骤

1. 表格结构

将线性规划模型放入表格结构中，解释如下。

$$\begin{cases} Z_{\text{最大化利润}} = 140x_1 + 120x_2 \\ 2x_1 + 4x_2 \leqslant 1400 \text{（装配线）} \\ 4x_1 + 3x_2 \leqslant 1500 \text{（安装线）} \\ x_1 \geqslant 0, \ x_2 \geqslant 0 \end{cases}$$

使用单纯形法时，首先将不等式约束（形式为<）转换为等式约束。具体做法是向每个约束添加一个唯一的非负变量（称为松弛变量）。例如，通过添加松弛变量 S_1，将不等式约束 $2x_1 + 4x_2 < 1400$ 转换为等式约束。

$$2x_1 + 4x_2 + S_1 = 1400$$

其中 $S_1 \geqslant 0$。

不等式 $2x_1 + 4x_2 < 1400$ 表示 $2x_1 + 4x_2$ 的总和小于或等于 1400。松弛变量"拉直"了用于 x_1 和 x_2 的值与值 1400 之间的松弛关系。例如，如果 $x_1 = x_2 = 0$，则 $S_1 = 14000$。如果 $x_1 = 240$，$x_2 = 0$，则 $2 \times 240 + 4 \times 0 + S_1 = 1400$，所以 $S_1 = 920$。

必须将唯一的松弛变量添加到每个不等式约束中：

$$\max Z = 140x_1 + 240x_2$$

满足

$$\begin{cases} 2x_1 + 4x_2 + S_1 = 1400 \\ 4x_1 + 3x_2 + S_2 = 1500 \\ x_1 \geqslant 0, \ x_2 \geqslant 0, \ S_1 \geqslant 0, \ S_2 \geqslant 0 \end{cases}$$

添加松弛变量使约束集变成一个线性方程组，用方程左侧的所有变量和右侧的所有常量来完成。

这里甚至可以通过将所有变量移到左侧来重写目标函数。

$\max Z = 120x_1 + 140x_2$ 写为

$$Z - 140x_1 - 120x_2 = 0$$

上面所说的计算过程可以写成如表 4.26 和表 4.27 所示形式，这种形式称为单纯形表。

表 4.26 单纯形表

Z	x_1	x_2	S_1	S_2	运算符	RHS

表 4.27 单纯形表初始解

Z	x_1	x_2	S_1	S_2	运算符	RHS
1	−140	−120	0	0	=	0
0	2	4	1	0	=	1400
0	4	3	0	1	=	1500

$$\begin{cases} Z - 140x_1 - 120x_2 = 0 \\ 2x_1 + 4x_2 + S_1 = 1400 \\ 4x_1 + 3x_2 + S_2 = 1500 \\ x_1 \geq 0, \ x_2 \geq 0, \ S_1 \geq 0, \ S_2 \geq 0 \end{cases}$$

用户如使用 Excel 软件求解，可以使用一些命令，如 MINVERSE 和 MMULT 来更新图表。

2．初始极值点

单纯形法从一个已知的极值点开始，而由本书的许多示例可以看出，该点通常是原点$(0, 0)$。对基本可行解的要求产生了特殊的单纯形法，如大 M 法和两阶段单纯形法，这些知识可以在线性规划课程中学到。

之前给出的图表包含顶点$(0, 0)$，该点是初始解（见表 4.28）。

该解可表示如下：

$$x_1 = 0$$
$$x_2 = 0$$
$$S_1 = 1400$$
$$S_2 = 1500$$
$$Z = 0$$

事实上，变量 Z、S_1 和 S_2 的列形成了一个 3×3 的单位矩阵，三者称为基变量。接下来，继续定义更多变量。解中共有 5 个变量$\{Z, x_1, x_2, S_1, S_2\}$和 3 个方程，最多可以有 3 个解。按照图表的惯例，Z 将始终是一个解。$\{x_1, x_2, S_1, S_2\}$中有两个非零分量，称为基变量，其余变量称为非基变量，相应的解称为基可行解（FBS）并对应于顶点。通过单纯形法的这一完整步骤可生成一个对应于可行域顶点的解，如表 4.28～表 4.30 所示。

表 4.28　单纯形表初始解

基变量及其取值		非基变量系数		基变量系数		运算符	右端项
	Z	x_1	x_2	S_1	S_2		RHS
Z	1	−140	−120	0	0	=	0
S_1	0	2	4	1	0	=	1400
S_2	0	4	3	0	1	=	1500

表 4.29　单纯形表 Z 行系数

	Z	x_1	x_2	S_1	S_2
Z	1	−140	−120	0	0

表 4.30　更新后的单纯形表

基变量及其取值		各变量系数（最小的负数为−30）				运算符	右端项	测试比率
	Z	x_1	x_2	S_1	S_2		RHS	比值
Z	1	−140	−120	0	0	=	0	
S_1	0	2	4	1	0	=	1400	700
S_2	0	4	3	0	1	=	1500	375

这些解可以直接在表格矩阵中显示。

另外还应该注意到，基变量具有由一个 1 和其余的零组成的列，可添加一列来标记，如表 4.29 所示。

3．最优性检验

进行最优性检验时，需要确定相邻的顶点是否提高了目标函数值。如果没有，则当前极值点为最优。如果有可能提高，则最优性检验确定独立变量集中的哪个变量（值为零）应作为基变量进入相关集并变为非零。对于最大化问题，可查看 Z-行（由基变量 Z 标记的行），如果该行中的任何系数为负，则选择系数最大的变量作为输入变量。

具有最大负系数的变量是 x_1，值为−140。因此，x_2 应成为一个基变量。该示例中，只能有 3 个基变量（因为有 3 个方程），所以当前基变量 $\{S_1, S_2\}$ 之一必须替换为 x_1。

下面继续看如何确定将哪个基变量退出。

Note

4．可行性检验

为找到一个新的交点，基变量集合中的一个变量必须退出，使在第 3 步输入的变量变为基变量。可行性检验确定选择哪个当前因变量退出，并确保解仍处于可行域内。此处，使用最小正值率检验作为可行性检验方法，最小正值率测试为

$$\min\left(\frac{\text{RHS}_j}{a_j} > 0\right)。$$ 求 $\dfrac{\text{RHS}_j}{a_j}$ 的比值（见表 4.30）。

请注意，检验时要始终忽略分母中带有 0 或负值的所有商。在示例中，比较 $\{700, 375\}$ 并选择了最小的非负值。这里给出了系数矩阵中旋转中心点的位置。但是，Excel 中的矩阵旋转中心点并不容易找到，将第二列与变量 x_2 的列交换，从而使用更新后的矩阵 $\boldsymbol{B}$，然后将 $\boldsymbol{B}$ 求逆得到 $\boldsymbol{B}^{-1}$。

在单纯形法的 3 个迭代中找到了解。最终解如下：

基变量

$x_2 = 260$

$x_1 = 180$

$Z = 56400$

非基变量

$S_1 = S_2 = 0$

最终得到表 4.31。

表 4.31　最终单纯形表

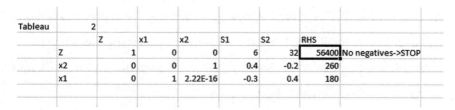

Tableau	2						
	Z	x1	x2	S1	S2	RHS	
Z	1	0	0	6	32	56400	No negatives->STOP
x2	0	0	1	0.4	-0.2	260	
x1	0	1	2.22E-16	-0.3	0.4	180	

通过在 Z-行中查找非基变量的 0 值，可寻找可能的替代最优解，在本例中没有。此外，也可查看非基变量的成本系数，并将其视为降低的成本或影子价格。在这种情况下，影子价格分别为 6 和 32。同样，如果每个约束的附加单位的成本相同，则添加约束 2 的附加单位会使得 Z 在最大限度上增加（$32 > 6$）。

4.8.2　练习

在 Excel 或 Maple 中使用图表法求解 4.3.3.1 节的练习题。

原书参考文献

Fishback, P. E. (2010). Linear and nonlinear programming with Maple: An interactive, applications-based approach. Boca Raton: CRC Press. Retrieved February 2, 2019.

Fox, W. P. (2012). Modeling with Maple, Cengage, Boston: MA.

Fox, W., Garcia, F. (2014). Modeling and linear programming in engineering management. Inc.

F. P. García (Ed.), Engineering management. London: Intech Open.

McGrath, G. (2007). Email marketing for the U.S. Army and Special Operations Forces Recruiting.Master's Thesis, Naval Postgraduate School.

推 荐 阅 读

Albright, B. (2010). Mathematical modeling with Excel. Burlington: Jones and Bartlett Publishers, Chapter 7.

Apaiah, R., Hendrix E. (2006). Linear programming for supply chain design: A case on Novel protein foods. Ph.D. Thesis, Wageningen University, Netherlands.

Balakrishnan, N., Render, B., Stair, R. (2007). Managerial decision making (2nd ed.). Upper Saddle River: Prentice Hall.

Bazarra, M. S., Jarvis, J. J., Sheralli, H. D. (1990). Linear programming and network flows.New York: Wiley.

Ecker, J., Kupperschmid, M. (1988). Introduction to operations research. New York: Wiley.

Fox, W. (2012). Mathematical modeling with maple. Boston: Cengage Publishers (Chapters 7-10).

Giordano, F., Fox, W., Horton, S. (2014).A first course in mathematical modeling (5th ed.).Boston: Cengage Publishers, Chapter 7.

Hiller, F., Liberman, G. J. (1990). Introduction to mathematical programming. New York:McGraw Hill.

Márquez, Lev B. (2013, March 3). ISBN 978-953-51-1037-8, InTech.

Winston, W. L. (1994). Operations research: Applications and algorithms (3rd ed.). Belmont:Duxbury Press.

Winston, W. L. (2002). Introduction to mathematical programming applications and algorithms(4th ed.). Belmont: Duxbury Press.

第5章

多属性军事决策

本章目标

(1) 掌握多属性决策技术的种类

(2) 掌握基本的求解方法

(3) 掌握加权方式

(4) 掌握在什么情况下应使用哪种或哪些技术

(5) 掌握灵敏度分析的重要性

(6) 理解对于技术来说，重要的是求解过程

5.1 国土安全的风险分析问题

美国国土安全部（DHS）只有有限的资金和时间来投入调查工作中，因此必须确定调查的优先级。表 5.1 给出了风险评估办公室收集的相关数据。运筹学团队必须分析信息并向风险评估团队提出调查开展的优先级顺序。

表 5.1 DHS 风险评估数据

威胁类别/标准	威胁评估可靠性	大约死亡人数（千人）	修复损毁设施的成本（百万美元）	地区人口密度（百万人）	破坏性心理创伤值	情报收集线索数量（条）
脏弹威胁	0.40	10	150	4.5	9	3
炭疽生化武器威胁	0.45	0.8	10	3.2	7.5	12
DC-道路桥梁网络威胁	0.35	0.005	300	0.85	6	8
NY 地铁威胁	0.73	12	200	6.3	7	5
DC 地铁威胁	0.69	11	200	2.5	7	5
重大银行劫案	0.81	0.0002	10	0.57	2	16
FAA 威胁	0.70	0.001	5	0.15	4.5	15

问题：建立一个模型，为所列威胁进行优先级排序（见表 5.1）。

假设：可以通过以往的决策深入了解决策者的思维过程，同时假设手头只有关于可靠性、大约死亡人数、修复或重建的大约成本、位置、破坏性影响和情报收集线索数量的数据，这些数据是准确的，将会成为分析的基准。这里的问题例证了哪些问题可用数学建模求解，其过程将在本章后面进行。

5.2 概述

多属性决策（Multiple-Attribute Decision-Making，MADM）是指在存在多个但有限的备选方案和决策准则时做出决策。这不同于有替代方案且只有一个准则

（如成本）的分析。前面给出的 DHS 场景中的问题，共有 7 个备选方案和 6 个影响决策的准则。

考虑一个管理者需要对替代选项进行排序的问题，如找出商业网络中的关键节点、选择承包商或分包商、选择机场、对招聘结果排名、对银行设施排名、对学校或学院排名等，如何用分析的办法完成此类任务？

本章将介绍 4 种基于多准则对备选方案排序或进行优先级排序的方法，具体包括：

- 数据包络分析法（DEA）；
- 简单平均加权法（SAW）；
- 层次分析法（AHP）；
- 逼近理想解排序法（TOPSIS）。

以下将逐一说明其基本方法论，并解释各方法的优缺点，讨论灵敏度分析的技巧，并提供几个演示性例子。

5.3 数据包络分析法（DEA）

5.3.1 方法说明与应用情况

数据包络分析法（Data Envelopment Analysis，DEA）是一种"数据输入和数据输出驱动"的方法，用于评估决策单元（Decision-Making Units，DMU）的性能，这些单元可将多个输入转换为多个输出（Cooper 等，2000）。DMU 的定义是普遍的且非常灵活，任何要排名的对象都可以称为 DMU。DEA 已被用于评估医院、学校、部门、美国空军联队、美国武装部队征兵机构、大学、城市、法院、企业、银行、国家、地区、特种作战部队空军基地、网络关键节点的表现或效率等，而这样的例子不胜枚举。根据有关文献（Cooper 等，2000），DEA 已被应用于一些只靠其他定量或定性方法无法深入研究的特殊领域中。

Charnes 等（1978）将 DEA 描述为一种应用于观测数据的数学规划模型，其提供了一种用于获得 DMU 之间关系经验估计值的新方法，并已被正式地定义为一种针对理想情况而非集中趋势的方法论。

5.3.2　DEA 的方法论

简单来说，DEA 模型可表述为线性规划形式并得以求解（Winston，1995；Callen，1991）。尽管存在多种 DEA 的表述，但这里采用最直接的表述，即在输入和输出约束下最大化 DMU 的效率，如式（5.1）所示。如果问题中的数据缩放尺度差别较大，也可以选择将替代方案的公制输入和输出归一化。相应的数据记为矩阵 X，各输入项为 x_{ij}。定义一个效率单位 $E_i(i=1, 2, \cdots)$，令 w_i 为线性组合的权重或系数。此外，规定任何效率不得大于 1，即最大的有效 DMU 为 1。这里给出了以下针对单输出但多输入的线性规划表述：

$$\max \quad E_i$$

满足

$$\begin{cases} \sum_{i=1}^{n} w_i x_{ij} - E_i = 0 , \ j = 1, 2, \cdots \\ 对于所有 i , \ E_i \leqslant 1 \end{cases} \tag{5.1}$$

对于多个输入和输出，推荐使用 Winston（1995）和 Trick（2014）的表述，采用式（5.2）。

对于任何 DMU_0，令 X_i 为输入，Y_i 为输出。令 X_0 和 Y_0 为被建模的 DMU：

$$\min \theta$$

满足

$$\begin{cases} \sum \lambda_i X_i \leqslant \theta X_0 \\ \sum \lambda_i Y_i \leqslant Y_0 \\ \lambda_i \geqslant 0 \\ 变量取值非负 \end{cases} \tag{5.2}$$

5.3.3　DEA 的优势和局限性

根据 Trick（1996）的说法，如使用得当，DEA 的用处非常大。Trick（1996）的研究表明，DEA 效果卓著得益于以下优势：①DEA 可以处理多输入和多输出的模型；②DEA 不需要假设函数形式，可直接将输入与输出相关联；③可直接将 DMU 与同级方法或同级方法的组合进行比较；④输入和输出的单位可以相差很大。例如，X_1 可以挽救的生命数为单位，而 X_2 可以美元为单位，而无须在两者之间进行任何先验权衡分析。

DEA 的特点带来上述优势，同时对使用过程和分析结果有诸多限制，分析人员在选择是否使用 DEA 时应牢记其局限性。此外，需要注意的事项包括：

（1）由于 DEA 属于极值点法的范畴，数据中的垃圾信息（如测量误差）会导致严重的问题。

（2）DEA 在估计 DMU 的"相对"效率上很有优势，但收敛至"绝对"效率的速度非常慢。换句话说，它可以告诉您，与同龄人相比您的表现如何，但不能与"理论最大值"相比较。

（3）由于 DEA 是一种非参数化技术，统计假设检验难度很大，且这是当前研究的重点。

（4）由于对多输入多输出 DEA 的标准表述为每个 DMU 创建了一个单独的线性规划，大型问题的计算量会很大。

（5）线性规划并不能确保考虑了所有权重，研究发现权重的值仅适用于以最佳方式确定效率等级的权重。对于决策者来说，如果必须对所有准则（输入、输出）加权，则不建议使用 DEA。

5.3.4 灵敏度分析

灵敏度分析始终是分析中的重要环节。任何输出量的增加都不会使解变差，同时只是输入量减少也不会使已经达到的效率变差。接下来的示例中会解释说明适用的灵敏度分析方法。

5.3.5 示例

 例 5.1 制造业问题

思考以下制造过程（改编自 Winston，1995），此处共有 3 个 DMU，各有 2 个输入和 3 个输出，如表 5.2 所示。

表 5.2 制造输出

DMU	输入#1	输入#2	输出#1	输出#2	输出#3
1	5	14	9	4	16
2	8	15	5	7	10
3	7	12	4	9	13

由于没有给定单位，且尺度相似，这里决定不将数据标准化，决策变量定义如下：

t_i 表示 DMU_i 的一个输出单位的价值或权重，其中 $i= 1, 2, 3$。

w_i 表示 DMU_i 的一个单位输入的成本或权重，其中 $i= 1, 2$。

efficiency$_i$ 为 DMU_i 的（i 输出总价值）/（i 输入总成本），其中 $i= 1, 2, 3$。

做出以下建模假设：

（1）任何 DMU 的效率不会超过 100%。

（2）如果任何 DMU 的效率小于 1，则称该 DMU 可低效（Inefficiency）。

（3）调整成本的度量单位，使每个线性规划的输入成本都等于 1。例如，在 DMU_1 的规划中使用 $5w_1 + 14w_2 = 1$。

（4）所有值和权重都必须严格为正，因此用常数表示，如用 0.0001 代替 0。

为计算 DMU_1 的效率，可用式（5.2）将该线性规划定义为

$$\max DMU_1 = 9t_1 + 4t_2 + 16t_3$$

满足

$$\begin{cases} -9t_1 - 4t_2 - 16t_3 + 5w_1 + 14w_2 \geqslant 0 \\ -5t_1 - 7t_2 - 10t_3 + 8w_1 + 15w_2 \geqslant 0 \\ -4t_1 - 9t_2 - 13t_3 + 7w_1 + 12w_2 \geqslant 0 \\ 5w_1 + 14w_2 = 1 \\ t_i \geqslant 0.0001, \ i = 1, 2, 3 \\ w_i \geqslant 0.0001, \ i = 1, 2 \\ \text{所有变量非负} \end{cases}$$

为计算 DMU_2 的效率，可用式（5.2）将该线性规划定义为

$$\max DMU_2 = 5t_1 + 7t_2 + 10t_3$$

满足

$$\begin{cases} -9t_1 - 4t_2 - 16t_3 + 5w_1 + 14w_2 \geqslant 0 \\ -5t_1 - 7t_2 - 10t_3 + 8w_1 + 15w_2 \geqslant 0 \\ -4t_1 - 9t_2 - 13t_3 + 7w_1 + 12w_2 \geqslant 0 \\ 8w_1 + 15w_2 = 1 \\ t_i \geqslant 0.0001, \ i = 1, 2, 3 \\ w_i \geqslant 0.0001, \ i = 1, 2 \\ \text{所有变量非负} \end{cases}$$

为计算 DMU_3 的效率，可用式（5.2）将该线性规划定义为

$$\max \text{DMU}_3 = 4t_1 + 9t_2 + 13t_3$$

满足

$$\begin{cases} -9t_1 - 4t_2 - 16t_3 + 5w_1 + 14w_2 \geq 0 \\ -5t_1 - 7t_2 - 10t_3 + 8w_1 + 15w_2 \geq 0 \\ -4t_1 - 9t_2 - 13t_3 + 7w_1 + 12w_2 \geq 0 \\ 7w_1 + 12w_2 = 1 \\ t_i \geq 0.0001,\ i = 1,2,3 \\ w_i \geq 0.0001,\ i = 1,2 \\ \text{所有变量非负} \end{cases}$$

线性规划的解表明效率为 $\text{DMU}_1 = \text{DMU}_3 = 1$，$\text{DMU}_2 = 0.77303$。

对上面结果的解释如下：DMU_2 的运行效率是 DMU_1 和 DMU_3 的 77.303%。管理层可以将 DMU_1 或 DMU_3 的一些改进或最佳实践集中用于 DMU_2。通过检查 DMU_2 相应线性规划的对偶价格，可得出 $\lambda_1 = 0.261538$，$\lambda_2 = 0$，$\lambda_3 = 0.661538$。DMU_2 的平均输出向量可以写为

$$0.261538 \begin{bmatrix} 9 \\ 4 \\ 16 \end{bmatrix} + 0.661538 \begin{bmatrix} 4 \\ 9 \\ 13 \end{bmatrix} = \begin{bmatrix} 5 \\ 7 \\ 12.785 \end{bmatrix}$$

且平均输入向量可写为

$$0.261538 \begin{bmatrix} 5 \\ 14 \end{bmatrix} + 0.661538 \begin{bmatrix} 7 \\ 12 \end{bmatrix} = \begin{bmatrix} 5.938 \\ 11.6 \end{bmatrix}$$

在现有数据中，输出#3 是 10 个单位，因此，可以清楚地看到输出#3 的效率较低，应为 12.785 个单位，发现少了 2.785（12.785−10）个单位。这有助于专注处理输出#3 的低效率问题。

灵敏度分析：线性规划中的灵敏度分析有时被称为"what-if"分析。假设在管理层未对 DMU_2 开展额外培训的情况下，DMU_2 输出#3 从 10 个单位输出下降到 9 个单位，而输入从 15 小时增加到 16 小时。可以发现技术系数的这些变化在求解线性规划时很容易处理。由于只有 DMU_2 受到影响，所以可以只调整和求解 DMU_2 的线性规划模型。由此可以发现，发生了变化的 DMU 的效率现在只有 DMU_1 和 DMU_3 的 74%。

 例 5.2　社会网络与排名节点

设想如图 5.1 所示的风筝型社交网络（Krackhardt，1990）。

用社交网络软件 ORA（Carley，2011）来获取该网络的指标。表 5.3 给出了输出

的一个子集。可使用下面指标来描述：总中心度（Total Centrality，TC）、特征向量中心度（Eigenvector Centrality，EC）、内密集度（In-Closeness，IC）、外密集度（Out-Closeness，OC）、信息中心度（Information Centrality，INC）、介数（Betweenness，Betw），它们的定义参见相关的社交网络文献（Fox and Everton，2013、2014）。

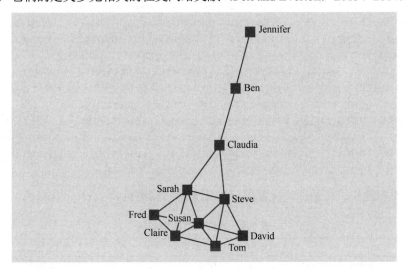

图 5.1　来自 ORA 的风筝型社交网络（Carley，2011）

表 5.3　ORA 指标作为风筝型社交网络的输出衡量

TC	EC	IC	OC	INC	Betw
0.1806	0.1751	0.0920	0.1081	0.1088	0.2022
0.1389	0.1375	0.0997	0.1003	0.1131	0.1553
0.1250	0.1375	0.1107	0.0892	0.1131	0.1042
0.1111	0.1144	0.0997	0.1003	0.1009	0.0194
0.1111	0.1144	0.0997	0.1003	0.1009	0.0194
0.0833	0.0938	0.0997	0.1003	0.0975	0.0000
0.0833	0.0938	0.0997	0.1003	0.0975	0.0000
0.0833	0.1042	0.0997	0.1003	0.1088	0.3177
0.0556	0.0241	0.0997	0.1003	0.0885	0.1818
0.0278	0.0052	0.0997	0.1003	0.0707	0.0000

用式（5.1）的线性规划建模来衡量节点的效率。决策变量定义为

$$u_i = 节点\ i\ 的效率，\ i = 1, 2, 3, \cdots, 10$$

$$w_j = 输入\ j\ 的权重，\ j = 1, 2, 3, 4, 5$$

$$\max\ u_1$$

满足

$$\begin{cases} A = 0 \\ u_i \leqslant 1, \ i=1,2,3,\cdots,10 \end{cases}$$

这里

$A =$

$$\begin{bmatrix} 0.180555556w_1 + 0.175080826w_2 + 0.091993186w_3 + 0.10806175w_4 + 0.108849307w_5 + 0.202247191w_6 - u_1 \\ 0.138888889w_1 + 0.137527978w_2 + 0.099659284w_3 + 0.100343053w_4 + 0.113090189w_5 + 0.15526047w_6 - u_2 \\ 0.125w_1 + 0.137527978w_2 + 0.110732538w_3 + 0.089193825w_4 + 0.113090189w_5 + 0.104187947w_6 - u_3 \\ 0.111111111w_1 + 0.114399403w_2 + 0.099659284w_3 + 0.100343053w_4 + 0.100932994w_5 + 0.019407559w_6 - u_4 \\ 0.11111111w_1 + 0.114399403w_2 + 0.099659284w_3 + 0.100343053w_4 + 0.100932994w_5 + 0.019407559w_6 - u_5 \\ 0.083333333w_1 + 0.093757772w_2 + 0.099659284w_3 + 0.100343053w_4 + 0.097540288w_5 - u_6 \\ 0.083333333w_1 + 0.093757772w_2 + 0.099659284w_3 + 0.100343053w_4 + 0.097540288w_5 - u_7 \\ 0.083333333w_1 + 0.104202935w_2 + 0.099659284w_3 + 0.100343053w_4 + 0.108849307w_5 + 0.317671093w_6 - u_8 \\ 0.055555556w_1 + 0.024123352w_2 + 0.099659284w_3 + 0.100343053w_4 + 0.088493073w_5 + 0.181818182w_6 - u_9 \\ 0.027777778w_1 + 0.005222581w_2 + 0.099659284w_3 + 0.100343053w_4 + 0.070681368w_5 - u_{10} \end{bmatrix}$$

表 5.4 给出了使用线性规划求解的社交网络模型的解。

表 5.4 社交网络模型的解

姓　　名	DMU 单位	相 对 权 重
Susan	DMU_1	1
Steve	DMU_2	0.785511
Sarah	DMU_3	0.785511
Tom	DMU_4	0.653409
Claire	DMU_5	0.653409
Fred	DMU_6	0.535511
David	DMU_7	0.535511
Claudia	DMU_8	0.59517
Ben	DMU_9	0.137784
Jennifer	DMU_{10}	0.02983
	w_1	0
	w_2	5.711648
	w_3	0
	w_4	0
	w_5	0
	w_6	0

线性规划解的解释如下：参与者 1，u_1 = Susan，被评为最具影响力，紧随其后的是 Sarah 和 Steve。此外，可看到网络的特征向量中心度 w_2 是求解最优问题的最重要标准。

转换回原始变量的解为

Susan = 1，Steve = 0.78551，　Sarah = 0.78551，Tom = 0.65341，Claire = 0.65341，
Fred = 0.53551，David = 0.53551，Claudia = 0.59517，Ben = 0.13778，以及 Jennifer =

0.02983，而 $w_1=w_3=w_4=w_5=w_6=0$ 且 $w_2=5.7116$。

由于输出指标是用 ORA 计算的网络指标，因此不建议对此类问题进行任何灵敏度分析，除非目标是提高网络中其他成员的影响力（效率）。如果是这样，则需要找到对偶价格（影子价格）。

 例 5.3　征兵问题（Figueroa，2014）

前文已解释了用于计算征兵效率的数据包络分析法。线性规划可用于比较称为 DMU 的效率。数据包络分析法使用以下线性规划公式来计算其效率。这里想要衡量美国征兵旅中 42 家公司的效率，DEA 模型使用 2014 年直接从第 6 征兵旅获得的数据创建的 6 个输入度量和 2 个输出度量。决策单元的输出是需求满足百分比和语言能力百分比，其输入是征兵人员的数量和在一个地区征募的人口百分比。这里的主要问题是要确定是否有更大比例的征兵人员说英语以外的其他语言，以提高吸引新兵源的能力。目标是识别那些没有达到最高水准的决策单元，以便进行改进，提高其效率。在这种情况下，数据包络分析法将计算哪些公司的效率较高。

执行 DMU 求解的线性规划如下。

目标函数：

$$\max \quad \mathrm{DMU}_1, \mathrm{DMU}_2, \cdots, \mathrm{DMU}_c$$

满足

约束 1：$\begin{bmatrix} W_1 \\ W_2 \\ \vdots \\ W_c \end{bmatrix} - \begin{bmatrix} T_1 \\ T_2 \\ \vdots \\ T_c \end{bmatrix} \geqslant 0$；这里限定输入集合到输出的资源上。

约束 2：$\begin{bmatrix} \mathrm{DMU}_1 \\ \mathrm{DMU}_2 \\ \vdots \\ \mathrm{DMU}_c \end{bmatrix} - \begin{bmatrix} T_1 \\ T_2 \\ \vdots \\ T_c \end{bmatrix} = 0$；这里限定效率不能超过输出值。

约束 3：$\begin{bmatrix} \mathrm{DMU}_1 \\ \mathrm{DMU}_2 \\ \vdots \\ \mathrm{DMU}_c \end{bmatrix} \leqslant 1$；这里限定效率小于或等于 1。

约束 4：$\begin{bmatrix} w_1 \\ w_2 \\ \vdots \\ w_i \end{bmatrix} \geqslant 0.001$；这里将输入决策变量限定为大于零的值。

约束 5：$\begin{bmatrix} t_1 \\ t_2 \end{bmatrix} > 0.001$；这里将输出决策变量限制为大于零的值。

约束 6：$\begin{bmatrix} X_{1,\text{input}1} & X_{1,\text{input}2} & X_{1,\text{input}3} & \cdots & X_{1,\text{input}i} \\ X_{2,\text{input}1} & X_{2,\text{input}2} & X_{2,\text{input}3} & \cdots & X_{2,\text{input}i} \\ \vdots & \vdots & \vdots & & \vdots \\ X_{c,\text{input}1} & X_{c,\text{input}2} & X_{c,\text{input}3} & \cdots & X_{c,\text{input}i} \end{bmatrix} \times \begin{bmatrix} w_1 \\ w_2 \\ \vdots \\ w_i \end{bmatrix} = 1$。

这里要求输入系数和决策变量的乘积必须等于 1。

评估公司效率所需的数据如表 5.5 所示。

表 5.5　DEA 中输入与输出的系数（行列命名为矩阵 **A**）

| 第六 REC BDE 公司 | 输 入 系 数 | | | | | #招聘者 | 输 出 系 数 | |
	%PopAPI	%PopAA	%PopH	%PopW	%PopNative		需求满足百分比（%）	语言能力水平百分比（%）
6F2—SAN GABRIEL VL	0.263722	0.031573	0.517156	0.185787	0.001763	38	0.872152	0.2105
6F3—LONG BEACH	0.087205	0.105755	0.672485	0.133068	0.001486	41	0.959648	0.2683
6F5—SN FERNANDO VL	0.080011	0.035218	0.533119	0.350004	0.001648	41	0.763623	0.0976
6F7—COASTAL	0.157075	0.199102	0.295339	0.347086	0.001397	27	0.840470	0.2963
6F8—LOS ANGELES	0.136177	0.055508	0.546700	0.260140	0.001474	51	0.896214	0.3000
6H1—EUGENE	0.036067	0.007294	0.093672	0.846818	0.016149	28	0.798541	0.0909
6H2—VANCOUVER	0.074656	0.038769	0.133544	0.745682	0.007349	49	0.888734	0.2083
6H3—WILSONVILLE	0.035723	0.010366	0.173345	0.769427	0.011140	25	0.763134	0.1000
6H5—HONOLULU	0.600513	0.014254	0.122297	0.260485	0.002450	24	1.014687	0.0800
6H7—GUAM	0.926119	0.010042	0.000000	0.063839	0.000000	24	1.016260	0.0000
6I0—SIERRA NEVADA	0.047907	0.019145	0.250423	0.664284	0.018241	29	0.910788	0.0000
6I1—REDDING	0.040783	0.010726	0.151065	0.772217	0.025210	42	0.808599	0.0870
6I3—SACRAMENTO VL	0.081499	0.036714	0.216618	0.657542	0.007626	39	0.920515	0.0000
6I4—SAN JOAQUIN	0.113513	0.053919	0.445580	0.381530	0.005457	36	0.931590	0.0000
6I5—CAPITOL	0.202628	0.107138	0.257041	0.427997	0.005197	52	0.888965	0.0000
6I6—NORTH BAY	0.086219	0.066036	0.319470	0.519875	0.008401	31	0.656557	0.0000
6J1—OGDEN	0.018162	0.008748	0.129949	0.833434	0.009707	27	0.797701	0.1000
6J2—SALT LAKE	0.043967	0.010922	0.149390	0.784530	0.011190	29	0.752606	0.0000
6J3—BUTTE	0.010439	0.002670	0.039882	0.885437	0.061573	25	0.714416	0.0000
6J4—BOISE	0.017945	0.006657	0.165861	0.800868	0.008668	28	0.860633	0.0000
6J6—LAS VEGAS	0.102264	0.107663	0.309920	0.474534	0.005620	109	0.890533	0.2174
6J9—BIG HORN	0.006928	0.003742	0.067161	0.844465	0.077704	17	0.754591	0.0435
6K1—REDLANDS	0.046855	0.080681	0.566912	0.300264	0.005287	43	0.969034	0.1111
6K2—FULLERTON	0.201510	0.019564	0.492608	0.284349	0.001969	40	0.857143	0.1364
6K4—LA MESA	0.117789	0.053590	0.506028	0.317863	0.004730	39	0.715259	0.0690

（续表）

| 第六 REC BDE 公司 | 输 入 系 数 | | | | | | 输 出 系 数 | |
	%PopAPI	%PopAA	%PopH	%PopW	%PopNative	#招聘者	需求满足百分比（%）	语言能力水平百分比（%）
6K5—NEWPORT BEACH	0.139674	0.013223	0.270650	0.574473	0.001979	32	0.743743	0.0800
6K6—SAN MARCOS	0.044696	0.032839	0.508044	0.408251	0.006170	50	0.876591	0.0000
6K7—RIVERSIDE	0.086515	0.090924	0.563245	0.256525	0.002791	55	0.855292	0.1163
6K8—SAN DIEGO	0.173149	0.050862	0.249331	0.523374	0.003284	35	0.757979	0.3500
6L1—EVERETT	0.086824	0.018779	0.109900	0.768680	0.015817	25	0.837500	0.3846
6L2—SEATTLE	0.201467	0.073000	0.102603	0.616732	0.006198	32	0.766444	0.1364
6L3—SPOKANE	0.023348	0.012660	0.055685	0.891007	0.017300	23	0.796624	0.1200
6L4—TACOMA	0.092312	0.068854	0.121083	0.704523	0.013227	27	0.990457	0.1818
6L5—YAKIMA	0.016830	0.008463	0.338310	0.614801	0.021596	22	0.775581	0.3143
6L6—ALASKA	0.074101	0.028043	0.061478	0.655457	0.180921	24	0.855114	0.2000
6L7—OLYMPIA	0.048443	0.018887	0.094673	0.814933	0.023064	29	0.901454	0.1034
6N1—FRESNO	0.081141	0.043657	0.577334	0.292158	0.005710	54	0.792119	0.0238
6N2—BAKERSFIELD	0.036745	0.072447	0.546160	0.338127	0.006521	40	0.836003	0.0769
6N6—GOLD COAST	0.055439	0.015520	0.471056	0.454545	0.003440	34	0.721532	0.1111
6N7—SOUTH BAY	0.321473	0.038378	0.254535	0.383649	0.001965	37	0.638575	0.1220
6N8—EAST BAY	0.225293	0.125870	0.299244	0.346959	0.002633	55	0.692921	0.1290
6N9—MONTEREY BAY	0.213740	0.023038	0.451766	0.309182	0.002274	29	0.726957	0.0909

公司人数的权重之和，即表 5.5 中的前 5 列，必须等于 1.00。这里没有考虑更多种族。

输出矩阵的行是"需求满足百分比"和"语言能力水平百分比"，同时包括了其输出系数的一部分。

为最大化公司或 DMU 的效率，模型表述用到了 3 组决策变量。Excel Solver 通过求解线性规划来确定决策变量的最优值，如图 5.2 所示，其目标是最大化公司的效率。

图 5.2 显示了如何应用 Excel Solver 计算上述 DEA 线性化公式。

决策变量包含在 Excel 一列中各单元格的行中，其中所有 42 个决策变量被命名为 $DMU_1, DMU_2, \cdots, DMU_c$；$w_1, w_2, \cdots, w_i$ 为 6 个权重值，t_1 和 t_2 为输出的两个值。Excel 中的每个公式都有类似的命名约定，以简化 Excel 电子表格中数据的定位问题。

借助表 5.6 中的效率计算结果，可以用数据包络分析法分析招募新兵中种族的比例是否与人口中各种族的比例相关。请注意，数据包络分析法仅用到人口中的种族分布和招聘人员的总数；同样，输出采用需求满足百分比和语言能力水平百分比的比率。但实际的招聘数据——按种族划分的招聘人数——既不是 DEA 的输

Note

入，也不是其输出的一部分。DEA 使用需求满足百分比的形式，并间接采用 P2P 指标来解释公司的业绩。此外，DEA 的招聘效率与 P2P 指标之间的相关性分析表明，DEA 支持分配掌握第二语言的征兵人员。分配征兵人员的决策准则应该采用自下而上的形式，换言之，表 5.6 中 DEA 排名垫底的单位，将最先分配到掌握第二语言的征兵人员。

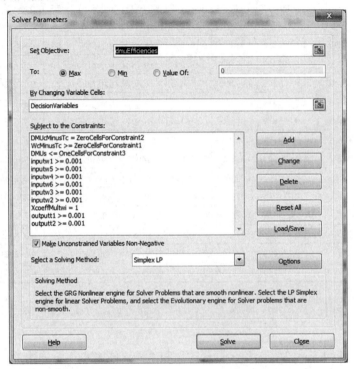

图 5.2 应用 Excel Solver 对 DEA 问题的线性规划

表 5.6 第六 REC BDE 公司的最优 DEA 效率

DMU 排名 [a]	DEA 效率	公　　司
DMU-2	1.0000	6F3—LONG BEACH
DMU-33	1.0000	6L4—TACOMA
DMU-9	0.9886	6H5—HONOLULU
DMU-10	0.9631	6H7—GUAM
DMU-23	0.9558	6K1—REDLANDS
DMU-5	0.9506	6F8—LOS ANGELES
DMU-30	0.9235	6L1—EVERETT
DMU-21	0.9173	6J6—LAS VEGAS
DMU-7	0.9126	6H2—VANCOUVER
DMU-1	0.8976	6F2—SAN GABRIEL VL

（续表）

DMU 排名 [a]	DEA 效率	公　司
DMU-4	0.8965	6F7—COASTAL
DMU-36	0.8892	6L7—OLYMPIA
DMU-14	0.8828	6I4—SAN JOAQUIN
DMU-35	0.8779	6L6—ALASKA
DMU-13	0.8723	6I3—SACRAMENTO VL
DMU-11	0.8631	6I0—SIERRA NEVADA
DMU-24	0.8583	6K2—FULLERTON
DMU-28	0.8498	6K7—RIVERSIDE
DMU-15	0.8424	6I5—CAPITOL
DMU-34	0.8411	6L5—YAKIMA
DMU-29	0.8365	6K8—SAN DIEGO
DMU-27	0.8307	6K6—SAN MARCOS
DMU-38	0.8182	6N2—BAKERSFIELD
DMU-20	0.8156	6J4—BOISE
DMU-12	0.7956	6I1—REDDING
DMU-32	0.7954	6L3—SPOKANE
DMU-17	0.7897	6J1—OGDEN
DMU-6	0.7874	6H1—EUGENE
DMU-31	0.7724	6L2—SEATTLE
DMU-37	0.7587	6N1—FRESNO
DMU-8	0.757	6H3—WILSONVILLE
DMU-3	0.7566	6F5—SN FERNANDO VL
DMU-26	0.7318	6K5—NEWPORT BEACH
DMU-22	0.7298	6J9—BIG HORN
DMU-39	0.7213	6N6—GOLD COAST
DMU-42	0.7196	6N9—MONTEREY BAY
DMU-18	0.7132	6J2—SALT LAKE
DMU-25	0.7011	6K4—LA MESA
DMU-41	0.7002	6N8—EAST BAY
DMU-19	0.677	6J3—BUTTE
DMU-40	0.6463	6N7—SOUTH BAY
DMU-16	0.6222	6I6—NORTH BAY

[a]DMU 排序从高到低。

分析：效率最高的公司（DEA 得分为100%）是来自洛杉矶 BN 的 LONG BEACH（长滩）和来自西雅图 BN 的 TACOMA（塔科马港市）。效率较低的公司包括萨克拉门托 BN 的 NORTH BAY（北湾），只有 62.2%；以及弗雷斯诺 BN 的 SOUTH BAY（南湾），只有 64.6%。

还有许多其他因素可以增加征兵的人数，如不断变化的人口数据、重新部署招募中心的业务区域、根据新的需求满足百分比来更新排名，或征兵人员配备的变化，或具有其他语言能力的招兵人员比率。

5.3.6 练习

1. 给定表 5.7 中 3 家医院的输入和输出数据，其中，输入为每月床位数和人工工时，输出为 14 岁以下患者的住院天数、14～65 岁之间患者的住院天数，以及 65 岁以上患者的住院天数，均以百为单位。研究这 3 家医院的效率。

表 5.7　医院输入与输出

医　　院	输　　入		输　　出		
	1	2	1	2	3
1	5	14	9	4	16
2	8	15	5	7	10
3	7	12	4	9	13

2. 用表 5.8 中的输入和输出求解问题 1。

表 5.8　更新后的医院输入与输出

医　　院	输　　入		输　　出		
	1	2	1	2	3
1	4	16	6	5	15
2	9	13	10	6	9
3	5	11	5	10	12

3. 请对某特定城市的 4 家银行分行进行排名。包括：

- 输入 1 = 每月工时（以百计）；
- 输入 2 = 提款机占用的空间（以百平方英尺计）；
- 输入 3 = 每月使用的物资（以美元计）。
- 输出 1 = 每月贷款申请；
- 输出 2 = 每月存款（以千美元计）；
- 输出 3 = 每月处理的支票（以千美元计）。

这 4 家银行分行的相关数据如表 5.9 所示。

表 5.9　银行分行输入与输出

分　　行	输入 1	输入 2	输入 3	输出 1	输出 2	输出 3
1	15	20	50	200	15	35

（续表）

分　行	输入 1	输入 2	输入 3	输出 1	输出 2	输出 3
2	14	23	51	220	18	45
3	16	19	51	210	17	20
4	13	18	49	199	21	35

4．你会向问题 3 中效率较低的分行建议哪些"最佳实践"？

5.4　加权法

5.4.1　修正德尔菲法

德尔菲法通过多轮询问式沟通，获得一组专家对某问题的意见，是一种可靠的决策方法。该方法首先由美国空军在 20 世纪 50 年代提出，主要用于市场研究和销售预测，经修正后该方法可作为一种输入获取的基本方法：从参与者处获得输入，然后将分数平均。

某小组由根据经验和知识水平挑选的一些专家组成。如前所述，小组成员始终保持匿名，以避免批评对成员的创新和创造力产生负面影响。德尔菲法应由一名主管人员执行，其可对入围的少数关键因素赋权。小组成员则应对每个因素及其理由赋权，其他小组成员可根据给出的理由评估权重，并接受、修改或拒绝这些理由和权重。例如，设想图 5.3 所示的某一搜索区域，有 A~G 行和 1~6 列。然后，一组专家在方格中放置 x，其中 10 位专家中的每一位都将在方格中放置 5 个 x，并将方格中 x 出现的数量相加，再除以放置的 x 总数（本例为 50）。

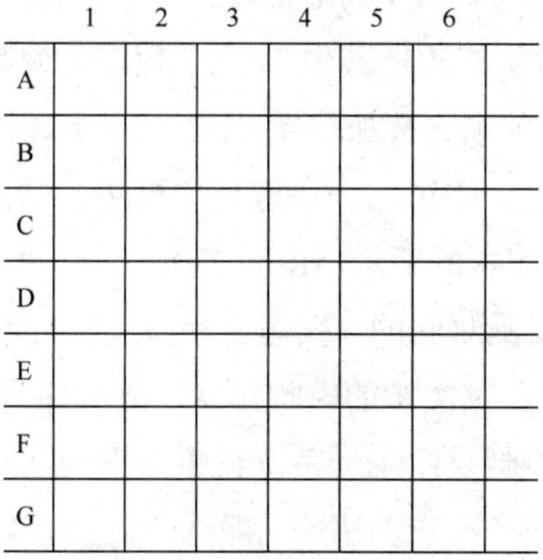

图 5.3　德尔菲法示例

采用修正德尔菲法可得到如表 5.10 所示的权重。

表 5.10　采用修正德尔菲法求权重

选 择 对 象	频　　率	相对频率或权重
A1	3	3/50
B3	1	1/50
B4	1	1/50
B6	1	1/50
C4	1	1/50
C5	4	4/50
D6	8	8/50
E5	7	7/50
F5	8	8/50
G3	9	9/50
G4	7	7/50
其他所有	0	0/50
总计	50	50/50 = 1.0

5.4.2　秩次质心法（ROC）

秩次质心法依据重要性对许多项目加权，是一种简单的方法。与其他加权方法相比，决策者用此方法对项目排名通常更容易。此方法将排名作为输入，并转换为每个项目的权重，基于以下公式进行转换：

$$w_i = \frac{1}{M} \sum_{n=i}^{M} \frac{1}{n}$$

（1）按重要性从高到低的顺序列出目标。

（2）使用上述公式分配权重，其中 M 为项数，w_i 为第 i 个项的权重。例如，如果有 4 个项，排名第一的项将被加权$(1 + 1/2 + 1/3 + 1/4)/4 \approx 0.52$，第二个项将被加权$(1/2 + 1/3 + 1/4)/4 \approx 0.27$，第三个项将被加权$(1/3 + 1/4)/4 \approx 0.15$，最后一个项将被加权$(1/4)/4 \approx 0.06$。如本例所示，ROC 简单易懂，但给出的权重高度分散。例如，设想要赋权的因素是共同的（缩短工期、代理对项目的控制、项目成本和竞争）。如果根据重要性和对决策的影响排序，则顺序为：①缩短工期；②项目成本；③机构对项目的控制权；④竞争。权重分别为 0.52、0.27、0.15 和 0.06。这些权重几乎消除了第四个因素的影响，即竞争对手之间的影响，这可能是一个问题。

5.4.3　比值法

比值法很简单，其可用于计算多类关键因素的权重。决策者首先应根据重要性对所有项排序。接下来，根据每个项的排名赋权。排名最低的项权重为 10，其余项的权重则为 10 的倍数。最后一步是将初始权重归一化（Weber 和 Borcherding，1993），此过程可参见如下示例。请注意，每个项的权重不一定间隔 10 个点。权重的任何增加都基于决策者的主观判断，反映了各项重要性之间的差异。在开始时对项进行排名有助于使加权更准确。下面是比值法的示例。

4 个任务按优先级从 1（最重要）到 4（最不重要）排序。1 代表缩短工期，2 代表项目成本，3 代表代理控制，4 代表竞争。这 4 个任务权重分别为 50、40、20 和 10。然后，将权重相加（50 + 40 + 20 + 10 = 120）并归一化，从而 4 个任务比值分别为 41.7%、33.3%、16.7% 和 8.3%。用每个项的初始权重除以所有项的权重总和，从而简单地计算归一化权重。例如，第一项（缩短工期）的归一化权重计算为 50/(50 + 40 + 20 + 10) × 100% ≈ 41.7%。归一化权重之和等于 100%（41.7 + 33.3 + 16.7 + 8.3 = 100），如表 5.11 所示。

表 5.11　比值法

	缩短工期	项目成本	代理控制	竞　争
排名	1	2	3	4
权重	50	40	20	10
归一化	41.7%	33.3%	16.7%	8.3%

5.4.4　层次分析法中的两两比较

在此方法下，决策者应将每个项与同组内其他项进行比较，并在每次两两比较中为该项赋予优先级（Chang，2004；Fox 等，2014；Fox 等，2017）。例如，如果当前的项与第二个项一样重要，则优先级为 1。如果它更重要，则优先级为 10。在进行所有比较并确定优先级后，将数字相加并归一化，从而得到每个项的权重。就赋予优先级分数而言，在与另一个项比较时，表 5.12[①]可作为指南。以下示例说明了该如何运用两两比较法。参考上面确定的 4 个关键因素，假设在项目交付的决

---

① 原文此处有误，已修改。——译者注

策中，缩短工期、项目成本和代理控制是较重要的参数。在两两比较之后，决策者应选择其中一个因素（如缩短工期），并将其与其余因素比较后赋予优先级。例如，缩短工期比项目成本更重要，在这种情况下，其重要性级别为 5。

表 5.12 Saaty 的 9 分制

重要性的两两比较	定　义
1	同等重要
3	稍微重要
5	很重要
7	非常重要
9	极其重要
2, 4, 6, 8	上述二者之间比较
上述的倒数	在因素 i 与 j 的比较中，如果与 j 比较 i 为 3，那么与 i 比较 j 为 1/3

决策者应继续进行两两比较，并对每个因素加权。权重基于每次两两比较中给出的优先级，应尽可能保持一致，其一致性程度使用优先级矩阵来衡量。感兴趣的读者可阅读 Temesi（2006）的文章，了解衡量一致性的方法和应用场景。

表 5.13 给出了设定的其他权重和归一化过程，这是两两比较法的最后一步。

表 5.13 两两比较示例

	缩短工期（1）	项目成本（2）	代理控制（3）	竞争（4）	总计（5）	权重（6）
缩短工期	1	5	5/2	8	16.5	16.5/27.225 ≈ 0.60
项目成本	1/5	1	1/2	1	2.7	2.7/27.225 ≈ 0.10
代理控制	2/5	2	1	2	5.4	5.4/27.225 ≈ 0.20
相互比较	1/8	1	1/2	1	2.625	2.625/27.225 ≈ 0.10
总计					27.225	1

请注意，第（5）列只是第（1）列到第（4）列中值的总和。此外，如果因素 i 对比因素 j 的优先级是 n，那么因素 j 对比因素 i 的优先级只有 $1/n$。计算得到的权重分布为 0.6、0.1、0.2 和 0.1，加总起来为 1.0。请注意，两个因素的重要性和权重可能相同。

5.4.5 熵法

熵的概念由 Shannon 和 Weaver（1949）提出，Zeleny（1982）强调了这一概念对于属性赋权的重要性。熵运用概率的方法来衡量信息中的不确定性，结果表明，与较尖的分布相比，宽的分布代表的不确定性更大。

通过熵法确定权重，需要考虑称为 R_{ij} 的归一化决策矩阵。所用的方程为

$$e_j = -k \sum_{i=1}^{n} R_{ij} \ln(R_{ij}) \qquad (5.3)$$

式中，k 为保证 $0 \leqslant e_j \leqslant 1$ 的常数，$k = 1/\ln(n)$；n 的值可被替换，每个属性包含的平均信息发散度（d_j）的计算方式为

$$d_j = 1 - e_j$$

对于所有因素 i 和 j，性能评级 R_{ij} 越发散，则相应的 d_j 越高，属性 B_j 被认为越重要。

权重可通过式（5.4）求得，即

$$w_j = \frac{1 - e_j}{\sum (1 - e_j)} \qquad (5.4)$$

下面举例说明如何获得熵权。

 例 5.4 汽车性能评价问题

（1）汽车性能数据（见表 5.14）。

表 5.14 汽车性能数据

	价 格	安 全 性	可 靠 性	性 能	MPG 城市油耗	MPG 高速油耗	内饰/款式
a1	27.8	9.4	3	7.5	44	40	8.7
a2	28.5	9.6	4	8.4	47	47	8.1
a3	38.668	9.6	3	8.2	35	40	6.3
a4	25.5	9.4	5	7.8	43	39	7.5
a5	27.5	9.6	5	7.6	36	40	8.3
a6	36.2	9.4	3	8.1	40	40	8.0

（2）将所有列相加，得到汽车性能值总和（见表 5.15）。

表 5.15 汽车性能值总和

	价 格	安 全 性	可 靠 性	性 能	MPG 城市油耗	MPG 高速油耗	内饰/款式
总和	184.168	57	23	47.6	245	246	46.9

（3）将数据归一化。用一列中每个数据元素除以该列之和，得到更新后汽车性能值（见表 5.16）。

表 5.16　更新后汽车性能值

	价　格	安全性	可靠性	性　能	MPG 城市油耗	MPG 高速油耗	内饰/款式
a1	0.150949	0.164912	0.13043478	0.157563	0.17959184	0.162602	0.185501066
a2	0.15475	0.168421	0.17391304	0.176471	0.19183673	0.191057	0.172707889
a3	0.20996	0.168421	0.13043478	0.172269	0.14285714	0.162602	0.134328358
a4	0.138461	0.164912	0.2173913	0.163866	0.1755102	0.158537	0.159914712
a5	0.14932	0.168421	0.2173913	0.159664	0.14693878	0.162602	0.176972281
a6	0.19656	0.164912	0.13043478	0.170168	0.16326531	0.162602	0.170575693

（4）使用熵公式，此例中 $k = 6$，有

$$e_j = -k \sum_{i=1}^{n} R_{ij} \ln(R_{ij})$$

（5）求汽车性能 e_j 值（见表 5.17）。

表 5.17　汽车性能 e_j 值

	价　格	安全性	可靠性	性　能	MPG 城市油耗	MPG 高速油耗	内饰/款式
e_j	0.993081	0.999969	0.98492694	0.999532	0.99689113	0.99882	0.997213162

（6）用公式计算权重，得到汽车性能权重（见表 5.18）。

表 5.18　汽车性能权重

	价　格	安全性	可靠性	性　能	MPG 城市油耗	MPG 高速油耗	内饰/款式
$1-e_j$	0.006919	0.0000309	0.01507306	0.000468	0.00310887	0.00118	0.002786838
w	0.234044	0.001046	0.50989363	0.015834	0.1051674	0.039742	0.094273533

（7）检查权重和是否为 1。

（8）解释权重和排名。

（9）在进一步分析中应用这些权重。

下面看一下其他方法中可能的权重。

AHP：用两两比较法对汽车数据建模（见表 5.19）。

表 5.19　汽车性能两两比较

	价格	安全性	可靠性	性能	MPG 城市油耗	MPG 高速油耗	内饰/款式
价格	1	2	3	3	4	5	7
安全性	1/2	1	2	2	3	4	6
可靠性	1/3	1/2	1	2	3	4	5
性能	1/3	1/2	1/2	1	2	4	6
MPG 城市油耗	1/4	1/3	1/3	1/2	1	3	6
MPG 高速油耗	1/5	1/4	1/4	1/4	1/3	1	3
内饰/款式	1/7	1/6	1/5	1/6	1/6	1/3	1

CR（一致性程度）为 0.090 的权重结果如表 5.20a 和表 5.20b 所示。

表 5.20a　相对权重

价格	0.3612331	MPG 城市油耗	0.0801478
安全性	0.2093244	MPG 高速油耗	0.0529871
可靠性	0.14459	内饰/款式	0.0350447
性能	0.1166729		

表 5.20b　用熵公式更新的汽车性能

e_1	e_2	e_3	e_4	e_5	e_6	e_7	$k=0.558111$
−0.28542	−0.29723	−0.2656803	−0.29117	−0.3083715	−0.29536	−0.31251265	
−0.28875	−0.30001	−0.3042087	−0.30611	−0.31674367	−0.31623	−0.30330158	
−0.32771	−0.30001	−0.2656803	−0.30297	−0.27798716	−0.29536	−0.26965989	
−0.27376	−0.29723	−0.3317514	−0.29639	−0.30539795	−0.29199	−0.293142	
−0.28396	−0.30001	−0.3317514	−0.29293	−0.28179026	−0.29536	−0.3064739	
−0.31976	−0.29723	−0.2656803	−0.30136	−0.29589857	−0.29536	−0.3016761	

比值法的相应结果如表 5.21 所示。

表 5.21　汽车性能比值法

价格	安全性	可靠性	性能	MPG 城市油耗	MPG 高速油耗	内饰/款式
70	60	50	40	30	20	10
0.25	0.214	0.179	0.143	0.107	0.714	0.358

5.5　简单平均加权法（SAW）

5.5.1　方法说明与应用情况

该方法的过程非常简单，模型也易于构建。Fisburn（1967）也将此法称为权重和法，它是最简单、最广泛使用的多属性决策法之一。根据所使用的关系数据的类型，目标既可能是增大平均值，也可能是减小平均值。

5.5.2　方法论

此方法下每个准则（属性）都会被赋予权重，且所有权重之和必须等于 1。如果采用等权重的准则，只需要对可选项求和即可。任一可选项都根据各个准则

（属性）来评估。式（5.5）简单地给出了可选项总体或综合性能得分，这里有 m 个准则：

$$P_i = \left(\sum_{j=1}^{n} w_j m_{ij} \right) / m \tag{5.5}$$

以前认为准则下的所有单位都必须用相同的计量单位，如美元、磅和秒，现在使用归一化方法后可以使值的单位更少，因此建议对数据进行归一化处理，如式（5.6）所示：

$$P_i = \left(\sum_{j=1}^{n} w_j m_{ij\,\text{Normalized}} \right) / m \tag{5.6}$$

式中，$m_{ij\text{Normalized}}$ 为 m_{ij} 的归一化值；P_i 为替代值 A_i 的总体或综合得分，P_i 最高的可能值被认为是最佳选择。

5.5.3　优点与局限性

简单加权平均法的优点包括易于使用和归一化数据允许在诸多准则之间进行比较。局限性包括总是更大更好或总是更小更好。在说明哪个准则应该更大或更小以提高性能方面，该方法不够灵活，这一点使收集同类关系值模式（更大或更小）对应的实用数据变得至关重要。

5.5.4　灵敏度分析

灵敏度分析用于确定哪些加权方式使得模型对权重更为敏感。对于决策者而言，权重可以是任意的，或为了得到权重，您可能会选择某种方式进行两两比较，正如稍后谈到的 AHP，一旦在求权重的过程中加入了主观性，则建议进行灵敏度分析。请参阅后文，了解对个体归一化权重进行灵敏度分析时建议采用的方式。

5.5.5　SAW 示例

 例 5.5　汽车选择

这里考察 6 种车型：丰田普锐斯（Prius）、福特蒙迪欧（Fusion）、雪佛兰沃蓝达（Volt）、丰田凯美瑞（Camry）、现代索纳塔（Sonata）和日产聆风（Leaf）。每辆车都有 7 个准则的数据（其来自消费者报告、美国新闻与世界报道在线数据源），

包括价格、MPG 城市油耗、MPG 高速油耗、性能、内饰/款式、安全性和可靠性。表 5.22 给出了所提取的原始数据。

表 5.22 原始数据

汽车车型	价格（千美元）	MPG 城市油耗	MPG 高速油耗	性能	内饰/款式	安全性	可靠性
Prius	27.8	44	40	7.5	8.7	9.4	3
Fusion	28.5	47	47	8.4	8.1	9.6	4
Volt	38.668	35	40	8.2	6.3	9.6	3
Camry	25.5	43	39	7.8	7.5	9.4	5
Sonata	27.5	36	40	7.6	8.3	9.6	5
Leaf	36.2	40	40	8.1	8.0	9.4	3

最初可假设所有权重都相等，以获得基准排名，用排序（1～6）代替实际数据。计算平均排名以确定最佳排名（越小越好），可知最终排名顺序为 Fusion、Sonata、Camry、Prius、Leaf 和 Volt（见表 5.23）。

表 5.23 根据标准采用数据排序 SAW

汽车	价格	MPG 城市油耗	MPG 高速油耗	性能	内饰/款式	安全性	可靠性	值	排名
Prius	3	2	2	6	1	2	4	2.857	4
Fusion	4	1	1	1	3	1	3	2	1
Volt	6	6	2	2	6	1	4	3.857	6
Camry	1	3	3	4	5	2	1	2.714	3
Sonata	2	5	2	5	2	1	1	2.572	2
Leaf	5	4	2	2	4	2	4	3.285	5

接下来，对权重采用一个方法，并仍像前文一样使用 1～6 的排名。也许可应用一种技术，类似于在 5.6 节中探讨的两两比较。通过两两比较得到新的权重，从而有了新的排序。

Camry、Sonata、Fusion、Prius、Leaf 和 Volt 的相应排序结果的变化不同于使用相等的权重，表明该模型要给定标准权重。假设按重要性排序的标准为价格、可靠性、MPG 城市油耗、安全性、MPG 高速油耗、性能、内饰/款式。用两两比较来得到新矩阵（见表 5.24）。

表 5.24 标准的两两比较

	价 格	可 靠 性	MPG 城市油耗	安 全 性	MPG 高速油耗	性能	内饰/款式
价格	1	2	3	4	5	6	7
可靠性	0.5	1	2	3	4	5	5

（续表）

	价　格	可　靠　性	MPG 城市油耗	安　全　性	MPG 高速油耗	性能	内饰/款式
MPG 城市油耗	0.333333	0.5	1	3	4	5	6
安全性	0.25	0.33333333	0.333333	1	2	3	4
MPG 高速油耗	0.2	0.25	0.25	0.5	1	3	4
性能	0.166667	0.2	0.2	0.333333	0.333333	1	1
内饰/款式	0.142857	0.2	0.166667	0.25	0.25	1	1

CR 为 0.01862 时，新的权重如表 5.25a 所示。

表 5.25a　新的权重

价格	0.38388	MPG 高速油耗	0.06675
可靠性	0.22224	性能	0.04612
MPG 城市油耗	0.15232	内饰/款式	0.04092
安全性	0.08777		

将这些权重应用于之前的排名，可得平均值，并选择较小的平均值。此时排序为 Fusion、Sonata、Camry、Prius、Leaf 和 Volt，如表 5.25b 所示。

表 5.25b　各车型的排序

车　型	权　重	排　序
Prius	1.209897292	4
Fusion	0.801867414	1
Volt	1.470214753	6
Camry	1.15961718	3
Sonata	1.015172736	2
Leaf	1.343230626	5

除价格外，也可以直接使用表 5.25c 中的原始数据，因为其使用的是原始数据的排名。这里只有价格代表的值越小越好，因此可用其倒数替代价格。因此，"1/价格"代表一个变量，其值越大越好。如果使用来自先前结果的归一化权重，且原始数据将价格替换为"1/价格"，可获得"值越大越好"的最终排名。此时排序为 Camry、Fusion、Sonata、Prius、Leaf 和 Volt。

表 5.25c　SAW 最终排名

汽　车	值	排　名
Prius	0.16505	4
Fusion	0.17745	2

（续表）

汽　　车	值	排　　名
Volt	0.14177	6
Camry	0.1889	1
Sonata	0.1802	3
Leaf	0.14663	5

5.5.6　灵敏度分析示例

如前所述，建议对各准则的权重进行灵敏度分析。在此应用了一种可控的方法修改权重并求解 SAW。从图 5.4 中可以看出，排名靠前的汽车（Fusion、Camry 和 Prius）在灵敏度分析范围内没有变化。

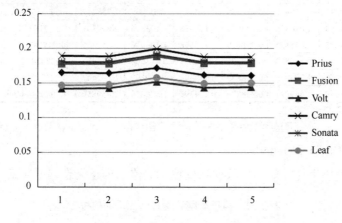

图 5.4　汽车 SAW 的灵敏度分析

 例 5.6　用"风筝型网络"（Kite Network）对节点进行排名

现在回顾一下前述的风筝型社交网络图，本节介绍了两种方法。

方法一表示将输出数据转换为从前至后的排名，然后应用权重并将所有值平均，可将之从小到大排列以代表备选方案。此处仅提供使用两两比较标准的结果，目的是获得加权后的准则（见表 5.26）。

表 5.26　风筝型网络方法一：两两比较结果与相对权重

	TC（总中心度）	EC（特征向量中心度）	IC（内密集度）	OC（外密集度）	INC（信息中心度）	Betw（介数）	未加权综合	加权后综合
相对权重	0.153209	0.144982	0.11944	0.067199	0.157688	0.357482		
Susan	1	1	10	1	3	2		
Steve	2	2	2	2	1	4		

	TC (总中心度)	EC (特征向量 中心度)	IC (内密集度)	OC (外密集度)	INC (信息中 心度)	Betw (介数)	未加权 综合	加权后综合	
Sarah	3	2	1	10	1	7			
Tom	4	4	2	2	5	5			
Claire	4	4	2	2	5	5			
Fred	6	7	2	2	7	8			
David	6	7	2	2	7	8			
Claudia	6	6	2	2	3	1			
Ben	9	9	2	2	9	3			
Jennifer	10	10	2	2	10	8			
Susan	0.153209	0.144982	1.194396	0.067199	0.473064	0.714965	0.457969	Steve	0.426213
Steve	0.306418	0.289964	0.238879	0.134398	0.157688	1.42993	0.426213	Susan	0.457969
Sarah	0.459627	0.289964	0.11944	0.67199	0.157688	2.502377	0.700181	Claudia	0.498828
Tom	0.612835	0.579928	0.238879	0.134398	0.78844	1.787412	0.690316	Tom	0.690316
Claire	0.612835	0.579928	0.238879	0.134398	0.78844	1.787412	0.690316	Claire	0.690316
Fred	0.919253	1.014875	0.238879	0.134398	1.103816	2.859859	1.04518	Sarah	0.700181
David	0.919253	1.014875	0.238879	0.134398	1.103816	2.859859	1.04518	Ben	0.924772
Claudia	0.919253	0.869893	0.238879	0.134398	0.473064	0.357482	0.498828	Fred	1.04518
Ben	1.37888	1.304839	0.238879	0.134398	1.419192	1.072447	0.924772	David	1.04518
Jennifer	1.532089	1.449821	0.238879	0.134398	1.576879	2.859859	1.298654	Jennifer	1.298654

运用方法一得到的排名结果为：Steve、Susan、Claudia、Tom、Claire、Sarah、Ben、Fred、David 和 Jennifer。

方法二使用上述原始指标数据和权重，数值都为越大越好型（见表 5.27）。

表 5.27　风筝型网络图方法二得到的排名

	TC (总中心度)	EC (特征向量 中心度)	IC (内密集度)	OC (外密集度)	INC (信息中 心度)	Betw (介数)	未加权综合	加权后综合	
Susan	0.027663	0.025384	0.010938	0.007262	0.017164	0.0723	0.026793	Claudia	0.029541
Steve	0.021279	0.019939	0.011903	0.006743	0.017533	0.055503	0.0222	Susan	0.026793
Sarah	0.019151	0.019939	0.013226	0.005994	0.017833	0.037245	0.018898	Steve	0.0222
Tom	0.017023	0.016586	0.011903	0.006743	0.015916	0.006938	0.012518	Sarah	0.018898
Claire	0.017023	0.016586	0.011903	0.006743	0.015916	0.006938	0.012518	Ben	0.018268
Fred	0.012767	0.013593	0.011903	0.006743	0.015381	0	0.010065	Tom	0.012518
David	0.012767	0.013593	0.011903	0.006743	0.015381	0	0.010065	Claire	0.012518
Claudia	0.012767	0.015108	0.011903	0.006743	0.017164	0.113562	0.029541	Fred	0.010065
Ben	0.008512	0.003497	0.011903	0.006743	0.013954	0.064997	0.018268	David	0.010065
Jennifer	0.004256	0.000757	0.011903	0.006743	0.011146	0	0.005801	Jennifer	0.005801

运用方法二得到的排名结果为：Claudia、Susan、Steve、Sarah、Ben、Tom、Claire、Fred、David 和 Jennifer。前三名虽然与方法一中相同，但顺序不同。这说明该模型对输入格式和权重都很敏感。

5.5.7　灵敏度分析的练习

可以用可控的方式对权重进行灵敏度分析，并确定每个变化对最终排名的影响。

本书推荐了一种可控的方法来修改权重，稍后将深入探讨。本节练习要求你对该问题进行灵敏度分析。

针对下列问题使用 SAW 找到加权条件下的排名。

（1）所有权重相等。

（2）选择权重并说明。

1．对于给定的医院，用表 5.28 中的数据对流程进行排序。

表 5.28　医院流程数据版本一

	流程			
	1	2	3	4
利润（美元）	200	150	100	80
X 光次数	6	5	4	3
实验室时间（小时）	5	4	3	2

2．对于给定的医院，用表 5.29 中的数据对流程进行排序。

表 5.29　医院流程数据版本二

	流程			
	1	2	3	4
利润（美元）	190	150	110	980
X 光次数	6	5	5	3
实验室时间（小时）	5	4	3	3

3．对表 5.30 中给出的威胁进行排序。

表 5.30　威胁评估矩阵

风险替代标准	可靠性（风险评估）	相关死亡大概人数（千人）	修复损坏设施的成本（百万美元）	位置	破坏性的心理影响	情报相关提示的次数
脏弹威胁	0.40	10	150	4.5	9	3
炭疽生物恐怖威胁	0.45	0.8	10	3.2	7.5	12

（续表）

风险替代标准	可靠性 （风险评估）	相关死亡大概人 数（千人）	修复损坏设施的 成本（百万美元）	位置	破坏性的 心理影响	情报相关提 示的次数
DC-道路和桥梁网络威胁	0.35	0.005	300	0.85	6	8
纽约地铁威胁	0.73	12	200	6.3	7	5
DC 地铁威胁	0.69	11	200	2.5	7	5
重大银行抢劫案	0.81	0.0002	10	0.57	2	16
FAA（空降野战炮兵）威胁	0.70	0.001	5	0.15	4.5	15

4．设想目前搬到了一个新城市。表 5.31 列出了城市搜索型特征，根据这些特征对城市进行排名以确定最理想的地点。

表 5.31　城市搜索型特征

城市	住房负担 （平均购房成本，单位为十万美元）	文化机遇—— 每月活动	犯罪率——每月报 道的犯罪数（百次）	学校平均质量 （质量值为[0, 1]）
1	250	5	10	0.75
2	325	4	12	0.6
3	676	6	9	0.81
4	1020	10	6	0.8
5	275	3	11	0.35
6	290	4	13	0.41
7	425	6	12	0.62
8	500	7	10	0.73
9	300	8	9	0.79

5．对风筝型网络示例中的节点排名进行灵敏度分析。

6．用熵法分析汽车示例并确定排名，与本节展示的结果进行比较。

5.6　层次分析法（AHP）

5.6.1　方法说明与应用情况

层次分析法（AHP）是由 Saaty（1980）首次提出的一个多目标决策分析工具。当主观测量和客观测量或仅主观测量根据基于多标准的一组备选方案进行评估时，可用到该方法，其组织形式采用分层结构，如图 5.5 所示。

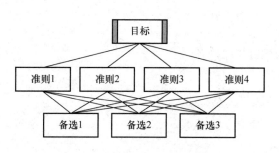

图 5.5　通用的 AHP 层次结构

顶层为目标，中间层为评估或加权后的准则，底层为根据每个准则衡量的备选方案。决策者通过两两比较来评估自己的看法，其中每一对都进行主观比较或客观比较。这种主观方法涉及如表 5.32 所介绍的 9 分量表。

表 5.32　准则数据

n	1	2	3	4	5	6	7	8	9	10
RI	0	0	0.52	0.89	1.1	1.24	1.35	1.4	1.45	1.49

以下简要介绍层次分析法框架中的元素。该过程可视为一种将问题分解为子问题的方法。在大多数决策中，决策者可以在许多备选方案中进行选择。每个备选方案都有一组可以主观或客观衡量的属性或特征，称为属性或准则。层级过程的属性元素可与决策问题的任何方面相关，无论是有形的还是无形的、仔细衡量的还是粗略估计的、了解较深的还是知之甚少的，都适用于当前决策的任何方面。

简言之，为实施层次分析法，需要一个目标或 n 个目标及一组备选方案，每个备选方案都有准则（属性）来比较。一旦建立了层次结构，决策者就可以系统地成对评估各种元素（一次进行一个两两比较），并考虑对层次结构中高层元素的影响。在比较时，决策者可使用有关要素的具体数据，或对要素相对意义和重要性进行主观判断。鉴于人很容易改变主意，灵敏度分析就变得非常重要。

层次分析法将这些主观但数值化的评估转换为数值，可以在整个问题范围内处理和比较，还可以为层次结构中的每个元素导出一个权重或优先级数，从而以合理和一致的方式比较通常不可比较的多样化元素。

在该过程的最后一步，计算每个决策方案的优先级数。这些数字代表了备选方案实现决策目标的相对能力，从而直接考虑各种行动方案。

该方法可供进行简单决策的个人或处理复杂问题的团队使用。当决策的重要因素难以量化或比较时，或者团队成员之间的沟通因专业、术语或观点不同而受阻时，该方法具有独特的优势。其中两两比较的方法比较方便，后面将使用例子加以说明。

5.6.2　层次分析法的方法论

使用 AHP 的步骤可总结如下。

步骤 1： 为决策建立层次关系。

步骤 2： 判断与比较。

在属性准则和备选方案的两两比较中，用 9 分量表以数值表示。层次分析法的目标是获得系统的一组特征向量，用于衡量对准则的重要性。可根据 Saaty 的 9 分量表中的值将这些值填入矩阵或表格中，参见表 5.32。

根据 Saaty 的方法，还必须确保比较矩阵是一致的，即计算一致性比率 CR，CR 的值必须小于或等于 0.1 才能视为有效。

接下来，使用幂法求最大特征值 λ 的近似值（Burden 和 Faires，2013）。可以用公式计算一致性指数 CI：

$$CI = \frac{\lambda - n}{n - 1}$$

然后用下面的公式计算 CR：

$$CR = \frac{CI}{RI}$$

如果 CR≤0.1，那么认为两两比较矩阵是一致的，可以继续 AHP 过程。否则必须再次两两比较并修复不一致，直到 CR≤0.1。通常应确保如果 A > B，B > C，那么该准则下对于所有 A、B 和 C，A > C 都成立。

步骤 3： 找到所有特征向量组合获取排名，可通过多种方法实施。

下面说明决策者权重的求解方法。

建议借助工具来求权重，如 Excel 在这方面用处很大。

（1）估计主特征向量的幂法。

建议采用 Burden 和 Faires（2013）的幂法，因为其借助工具操作起来很简单。

主特征值和主特征向量的定义：设 $\lambda_1, \lambda_2, \cdots, \lambda_n$ 是 $n \times n$ 阶矩阵 A 的特征值，如果对于 $i = 2, 3, \cdots, n$，有 $|\lambda_1| > |\lambda_i|$，则 λ_1 称为 A 的主特征值。λ_1 对应的特征向量称为 A 的主特征向量。求这些特征向量的幂法是迭代算法。首先，假设矩阵 A 有一个主特征值，以及相应的主特征向量。在 R^n 中选择一个初始非零向量 x_0，作为 A 的主特征向量的近似值之一。最后，形成迭代序列如下：

$$x_1 = Ax_0$$

$$x_2 = Ax_1 = A^2x_0$$

$$x_3 = Ax_2 = A^3x_0$$

$$\vdots$$

$$x_k = Ax_{k-1} = A^kx_0$$

（2）DDS 近似法（Fox，2012）。

在决策分析中可使用离散动力系统对层次分析法进行数学建模（计算机在教育中的应用，2012，第 27-34 页）。

步骤 4： 在求得 $m \times 1$ 维的标准权重和通过准则 m 的 n 个备选方案的 $n \times m$ 矩阵后，用矩阵乘法得到 $n \times 1$ 维向量表示的最终排名。

步骤 5： 对最终排名排序。

5.6.3　AHP 的优势与局限性

与所有建模和多属性决策方法（MADM）一样，AHP 也有优势和局限性。

AHP 的主要优势在于它能够按照目标的有效性顺序对选项进行排序。如果对准则的相对重要性进行判断，以及对备选方案满足目标的能力进行计算，通过 AHP 就可以得出有逻辑的结论。为获得一些预定结果，也可以手动更改成对判断，但难度相当大。AHP 的另一个优势是，能够借助 CR 在两两比较中检测出哪些判断不一致。如果 CR 大于 0.1，则认为判断不一致。

AHP 的局限性在于只有矩阵的数学形式都一致才有效，其称为正倒数矩阵。原因参见 Saaty（1980，1990）的文章，本书仅简单说明这一点——所需的形式。创建此矩阵的需求是，如果用数字 9 来表示 "A 绝对比 B 重要"，那么必须用 1/9 来定义就 A 而言 B 的相对重要性。有些人认为这是合理的，其他人则持反对意见。

AHP 的另一个局限性是比例缩放可能。但需要理解，得到的最终值只表示一种方案比另一种方案相对更好，例如，如果备选方案{A, B, C}的 AHP 值为(0.392, 0.406, 0.204)，则仅意味着备选方案 A 和 B 在大约为 0.4 时一样好，而 C 为 0.2，更差。这并不意味着 A 和 B 有 C 的两倍好。

在根据目标安排来区分竞争选项方面，AHP 的作用很大。其计算并不复杂，AHP 可被视为一种数学技巧，但无须了解数学即可使用该技术。不过要注意，它的结果为相对值。

尽管 AHP 已在商业、工业和政府领域广泛使用，但该方法的相关文献如 Hartwich（1999），指出了一些局限性。首先，在问题结构方面，需要为准则和备选方案形成层次结构，当团队成员在地理上分散或受时间限制时，在收集群体意见上 AHP 并没有起到足够的引导作用。团队成员可单独或作为一个小组对各项进行评级。随着层级的增加，合成权重的难度和需要的时间也会增加。一个简单的解决方法是让决策参与者（分析人员和决策者）了解 AHP 的基础知识，并通过示例使概念被彻底地理解（Hartwich，1999）。

AHP 另一个容易引起批评的原因是"逆序"问题。逆序泛指当流程发生变化、添加更多备选方案或准则时备选方案的顺序会发生变化。这意味着无论何时向待比较的初始备选方案集中添加或删除准则或备选方案，重要性评级都会发生变化。人们已提出了对 AHP 的一些修改建议来解决该问题和其他相关问题。许多改进都涉及计算、两两比较或归一化优先级和加权向量的方法。此处提及逆序重要性的原因是，TOPSIS 纠正了该逆序问题。

5.6.4 AHP 的灵敏度分析

由于 AHP 采用主观的 9 分量表输入（至少在两两比较中是这样），灵敏度分析非常重要。Leonelli（2012）在其硕士论文中概述了用于增强决策辅助工具的灵敏度分析程序，包括权重的数值增量分析、概率模拟和数学模型。人们多久改变一次对物体、地点或事物相对重要性的看法？在通常情况下，应该更改两两比较值，以确定 AHP 过程中排名的稳健程度。我们建议大量开展灵敏度分析，以找到改变备选方案排名的决策者权重"拐点"（如果存在）。由于两两比较是用 Saaty 方法编制的主观矩阵，建议将权重的数值增量分析用作最小"试错"的灵敏度分析。

Chen 和 Kocaoglu（2008）将灵敏度分析分为三大类：数值增量分析、概率模拟和数学模型。数值增量分析，也称 OAT 法（OAT 即 One-at-A-Time，意思是一次一个）或试错法，通过一次增加一个参数来找到新的解，并以图形方式说明排名是怎样变化的。这种方法存在几种变体（Barker 等，2011；Hurly，2001）。概率模拟使用蒙特卡罗模拟（Butler 等，1997），可以随机改变权重并同时了解对排名的影响，当能够表达出输入数据和求解结果之间的关系时，可以使用数学建模解决。

此处使用了式（5.7）（Alinezhad 和 Amini，2011）来调整增量分析范畴下的权重。

$$w'_j = \frac{1-w'_p}{1-w_p}w_j \qquad (5.7)$$

式中，w'_j 为新的权重；w_p 为待调整准则的原始权重；w'_p 为准则调整后的值。可以发现，在调整权重以重新输入模型时，用此方法会很简单。

5.6.5　AHP 方法应用示例

　例 5.7　回顾汽车选择问题

本问题的目标和符号如下所示。

目标：选择最好的汽车。

准则：$c_1, c_2, \cdots, c_m$。

方案：$a_1, a_2, \cdots, a_n$。

下面用表 5.22 中提供的原始数据回顾汽车选择问题，以说明在决策标准两两比较的基础上，如何使用 AHP 来选择最佳替代方案。

步骤 1： 构建层次结构并按优先级从高到低的顺序对准则进行排序。

汽车示例优先级的选择如下：价格、MPG 城市油耗、MPG 高速油耗、安全性、可靠性、性能、内饰/款式。将这些准则按优先顺序排列，进行两两比较会更简单。在此将使用为进行两两比较准备的 Excel 模板。

步骤 2： 使用 Saaty 的 9 分量表进行两两比较。在此使用了一个创建好的 Excel 模板进行两两比较，并获得两两比较矩阵。

生成表 5.33 所示的决策准则矩阵，检查 CR，即一致性比率，以确保它小于 0.1。对于成对决策准则矩阵，CR = 0.00695。由于 CR < 0.1，可以继续。

表 5.33　决策准则矩阵

	价格	MPG 城市油耗	MPG 高速油耗	安全性	可靠性	性能	内饰/款式
价格	1	2	2	3	4	5	6
MPG 城市油耗	0.5	1	2	3	4	5	5
MPG 高速油耗	0.5	0.5	1	2	2	3	3
安全性	0.3333	0.333	0.5	1	1	2	3
可靠性	0.25	0.25	0.5		1	2	3
性能	0.2	0.2	0.333	0.5	1	1	2
内饰/款式	0.166	0.2	0.333	0.333	0.333	0.5	1

将特征向量作为决策权重（见表 5.34）。

表 5.34 决策权重（特征向量）

属　　性	特 征 向 量	属　　性	特 征 向 量
价格	0.342407554	可靠性	0.080127732
MPG 城市油耗	0.230887543	性能	0.055515667
MPG 高速油耗	0.151297361	内饰/款式	0.045672293
安全性	0.094091851		

　　步骤 3：对于备选方案，要么获得每个决策准则下每辆车的数据，要么以每辆车与其竞争对手的价格为准则进行两两比较。此例使用之前的原始数据，但对列进行归一化处理之前，用"1/价格"替换价格。

　　对准则和变量（如价格）的处理也有其他选项。这里有三个行动方案（COA）：①用"1/价格"替换价格；②用 9 分量表进行两两比较；③从准则和变量中删除价格，实施分析，然后确定收益/成本来重新排列结果。

　　不同型号车的价格权重如表 5.35a 所示。

表 5.35a 不同型号车的价格权重

车　　型	价 格 权 重	车　　型	价 格 权 重
Prius	0.139595	Camry	0.43029
Fusion	0.121844	Sonata	0.217129
Volt	0.041493	Leaf	0.049648

　　步骤 4：将消费者报告的标准化原始数据矩阵与权重矩阵相乘可得到排名。使用步骤 3 中的 COA①，可得到表 5.35b 中的排名结果。

表 5.35b AHP 值和排名（使用 COA①）

汽　　车	AHP 值	排　　名
Prius	0.170857046	4
Fusion	0.180776107	2
Volt	0.143888039	6
Camry	0.181037124	1
Sonata	0.171051618	3
Leaf	0.152825065	5

　　结果为 Camry 是第一选择，其次是 Fusion、Sonata、Leaf 和 Volt。

　　如果在步骤 3 中使用 COA②，那么在最终矩阵中，可将实际价格替换为这些两两比较的结果（CR = 0.0576）。

然后可得相应排名结果，如表 5.35c 和表 5.35d 所示。

表 5.35c AHP 值和排名（使用 COA②）

汽 车	AHP-值	排 名
Prius	0.14708107	4
Fusion	0.152831274	3
Volt	0.106011611	6
Camry	0.252350537	1
Sonata	0.173520854	2
Leaf	0.113089654	5

表 5.35d 相对权重

属 性	相 对 权 重	属 性	相 对 权 重
MPG 城市油耗	0.363386	可靠性	0.097
MPG 高速油耗	0.241683	性能	0.081418
安全性	0.159679	内饰/款式	0.056834

如果采取步骤 3 的 COA③，那么需要在没有价格准则的情况下重新计算成对决策准则矩阵。

先将来自表 5.22 的原始价格归一化，然后用得到的值除以归一化的价格，以得到成本/效益。归一化后后的排序如表 5.35e 所示。

表 5.35e 归一化后的排序

车 型	排 序	车 型	排 序
Camry	1.211261	Sonata	1.06931
Fusion	1.178748	Leaf	0.821187
Prius	1.10449	Volt	0.759482

5.6.5.1 灵敏度分析

调整决策的成对比较值以获得一组新的决策权重，用步骤 3 的 COA①来得到新的结果为：Camry、Fusion、Sonata、Prius、Volt 和 Leaf。新的权重和模型的排序如表 5.35f 所示。

表 5.35f 新的权重和模型的排序

属 性	新 的 权 重	排 序
价格	0.311155922	
MPG 城市油耗	0.133614062	

（续表）

属　　性	新 的 权 重	排　　序
MPG 高速油耗	0.095786226	
性能	0.055068606	
内饰/款式	0.049997069	
安全性	0.129371535	
可靠性	0.225006578	
备选方案	值	
Prius	0.10882648	4
Fusion	0.11927995	2
Volt	0.04816882	5
Camry	0.18399172	1
Sonata	0.11816156	3
Leaf	0.04357927	6

　　结果值发生了变化，但汽车的相对排名没有变化，还是建议使用灵敏度分析来找到一个"拐点"（如果存在的话）。

　　前文使用式（5.5）系统地改变了价格权重，增量为±0.05，并将结果绘成图，以展示标准价格（价格权重+0.1）的近似"拐点"，如图 5.6 所示。

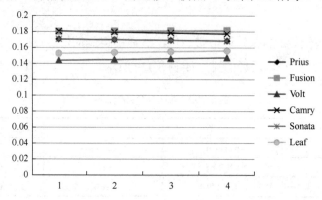

图 5.6　随着价格权重变更产生的排序变化

　　可以看到，随着价格权重降低和其他标准的成比例增加，Fusion 取代 Camry成为第一备选方案。

 例 5.8　用 AHP 再次研究风筝型网络问题

　　假设只有来自 ORA 的输出，鉴于产生的输出量较大，此处并未显示出来。从ORA 中获取指标并使每一列归一化。每个准则的列均置于一个矩阵 X 中，且包含条目 x_{ij}。将 w_j 定义为每个标准的权重。

　　相对权重的比较如表 5.35g 所示。

表 5.35g　相对权重的比较

车　型	权重一	权重二	权重三	权重四
Prius	0.170857	0.170181	0.169505	0.16883
Fusion	0.180776	0.18119	0.181604	0.182018
Volt	0.143888	0.145003	0.146118	0.147232
Camry	0.181037	0.179903	0.178768	0.177634
Sonata	0.171052	0.170242	0.169431	0.168621
Leaf	0.152825	0.15395	0.155074	0.156198

接下来，假设可从决策者处获得关于准则的两两比较矩阵。采用来自 ORA 的输出，并对 AHP 的结果归一化，以评估每个准则下的备选方案。样本的两两比较矩阵见表 5.36a，应用于 Saaty 的 9 分量表对风筝型网络进行准则加权。CR 为 0.0828，小于 0.1，因此成对矩阵是一致的，可以继续。

表 5.36a　两两比较矩阵

车　型	权重一	权重二	权重三	权重四	权重五	权重六
Prius	0.1532	0.1532	0.1532	0.1532	0.1532	0.1532
Fusion	0.1450	0.1450	0.1450	0.1450	0.1450	0.1450
Volt	0.1194	0.1195	0.1194	0.1194	0.1194	0.1194
Camry	0.0672	0.0672	0.0672	0.0672	0.0672	0.0672
Sonata	0.1577	0.1577	0.1577	0.1577	0.1577	0.1577
Leaf	0.3575	0.3575	0.3575	0.3575	0.3575	0.3575

5.6.5.2　两两比较矩阵

获得了作为准则权重的稳态值后，权重和等于 1.0。获得这些权重有许多方法，此处使用的方法为来自数值分析的幂法（Burden 等，2013）和离散动力系统（Fox，2012；Giordano 等，2014）。

这些值给出了每个准则的权重：总中心度 = 0.1532，特征向量中心度 = 0.1450，内密集度 = 0.1194，外密集度 = 0.0672，信息中心度 = 0.1577，介数 = 0.3575。

风筝型网络表征的两两比较矩阵如表 5.36b 所示。

表 5.36b　风筝型网络表征的两两比较矩阵

	总中心度	特征向量中心度	内密集度	外密集度	信息中心度	介　数
中心性	1	3	2	2	1/2	1/3
特征向量	1/3	1	1/3	1	2	1/2
内中心性	1/2	3	1	1/2	1/2	1/4
外中心性	1/2	1/2	1	1	1/4	1/4
信息中心性	2	2	4	4	1	1/3
中间性	3	2	4	4	3	1

下面将权重矩阵和来自 ORA 的归一化指标矩阵相乘，得到输出和排名（见表 5.37）。

表 5.37　风筝型网络问题的排名

节　点	AHP-值	排　名
Susan	0.160762473	2
Steve	0.133201647	3
Sarah	0.113388361	4
Tom	0.075107843	6
Claire	0.075107843	6
Fred	0.060386019	8
David	0.060386019	8
Claudia	0.177251415	1
Ben	0.109606727	5
Jennifer	0.034801653	10

对于此例，Claudia 是关键节点，但决策者的偏见在准则权重的分析中很重要。准则介数比其他准则重要 2～3 倍。

5.6.5.3　再次进行灵敏度分析

成对决策准则的变化将导致关键节点的波动。两两比较的结果将有所调整，这样介数就不再是一个主导准则。

鉴于这些成对的微小变化，现在发现 Susan 排名第一，其次是 Steve，然后是 Claudia。AHP 对标准权重的变化很敏感。现以 0.05 的增量改变中间性以找到拐点，如表 5.38 和表 5.39 所示。

表 5.38　修改了介数的风筝型网络

姓　名	Centrality	IN	OUT	Eigen	EIGENC	Close	IN-Close	Betw	INF Centre
Tom	0.111111	0.111111	0.111111	0.114399	0.114507	0.100734	0.099804	0.019408	0.110889
Claire	0.111111	0.111111	0.111111	0.114399	0.114507	0.100734	0.099804	0.019408	0.108891
Fred	0.083333	0.083333	0.083333	0.093758	0.094004	0.097348	0.09645	0	0.097902
Sarah	0.125	0.138889	0.111111	0.137528	0.137331	0.100734	0.111826	0.104188	0.112887
Susan	0.180556	0.166667	0.194444	0.175081	0.174855	0.122743	0.107632	0.202247	0.132867
Steve	0.138889	0.138889	0.138889	0.137528	0.137331	0.112867	0.111826	0.15526	0.123876
David	0.083333	0.083333	0.083333	0.093758	0.094004	0.097348	0.107632	0	0.100899
Claudia	0.083333	0.083333	0.083333	0.104203	0.104062	0.108634	0.107632	0.317671	0.110889
Ben	0.055556	0.055556	0.055556	0.024123	0.023985	0.088318	0.087503	0.181818	0.061938

（续表）

姓　名	Centrality	IN	OUT	Eigen	EIGENC	Close	IN-Close	Betw	INF Centre
Jennifer	0.027778	0.027778	0.027778	0.005223	0.005416	0.070542	0.069891	0	0.038961
	权重	取值							
	w_1	0.034486							
	w_2	0.037178							
	w_3	0.045778							
	w_4	0.398079							
	w_5	0.055033							
	w_6	0.086323							
	w_7	0.135133							
	w_8	0.207991							

表 5.39　介数值调整前后的风筝型网络排名

姓　名	调整前排序	姓　名	调整后排序
Tom	0.098628	Susan	0.161609
Claire	0.098212	Steve	0.133528
Fred	0.081731	Claudia	0.133428
Sarah	0.12264	Sarah	0.12264
Susan	0.161609	Tom	0.098628
Steve	0.133528	Claire	0.098212
David	0.083319	David	0.083319
Claudia	0.133428	Fred	0.081731
Ben	0.0645	Ben	0.0645
Jennifer	0.022405	Jennifer	0.022405

此外，图 5.7 给出了节点的灵敏度分析。

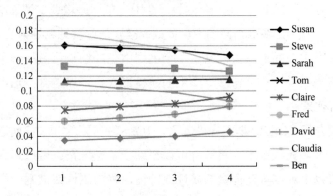

图 5.7　仅介数变化的部分节点灵敏度分析

为改变准则总中间度的权重,可在每次迭代时减小 0.05,并用式(5.1)增加其他权重。当总中间度减小 0.1 时,可以看到 Claudia 和 Susan 变成排名前二的节点。

5.6.5.4 练习

(1)针对 5.4 节的问题,用 AHP 求解。将结果与使用 SAW 得到的结果进行比较。

(2)通过更改最高准则权重来执行灵敏度分析,直至其不再是最高准则权重。最后排名改变了吗?

5.6.5.5 项目

使用软件程序应用幂法,在 AHP 方法中求权重。

5.7 逼近理想解排序法(TOPSIS)

5.7.1 方法说明与应用情况

逼近理想解排序法(TOPSIS)是一种多标准决策分析方法,最初在美国堪萨斯州立大学的一篇论文中被提出(Hwang 和 Yoon,1981)。该方法已由其他人进一步完善(Yoon,1987;Hwang 等,1993)。TOPSIS 基于的概念是,所选择的备选方案与正理想解的几何距离应最短,而与负理想解的几何距离应最长。作为一种补偿聚合方法,TOPSIS 通过确定每个准则的权重、归一化每个准则的分值,并计算每个备选方案与理想备选方案之间的几何距离(每个准则中的最佳分值)来比较一组备选方案。TOPSIS 的一个假设:准则是单调递增或单调递减的。结果通常需要归一化,因为在多准则问题中,参数或准则的维度通常不兼容。TOPSIS 等补偿法实现了准则之间的权衡,其中一个准则中差的结果可被另一个准则中好的结果否定。这提供了比非补偿法更实用的建模形式,可以包含,也可以排除基于硬性截取的替代解。

以下简要介绍 TOPSIS 框架中的元素。TOPSIS 可视为一种将问题分解为子问题的方法。在大多数决策中,决策者可以在许多备选方案中做选择。每个备选方案都有一组可以主观或客观衡量的属性或特征,称为属性或准则。层级过程的属性元素可与决策问题的任何方面相关,无论是有形的还是无形的,无论是仔细衡量的还是粗略估计的，也无论是了解较深的还是知之甚少的，基本上所有适用于现有决策的要素都可用于 TOPSIS。

5.7.2　方法论

TOPSIS 的使用过程如下。

步骤 1：创建一个由 m 个备选方案和 n 个准则组成的评估矩阵，每个备选方案和准则的交集为 x_{ij}，给出一个矩阵 $(x_{ij})_{m×n}$。

$$\boldsymbol{D} = \begin{array}{c} \\ \boldsymbol{A}_1 \\ \boldsymbol{A}_2 \\ \boldsymbol{A}_3 \\ \vdots \\ \boldsymbol{A}_m \end{array} \overset{\begin{array}{cccccc} \boldsymbol{x}_1 & \boldsymbol{x}_2 & \boldsymbol{x}_3 & \dots & \boldsymbol{x}_n \end{array}}{\begin{bmatrix} x_{11} & x_{12} & x_{13} & \dots & x_{1n} \\ x_{21} & x_{22} & x_{23} & \dots & x_{2n} \\ x_{31} & x_{32} & x_{33} & \dots & x_{3n} \\ \vdots & \vdots & \vdots & & \vdots \\ x_{m1} & x_{m2} & x_{m3} & \dots & x_{mn} \end{bmatrix}}$$

步骤 2：将上面 $\boldsymbol{D}$ 所示的矩阵归一化以形成矩阵 $\boldsymbol{R} = (r_{ij})_{m×n}$，归一化法如下：

$$r_{ij} = \frac{x_{ij}}{\sqrt{\sum x_{ij}^2}}, \quad i = 1, 2, \cdots, m; \quad j = 1, 2, \cdots, n$$

步骤 3：计算加权归一化决策准则矩阵。首先，需要权重，可来自决策者或通过计算得到。

步骤 3a：使用属性 $\boldsymbol{x}_1, \boldsymbol{x}_2, \cdots, \boldsymbol{x}_n$ 的决策者权重或通过 Saaty（1980）的 AHP 决策者权重法计算权重，以获得作为特征向量（针对属性与属性两两比较矩阵进行对比）的权重：

$$\sum_{j=1}^{n} w_j = 1$$

无论使用何种方法，所有属性的权重之和都必须等于 1。使用 5.5.2 节所述的方法求得权重。

步骤 3b：将权重与步骤 2 矩阵中的每列内容相乘得到矩阵 $\boldsymbol{T}$，即

$$\boldsymbol{T} = (t_{ij})_{m×n} = (w_j r_{ij})_{m×n}, \quad i = 1, 2, \cdots, m$$

步骤 4：确定最差备选方案（A_w）和最佳备选方案（A_b）：检查每个属性的列并适当地选择最大值和最小值。如果值越大意味着越好（如利润），那么最佳备选方案是最大值；如果值越小意味着越好（如成本），那么最佳备选方案是最小值。

$$A_w = \{\langle \max(t_{ij} \mid i=1,2,\cdots,m) \mid j \in J_- \rangle, \quad \langle \min(t_{ij} \mid i=1,2,\cdots,m) \mid j \in J_+ \rangle\}$$
$$\equiv \{t_{wj} \mid j=1,2,\cdots,n\}$$
$$A_b = \{\langle \min(t_{ij} \mid i=1,2,\cdots,m) \mid j \in J_- \rangle, \quad \langle \max(t_{ij} \mid i=1,2,\cdots,m) \mid j \in J_+ \rangle\}$$
$$\equiv \{t_{bj} \mid j=1,2,\cdots,n\}$$

其中：

$J_+ = \{j=1, 2, \cdots, n \mid j\}$，其与具有正影响的准则相关；

$J_- = \{j=1, 2, \cdots, n \mid j\}$，其与具有负影响的准则相关。

如果可能的话，建议依据正影响设定所有输入值。

步骤 5：计算目标备选方案 i 与最差备选方案 A_w 之间的 L_2 范数距离：

$$d_{iw} = \sqrt{\sum_{j=1}^{n}(t_{ij} - t_{wj})^2}, \quad i=1,2,\cdots,m$$

然后计算目标备选方案 i 与最佳备选方案 A_b 之间的 L_2 范数距离：

$$d_{ib} = \sqrt{\sum_{j=1}^{n}(t_{ij} - t_{bj})^2}, \quad i=1,2,\cdots,m$$

式中，d_{iw} 和 d_{ib} 分别为从目标备选方案 i 到最差备选方案和最佳备选方案的 L_2 范数距离。

步骤 6：计算与最差备选方案的相似度。

$$s_{iw} = \frac{d_{iw}}{d_{iw} + d_{ib}}, \quad 0 \leqslant s_{iw} \leqslant 1, \quad i=1,2,\cdots,m$$

其中，$s_{iw} = 1$ 当且仅当替代解的备选方案最差；$s_{iw} = 0$ 当且仅当替代解的备选方案最佳。

步骤 7：根据 $s_{iw}(i=1, 2, \cdots, m)$ 中的值对备选方案进行排名。

还可使用线性归一化和矢量归一化来处理不协调的准则维度。

归一化可按照上面 TOPSIS 过程的步骤 2 计算。矢量归一化与 TOPSIS 在初始形态上可以相结合（Yoon，1987），并使用归一化后的评估矩阵计算公式进行计算。最后得到的单维分数和比率之间的非线性距离应该使权衡状态更稳定（Hwang 和 Yoon，1981）。

下面为步骤 3 的权重提出两个选项。首先，决策者实际上可能有自己的权重方案，希望分析人员能采用。其次，如果没有权重方案，建议使用 Saaty 为层次分析法（AHP）（Saaty，1980）开发的 9 分量表两两比较法来得到准则权重。

5.7.3　优势与局限性

TOPSIS 所基于的概念为，所选择的备选方案与正理想解的几何距离最短，与负理想解的几何距离最长。

TOPSIS 是一种多步骤方法，通过识别每个准则的权重、归一化每个准则的分数，以及计算每个备选方案与理想方案之间的几何距离（每个准则中的最佳分数），比较一组备选方案。

5.7.4　灵敏度分析

决策权重需要进行灵敏度分析，以确定对最终排名的影响。5.5 节介绍的流程在此同样生效。灵敏度分析对于优秀的分析至关重要。此外，Alinezhad 和 Amini（2011）建议更改属性权重对 TOPSIS 进行灵敏度分析。在灵敏度分析中可再次使用式（5.6）。

5.7.5　TOPSIS 示例

 例 5.9　汽车选择问题回顾（见表 5.22）

假设仍可使用来自 AHP 分析部分的决策者权重，如表 5.40 所示。

表 5.40　不同的准则权重

车型的属性	权　重
价格	0.38960838
MPG 城市油耗	0.11759671
MPG 高速油耗	0.04836533
性能	0.0698967
内饰/款式	0.05785692
安全性	0.10540328
可靠性	0.21127268

在此使用来自 AHP 分析部分的汽车示例中的相同数据，但将 TOPSIS 的步骤 3～步骤 7 应用于当前数据（见表 5.41a）。可保留成本数据并向 TOPSIS 传递指令：价格越低越好。可得汽车的排序为 Camry、Fusion、Prius、Sonata、Leaf 和 Volt（见表 5.41b）。

表 5.41a   汽车两两比较

	价格	MPG 城市油耗	MPG 高速油耗	性能	内饰/款式	安全性	可靠性	N/A
价格	1	4	6	5	6	4	2	0
MPG 城市油耗	0.25	1	6	3	5	1	0.333333333	0
MPG 高速油耗	0.166667	0.166667	1	0.5	0.5	0.333333	0.25	0
性能	0.2	0.333333	2	1	2	0.5	0.333333333	0
内饰/款式	0.166667	0.2	2	0.5	1	0.5	0.333333333	0
安全性	0.25	1	3	2	2	1	0.5	0
可靠性	0.5	3	4	3	3	2	1	0
N/A	0	0	0	0	0	0	0	1

表 5.41b   汽车决策标准排名

汽车	TOPSIS 值	排名
Camry	0.8215	1
Fusion	0.74623	2
Prius	0.7289	3
Sonata	0.70182	4
Leaf	0.15581	5
Volt	0.11772	6

务必对权重进行灵敏度分析，以了解对最终排名的影响。此时的重点是找到汽车排序实际变化的"拐点"。由于价格是最大的准则权重，使用式（5.5）来调整，增量为 0.05。图 5.8 表明，当价格降低约 0.1 时，Fusion 超过了 Camry，这使得可靠性超过价格成为主要的加权决策准则。

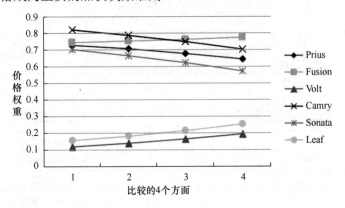

图 5.8   通过沿着 4 个方面（横轴）各增加 0.05，价格权重（纵轴）变化后各型汽车的 TOPSIS 值

 例 5.10   社交网络问题

在此使用 TOPSIS 回顾风筝型网络；表 5.42 给出扩展输出（来自 ORA）。

表 5.42 风筝型网络中 ORA 扩展输出的总结

姓 名	IN	OUT	Eigen	EigenL	Close	IN-Close	Betweenness	INF Centre
Tom	0.4	0.4	0.46	0.296	0.357	0.357	0.019	0.111
Claire	0.4	0.4	0.46	0.296	0.357	0.357	0.019	0.109
Fred	0.3	0.3	0.377	0.243	0.345	0.345	0	0.098
Sarah	0.5	0.4	0.553	0.355	0.357	0.4	0.102	0.113
Susan	0.6	0.7	0.704	0.452	0.435	0.385	0.198	0.133
Steve	0.5	0.5	0.553	0.355	0.4	0.4	0.152	0.124
David	0.3	0.3	0.377	0.243	0.345	0.385	0	0.101
Claudia	0.3	0.3	0.419	0.269	0.385	0.385	0.311	0.111
Ben	0.2	0.2	0.097	0.062	0.313	0.313	0.178	0.062
Jennifer	0.1	0.1	0.021	0.014	0.25	0.25	0	0.039

使用来自 AHP 的决策权重（除非决策者提供权重），并找到 8 个指标的特征向量（见表 5.43）。

表 5.43 风筝型网络决策标准排行

权 重	取 值	权 重	取 值
w_1	0.034486	w_5	0.055033
w_2	0.037178	w_6	0.086323
w_3	0.045778	w_7	0.135133
w_4	0.398079	w_8	0.207991

使用来自 ORA 的指标并执行 TOPSIS 的步骤 2～步骤 7 以得到结果。

对 TOPSIS 的最终输出结果排序，如表 5.44 的最后一列所示。结果解释如下：关键节点是 Susan，其次是 Steve、Sarah、Tom 和 Claire。

表 5.44 风筝型网络 TOPSIS 输出

S+	S−	C	姓 名
0.0273861	0.181270536	0.86875041	Susan
0.0497878	0.148965362	0.749499497	Steve
0.0565358	0.14154449	0.714581437	Sarah
0.0801011	0.134445151	0.626648721	Tom
0.0803318	0.133785196	0.624822765	Claire
0.10599	0.138108941	0.565790826	Claudia
0.1112243	0.12987004	0.538668909	David
0.1115873	0.128942016	0.536076177	Fred
0.1714404	0.113580988	0.398499927	Ben
0.2042871	0.130399883	0.389617444	Jennifer

5.7.5.1 灵敏度分析

此处使用式（5.7）并全面调整了最大准则权重 EigenL 的值，并在图 5.9 中予以说明。

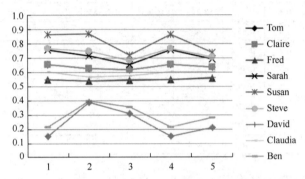

图 5.9 灵敏度分析图（以 0.05 为单位增加 EigenL 权重的函数）

从图 5.9 中可注意到，Susan 仍然是最具影响力的节点之一。

5.7.5.2 风筝型网络结果比较

此外，本书也使用了其他两种多属性决策方法，在 SAW 的先前工作中对节点进行排序（Fox 和 Everton，2013），用数据包络分析法和 AHP 与 TOPSIS 对比，所得风筝型网络的结果如表 5.45 所示。

表 5.45 在风筝型网络中运用 MADM

节　点	SAW	TOPSIS 值（排名）	DEA 效率值（排名）	AHP 值（排名）
Susan	0.046（1）	0.862（1）	1（1）	0.159（2）
Sarah	0.021（4）	0.675（3）	0.786（2）	0.113（4）
Steve	0.026（3）	0.721（2）	0.786（2）	0.133（3）
Claire	0.0115（7）	0.649（4）	0.653（4）	0.076（6）
Fred	0.0115（7）	0.446（8）	0.653（4）	0.061（8）
David	0.031（2）	0.449（7）	0.536（8）	0.061（8）
Claudia	0.012（8）	0.540（6）	0.595（6）	0.176（1）
Ben	0.018（5）	0.246（9）	0.138（9）	0.109（5）
Jennifer	0.005（10）	0（10）	0.030（10）	0.036（10）
Tom	0.0143（6）	0.542（5）	0.553（7）	0.076（6）

建议将此表用作为下一轮的输入，然后进行灵敏度分析。

5.7.5.3 练习

（1）用 TOPSIS 求解 5.4 节的问题。将结果与使用 SAW 和 AHP 的结果进行比较。

（2）通过更改最高准则权重来执行灵敏度分析，直到它不再是最高准则权重。最后排名改变了吗？

5.7.5.4 项目

（1）选择工具软件编写一个程序来运用以下任一项技术：①SAW；②AHP；③TOPSIS。

（2）进行灵敏度分析。

原书参考文献

Alinezhad, A., Amini, A. (2011). Sensitivity analysis of TOPSIS technique: The results of change in the weight of one attribute on the final ranking of alternatives. Journal of Optimization in Industrial Engineering, 7, 23-28.

Baker, T., Zabinsky, Z. (2011). A multicriteria decision making model for reverse logistics using analytical hierarchy process. Omega, 39, 558-573.

Burden, R., Faires, D. (2013). Numerical analysis (9th ed.). Boston: Cengage Publishers.

Butler, J., Jia, J., Dyer, J. (1997). Simulation techniques for the sensitivity analysis of multi-criteria decision models. European Journal of Operations Research, 103, 531-546.

Callen, J. (1991). Data envelopment analysis: Practical survey and managerial accounting applications. Journal of Management Accounting Research, 3, 35-57.

Carley, K. M. (2011). Organizational risk analyzer (ORA). Pittsburgh: Center for Computational Analysis of Social and Organizational Systems (CASOS): Carnegie Mellon University.

Charnes, A. W., Cooper, W., Rhodes, E. (1978). Measuring the efficiency of decision making units. European Journal of Operations Research, 2, 429-444.

Chen, H., Kocaoglu, D. (2008). A sensitivity analysis algorithm for hierarchical decision models. European Journal of Operations Research, 185(1), 266-288.

Cooper, W., Seiford, L., Tone, K. (2000). Data envelopment analysis. Boston: Kluwer Academic Press.

Figueroa, S. (2014). Improving recruiting in the 6th recruiting brigade through statistical analysis and efficiency measures. Master's Thesis, Naval Postgraduate School.

Fishburn, P. C. (1967). Additive utilities with incomplete product set: Applications to priorities and assignments. Operations Research Society of America (ORSA), 15, 537-542.

Fox, W. P. (2012). Mathematical modeling of the analytical hierarchy process using discrete dynamical systems in decision analysis. Computers in Education Journal, 22, 27-34.

Fox, W. P., Ormond, B., Williams, A. (2014). Ranking terrorist targets using a hybrid AHPTOPSIS methodology. Journal of Defense Modeling and Simulation, 13(1), 77-93. First published date: January-08-2015.

Fox, W. P., Greaver, B., Raabe, L., Burks, R. (2017). CARVER 2.0: Integrating multi-attribute decision making with AHP in center of gravity vulnerability analysis. Journal of Defense Modeling and Simulation, 15(2), 154851291771705. Published on-line first, Retrieved June 29, 2017.

Fox, W., Everton, S. (2013). Mathematical modeling in social network analysis: Using TOPSIS to find node influences in a social network. Journal of Mathematics and System Science, 3(10), 531-541.

Fox, W., Everton, S. (2014). Mathematical modeling in social network analysis: Using data envelopment analysis and analytical hierarchy process to find node influences in a social network. Journal of Defense Modeling and Simulation, 2, 1-9.

Giordano, F. R. , Fox, W. P., Horton S. (2014). A first course in mathematical modeling (5th ed.), Brooks-Cole Publishers. Boston.

Hartwich, F. (1999). Weighting of agricultural research results: Strength and limitations of the analytic hierarchy process (AHP). Universitat Hohenheim.

Hurly, W. J. (2001). The analytical hierarchy process: A note on an approach to sensitivity which preserves rank order. Computers and Operations Research, 28, 185-188.

Hwang, C. L., Yoon, K. (1981). Multiple attribute decision making: Methods and applications. Berlin: Springer.

Hwang, C. L., Lai, Y., Liu, T. Y. (1993). A new approach for multiple objective decision making. Computers and Operational Research, 20, 889-899.

Krackhardt, D. (1990). Assessing the political landscape: Structure, cognition, and power in organizations. Administrative Science Quarterly, 35, 342-369.

Leonelli, R. (2012). Enhancing a decision support tool with sensitivity analysis. Thesis, University of Manchester.

Neralic, L. (1998). Sensitivity analysis in models of data envelopment analysis. Mathematical Communications, 3, 41-59.

Saaty, T. (1980). The analytical hierarchy process. New York: McGraw Hill.

Saaty, T. (1990). How to make decisions; the AHP. European Journal of Operation Research, 48 (1), 9-26.

Shannon, C. E., Weaver, W. (1949). The mathematical theory of communication. Champaign, IL: University of Illinois Press. ISBN 0-252-72548-4.

Temesi, J. (2006). Consistency of the decision-maker in pairwise comparisons. International Journal of Management and Decision Making, 7(2).

Trick, M. A. (1996). Multiple criteria decision making for consultants.

Trick, M. A. (2014). Data envelopment analysis, Chapter 12. Retrieved April 2014.

Weber, M., Borcherding, K. (1993). Behavioral influences on weight judgments in multiattribute decision making. European Journal of Operational Research, 67, 1-12.

Winston, W. (1995). Introduction to mathematical programming (pp. 322-325). Pacific Grove: Duxbury Press.

Yoon, K. (1987). A reconciliation among discrete compromise situations. Journal of Operational Research Society, 38, 277-286.

Zeleny, M. (1982). Multiple criteria decision making. New York: McGraw Hill.

推 荐 阅 读

Baker, T., Zabinsky, Z. (2011). A multicriteria decision making model for reverse logistics using analytical hierarchy process. Omega, 39, 558-573.

Consumer's Reports Car Guide. (2012). The editors of consumer reports.

Cooper, W., Li, S., Seiford, L. M., Thrall, R. M., Zhu, J. (2001). Sensitivity and stability analysis in DEA: Some recent developments. Journal of Productivity Analysis,

15(3), 217-246.

Thanassoulis, E. (2011). Introduction to the theory and application of data envelopment analysis—A foundation text with integrated software. London: Kluwer Academic Press.

Zhenhua, G. (2009). The application of DEA/AHP method to supplier selection. In: International Conference on Information Management, Innovation Management and Industrial Engineering (pp. 449-451).

第6章

博 弈 论

本章目标

(1) 了解构建二人博弈和三人博弈的概念

(2) 理解全局冲突博弈和局部冲突博弈

(3) 理解每种博弈的求解方法

(4) 理解并能解释得到的解

6.1　博弈论概述

根据 Wasburn 和 Kress（2009）的说法，"军事行动是在不确定性的情况下进行的，其中很大部分不确定性来自于敌人的不可预测性"。他们进一步指出两个基本研究方向：博弈论或战争模拟。本书仅探讨博弈论。根据 Wasburn 和 Kress（2009）的说法，仅分析二人零和博弈的原因有两个方面：①战斗通常只涉及两个对立方；②二人零和博弈的求解比局部冲突（非零和）博弈更容易推广。

作者认为建模必须考虑现实，因此本章介绍的任何分析均不排除局部冲突的博弈。军事决策的过程融合了工程、管理和具体业务活动的流程，因此决策能力及决策的建模过程可能是关键。在博弈论中，假设局中人是理性的，即想要最大化自己的收益，可运用建模过程来深入了解每位局中人可能采取的行动方案。

在许多军事案例中，两名或多名决策者在没有沟通的情况下同时选择行动方案，每个人选择的行动会影响所有其他局中人获得的收益。以快餐连锁店（如汉堡王）为例，选择在广告中明确价格的策略，不仅有助于获得收益，而且其选择也会影响所有其他快餐连锁店。也就是说，每家公司的决策都会影响其他快餐连锁店的收入、利润和损失。

当两名或多名决策者存在利益冲突时，博弈论在分析决策方面非常有用。本节介绍的大部分内容仅涉及二人博弈，同时会简单研究 n 人博弈。

在二人博弈中，每位局中人都有自己可能选择的策略或行动方案。行动的序列会为决策者带来结果或收益，这些收益可能是任何值（正数、负数或零），通常以支付矩阵的形式呈现，如表 6.1 中一般性的支付矩阵。在表 6.1 中，局中人 1，称为 Rose，可能有 m 个可采取的行动方案；而局中人 2，称为 Colin，可能有 n 个可采取的行动方案。这些收益可能来自序数效用或基数效用。有关获得收益的更多信息，可参阅补充读物（Straffin，2004；Von Neumann 和 Morgenstern，2004）。

表 6.1　二人完全冲突博弈的支付矩阵 *M*

	局中人 1-Rose 的策略		局中人 2-Colin 的策略	
	第 1 列	第 2 列	⋯	第 *n* 列
第 1 行	$M_{1,1}, N_{1,1}$	$M_{1,2}, N_{1,2}$	⋯	$M_{1,n}, N_{1,n}$
第 2 行	$M_{2,1}, N_{2,1}$	$M_{2,2}, N_{2,2}$	⋯	$M_{2,n}, N_{2,n}$
⋮	⋮	⋮		⋮
第 *m* 行	$M_{m,1}, N_{m,1}$	$M_{m,2}, N_{m,2}$	⋯	$M_{m,n}, N_{m,n}$

博弈论是数学和决策理论的一个分支，关注的是两个或多个局中人竞争时的战略决策，其感兴趣的问题涉及多人参与的情况，其中每位局中人都有自己与公共系统或共享资源相关的策略。因为博弈论源于对竞争场景的分析，所以研究的问题被称为博弈（Games），参与的人被称为局中人（Players）。博弈论不仅适用于体育运动，其用处甚至不限于其他各种竞争场合。简而言之，博弈论可处理各种问题，只要每位局中人的策略取决于其他局中人的行动即可。在各行各业中，经常出现涉及决策相互依赖的情况。可能用到博弈论的例子如下。

- 朋友们选择去哪里吃饭
- 妻子决定去看芭蕾舞还是体育比赛
- 父母试图让孩子守规矩
- 上班族决定怎样出行上班最合适
- 企业在公平的市场中竞争
- 外交官的谈判条约
- 赌徒在赌局中下注
- 军事战略家权衡备选方案，如攻击或防御
- 政府采取制裁或行动的外交选项
- 棒球中的投手——击球手或足球中的点球球员与守门员对决
- 搜捕隐藏的恐怖分子
- 实施军事或外交制裁

所有上述情况都需要战略思维，要利用现有信息制订实现目标的最佳计划。也许读者已经熟悉了成本和收益的评估，并在面对多个选项时做出了明智的决定。博弈论只是将这一概念扩展到相互依赖的决策上，而被评估的选项是局中人的选择或其效用的函数。

假设有两个征兵办公室要在同一地区征兵，可将这两个类似"折扣店"的征

兵办公室称为陆军和海军。每个征兵办公室都可以决定是在该地区的大城市还是小城市建立或设置站点，征兵办公室都希望获得更大的"消费者"市场份额，从而为其各自的工作提供更多新兵。根据该地区消费市场和收入的最大情况（记为100%），专家针对在大小城市建立征兵办公室的选项，估算了该地区的市场份额。根据该市场研究，参见表 6.2，二者应该怎样决定？答案是每个征兵办公室的最佳决定都设在大城市，这将在本章后面解释。

表 6.2　陆军与海军征兵问题

		海　军	
		大　城　市	小　城　市
陆　军	大　城　市	(60, 40)	(75, 25)
	小　城　市	(50, 50)	(58, 42)

本章将介绍两类博弈：完全冲突博弈和局部冲突博弈。博弈论是对决策的研究，而决策者的结果不仅取决于自己做什么，还取决于一位或多位其他局中人的决定。根据局中人之间的冲突是全面的还是局部的来对博弈分类，在完全冲突博弈中，支付矩阵的每个单元格中的值之和，即 $M_{ij} + N_{ij}$ 要么总是等于 0，要么总是等于每个 ij 对的相同常数。在局部冲突博弈中，这个和并不总是等于 0 或相同的常数。本节首先探讨表 6.2 中介绍的完全冲突博弈，以及同时的非合作博弈。

6.1.1　二人完全冲突博弈

二人完全冲突博弈的特征如下。

（1）共 2 个局中人（二人分别为称为 Rose 的"行"局中人和称为 Colin 的"列"局中人）。

（2）Rose 必须从 m 个策略中选择 1 个，Colin 必须从 n 个策略中选择 1 个。

（3）如果 Rose 选择第 i 个策略，Colin 选择第 j 个策略，那么 Rose 将获得 a_{ij} 的收益，而 Colin 会损失 a_{ij} 的收益。

（4）有两个可能的解。纯策略解是指每位局中人通过在重复博弈中始终选择相同的策略来获得最佳结果，混合策略解是指局中人随机选择策略以在重复博弈中获得最佳结果。

博弈可能以决策树或收益矩阵的形式呈现。在序贯博弈的决策树中，向前看并向后推理。在同时博弈中，使用如表 6.1 所示的支付矩阵。当且仅当对所有 i 和 j，$M_{i,j} + N_{i,j}$ 等于 0 或相同的常数时，为完全冲突博弈。

例如，如果在一位局中人输掉 x 时，另一位局中人赢了 x，那么其总和为 0，或者在市场总量设为 100% 的商业营销策略中，如果一位局中人获得市场的 $x\%$，则另一位局中人获得 $y\%$，因此总和为 $x\% + y\% = 100\%$。给定一个简单的支付矩阵时，可以先用行动图方法（Movement Diagrams）求纳什均衡作为解。

 例 6.1　海军与陆军征兵办公室的部署问题

假设大城市位于小城市附近，现在海军征兵办公室希望在大城市或小城市设立一个特许办事处。此外，陆军征兵办公室正在做出同样的决定——也将其设在大城市或小城市。分析人员估计了新兵的潜在数量，两方的收益都放在同一个博弈矩阵中，二者都想招募尽可能多的新兵。首先列出行局中人的收益，如表 6.3 所示。采用行动图方法，可在每行（垂直箭头）和每列（水平箭头）中画出收益从小到大的箭头。

表 6.3　例 6.1 的支付矩阵

		海　　军		
		大　城　市		小　城　市
陆　　军	大　城　市	(60,40)	⇐	(75,25)
		⇑		⇑
	小　城　市	(50,50)	⇐	(58,42)

请注意，对于两位局中人来说，所有箭头都指向(大城市, 大城市)策略的收益 (60,40)，并且没有箭头退出，这表明任何一方都无法单方面改进自己的解。这种稳定的情况称为纳什均衡。通常，支付矩阵和行动图可能会比较复杂，或者箭头不指向一个或多个点。在更复杂的二人博弈中，可使用线性规划方法来求解。

下面说明完全冲突博弈的线性规划模型。

每个完全冲突博弈都可以表述为一个线性规划问题。设想一个完全冲突二人博弈，求最大化的局中人 X 有 m 个策略，求最小化的局中人 Y 有 n 个策略。收益矩阵第 i 行第 j 列的内容(M_{ij}, N_{ij})代表这些策略的收益。本节提出了以下公式，为最大化局中人使用 M 元素，为博弈价值提供结果及概率 x_i（Fox，2010、2012a、2012b；Winston，2003）。可以发现，如果支付矩阵中有负值，那么需要对公式稍加修改。建议使用 Winston（2003）的方法，用两个正变量 V_j 和 V'_j 的差值替换任何可能取负值的变量。这里只假设博弈价值可能为正或为负，求得另一个值总是非负的概率，如式（6.1）所示。

$$\max V \tag{6.1}$$

满足

$$\begin{cases} N_{1,1}x_1 + N_{2,1}x_2 + \cdots + N_{m,1}x_n - V \geqslant 0 \\ N_{2,1}x_1 + N_{2,2}x_2 + \cdots + N_{m,2}x_n - V \geqslant 0 \\ \qquad\qquad\qquad\vdots \\ N_{m,1}x_1 + N_{m,2}x_2 + \cdots + N_{m,n}x_n - V \geqslant 0 \\ x_1 + x_2 + \cdots + x_n = 1 \\ \text{所有变量要求为非负} \end{cases}$$

式中，权重 x_i 生成 Rose 的策略；V 的值为博弈对于 Colin 的价值，如式（6.2）所示。

$$\max v \tag{6.2}$$

满足

$$\begin{cases} M_{1,1}y_1 + M_{2,1}y_2 + \cdots + M_{m,1}y_n - v \geqslant 0 \\ M_{2,1}y_1 + M_{2,2}y_2 + \cdots + M_{m,2}y_n - v \geqslant 0 \\ \qquad\qquad\qquad\vdots \\ M_{m,1}y_1 + M_{m,2}y_2 + \cdots + M_{m,n}y_n - v \geqslant 0 \\ y_1 + y_2 + \cdots + y_n = 1 \\ \text{所有变量要求为非负} \end{cases}$$

式中，权重 y_i 生成 Colin 的策略；v 的值为博弈对于 Rose 的价值。针对该问题的两个公式分别适用于 Rose 和 Colin。

$$\max V_c$$

满足

$$\begin{cases} 40x_1 + 50x_2 - V_c \geqslant 0 \\ 25x_1 + 42x_2 - V_c \geqslant 0 \\ x_1 + x_2 = 1 \\ x_1, x_2, V_c \geqslant 0 \end{cases}$$

$$\max V_r$$

满足

$$\begin{cases} 60y_1 + 75y_2 - V_r \geqslant 0 \\ 50y_1 + 58y_2 - V_r \geqslant 0 \\ y_1 + y_2 = 1 \\ y_1, y_2, V_r \geqslant 0 \end{cases}$$

如果把例子套入两个公式中并求解，从式（6.1）会得到解 $y_1=1$，$y_2=0$ 和 $V_r=60$，从式（6.2）会得到解 $x_1=1$，$x_2=0$ 和 $V_c=40$。完整的解为(大城市，大城市)，值为(60, 40)。

下面说明从常和博弈到零和博弈的转化。

原始—对偶关系仅适用于零和博弈的形式，不过可以将常和博弈转换成零和博弈的形式。作为常和博弈，如所有结果数值和为 100，则可以通过正线性函数 $y=x-20$ 转换为零和博弈。使用任意两点得到直线的方程，然后令斜率为正，使用变形形式 $x_1=x-20$，可得到零和博弈中行局中人的收益。新的零和支付矩阵可写成如表 6.4 所示的形式。

表 6.4　例 6.1 的支付矩阵（更新后）

陆　军		海　军		
		大　城　市		小　城　市
	大　城　市	40	⇐	55
		⇑		⇑
	小　城　市	30	⇐	38

对于零和博弈，按照前面的思路可使用行动图方法、占优原则或线性规划方法。如果存在 Rose 的信息，代表零和博弈，则仅假设 Colin 的收益是 Rose 的相反数即可。这里应用行动图方法相应地放置箭头，箭头指向 40 且永远不离开，说明大城市策略是稳定的纯策略解。"占优原则"的定义如下。

如果 A 中的每个结果都至少与 B 中的相应结果一样好，且 A 中至少有一个结果严格优于 B 中的相应结果，则策略 A 比策略 B 占优。按照占优原则：理性的局中人永远不应该在完全冲突博弈中采取被占优的策略。

在这种情况下，Rose 的小城市策略收益就没有大城市策略收益有优势，因此永远不会选择小城市。对于 Colin 来说，大城市比小城市好，因此大城市有优势。由于大城市是优势策略，解是(40, −40)。

如果使用线性规划方法，则只需要线性规划的一种表述即可，可同时最大化行局中人、最小化列局中人的收益。这构成了一种"原始—对偶"线性规划。零和博弈中为 Rose 使用的线性规划如式（6.3）所示：

$$\max V \tag{6.3}$$

满足

$$\begin{cases} a_{1,1}x_1 + a_{1,2}x_2 + \cdots + a_{1,n}x_n - V \geq 0 \\ a_{2,1}x_1 + a_{2,2}x_2 + \cdots + a_{2,n}x_n - V \geq 0 \\ \qquad\qquad\vdots \\ a_{m,1}x_1 + a_{m,2}x_2 + \cdots + a_{m,n}x_n - V \geq 0 \\ x_1 + x_2 + \cdots + x_n = 1 \\ V, x_i \geq 0 \end{cases}$$

式中，V 为博弈的价值；$a_{m,n}$ 为支付矩阵中的元素；x 为权重（执行策略的概率）。将这些收益纳入公式中：

$$\max V_r$$

满足

$$\begin{cases} 40x_1 + 30x_2 - V_r \geqslant 0 \\ 55x_1 + 38x_2 - V_r \geqslant 0 \\ x_1 + x_2 = 1 \\ x_1, x_2, V_r \geqslant 0 \end{cases}$$

求得的最佳解策略与以前相同，两个局中人都选择大城市作为最佳策略。这表明任何一方都无法单方面改变称为纳什均衡的稳定局面。

纳什均衡是一种结果，其中任何一方都无法通过单方面偏离与该结果相关的策略而受益。

以下对完全冲突博弈的探讨进行总结，分析表明线性规划总能用于所有完全冲突博弈，但最适合两位局中人之间的大型博弈，而每位局中人都有许多策略可选（Fox，2010、2012a、2012b）。

6.1.2 二人局部冲突博弈

在前面的例子中，决策者之间的冲突是全面的，因为任何一方都无法在不损害另一方的情况下胜过对方。如果不是这样，则将博弈归类为局部冲突博弈，如下面的例子所示。假设修改后的两家征兵办公室的市场占有率如表 6.5 所示，而和并不都等于相同常数。

表 6.5　修改后的市场占有率

		海　军		
		大　城　市		小　城　市
陆　军	大　城　市	（65,25）	⇨	（50,45）
		⇧		⇩
	小　城　市	（55,40）	⇦	（62,28）

使用行动图方法进行分析，会发现箭头未找到稳定点，此时需要借助均衡策略来找到纳什均衡。其他解法见补充阅读，本节将仅说明当行动图无法生成稳定点时，如何使用线性规划方法来求解。

此外，Gillman 和 Housman（2009）也指出，每个局部冲突博弈也都有同样的策略均衡，即使有纯策略均衡的情况也如此。

由于两位局中人都要最大化各自的收益，使用如式（6.1）和式（6.2）所示的线性规划方法进行求解。得到两个独立的线性规划。

第一个线性规划公式为

$$\max V$$

满足

$$\begin{cases} 65y_1 + 50y_2 - V \geq 0 \\ 55y_1 + 62y_2 - V \geq 0 \\ y_1 + y_2 = 1 \\ y_1, y_2, V \geq 0 \end{cases}$$

解得 $y_1 = 6/11$，$y_2 = 5/11$，$V = 58.182$。

第二个线性规划公式为

$$\max v$$

满足

$$\begin{cases} 25x_1 + 40x_2 - v \geq 0 \\ 45x_1 + 28x_2 - v \geq 0 \\ x_1 + x_2 = 1 \\ x_1, x_2, v \geq 0 \end{cases}$$

解得 $x_1 = 17/32$，$y_2 = 15/32$ 和 $v = 34.375$。结果表明，陆军和海军都必须在竞争中按相应的时间比例来使用两种策略，才能获得最佳结果。

6.1.2.1　合作方法的探讨

在局部冲突博弈中可以考虑允许博弈局中人之间进行合作和交流。这将允许首发行动、威胁、承诺或威胁与承诺的组合，以获得更好的结果，这称为战略举措（Straffin，2004）。

6.1.2.2　首发行动或承诺首发行动

假设两位局中人都可以将其计划或举措传达给对方。如果陆军可以先行动，可选择大城市，也可选择小城市。通过研究行动图，应该预计海军会有如下反应。

如果陆军选择大城市，海军选择小城市，结果是(50, 45)。如果陆军选择小城市，海军选择大城市，结果为(55, 40)。相比 50，陆军更喜欢 55，所以会选择小城市。如果陆军迫使海军先行动，那么选择介于(65, 25)和(62, 28)之间，而海军更喜欢(62, 28)。让海军先行动可以让陆军获得更好的结果，关键在于如何做到这一点及相应的可信度如何。

6.1.2.3　威胁

前面介绍了发出威胁的基本概念。Rose 可能会通过威胁阻止 Colin 采取特定策略。一个威胁必须满足三个条件。

Rose 发出威胁的条件如下。

（1）Rose 表示她将根据 Colin 先前的行动采取某种策略。

（2）Colin 的行动不利于 Rose。

（3）Rose 的行动不利于 Colin。

本节博弈问题示例中并无有效的威胁。以下通过经典的懦夫博弈来说明有效的威胁（见表 6.6）。

表 6.6　Rose 发出威胁的条件支付矩阵

		Colin		
		转　　向		不　转　向
Rose	转　　向	(3, 3)		(2, 4)
	不　转　向	(4, 2)		(1, 1)

在懦夫博弈中，Rose 希望 Colin 选择转向。因此，她威胁 Colin 不得选择不转向，以阻止他选择相应策略。检查行动图，会发现如果 Colin 选择不转向，Rose 就会选择转向，结局为(2, 4)。为了不损害自己[①]，Rose 必须选择不转向，因为如果 Colin 选择不转向，那么 Rose 选择不转向，结局为(1, 1)。这算威胁吗？这取决于 Colin 是否选择不转向。比较(2, 4)和(1, 1)，可以看到威胁对 Rose 不利，也对 Colin 不利。它是一种威胁，它有效地排除了表 6.7 中更新后的博弈结果(2, 4)。

表 6.7　Rose 发出威胁的条件支付矩阵（更新后）

		Colin		
		转　　向		不　转　向
Rose	转　　向	(3, 3)		由威胁排除
		⇓		
	不　转　向	(4, 2)	⇐	(1, 1)

Colin 仍然可以选择转向或不转向。借助行动图，他分析了自己的选择，分析如下。

- 如果 Colin 选择转向，Rose 选择不转向，结局为(4, 2)。
- 如果 Colin 选择不转向，Rose 选择不转向，结局为(1, 1)（因为 Rose 的威胁）。

因此，Colin 的选择是在收益 2 和 1 之间。他应该选择转向，产生(4, 2)。如果 Rose 能让威胁有效，她就能确保自己的最佳结果。

6.1.2.4　给出承诺

在前文介绍的陆军对海军的博弈中，并无承诺的情况，这里再次用经典的懦夫博弈来说明。同样，如果 Colin 有机会先行动或承诺（或可能考虑）不转向，Rose 可能会承诺鼓励 Colin 选择转向。一个承诺必须满足三个条件。

Rose 给出承诺的条件如下。

（1）Rose 表示她将根据 Colin 先前的行动采取某种策略。

（2）Colin 的行动有利于 Rose。

（3）Rose 的行动有利于 Colin。

在懦夫博弈中，Rose 希望 Colin 选择转向。因此，她向 Colin 许诺，若后者选择转向，她会增加有利条件，所以 Colin 会选择转向。检查行动图，在通常情况下，如果 Colin 选择转向，Rose 选择不转向，则结局为(4, 2)。为了避免不损害自己[①]，她必须选择转向。因此，承诺采取下面的形式。

如果 Colin 选择转向，则 Rose 选择转向，结局为(3, 3)。

这算承诺吗？这取决于 Colin 是否选择转向。比较正常情况(4, 2)和承诺的情况(3, 3)，我们看到承诺对 Rose 不利，对 Colin 有利。这是一种承诺，有效地排除了表 6.8 中更新后的博弈结果(4, 2)。

表 6.8　Rose 发出承诺的条件支付矩阵（更新后）

		Colin		
		转　　向		不　转　向
Rose	转　　向	(3, 3)	⇒	(2, 4)
				⇧
	不　转　向	由承诺排除		(1, 1)

Colin 仍然可以选择转向或不转向。借助行动图，他分析了自己的选择，分析如下：

---

① 此处原文有误。——译者注

- 如果 Colin 选择转向，Rose 选择转向，结局为(3, 3)。
- 如果 Colin 选择不转向，Rose 选择转向，结局为(2, 4)。

因此，Colin 的选择是在收益 3 和 4 之间。他应该选择不转向，产生(2, 4)。Rose 确实做出了承诺，但她的目标是让 Colin 选择转向，即使承诺排除了一个结果，Colin 也仍选择不转向，即承诺没有效果。如果双方都做出了承诺，则或许结果为(3, 3)。

总之，懦夫博弈提供了很多选择。如果局中人在没有沟通的情况下保守地选择，则最大化策略会产生(3, 3)，这是不稳定的，双方都可以单方面地改善各自的结果。如果任一局中人先行动或承诺先行动，则可获得最佳结果。例如，Rose 可以得到(4, 2)，这是一个纳什均衡。如果 Rose 发出威胁，她就可以排除(2, 4) 并获得(4, 2)。Rose 的承诺排除了(4, 2)但产生了(2, 4)，不会改善(3, 3)这一无沟通的可能结果。

6.1.2.5 威胁与承诺的组合

下面来看表 6.9 中的博弈。

表 6.9 威胁与承诺组合

		Colin		
		C1		C2
Rose	R1	(2, 4)	⇐	(3, 3)
		⇑		⇓
	R2	(1, 2)	⇐	(4, 1)

行动图表明(2, 4)是纳什均衡。没有沟通的情况下，Colin 会得到最好的结果，但 Rose 能否通过战略举措做得比(2, 4)更好？

Rose 先手：如果 Rose 采取 R1，Colin 就应该以 C1 响应，产生(2, 4)。如果 Rose 采取 R2，Colin 以 C1 响应，产生(1, 2)，Rose 的最佳选择是(2, 4)，并不比没有沟通时可能出现的保守结果更好。

Rose 发出威胁：Rose 希望 Colin 采取 C2，通常若 Colin 采取 C1，Rose 就会采取 R1，产生(2, 4)。为了利于自己，她必须采取 R2，产生(1, 2)。

比较(2, 4)和(1, 2)，威胁取决于 Colin 采取 C1，不利于 Rose 且不利于 Colin，这是一种威胁，有效地排除了(2, 4)，生成表 6.10 中的结果。

表 6.10　更新后的威胁与承诺组合

		Colin		
		C1		C2
Rose	R1	排除		(3, 3)
				⇓
	R2	(1, 2)	⇐	(4, 1)

　　威胁会阻止 Colin 采取 C1 吗？检查行动图，如果 Colin 采取 C1，则结果是(1, 2)；如果 Colin 采取 C2，则结果是(4, 1)。Colin 的最佳选择仍然是 C1，因此虽然存在威胁，但不起作用。Rose 是否会做出一个可以让其发挥作用的承诺？

　　Rose 给出承诺。Rose 希望 Colin 采取 C2，通常若 Colin 采取 C2，Rose 采取 R2，产生(4, 1)。为了避免不利于自己，Rose 必须采取 R1，产生(3, 3)。比较收益(4, 1)与承诺(3, 3)，这一步取决于 Colin 采取 C2，不利于 Rose 且对 Colin 有利。它是一个承诺，有效地排除了(4, 1)，生成表 6.11 中的结果。

表 6.11　威胁与承诺组合

		Colin		
		C1		C2
Rose	R1	(2, 4)	⇐	(3, 3)
		⇑		
	R2	(1, 2)		排除

　　承诺会促使 Colin 采取 C2 吗？检查行动图，如果 Colin 采取 C1，则结果是(2, 4)；如果 Colin 采取 C2，则结果是(3, 3)。为了得到(2, 4)，Colin 的最佳选择仍然是 C1，因此，虽然存在承诺，但不起作用。下面再看看威胁和承诺结合起来怎么样。

6.1.2.6　更新后的威胁与承诺的组合

　　可以看到，Rose 确实发出了威胁，排除了一个结果，但自身不起作用。她还做出了一个承诺，排除了一个结果，但自身也不起作用。在这种情况下，可以研究发出威胁并做出承诺，以排除两种结果，确定是否会产生更好的结果。Rose 的威胁排除了(2, 4)，Rose 的承诺排除了(4, 1)。如果她同时发出威胁并做出承诺，则会得到表 6.12 中的结果。

表 6.12　更新后的威胁与承诺的组合

		Colin		
		C1		C2
Rose	R1	排除		(3, 3)
	R2	(1, 2)		排除

如果 Colin 采取 C1，则结果是(1, 2)；如果 Colin 采取 C2，则结果是(3, 3)。他应该选择 C2，且(3, 3)代表对 Rose 的改进，强于没有沟通的可能结果(2, 4)。

当然，还有信誉的问题。对于先发采取的行动而言，威胁和承诺都必须是可信的。如果 Rose 发出威胁，而 Colin 仍然选择不转向，即使该行动不再承诺让她得到结果(4, 2)，Rose 是否会兑现威胁并实际发生撞车？如果 Colin 认为她不会继续兑现威胁，则他将无视威胁。在懦夫博弈中，如果 Rose 和 Colin 都承诺转向，且 Colin 相信 Rose 的承诺并执行转向，即使结果(4, 2)仍然可选，Rose 是否会履行她转向的承诺并接受(3, 3)？Rose 赢得信誉的一种方法是减少自己的一项或多项收益，以便对于 Colin 来说，她将明确地采取规定的举措。或者，如果可能，Rose 可以向 Colin 进行附加支付以增加他选择的收益，从而诱使他采用对自己有利的策略，且由于附加支付，使该策略对 Colin 有利。

每位局中人可选择的战略举措清单是确定局中人应该如何行动的重要部分。每位局中人都想知道各自可以采取哪些战略举措。例如，如果 Rose 可首先行动，而 Colin 可发出威胁，Rose 会在 Colin 发出威胁之前首先采取行动。分析需要知道两位局中人可得结果的排序，一旦某位局中人决定自己希望对方采取哪种策略，他就可以确定对方将如何对自己的任何举措做出反应。

如前所述，也许更好的选择是仲裁。接下来探讨这一点。

6.1.3　纳什仲裁

在谈判问题中，Nash（1950）提出了一个产生单一公平结果的方案——纳什仲裁，这一方案的目标是使最终结果等于或高于每位局中人的现状点，且结果必须是"公平"的。

纳什提出了以下概念。

现状点（Status Quo Point）：通常会用 Rose 的安全层次和 Colin 的安全层次的交集表示，也可用威胁对应的位置表示。

Note

协商集合（Negotiation Set）：在帕累托最优集合中，等于或高于双方局中人的"现状点"的点。

纳什认为，一个合理的仲裁方案应该符合理性、线性不变性、对称性和不变性这四条公理。Straffin（2004）对这些公理进行了详细探讨。简单地说，纳什仲裁就是遵循所有四条公理的点，由此可得纳什定理，如下所述。

纳什定理：有且仅有一个仲裁方案能满足所有四条公理。也就是说，如果现状点 SQ = (x_0, y_0)，则仲裁解的相应点 N 是满足如下条件的多边形中的点：$x \geqslant x_0$ 和 $y \geqslant y_0$，并使$(x - x_0)(y - y_0)$最大化。

可以先从几何角度研究，因为这样可使用微积分方法帮助进行深入理解。假设现状点为$(0, 0)$，下面首先生成非线性函数的等值线图：$(x - x_0)(y - y_0)$。很明显，在第一象限的东北（NE）角处，该函数实现最大化，如图 6.1 所示。

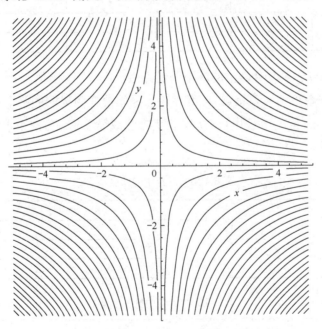

图 6.1　(x, y)的等值线图（可以看到最大增加方向在东北角）

为应用纳什仲裁，还需要更多的定义。

Nash（1950）在他的仲裁和合作解理论中指出，"合理"的解应该符合帕累托最优，并处于或高于安全级别。满足这两个条件的结果集合称为协商集。纳什的证明表明，进入协商集的线段必须形成一个凸区域，相应的求解方法可采用基础微积分、代数和几何方法。

针对任何一种博弈论问题，接下来，将凸多边形叠加到等值线图上（见图 6.1），

Note

可行域中最东北方向的点就是最优点和纳什仲裁点。可行域与双曲线在此处相切，它总是在进入协商集的线段上。这会成为一个有约束的优化问题，可以将其转换为单变量问题，可通过后面的示例说明这一点。

下面的示例中，将安全值（Security Value）作为现状点，用于纳什仲裁的过程。此外，也定义了以下方法来求安全值。

在非零和博弈中，Rose 在 Rose 博弈中的最优策略称为 Rose 的审慎策略，其值称为 Rose 的安全级别。Colin 在 Colin 博弈中的最优策略称为 Colin 的安全级别，如表 6.13a 所示。

表 6.13a　在非零和博弈中确定安全级别

		Colin	
		C1	C2
Rose	R1	(2, 6)	(10, 5)
	R2	(4, 8)	(0, 0)

下面将在寻找纳什仲裁点的解中予以说明。

为找到安全级别（现状点），可关注从原始博弈中提取的两个单独博弈（见表 6.13b 和表 6.13c），并使用行动图、占优方法或线性规划方法来求解这些局中人在博弈中的解。

表 6.13b　博弈中的安全值 1

		Colin	
		C1	C2
Rose	R1	2	10
	R2	4	0

表 6.13c　博弈中的安全值 2

		Colin	
		C1	C2
Rose	R1	6	5
	R2	8	0

在审慎策略中，允许局中人在自己的博弈中找到最佳策略。对于 Rose 来说，她需要在自己的博弈中找到最优解。Rose 的博弈有一个混合策略解：$V = 10/3$。

对于 Colin 来说，他需要在自己的博弈中找到最优解。Colin 的博弈中有一个纯策略解：$V = 6$。

审慎策略的现状点或安全级别为(10/3, 6)。下面将在纳什仲裁的表述中用到这一点。

下面寻找纳什仲裁点。

这里使用 Fox（2010、2012a、2012b）描述的非线性规划方法。为了实现函数 $\left(x-\dfrac{10}{3}\right)\cdot(y-6)$ 的最大化，设置了凸多边形（约束条件）。该凸多边形为来自收益矩阵值的凸集，它的边界和内部点代表所有可能的策略组合。顶点代表纯策略，其他所有点都是混合策略，有时纯策略也可为内点。因此，首先根据支付矩阵值集{(2,6)，(4,8)，(10,5)，(0,0)}绘制策略图，如图 6.2 所示。

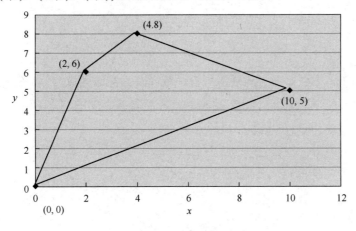

图 6.2 收益多边形

由图 6.2 可以看到，凸区域有四条边，其坐标代表纯策略。可使用点斜率公式找到直线的方程，然后测试点，将方程转换为不等式。例如，(4, 8)到(10, 5)的直线方程形式为 $y = -0.5x + 10$。

将其重写为 $y + 0.5x = 10$。测试点(0, 0)表明不等式是 $0.5x + y \leqslant 10$。用此方法来找到所有边界线，并将安全级别添加到所需的线。

该凸多边形由以下不等式界定：

$$\begin{cases} 0.5x + y \leqslant 10 \\ -3x + y \leqslant 0 \\ 0.5x - y \leqslant 0 \\ -x + y \leqslant 4 \\ x \geqslant x^* \\ y \geqslant y^* \end{cases}$$

式中，x^* 和 y^* 为安全级别(10/3, 6)。

NLP 公式（Winston，2003；Fox，2012a、2012b）按照等式的格式求纳什仲裁点，如式（6.4）所示。

$$\max \quad Z = \left(x - \frac{10}{3} \right) \cdot (y - 6) \tag{6.4}$$

满足

$$\begin{cases} 0.5x + y \leqslant 10 \\ -3x + y \leqslant 0 \\ 0.5x - y \leqslant 0 \\ -x + y \leqslant 4 \\ x \geqslant \dfrac{10}{3} \\ y \geqslant 6 \end{cases}$$

可在图 6.3 中以图形方式展示可行区域（其为实心区域）。从图 6.3 中可以将解近似为可行区域和东北（NE）区域的双曲线轮廓之间的切点。

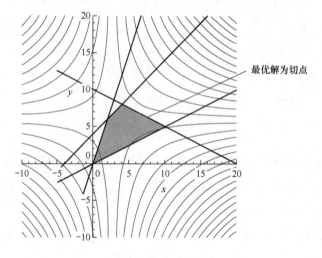

图 6.3　凸多边形与函数等值线图

由图 6.3 可直观地看到，解必须沿着线段 $y = -0.5x + 10$，因此可以使用简单的微积分：

$$\max \quad \left(x - \frac{10}{3} \right) \cdot (y - 6)$$

满足

$$y = -0.5x + 10$$

通过替换来得到一个单变量的函数：

$$\max \quad (x - 10/3)(-0.5x + 10 - 6)$$

或

$$\max \quad -0.5x^2 + 34x/6 - 40/3$$

结果发现：$\dfrac{\mathrm{d}f}{\mathrm{d}x} = 0 = -x + 34/6$。

得到：$x = 17/3$。

用二阶导数检验，$\dfrac{\partial^2 f}{\partial x^2} = -1$（小于 0），证实确实是一个最大值。

将 $x = 17/3$ 代入 $y = -0.5x + 10$，可得 $y = 43/6$。而点 $(17/3, 43/6)$ 就是纳什仲裁点。最优解和纳什仲裁点为 $x = 5.667$ 和 $y = 7.167$，目标函数收益为 2.72。

如何以单点的方式得到该值？假设某仲裁员采用策略 BC(4, 8) 和 AD(10, 5)，如下所述。

可根据纳什仲裁点等价的策略 BC 和 AD，求解两个方程，得到两个未知数的值：

$$\begin{bmatrix} 4 & 10 \\ 8 & 5 \end{bmatrix} \begin{bmatrix} x \\ y \end{bmatrix} = \begin{bmatrix} 5.667 \\ 7.167 \end{bmatrix}$$

求解得，$x = 0.27777$ 或 5/18，$y = 0.72222$ 或 13/18。

 例 6.2　劳工管理仲裁问题

本问题由 Straffin 于 2004 年提出。

图 6.4 中的凸多边形是根据约束条件绘制的。

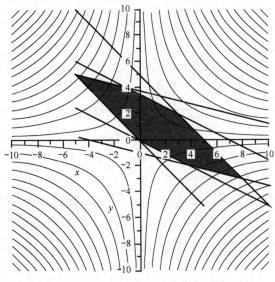

图 6.4　劳工管理仲裁问题中的 NLP 问题图示

$$\begin{cases} x+y \geqslant 0 \\ 0.5x+y \geqslant 0 \\ 0.25x+y \geqslant -1 \\ x+y \geqslant 5 \\ 0.5x+y \leqslant 3.5 \\ 0.25x+y \leqslant \dfrac{15}{4} \end{cases}$$

现状点（安全级别）是$(0, 0)$，使得函数仅需最大化xy。表述为

$$\max \quad xy$$

满足

$$\begin{cases} x+y \geqslant 0 \\ 0.5x+y \geqslant 0 \\ 0.25x+y \geqslant -1 \\ x+y \geqslant 5 \\ 0.5x+y \leqslant 3.5 \\ 0.25x+y \leqslant \dfrac{15}{4} \end{cases}$$

乘积取$xy = 6.0$，得到$x = 3$和$y = 2$。

该最优解$(3, 2)$位于与 NE 增加方向上等高线相切的线上，如图 6.4 和表 6.14 所示。

表 6.14　劳工管理仲裁问题的支付矩阵

		劳 工 容 许			
		无	取消咖啡时间（C）	自动化检查站（A）	兼具 CA
管理层容许	无	(0, 0)	(4, −1)	(4, −2)	(8, −3)
	增加退休金（P）	(−2, 2)	(2, 1)	(2, 0)	(6, −1)
	增加 1 美元（R）	(−3, 3)	(1, 2)	(1, 1)	(5, 0)
	兼具 PR	(−5, 5)	(−1, 4)	(−1, 3)	(3, 2)

6.1.4　三人博弈

本节简单探讨三人博弈，建议将收益写为支付矩阵形式，如表 6.15 所示。在此将继续使用 Rose 和 Colin 的例子，但引入 Larry 作为通用的第三位局中人。本节仅分别说明两种策略，但相应概念可以进一步扩展。

表 6.15　三人博弈

博弈收益		Larry, L1		Larry, L2	
		Colin		Colin	
		C1	C2	C1	C2
Rose	R1	(r_1, c_1, l_1)	(r_1, c_2, l_1)	(r_1, c_1, l_2)	(r_1, c_2, l_2)
	R2	(r_2, c_1, l_1)	(r_2, c_2, l_1)	(r_2, c_1, l_2)	(r_2, c_2, l_2)

同样，如果 $r_i + c_i + l_i = 0$ 或所有 i 的常数相同，则有一个完全冲突博弈，否则为局部冲突博弈。

可再次用行动图来检查博弈的纯策略解。箭头从小值指到向大值。这里新的箭头对应 Larry。在 Larry1 和 Larry2 之间，通过一个从一个矩阵出来的箭头和一个进入另一个矩阵的箭头来绘制从小到大指向的箭头。这里举例说明：无论是否有一个或多个纯策略解，我们都会考虑联盟。联盟是指一位或两位局中人联合起来胜过第三位局中人。分析中已考虑所有此类联盟。

如表 6.16 所示为 Rose、Colin 和 Larry 之间的三人完全冲突博弈。表中给出了带有所有箭头的收益和行动图。

表 6.16　更新后三人完全冲突博弈

博弈收益		Larry L1		
		Colin		
		↖	C1	C2 ↗
Rose	R1 ⇓		(2, 2, −4) ⟹	(−1, 3, −2) ⇓
	R2		(3, −4, 1) ⟸	(2, −2, 0)
	↗			↘
		Larry L2		
		Colin		
		↘		↙
			C1	C2
	R1 ⇑		(−1, 0, 1) ⟸	(−2, −1, 3) ⇓
	R2		(−2, 3, −1) ⟸	(2, 1, −3)
			↙	↘

移动箭头表示两个稳定的纯策略，R1C1L1(3, −4, 1)和 R1C1L2(−1, 0, 1)。这些结果是非常不同的，并不是所有局中人都对其中一个或多个点感到满意。现在考虑联盟的情况：本节完整地阐述了一个联盟，并提供了其他联盟的结果。

假设 Larry 和 Colin 组成了一个反对 Rose 的联盟。新的支付矩阵如表 6.17 所示。

表 6.17　更新后三人完全冲突博弈支付矩阵

博弈收益		Colin 和 Larry			
		C1L1	C2L1	C1L2	C2L2
Rose	R1	2, −2	−1, 1	−1, 1	−2, 2
	R2	3, −3	2, −2	−2, 2	2, −2

作为一个零和博弈，这里列出了 Rose 的值（见表 6.18）。

表 6.18　更新后三人完全冲突博弈支付矩阵（Rose 值）

博弈收益		Colin 和 Larry			
		C1L1	C2L1	C1L2	C2L2
Rose	R1	2	−1	−1	−2
	R2	3	2	−2	2

可以使用线性规划方法得到对 Rose 的解。由于收益为负，因此解可以为负，采用 V_r 到 $V_{r1}-V_{r2}$ 的变换，即

$$\max \quad V_{r1}-V_{r2}$$

满足

$$\begin{cases} 2y_1 - y_2 - y_3 - 2y_4 - V_{r1} - V_{r2} \geqslant 0 \\ 3y_1 + 2y_2 - 2y_3 + 2y_4 - V_{r1} - V_{r2} \geqslant 0 \\ y_1 + y_2 + y_3 + y_4 = 1 \\ y_i, V_{r1} - V_{r2} \geqslant 0 \end{cases}$$

当 $y_1= 0$、$y_2= 0$、$y_3= 4/5$、$y_4= 1/5$ 时，可发现最优解是 $V_{r1}=0$、$V_{r2}=1.2$，所以 $V_r=-1.2$。因此，Colin-Larry 联盟获得 1.2 个单位，其中 Larry 获得 21/25 的份额，Colin 获得 9/25 的份额。

对于其他联盟，可以采取相同的步骤。此外，针对三人局部冲突博弈，也可以采取相同的步骤。但对于联盟，必须使用完整的（M,N）公式，因为 $M+N$ 不一定总是等于 0。

6.2　运用博弈论改善策略和战术决策

1950 年，Haywood 在空军军事学院提出将博弈论用于军事决策。这项工作的核心是一篇文章：*Military Decisions and Game Theory*（Haywood，1954）。Cantwell（2003）进一步研究并提出了一个分步程序，共包括 10 个步骤，以帮助分析人员

比较军事决策的方案。他以 1914 年俄罗斯和德国之间的坦能堡战役为例阐述了其方法（Schmitt，1994）。

Cantwell 提出的十步法（Cantwell，2003）如下：

步骤 1：为取得决定性胜利的友军选择最佳情况下的友军行动方案。

步骤 2：将所有友军行动方案从可能的最佳效果到可能的最坏效果排序。

步骤 3：为友方局中人在每行中从最好到最差的顺序排列敌人的行动方案。

步骤 4：确定敌方行动方案的影响是否会导致每行的每个组合中友方局中人潜在的失败、平局或获胜。

步骤 5：将行数与列数的乘积放入代表每个局中人最佳情况的框中。

步骤 6～步骤 9：将步骤 1 到步骤 5 中的数值，按赢、平和输的组合进行排序。

步骤 10：将矩阵转换为常规格式，作为友方局中人的支付矩阵。

表 6.19 给出了运行所有 10 个步骤后的支付矩阵。在此可以求解纳什均衡的支付矩阵。在表 6.19 中，鞍点法极大极小（Straffin，2004）说明不存在纯策略解。当没有纯策略解时，存在混合策略解（Straffin，2004）。

表 6.19　Cantwell 的支付矩阵

	进攻北方	进攻南方	协同攻击	进攻北方，牵制南方	进攻南方，牵制北方	就地防御	极大极小
进攻北方，牵制南方	24	23	22	3	15	2	2
进攻南方，牵制北方	16	17	11	7	8	1	1
就地防御	13	12	6	5	4	14	4
沿河防御	21	20	19	10	9	18	9
极大极小	24	23	22	10	15	18	无鞍点

使用线性规划方法（Straffin，2004；Winston，1995；Giordano 等，2014；Fox，2015）求解该博弈，得到以下结果：当"友军"选择 x_1= 7.7%、x_2= 0、x_3= 0、x_4= 92.3%时，V=9.462；而"敌人"最佳结果为 y_1= 0、y_2= 0、y_3= 0、y_4= 46.2%、y_5= 53.8%。

用军事术语来说，这种解释似乎是局中人应该向北佯攻并牵制南方，同时尽可能沿着维斯瓦河防御，或故意泄露有关这次袭击的错误信息并做好保密工作。组合其策略：向北进攻——牵制南方或向南进攻——牵制北方。此博弈的 9.462 是一个没有真实含义的相对数量（Cantwell，2003）。根据 Cantwell 的说法，该结果对于各方决策来说是相当可靠的。

6.2.1 对方法的更新建议

本书提出了一种调整的方法：通过多属性决策（特别是 AHP 的两两比较法）获得更具代表性的偏好。而提出此建议的原因是序数不应与混合策略一起使用。例如，如果局中人 1 赢得了一场比赛，而局中人 2 获得了第二名，这意味着什么？统一使用名次会让真实含义更明确，也更有价值。

混合策略法会产生选择策略的概率，必须用数学原理计算，对序数进行加、减、乘或除，不会让结果有实际意义。

6.2.2 AHP 中的两两比较

在商业领域和政府的许多研究领域中，应用多类准则对备选方案排序时，已经使用 AHP 和 AHP-TOPSIS 混合模型（Fox，2014），具体应用包括社交网络（Fox 2012b、2014）、暗网（Fox，2014）、恐怖分子阶段性计划（Fox 和 Thompson， 2014）和恐怖分子目标选择（Fox，2015）等领域。

表 6.20 给出了使用 AHP 法获得标准权重的过程。该过程用于确定如何对 TOPSIS 分析的每个标准加权。通过表 6.20 中给出 Saaty 的 9 分量表（Saaty，1980），对比所有其他重要性较低的标准，用主观判断来权衡每个标准。

表 6.20 Saaty 的 9 分量表

两两比较中重要性的强度	定　义
1	同等重要
3	稍微重要
5	很重要
7	非常重要
9	极其重要
2，4，6，8	上述二者之间比较
上述的倒数	在元素 i 与 j 的比较中，如果与 j 比较 i 为 3，那么与 i 比较 j 为 1/3
基本原理	影响的一致性；测量值可用

以下用一个简单的例子继续进行说明。假设参与某零和博弈时，可能只知道

某顺序尺度下的偏好：

```
局中人 2
C1  C2
局中人 1 R1  w  x
        R2  y  z
```

局中人 1 的偏好顺序是 $x>y>w>z$。现在只选择满足该排序方案的值，如由 10 > 8 > 6 > 4 得到：

```
局中人 2
C1  C2
局中人 1 R1  6  10
        R2  8  4
```

上述博弈没有鞍点解。为确定混合策略，可以使用"余值法"（Method of Oddments）。通过余值法发现，局中人 1 采取 R1 和 R2 的概率各为 $\frac{1}{2}$，局中人 2 采取 $\frac{3}{4}$ C1 和 $\frac{1}{4}$ C2。该博弈的值为 7。

概率是支付矩阵中所选值的函数，不反映局中人对每组策略的使用情况。

因此，建议使用 AHP 法求策略的效用值，而不是任意对象，更不会用 Von Neumann 和 Morgenstern 提出的抽签法。

首先，按主体优先顺序计算策略组合：

$$R1C2>R2C1>R1C1>R2C2$$

其次，使用表 6.20 所示 Saaty 的 9 分量表中的成对值来确定相对效用。本节编制了一个 Excel 模板来辅助获取效用值，如图 6.5 所示。此模板中列出了优先策略，因此可以轻松对策略进行两两比较。

在此可以得到表 6.21 所示的 AHP 两两比较矩阵。

表 6.21　AHP 两两比较矩阵

比 较 结 果		x	w	y	z
		1	2	3	4
1	x	1	3	5	7
2	w	1/3	1	2	4
3	y	1/5	1/2	1	3
4	z	1/7	1/4	1/3	1

Saaty（1980）的研究表明，该矩阵的一致性比率必须小于 0.1。该矩阵的一致性为 0.0021，小于 0.1。根据矩阵的一致性指标由 $(\lambda_{\max} - n)/(n - 1)$ 计算得出，对于该矩阵，$n = 4$。最后一步是通过表 6.22 中的数据（Saaty，1980），针对相应

值（来自纯随机判断矩阵的大样本）采用 CI，计算这组判断的一致性比率，其中分子对应随机矩阵的阶，分母对应随机判断的相应一致性指标：

$$CR = CI/RI$$

表 6.22 AHP 一致性矩阵

N	1	2	3	4	5	6	7	8	9	10	11	12	13	14	15
R	0	0	0.58	0.9	1.12	1.24	1.32	1.41	1.45	1.49	1.51	1.48	1.56	1.57	1.59

在本例中，计算结果为 $0.00190/0.90 \approx 0.0021$。Saaty 指出，任何 $CR < 0.1$ 均表示判断是一致的。可求得权重为最大特征值的特征向量，此处精确到小数点后三位。图 6.5 为 Excel AHP 模板截图。

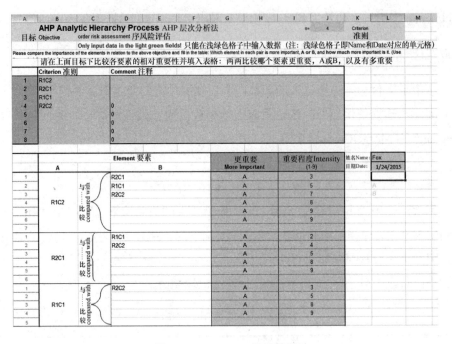

图 6.5 Excel AHP 模板截图

$$x = 0.595$$

$$w = 0.211$$

$$y = 0.122$$

$$z = 0.071$$

因此，AHP 有助于获得结果的相对效用值，这些值是基于偏好的基数效用值。目前有了基数效用，该博弈变成：

```
局中人 2
C1   C2
局中人 1  R1  0.122  0.595
         R2  0.211  0.071
```

如果对该博弈应用余值法，可发现局中人 1 有 22.8%的时间采取 R1，77.2% 的时间采取 R2，而局中人 2 有 85.5%的时间采取 C1，14.5%的时间采取 C2。基于基数效用的修正博弈值为 0.190。

6.2.3 军事决策中运用 AHP 的建议

 例 6.3 案例研究——具有基数值的二人零和博弈

假设行局中人有 4 个一开始就可比较的行动方案。给出一个初始优先级 COA 4、COA 1、COA 2、COA 3，如图 6.6 所示。

	要素			更重要	重要程度 (1～9)
	A		B		
1			COA1	A	3
2		与	COA2	A	6
3		⋮	COA3	A	7
4	COA4	比		A	8
5		较		A	9
6				A	9
7					
1			COA2	A	2
2		与	COA3	A	4
3	COA1	⋮		A	5
4		比		A	8
5		较		A	9
6					
1			COA3	A	3
2		与		A	5
3	COA2	⋮		A	8
4		比		A	9
5		较			
1		与		A	2
2		⋮		A	3
3		比		A	8
4		较			
1				A	2
2		VS		A	6
3					
1		VS		A	5
2					
1		VS			

图 6.6 COA1～COA 4 权重分析

一致性比率为 0.002，小于 0.10（Saaty，1980）。AHP 模板（Fox，2016）计算的权重如表 6.23a 所示。

表 6.23a　权重表

方　案	权　重	方　案	权　重
COA4	0.59510881	COA2	0.12220096
COA1	0.2112009	COA3	0.07148933

每一项下都能得到权重，作为敌方 COA 函数，如图 6.7 所示。

	要素			更重要	重要程度 (1～9)
	A		B		
1			COA2	A	2
2		与	COA3	A	3
3		┊	COA4	A	7
4	COA1	比	COA5	A	5
5		较	COA6	A	8
6					
7					
1			COA3	A	2
2		与	COA4	A	7
3	COA2	┊	COA5	A	5
4		比	COA6	A	8
5		较			
6					
1		与	COA4	A	7
2		┊	COA5	A	5
3	COA3	比	COA6	A	8
4		较			
5					
1		与	COA5	B	5
2		┊	COA6	A	2
3	COA4	比			
4		较			
1			COA6	A	6
2	COA5	VS			
3					
1		VS			
2					
1		VS			

图 6.7　局中人 1 COA1～COA6

一致性比率为 CR=0.03969（小于 0.1，是可以接受的）。从模板中可找到。子权重如表 6.23b 所示。

表 6.23b　子权重

方　案	权　重	方　案	权　重
COA1	0.431974	COA4	0.044169
COA2	0.250029	COA5	0.0745
COA3	0.162164	COA6	0.037163

要得到可用权重，可用 COA1 乘积乘以子权重值。

对表 6.23c 中显示的敌人 COA 1～COA 6 重复从友方 COA 2 到友方 COA 4 的过程。

表 6.23c　军事决策行动方案分析矩阵

主要标准——行对应的局中人	局 部 权 重	次 级 标 准 局中人 2	局 部 权 重	全球决策标准 （标准权重×次级标准权重）
COA 4	0.595	COA 1	0.431974	0.091146
		COA 2	0.250	0.052756
		COA 3	0.162	0.034217
		COA 4	0.404	0.00932
		COA 5	0.0745	0.01572
		COA 6	0.0372	0.007841
COA 1	0.211	COA 1		0.033223
		COA 2		0.054067
		COA 3		0.016419
		COA 4		0.006478
		COA 5		0.007619
		COA 6		0.004395
COA 2	0.122	COA 1		0.017705
		COA 2		0.013371
		COA 3		0.005412
		COA 4		0.004151
		COA 5		0.003779
		COA 6		0.027081
COA 3	0.0715	COA 1		0.235044
		COA 2		0.134041
		COA 3		0.079026
		COA 4		0.037179
		COA 5		0.030092
		COA 6		0.079718

注：权重总和 = 1。

计算得到的排序如表 6.23d 所示。

表 6.23d　各行动方案的最后排序

方　案	排序后的权重
COA 1	0.091146
COA 2	0.052756
COA 3	0.034217
COA 4	0.00932
COA 5	0.01572
COA 6	0.007841

表 6.23c 中，这 24 条为博弈矩阵中的实际项，对应于此战斗分析中局中人 1 的 R1~R4 和局中人 2 的 C1~C6。

本书开发了一个 Excel 模板来求解，通过线性规划方法处理更大的零和博弈，如这里的博弈问题（Fox，2015）。

基于这些偏好值，输入博弈论的线性规划模型模板，结果如图 6.8 所示。

此模板可用于求解两人零和博弈，最多允许每方有19个策略

	A	B	C	D	E	F	G	H	I	J	K	L
	This template will allow you to solve up to 10 strategies for each player in a two-person zero-sum game										Game Values	博弈的值
	Enter the number of Strategies for Rose				4						Rose	0.030092285
	er of Strategies for Colin	输入Rose的策略数量		6							Colin	-0.030092285
	输入Colin的策略数量											
	f to the Row player only 行对应的博弈方											
R/C	1	2	3	4	5	6	7	8	9	10		
1	0.0911	0.05276	0.03422	0.00932	0.01572	0.0078	0	0	0	0		
2	0.0332	0.05407	0.01642	0.00648	0.00762	0.0044	0	0	0	0		
3	0.0177	0.01337	0.00541	0.00415	0.00378	0.0271	0	0	0	0		
4	0.235	0.13404	0.07903	0.03718	0.03009	0.0797	0	0	0	0		
5	0	0	0	0	0	0	0	0	0	1		
6	0	0	0	0	0	0	0	0	0	0		
7	0	0	0	0	0	0	0	0	0	0		
8	0	0	0	0	0	0	0	0	0	0		
9	0	0	0	0	0	0	0	0	0	0		
10	0	0	0	0	0	0	0	0	0	0		Rose的策略
R/C	1	2	3	4	5	6	7	8	9	10		Rose's strategies
1	0.091146	0.052756	0.0342166	0.0093197	0.0157196	0.007841	0	0	0	0		0
2	0.033223	0.054067	0.0164186	0.0064781	0.0076187	0.004395	0	0	0	0		0
3	0.017705	0.013371	0.0054118	0.0041509	0.0037793	0.027081	0	0	0	0		0
4	0.235044	0.134041	0.0790263	0.0371787	0.0300923	0.079718	0	0	0	0		1
5	0	0	0	0	0	0	0	0	0	0		0
6	0	0	0	0	0	0	0	0	0	0		0
7	0	0	0	0	0	0	0	0	0	0		0
8	0	0	0	0	0	0	0	0	0	0		0
9	0	0	0	0	0	0	0	0	0	0		0
10	0	0	0	0	0	0	0	0	0	0		0
Colin's	0	0	0	2.442E-15	1	0	0	0	0	0		
Strategies Colin的策略												

图 6.8　在战斗分析支付矩阵中采用基数值的 Excel 结果

由图 6.8 可知，结果得出了一个纯策略解，表明局中人 1 应该保卫维斯瓦河，局中人 2 应该向南进攻，瞄准北方以获得最佳结果。这与 Cantwell 的结果一致，并可能更准确，因为这些值基于偏好，而不仅仅是按 24 到 1 的序数排列。

6.2.4　灵敏度分析

在此使用式（6.5）来调整局中人 1 的主要 COA 的权重，并得到支付矩阵的新权重：

$$w'_j = \frac{1 - w'_p}{1 - w_p} w_j \tag{6.5}$$

式中，w'_j 为调整后的新权重；w_p 为待调整标准的原始权重；w'_p 为标准调整后的值。可以发现，运用此方法调整权重来重新输入模型时会很简单。

表 6.24 中总结了一些结果，其中仅包括每位局中人的策略。

表 6.24 行动方案局中人博弈和分析总结

采取的策略	序数偏好（Cantwell）	基数偏好	灵敏度#1	灵敏度#2	灵敏度#3
局中人 1					
COA 1	0.077	0	0.28	0.25	0
COA 2	0	0	0	0	0
COA 3	0	0	0	0	0
COA 4	0.923	1	0.72	0.75	1
局中人 2					
COA 1	0	0	0	0	0
COA 2	0	0	0	0	0
COA 3	0	0	0	0	0
COA 4	0.462	0	0.567	0.77	0
COA 5	0.538	1	0.433	0.23	1
COA 6	0	0	0	0	0

由表 6.24 可发现，局中人 1 采取策略 4 的概率应该总是 100% 或超过 70%。显然，这表明了该策略是有利的。如果局中人 2 采取使用 COA 5 的纯策略或 COA 4 和 COA 5 的混合策略，则可以尽量减少损失。

 例 6.4 案例研究——抓捕

本案例改编自 McCormick 和 Owen 的研究。

在此例中，假设有一个想要隐藏的局中人（一个人或多人）和一个想要找到他们的对手。此军事博弈定义如下：设想一次博弈，其中有一个逃犯，称为隐藏者（H），可隐藏在 n 个房间中的任何一个中。扮演搜查者（S）角色的警方在各房间之间寻找该逃犯。如果 S 在 H 隐藏的房间 i 中搜寻，则 S 找到 H 的概率为 p_i。如果在一个不同的房间搜查，仍然存在 H 被找到的概率 q_i，因为他可能会无意中暴露自己的位置，或者被周围的人背叛。假设对于每个房间 i，$0 \leqslant q_i < p_i \leqslant 1$。

用一个 $n \times n$ 矩阵 $\boldsymbol{A} = (a_{ij})$ 来表示该博弈，其中：

$$a_{ij} = p_j, \quad 如果 \ i = j$$
$$q_j, \quad 如果 \ i \neq j$$

该矩阵的每一行或每一列都代表博弈的一个纯策略。据了解，S 选择行 j，而 H 选择列 j。收益 a_{ij} 是找到 H 的概率。S 希望最大化该概率，而 H 希望最小化该概率。此处关注的是这个二人博弈的最佳策略：可以是纯策略，也可以是混合策略。如前文所述，可以用线性规划来表达该零和博弈。

考虑一个有两个房间的博弈。在第一个房间里很难躲藏，但遭遇背叛的可能性很小（可能周围人少，或可能知道 H 下落的人值得信赖）。如果 S 搜索该位置，则第二个房间提供了更好的藏身之处，但周围有很多人，其中一些人不可信任，因此存在背叛的可能，如表 6.25 所示。

表 6.25 躲藏博弈问题

		H	
		C1	C2
S	R1	0.9	0.4
	R2	0.1	0.6

该博弈中，S 的最优搜索策略为 $x^* = (0.5, 0.5)$，H 的最优躲藏策略为 $y^* = (0.2, 0.8)$，通过余值法（威廉姆斯法）或线性规划很容易对策略进行验证。博弈的值为 $v = (0.5, -0.5)$。

 例 6.5 考虑某情况，$n=3$ 个房间，以及发现的概率

$$p_1 = 0.5, \quad q_1 = 0.1$$
$$p_2 = 0.4, \quad q_2 = 0.1$$
$$p_3 = 0.3, \quad q_3 = 0.2$$

至此，更新该博弈矩阵（见表 6.26）。

表 6.26 更新后的躲藏博弈

		H		
		C1	C2	C3
S	R1	0.5	0.1	0.2
	R2	0.1	0.4	0.2
	R3	0.1	0.1	0.3

通过线性规划求解该博弈，得到图 6.9 所示的最优解。

当 S 取 0.316, 0.421, 0.263，而 H 取 0.1579, 0.2105, 0.6316 时，该博弈的值为 (0.2263, 0.2263)。必须确定与可能使用的搜索程序相关的信息。有关抓捕博弈的更多信息，请参阅 *International Game Theory Review*，2010 年第 12 卷，第 4 期：第 293-308 页。

此模板可用于求解两人零和博弈，最多允许每方有19个策略
This template will allow you to solve up to 10 strategies for each player in a two-person zero-sum game

											Game Values	博弈的值
Enter the number of Strategies for Rose 输入Rose的策略数量			3								Rose	0.226315789
Enter the number of Strategies for Colin 输入Colin的策略数量			3								Colin	-0.226315789

Enter the payoff to the Row player only in the yellow highlighted cells　在高亮格子中输入行对应博弈方的收益值

R/C	1	2	3	4	5	6	7	8	9	10		
1	0.5	0.1	0.2	0	0	0	0	0	0	0		
2	0.1	0.4	0.2	0	0	0	0	0	0	0		
3	0.1	0.1	0.3	0	0	0	0	0	0	0		
4	0	0	0	0	0	0	0	0	0	0		
5	0	0	0	0	0	0	0	0	0	1		
6	0	0	0	0	0	0	0	0	0	0		
7	0	0	0	0	0	0	0	0	0	0		
8	0	0	0	0	0	0	0	0	0	0		
9	0	0	0	0	0	0	0	0	0	0		
10	0	0	0	0	0	0	0	0	0	0	Rose的策略	
R/C	1	2	3	4	5	6	7	8	9	10	Rose's strategies	
1	0.5	0.1	0.2	0	0	0	0	0	0	0	0.315789474	6/19
2	0.1	0.4	0.2	0	0	0	0	0	0	0	0.421052632	8/19
3	0.1	0.1	0.3	0	0	0	0	0	0	0	0.263157895	5/19
4	0	0	0	0	0	0	0	0	0	0	0	
5	0	0	0	0	0	0	0	0	0	0	0	
6	0	0	0	0	0	0	0	0	0	0	0	
7	0	0	0	0	0	0	0	0	0	0	0	
8	0	0	0	0	0	0	0	0	0	0	0	
9	0	0	0	0	0	0	0	0	0	0	0	
10	0	0	0	0	0	0	0	0	0	0	0	
Colin的策略 Colin's	0.157895	0.210526	0.6315789	0	0	0	0	0	0	0		
Strategies	3/19	4/19	12/19	0	0	0	0	0	0	0		

图 6.9　躲藏博弈的 Excel 求解结果

6.3　二人局部冲突（非零和）博弈

假设博弈一定是零和博弈并不合理。事实上，前美国总统克林顿在俄亥俄州代顿市发表演讲时，提到了非零和博弈的必要性。因此，本节给出了一些使用 6.1.2 节介绍的方法求解这类博弈的一个例子。

 例 6.6　案例研究——重温 6.2 节中的 COA 示例

可运用 Cantwell 的方法为局中人 2 构思实际上非零的收益。此外，可以使用 AHP 法，就像为局中人 2 获取局中人 1 的值一样，也可以采用 Barron（2013）提出的非线性规划法。

6.3.1　两个及两个以上策略的非线性规划法

对于有两个及两个以上策略的博弈，可采取 Barron（2013）的非线性优化法。设某二人博弈，具有和以前一样的支付矩阵，并将局中人 1 和局中人 2 的支付矩阵分成两个矩阵：M 和 N。在式（6.6）中以扩展形式求解以下非线性优化公式。

$$\max \ \sum_{i=1}^{n}\sum_{j=1}^{m}x_i a_{ij} y_j + \sum_{i=1}^{n}\sum_{j=1}^{m}x_i b_{ij} y_j - p - q$$

满足

$$
\begin{cases}
\sum_{j=1}^{m} a_{ij} y_j \leqslant p , \quad i=1,2,\cdots,n \\
\sum_{i=1}^{n} x_i b_{ij} \leqslant q , \quad j=1,2,\cdots,m \\
\sum_{i=1}^{n} x_i = \sum_{j=1}^{m} y_j = 1 \\
x_i \geqslant 0 , \quad y_j \geqslant 0
\end{cases}
\tag{6.6}
$$

本书根据 Barron（2013）的研究开发了一套 Maple 程序进行计算，如图 6.10a 和图 6.10b 所示。

```
> with(LinearAlgebra) : with(Optimization) :
> A := Matrix([[6, 5.75, 5.5, 0.75, 3.75, 0.5], [4, 4.25, 2.75, 1.75, 2, 0.25],
        [3.25, 3, 1.5, 1.25, 1, 3.5], [5.25, 5, 4.75, 2.5, 2.25, 4.5]]);
```

$$
A := \begin{bmatrix}
6 & 5.75 & 5.5 & 0.75 & 3.75 & 0.5 \\
4 & 4.25 & 2.75 & 1.75 & 2 & 0.25 \\
3.25 & 3 & 1.5 & 1.25 & 1 & 3.5 \\
5.25 & 5 & 4.75 & 2.5 & 2.25 & 4.5
\end{bmatrix}
$$

```
> B := Matrix([[ [1/6, 1/3, 0.5, 0.6336, 3.6667, 3.8333], [1.5, 1.3333,
        2.3333, 0.8554, 2.8333, 4], [2.1667, 2, 3.16667, 0.3574, 3.5, 1.8333],
        [2/3, 0.83333, 1, 5.95, 2.6667, 1.1667]]]);
```

$$
B := \begin{bmatrix}
\frac{1}{6} & \frac{1}{3} & 0.5 & 0.6336 & 3.6667 & 3.8333 \\
1.5 & 1.3333 & 2.3333 & 0.8554 & 2.8333 & 4 \\
2.1667 & 2 & 3.1667 & 0.3574 & 3.5 & 1.8333 \\
\frac{2}{3} & 0.83333 & 1 & 5.95 & 2.6667 & 1.1667
\end{bmatrix}
$$

```
> X := `<,>`(x[1], x[2], x[3], x[4]);
```

$$
X := \begin{bmatrix}
x_1 \\
x_2 \\
x_3 \\
x_4
\end{bmatrix}
$$

图 6.10a　Maple 程序 1

求得 NLP 解为局中人 1 采取 COA 4，局中人 2 采取 COA 4。

解释：此处得到的关键结果是，将此博弈作为非零和博弈分析后，局中人 1 的选择仍然是 COA 4。

$$> Y := `<,>`(y[1], y[2], y[3], y[4], y[5], y[6]);$$

$$Y := \begin{bmatrix} y_1 \\ y_2 \\ y_3 \\ y_4 \\ y_5 \\ y_6 \end{bmatrix}$$

$$> Cnst := \{seq((A.Y)[i] \le p, i = 1..4), seq((Transpose(X).B)[i] \le q, i = 1..4), add(x[i], i = 1..4) = 1, add(y[i], i = 1..6) = 1\};$$

$$Cnst := \left\{ x_1 + x_2 + x_3 + x_4 = 1, y_1 + y_2 + y_3 + y_4 + y_5 + y_6 = 1, \frac{x_1}{3} + 1.3333 x_2 + 2 x_3 \right.$$
$$+ 0.83333 x_4 \le q, \frac{x_1}{6} + 1.5 x_2 + 2.1667 x_3 + \frac{2 x_4}{3} \le q, 0.5 x_1 + 2.3333 x_2 + 3.1667 x_3$$
$$+ x_4 \le q, 0.6336 x_1 + 0.8554 x_2 + 0.3574 x_3 + 5.95 x_4 \le q, 4 y_1 + 4.25 y_2 + 2.75 y_3$$
$$+ 1.75 y_4 + 2 y_5 + 0.25 y_6 \le p, 6 y_1 + 5.75 y_2 + 5.5 y_3 + 0.75 y_4 + 3.75 y_5 + 0.5 y_6 \le p,$$
$$3.25 y_1 + 3 y_2 + 1.5 y_3 + 1.25 y_4 + y_5 + 3.5 y_6 \le p, 5.25 y_1 + 5 y_2 + 4.75 y_3 + 2.5 y_4$$
$$\left. + 2.25 y_5 + 4.5 y_6 \le p \right\}$$

$$> objective := expand(Transpose(X).A.Y + Transpose(X).B.Y - p - q);$$

$$objective := -p - q + \frac{37}{6} y_1 x_1 + 5.5 y_1 x_2 + 5.4167 y_1 x_3 + 5.916666667 y_1 x_4$$
$$+ 6.083333333 y_2 x_1 + 5.5833 y_2 x_2 + 5 y_2 x_3 + 5.83333 y_2 x_4 + 6.0 y_3 x_1 + 5.0833 y_3 x_2$$
$$+ 4.6667 y_3 x_3 + 5.75 y_3 x_4 + 1.3836 y_4 x_1 + 2.6054 y_4 x_2 + 1.6074 y_4 x_3 + 8.45 y_4 x_4$$
$$+ 7.4167 y_5 x_1 + 4.8333 y_5 x_2 + 4.5 y_5 x_3 + 4.9167 y_5 x_4 + 4.3333 y_6 x_1 + 4.25 y_6 x_2$$
$$+ 5.3333 y_6 x_3 + 5.6667 y_6 x_4$$

图 6.10b Maple 程序 2

例 6.7 案例研究——针对阿富汗的终局战略：博弈论方法

本案例改编自美国陆军海军研究生院 Ryan Hartwig 少校和海军研究生院 William P. Fox 博士的文章——《阿富汗网络战略技术报告》。

6.3.1.1 概述

在最近的美国政治讨论中，随着大部分美军撤离阿富汗，美军在阿富汗的未来行动战略仅剩关于"留下来的"部队的比例和数量的争论。然而，2011 年美军从伊拉克撤军和 1989 年苏联从阿富汗撤军都表明，如果没有可靠的计划就离开可能会导致其国内冲突加剧，如伊拉克和阿富汗。因此，深思熟虑的终局战略对美国决策者在阿富汗的前行之路至关重要。显然，美国人民实际上已经不再支持，且美国经济也无力承担一场以万亿美元和数千人生命为代价的战争。本节的目的是应用博弈论，拿出一个解决方案，同时让阿富汗和美国在前进的道路上都获得最佳结果。

美国很可能会在某种程度上继续在阿富汗开展行动，其可用的基本条件包括强大的常规部队和日益萎缩的财政支援，还有更多非常规资源以所谓的村庄维稳行动（简称 VSO）的形式提供。2009 年，美国特种作战部队（USSOF）屡屡深入村庄进行"一次一村"管理，包括招募、训练和雇用"本土"警卫队及发展当地的基础设施。截至 2012 年，已在阿富汗 100 个村庄开展了 VSO，且分布相对均匀。作为美国特种作战部队——绿色贝雷帽（以及几个排的海豹突击队和陆战队特种作战行动组——MSOT）的核心力量，美国特种作战部队擅长提高村庄的利用率（Gant，2009）。至此，美国在阿富汗的前行之路上还未出现 VSO 的终局战略。

阿富汗经常被描绘成一个失败的第三世界国家：土地贫瘠；除每年的罂粟收成外，没有任何资产。矛盾的是，阿富汗的局势并非完全像看起来那样糟糕，2007 年至 2011 年，美国地质调查局（USGS）在阿富汗开展研究时，采集了阿富汗全国各地的大量土壤样本，并回顾了苏联在几十年前进行的类似研究。美国地质调查局得出的结论是，其全国范围内分布着极其丰富的铜、金、铁矿石、石油和天然气等战略矿产，且相对均匀（Peters 等，2012）。阿富汗矿业部和外国投资者已经在四处寻找该国的战略矿产，总价值估计为 1 万亿～3 万亿美元（Kral，2011；Lipow 和 Melese，2011；Global Data Ltd，2012）。阿富汗的战略矿产为多方提供了新的选择，包括已有较好资金支持的阿富汗军队、更繁荣的经济及从国家到部落层面更具影响力的政府。

6.3.1.2　博弈论的应用

下面说明美国的可能选项。

截至 2015 年，在美国考虑从阿富汗撤军的过程中，最大的担忧之一是塔利班的卷土重来对阿富汗民生的影响，并在战略上损害美国的利益。此处为美国提出了以下四个选项，其中塔利班的威胁是阿富汗政府未来面对的头号威胁。

COA/选项 1："忍痛战斗"　美国继续在阿富汗围绕敌人开展作战行动。根据鲍威尔主义，这可能是最适合引导反阿富汗部队和防止塔利班卷土重来的"常识"方法。然而，鉴于美国在经济和军事上付出的代价及效果令人沮丧，这是美国总统、国会和美国人民最不愿意选择的选项。

COA/选项 2："给钱"　美国只向阿富汗政府提供财政援助，并鼓励其自己打击塔利班。该选项的最大弱点是阿富汗政府对独立与塔利班作战几乎没有任何兴趣（甚至也不会付出努力）。卡尔扎伊总统似乎并不特别愿意建立一支军队或政府，以便有能力在 2014 年后继续维持政府的存在并击败塔利班。但他肯定不会拒绝获得更多钱的机会。

COA/选项 3：低强度方法组合　美国继续常规作战行动［可能将国际安全援助部队（ISAF）的名称更改为国家维稳部队］，同时还为阿富汗政府提供财政支持，直到其强大到足以自力更生。这一战略意味着将继续开展常规的全方位作战行动，但强度较低。此举投入了各种资源，继续给阿富汗政府提供"鱼"，同时希望它有朝一日可以自己"上钩"。这对于美国领导层和整个美国来说都没有太大的吸引力。

COA/选项 4：聚焦 VSO　常规部队或 ISAF 打道回府，但 USSOF 仍留在阿富汗在村庄开展 VSO，并有明确的终局战略。为了最大限度地提高阿富汗政府对经济的管理能力，这一选项将包括 USSOF 调整在阿富汗的部署，将 VSO 的重心放在该国矿产丰富的地理条件上。在阿富汗政府（地方到国家层面）和投资者之间就采矿权合同谈判期间，USSOF 成员将影响和支持部落成员。同时，USSOF 将继续支持治理、训练当地安全部队并协助完善当地基础设施。该选项应该会吸引许多部落领袖和土地所有者，他们不太重视阿富汗总统卡尔扎伊，但愿意与以造福村庄为目标的组织合作。反之亦然，卡尔扎伊总统并没有平等地对待阿富汗的村庄（主要是出于部落的原因），但他愿意与以造福阿富汗为目标的组织合作。该选项在战略上确实有风险，因为"资源诅咒"总会出现（Jensen 和 Johnston，2011）。然而，阿富汗政府提高自身管理、安全和基础设施的短期能力可能抵不上"资源诅咒"所带来的长期劣势。

上述选项都有各自的优点（好处）和缺点（风险），且每位局中人的收益并非截然相反（如同零和博弈）。结果是每种行动方案都会出现局部冲突博弈的场景。下一步是用序数对收益进行排序，然后估计美国和阿富汗的行动方案并分配基值，最后用支付矩阵为美国和阿富汗政府确定最佳行动方案。

1. 假设

为控制超出该博弈研究范围的潜在变量，假设美国和阿富汗政府都是理性的局中人，都会为最大化其收益做出决策。此外，假设博弈期间将进行通信，并存在合作的潜力。美国的动机是在阿富汗发起基于 VSO 的资源网络终局战略并最大限度地发挥其潜力，这种战略使美国在生命和财产上付出的代价较低，且对于美国总统、国会和美国人民来说都是可接受的。阿富汗政府的动机是继续掌权，增加该国的金融财富，并尽量减少美国在阿富汗的存在感。

2. 博弈中的序数值

鉴于上述美国和阿富汗政府的动机，以下序数博弈的设计中给出了局中人美国的 4 个选项或 COA，对比阿富汗政府更简单的选择，即高/低强度打击塔利班。序数值从 1 到 4 分配给两位局中人，1 代表最不理想，4 代表最理想，如图 6.11 所示。

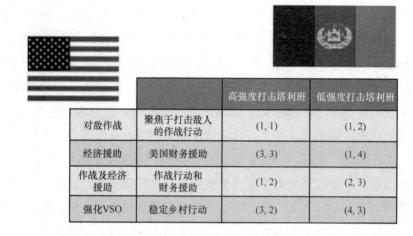

		高强度打击塔利班	低强度打击塔利班
对敌作战	聚焦于打击敌人的作战行动	(1, 1)	(1, 2)
经济援助	美国财务援助	(3, 3)	(1, 4)
作战及经济援助	作战行动和财务援助	(1, 2)	(2, 3)
强化VSO	稳定乡村行动	(3, 2)	(4, 3)

图 6.11　博弈中的序数值

COA/选项 1　对于美国来说，无论阿富汗政府为协助战斗付出的努力程度如何，美国领导下作战以击溃塔利班是其最不期望的战略。鲍威尔主义似乎是结束塔利班在阿富汗影响力的最符合"常识"的方法，但没有证据证明该方法在实践中确实有效，且已给美军和美国纳税人施加了沉重的负担。此外，阿富汗政府和及人民一般不希望在自己土地上公然开展高强度的作战行动，这使得该作战行动对于阿富汗来说是最不可取的。

COA/选项 2　财政援助对于美国来说是可取的，前提是阿富汗政府要采取积极行动来战胜塔利班。然而，如果阿富汗政府只为打击塔利班付出最小努力，那么美国仅向阿富汗政府提供经济援助的偏好肯定会减弱。另外，阿富汗政府在任何情况下都乐于从美国获得更多资金，但若要对直接与塔利班交火负有更大的责任，其对该选项的兴趣就会略降。无论哪种情况，阿富汗政府都将在经济上得益。

COA/选项 3　该选项在许多方面都类似于美国当时的所作所为。从阿富汗开始撤军导致其很大程度上削减了针对塔利班的作战行动，但美军仍然存在并活跃于阿富汗。许多人（包括 USSOF 的一些成员）赞同继续支持阿富汗特种部队（ASF），同时继续开展低强度的全频谱作战。从阿富汗的角度来看，他们不希望美国在自己的国家开展大规模作战行动，但只要加之财政援助，其对美国的行动表现得更为容忍。如果阿富汗政府自己不需要为打击塔利班付出巨大的努力，那么他们就会对该选项特别满意。

COA/选项 4　如果阿富汗政府加大自身打击塔利班的力度，VSO 对于美国来说是一个非常可取的选项。可以说，最完美的局面是阿富汗政府对不对等作战和全频谱作战更加感兴趣，充分发展其安全机构，支持从国家到村级的政府领导人，并运用自身资金来进一步建设基础设施。该选项对于阿富汗政府来说是可取的，因为可以使其更好地通过增强财力来强化自身的安全工作。该选项还使阿富汗政府能够发展从村庄到国家层面的领导力，并能够进一步整合其矿产收入。如果阿富汗不需要积极打击塔利班，鉴于能使该国增加其矿产收益，该选项对于阿富汗来说将更可取。

美国与阿富汗政府的博弈策略如表 6.27a 所示。

表 6.27a　美国与阿富汗政府的博弈策略

博 弈 策 略		阿富汗政府	
		C1.高强度打击塔利班	C2.低强度打击塔利班
美国	R1.对敌作战	(0.03876, 0.0379)	(0.03876, 0.0511)
	R2.经济援助	(0.1992, 0.1698)	(0.03876, 0.3110)
	R3.作战及经济援助	(0.03876, 0.0511)	(0.1469, 0.1680)
	R4.强化 VSO	(0.1722, 0.0511)	(0.3265, 0.1594)

6.3.1.3　分配基数值

为了更准确地评估每个选项的收益，本节根据美国和阿富汗政府的动机设计了一个加权量表，从而更准确地评估每个 COA 的收益，会将序数值形式更改为基数值。本节分析采用 Fox（2015）介绍的方法，借助前述 Saaty 的 9 分量表对提供的偏好值进行排序。

本节使用了为此分析设计的模板，提供了用于为美国和阿富汗政府寻找特征向量的矩阵，如表 6.27b 和表 6.28 所示。

表 6.27b　美国的成对偏好矩阵

各方的收益	R4C2	R2C1	R4C1	R3C2	R1C1	R1C2	R3C1	R2C4
	1	2	3	4	5	6	7	8
R4C2	1	2	2	2	7	7	7	7
R2C1	1/2	1	1	2	6	6	6	6
R4C1	1/2	1	1	1	5	5	5	5
R3C2	1/2	1/2	1	1	4	4	4	4
R1C1	1/7	1/6	1/5	1/4	1	1	1	1
R1C2	1/7	1/6	1/5	1/4	1	1	1	1
R3C1	1/7	1/6	1/5	1/4	1	1	1	1
R2C4	1/7	1/6	1/5	1/4	1	1	1	1

表 6.28 阿富汗政府的成对偏好矩阵

各方的收益	R2C2	R2C1	R3C2	R4C2	R1C2	R4C1	R3C1	R1C1
	1	2	3	4	5	6	7	8
R2C2	1	2	2	2	5	5	5	8
R2C1	1/2	1	1	1	4	4	4	6
R3C2	1/2	1	1	1	4	4	4	5
R4C2	1/2	1	1	1	3	3	3	4
R1C2	1/5	1/4	1/4	1/3	1	1	1	1
R4C1	1/5	1/4	1/4	1/3	1	1	1	1
R3C1	1/5	1/4	1/4	1/3	1	1	1	1
R1C1	1/8	1/6	1/5	1/4	1	1	1	1

通过为每个集合找到特征向量并由策略集合识别，生成了具有以下基数收益的博弈。

6.3.1.4 转换原博弈

将美国和阿富汗政府的总基数乘以每个 COA 和局中人的原始序数，可获得以下新的博弈。

6.3.1.5 两个或以上策略的非线性规划方法

对于有两位局中人及两个以上策略的博弈，可采取 Barron（2013）的非线性优化法。设某二人博弈具有和以前一样的支付矩阵，并将局中人 1 和局中人 2 的支付矩阵分成两个矩阵：M 和 N。在式（6.6）中以扩展形式求解以下非线性优化公式：

$$\max \quad \sum_{i=1}^{n}\sum_{j=1}^{m}x_i a_{ij} y_j + \sum_{i=1}^{n}\sum_{j=1}^{m}x_i b_{ij} y_j - p - q$$

满足

$$\begin{cases} \sum_{j=1}^{m}a_{ij}y_j \leqslant p, & i=1,2,\cdots,n \\ \sum_{i=1}^{n}x_i b_{ij} \leqslant q, & j=1,2,\cdots,m \\ \sum_{i=1}^{n}x_i = \sum_{j=1}^{m}y_j = 1 \\ x_i \geqslant 0, \quad y_j \geqslant 0 \end{cases} \qquad (6.7)$$

书使用了计算机代数系统 Maple 输入该博弈，然后求解，如图 6.12a、图 6.12b 和图 6.12c 所示。在 Maple 中，用 M 表示矩阵 a_{ij}，N 表示矩阵 b_{ij}。

Note

```
>with(LinearAlgebra) : with(Optimization) :

> M := Matrix([[0.03876, 0.03876], [0.1922, 0.03876], [0.03876,
       0.1469], [0.1722, 0.3256]]);
```

$$M := \begin{bmatrix} 0.03876 & 0.03876 \\ 0.1922 & 0.03876 \\ 0.03876 & 0.1469 \\ 0.1722 & 0.3256 \end{bmatrix}$$

```
> N := Matrix([[0.0379, 0.0511], [0.1698, 0.311], [0.0511, 0.168],
       [0.0511, 0.1594]]);
```

$$N := \begin{bmatrix} 0.0379 & 0.0511 \\ 0.1698 & 0.311 \\ 0.0511 & 0.168 \\ 0.0511 & 0.1594 \end{bmatrix}$$

```
>X := `<,>`(x[1], x[2], x[3], x[4]);
```

$$X := \begin{bmatrix} x_1 \\ x_2 \\ x_3 \\ x_4 \end{bmatrix}$$

```
> Y := `<,>`(y[1], y[2]);
```

$$Y := \begin{bmatrix} y_1 \\ y_2 \end{bmatrix}$$

图 6.12a　使用 Maple 进行博弈求解 1

```
>c1 := seq((Transpose(X).N)[j] ≤ q, j = 1..2);
```

$$c1 := 0.0379 x_1 + 0.1698 x_2 + 0.0511 x_3 + 0.0511 x_4 \le q, 0.0511 x_1 \\ + 0.311 x_2 + 0.168 x_3 + 0.1594 x_4 \le q$$

```
>c2 := seq((M.Y)[j] ≤ p, j = 1..4);
```

$$c2 := 0.03876 y_1 + 0.03876 y_2 \le p, 0.1922 y_1 + 0.03876 y_2 \le p, \\ 0.03876 y_1 + 0.1469 y_2 \le p, 0.1722 y_1 + 0.3256 y_2 \le p$$

```
>c3 := add(x[j], j = 1..4) = 1;
```

$$c3 := x_1 + x_2 + x_3 + x_4 = 1$$

```
>c4 := add(y[i], i = 1..2) = 1;
```

$$c4 := y_1 + y_2 = 1$$

```
>const := {c1, c2, c3, c4};
```

$$const := \{ y_1 + y_2 = 1, x_1 + x_2 + x_3 + x_4 = 1, 0.03876 y_1 + 0.03876 y_2 \\ \le p, 0.03876 y_1 + 0.1469 y_2 \le p, 0.1722 y_1 + 0.3256 y_2 \le p, \\ 0.1922 y_1 + 0.03876 y_2 \le p, 0.0379 x_1 + 0.1698 x_2 + 0.0511 x_3 \\ + 0.0511 x_4 \le q, 0.0511 x_1 + 0.311 x_2 + 0.168 x_3 + 0.1594 x_4 \\ \le q \}$$

图 6.12b　使用 Maple 进行博弈求解 2

```
>with(LinearAlgebra) : with(Optimization) :
> objective := expand(Transpose(X).M.Y + Transpose(X).N.Y − p
    − q);

        objective := 0.07666 y₁ x₁ + 0.3620 y₁ x₂ + 0.08986 y₁ x₃ + 0.2233 y₁ x₄
            + 0.08986 y₂ x₁ + 0.34976 y₂ x₂ + 0.3149 y₂ x₃ + 0.4850 y₂ x₄ − p
            − q

> QPSolve(objective, const, assume = nonnegative, maximize,
    iterationlimit = 1000);

        [2.99034297324141 10⁻⁹, [p = 0.325599998042255, q
            = 0.159399998967402, x₁ = 0., x₂ = 0., x₃ = 0., x₄
            = 1.00000000000000, y₁ = 0., y₂ = 1.00000000000000]]

> NLPSolve(objective, const, assume = nonnegative, maximize);

        [1.38777878078144568 10⁻¹⁶, [p = 0.325600000000000, q
            = 0.159400000000000, x₁ = 0., x₂ = 0., x₃ = 0., x₄ = 1., y₁ = 0., y₂
            = 1.]]

> QPSolve(objective, const, assume = nonnegative, maximize, initialpoint
    = {p = 0, q = 0});

        [2.99034297324141 10⁻⁹, [p = 0.325599998042255, q
            = 0.159399998967402, x₁ = 0., x₂ = 0., x₃ = 0., x₄
            = 1.00000000000000, y₁ = 0., y₂ = 1.00000000000000]]

> QPSolve(objective, const, assume = nonnegative, maximize, initialpoint
    = {p = 0.07, q = .59});

        [−5.55111512312578 10⁻¹⁷, [p = 0.325600000000000, q
            = 0.159400000000000, x₁ = 0., x₂ = 0., x₃ = 0., x₄ = 1., y₁ = 0., y₂
            = 1.00000000000000]]
```

图 6.12c　使用 Maple 进行博弈求解 3

解为 $x_4 = 1$ 和 $y_2 = 1$，分别代表策略 R4 和 C2。美国强化 VSO 的部署，而阿富汗政府采用低强度打击塔利班的策略。

阿富汗政府将考虑一个对经济更有利的选项，特别是鉴于他们目前正在寻找经济上最有利的解决方案，美国曾发誓将于 2015 年撤军，而塔利班的威胁迫在眉睫。他们明白，在美国撤军之后，没有美国的支持，他们注定要失败。这是美国对阿富汗政府的间接威胁，因为他们可以袖手旁观，并在未来 100 年内实施无人机袭击。由于潜在的附带损害，阿富汗政府无疑会退而求其次，选择低收益来避免这种情况。

6.3.1.6　找到审慎策略

首先用线性规划方法来确定每一方应采用的审慎策略。可以一开始就为美国确定较之阿富汗的最优解，原因是美国只有 4 个决策变量和 2 个约束。可以发现，美国的审慎策略是一半时间采取财政援助，另一半时间采取 VSO，但绝不采取涉及作战行动的策略，从而为美国提供 0.1822 的安全级别值；阿富汗政府的审慎策略是始终采取 C2（针对塔利班的低强度作战行动），而美国采取 R4，安全值为 0.1594。

如果美国和阿富汗政府进行仲裁，那么应用纳什仲裁方法并借助刚刚确定的安全级别来求解。图 6.13 使用由 Feix（2007）开发的模板来寻找纳什仲裁点，找到的纳什仲裁点为(0.2539, 0.1972)。

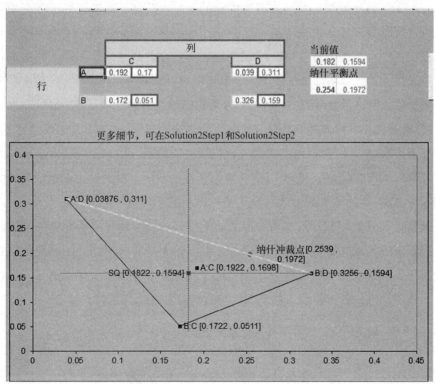

图 6.13　该终局对应的纳什仲裁点

接下来，可根据 R2C2 和 R4C2 的帕累托最优线段值的终点来进一步确定如何进行该仲裁博弈。在谈判中，美国 1/3 的时间应采取 R2，2/3 的时间采取 R4，而阿富汗政府总是采取 C2。

6.3.1.7　可能的结论与解释

当双方都试图获得最好的结果时，可以发现有许多可能的结果。在根据战略举措评估收益价值的同时，对于美国政府来说，最有益的行动是传达和"出售"VSO 的价值，而阿富汗政府是开发其自然资源中蕴藏的财富，为其针对塔利班的作战提供资金，以此实现高收益。尽管阿富汗政府无法立即对塔利班开展持续高强度的作战行动，但它将努力实现其 0.1594 的审慎战略/安全级别值。这可能导致美国选择自己的审慎战略/安全级别值 0.1822。实际上，每位局中人都选择自己的审慎策略/安全级别值行不通，这里美国在阿富汗的村庄开展 VSO，达到(0.1822, 0.2352)不会增加美国的收益值，但会增加阿富汗的收益。

阿富汗总统卡尔扎伊在 2013 年 3 月的讲话中指责美国暗中支持塔利班并与之合作。对于阿富汗来说，每一方都有同样的问题。阿富汗政府最终应该接受仲裁的提议，因为所产生的值高于其安全水平。很明显，如果阿富汗政府不接受美国最初提出的纳什均衡，那么博弈或谈判将被带到北约进行纳什仲裁。如果纳什仲裁确实发生，并且一切都公平进行，美国将获得 0.254 的值，而阿富汗政府将获得 0.1972 的值。但鉴于值(0.2539, 0.1972)大于均衡值及其他选项，北约最好不接受美方 VSO 的邀约。本博弈中，美国应考虑北约遵循的国际法，可以概括为"谁违反，谁修复或谁买单"。尽管政治上的两党合作和美国纳税人的意见可能只会支持代价小、风险低的 VSO 方法，但美国应该警惕阿富汗政府，看其是否愿意或有能力证明美国在 2014 年后增加兵力或财政支持是正当的。

最后，在评估阿富汗政府与美国之间的博弈时，参考每场博弈值的表述将有助于确定双方沟通与合作时的最佳行动方案。这不是零和博弈，因此局中人必须完全获胜，就像在现实中一样。相反，每位局中人都可以接受排在第二和第三的策略，或者允许由外部组织（如北约）进行纳什仲裁来调解。

 例 6.8　案例研究：俄罗斯吞并克里米亚

本案例改编自 Wegersjoe、Fredrik Fornatl 等的数学课项目 2017。

许多国家对俄罗斯突然吞并克里米亚感到惊讶，这种说法似乎是对 2013 年基辅内乱的回应，而乌克兰希望更加"西方友好化"。虽然各国都在努力预测此类危机并提高其对态势的感知能力，但效果显然并不是很好。

该案例将分析是否有可能预测俄罗斯在 2014 年的行动，以及如果乌克兰选择不同的选项，结果是否会有所不同。能用博弈论预测克里米亚的归属吗？下面将分析三个选项。

- 乌克兰是否应该部署自己的部队？
- 乌克兰是否应该加入北约？

● 联合国是否可以成为改变结果的仲裁者？

通过使用博弈论，本研究将尝试重现乌克兰和俄罗斯的选项及其价值，以及 2014 年 3 月 14 日这场危机的实际结果。该案例表明，预测俄罗斯吞并克里米亚是可能的。此外，该案例也解释了不同的选择会如何改变结果，或者至少改变了各利益相关者将得到的价值。

该案例中的论点只是假设性的，但也表明使用博弈论来辅助决策是有用的。

该案例的大前提是局中人要理性，并且都努力达成最优解。但历史表明，很多决策者往往并不理性，这一点在应用博弈论时必须考虑。决策者往往会尽力达成对自己最有利的局面。

2013 年，乌克兰和欧盟就双边协议展开对话。但乌克兰总统维克托·亚努科维奇似乎被俄方牵着鼻子走，改变了其在已开始的对话中的立场。这是乌克兰内乱的开始，后来爆发"欧洲广场运动"（Euromaidan），迫使乌克兰总统辞职并逃往俄罗斯。此后乌克兰成立了一个新的亲西方政府，并有望与欧盟进行新的对话。遗憾的是，俄罗斯想保护自己的后院不被西方所束缚。2014 年春，克里米亚被吞并成为事实，对乌克兰来说也还是事实。

6.3.1.8 假设

两位局中人都会理性地选择策略以将效用最大化。

北约/欧盟不能参与乌克兰事件，因为俄罗斯和乌克兰都不是北约成员或与欧盟有双边协议。但如果乌克兰成为北约/欧盟的成员，其将获得保护，然后成为更强大的力量。

乌克兰的目标是保护国家领土和主权完整。如果俄罗斯有行动迹象，乌克兰则将为克里米亚提供必要的军事能力，以遏制俄罗斯的行动。

俄罗斯是非常强大的军事参与方，有能力开展军事行动以夺取和控制克里米亚。

俄罗斯选择军事行动表明有意快速而隐蔽地吞并克里米亚，以孤立潜在的冲突，避免北约和欧盟的军事介入。

俄罗斯的行动目标：迫使乌克兰官员与俄罗斯谈判，而不是与欧盟谈判，以表明其有能力和意愿在国外开展行动以保护其利益。

乌克兰的选项

R1——不保卫克里米亚；

R2——主动部署武装部队。

俄罗斯的选项

C1—不吞并；

C2—吞并。

乌克兰对结果的优先排序

R1C1——现状。克里米亚仍然是乌克兰的领土，不部署部队。

R2C1——乌克兰部署部队并希望威慑俄罗斯。克里米亚仍然是乌克兰的领土。

R1C2——俄罗斯吞并克里米亚且乌克兰不部署部队。克里米亚成为俄罗斯的领土。

R2C2——俄罗斯吞并克里米亚且乌克兰部署部队。最有可能发生战争并导致乌克兰战败。

俄罗斯对结果的优先排序

R1C2——俄罗斯吞并克里米亚且乌克兰不部署部队。克里米亚成为俄罗斯的领土。

R2C2——俄罗斯吞并克里米亚且乌克兰部署部队。最有可能发生战争，且乌克兰战败。

R1C1——现状。克里米亚仍然是乌克兰的领土，不部署部队。

R2C1——乌克兰部署部队并希望威慑俄罗斯（至少世界上其他地方会这么考虑），克里米亚仍然是乌克兰的领土。

乌克兰的选项

R1—不加入北约/欧盟；

R2—成为北约/欧盟的成员国。

俄罗斯的选项

C1—不吞并；

C2—吞并。

乌克兰对结果的优先排序

R2C1——乌克兰加入北约/欧盟，且得到保护。克里米亚仍然是乌克兰的领土。

R1C1——现状。克里米亚仍然是乌克兰的领土。

R2C2——俄罗斯吞并克里米亚且乌克兰加入北约/欧盟。最有可能发生战争，且乌克兰由于得到西方支持而胜利。

R2C1——俄罗斯吞并克里米亚且乌克兰未加入北约/欧盟。克里米亚成为俄罗斯的领土。

俄罗斯对结果的优先排序

R1C2——俄罗斯吞并克里米亚且乌克兰未加入北约/欧盟。克里米亚成为俄罗斯的领土。

R1C1——现状。克里米亚仍然是乌克兰的领土。

R2C1——乌克兰加入北约/欧盟，且得到保护。克里米亚仍然是乌克兰的领土。

R2C2——俄罗斯吞并克里米亚且乌克兰加入北约/欧盟。最有可能发生战争，且乌克兰由于得到西方支持而胜利。

在这两次博弈中都有纯策略，无须仲裁。但在选项 1（乌克兰自卫）中，结果是在不部署部队的情况下克里米亚被吞并，而这就是真实情况，在四个选项中排名第 3，值为(13, 56)。更有趣的是选项 2，以及乌克兰是否应该加入北约/欧盟。此处还有一个纯策略，表明乌克兰应该加入，然后克里米亚仍然是乌克兰的领土。此博弈的值与选项1(54, 13)基本相反。但通过请联合国作为仲裁员，纳什仲裁点给出的值为(24, 43)。这对于乌克兰来说比选项 1 更好，但对俄罗斯的价值较小。但如果俄罗斯选择这么做而非入侵克里米亚，俄罗斯将获得其他好处——世界最终对俄罗斯及其参与冲突的方式有更高评价。乌克兰的最优解是加入北约/欧盟，但这不是其最终选择的选项。虽然加入北约还为时不晚，但克里米亚问题将变得更难处理。

图 6.14 和表 6.29、表 6.30 均显示了相应策略在 Excel 中计算的情况和相应说明。

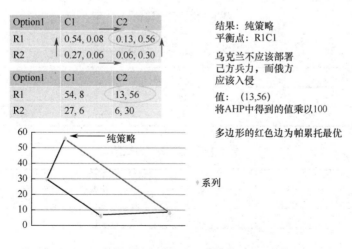

图 6.14a　选项 1 纯策略

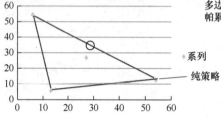

Option2	C1	C2
R1	0.27, 0.27	0.06, 0.54
R2	0.54, 0.13	0.13, 0.06

Option2	C1	C2
R1	27, 27	6, 54
R2	54, 13	13, 6

结果：纯策略
平衡点：R2C1

乌克兰应该成为
北约/欧盟成员，而俄
方不应该入侵

值：（54,13）
将AHP中得到的值乘以100

多边形的红色边（即加了〇的边）为
帕累托最优

图 6.14b　选项 2　纯策略

各方如何将联合国作为仲裁方，那么博弈也许可以发生改变？

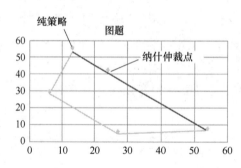

纳什仲裁点(24, 43)

纳什仲裁点表明俄方博弈收益值
会从56下降到43，而乌克兰博弈
收益值从13上升到24。乌克兰
不能在这种情景下简单走开，这
不是一个选项，为什么他只是相
信俄会选择仲裁。然而，不管
俄罗斯的博弈收益如何下降，选
择仲裁而不是战争这一选项会为
他们带来更多声誉，俄方在这种
情况下会失分，但在另一种情况
下会得分——国际声誉。

图 6.14c　联合国仲裁

表 6.29　选项 1 支付矩阵

选项 1	C1	C2
R1	(4, 2)	(2, 4)
R2	(3, 1)	(1, 3)

表 6.30　选项 2 支付矩阵

选项 2	C1	C2
R1	(3, 3)	(1, 4)
R2	(4, 2)	(2, 1)

最后结论是，根据该博弈论模型，可能本可以预料到克里米亚被吞并，且可

能因此而使乌克兰加入北约/欧盟受阻。

6.3.1.9 案例研究 6.8：非常规战争模型

1．概述

任何形式的战争都是混乱的。无论在何种情况下，未知性和不可知性都会给武装冲突中的局中人和领导者带来不安。为应对这种混乱，军队建立了特定机构和正式程序。这一过程的自然演变产生了条令，其用于指导和实施战争，已实现一定程度的标准化。虽然常规战争在灵活性和创造性方面还有很大改进余地，但条令的形式化创造了一个共同的作战图景，以指导参战者采用普遍认可的解决方案。

非常规战争不具备常规作战行动的标准程度，鉴于存在太多变量，界定一个不规则冲突的关键条件可能彼此大不相同。由于常规的条令无法提供规范性的解决方案，现代战争条令已是一堆陈词滥调，可能不适用于给定的非常规战争情形。由于条令没有规定明确的行动方针，面临非常规挑战的领导者会面临诸多选项，从中进行优选可以达成军事领导的艺术。

为帮助选择适当的行动及衡量各选项的权重，可以用博弈论来辅助决策。通过将调查范围限制于镇压叛乱（也许是现代非常规战争最普遍的形式之一），可使博弈论的应用更加明确。这里将证明常见的叛乱和平叛策略可以同时在Ⅲ型（针对战略机构优化）二人博弈（非零和）中体现。

2．背景

博弈设置为两个场景，但在叛乱和平叛（简称 COIN）环境中存在第三方，也就是民众，其支持或反对用于衡量 COIN 的有效性和进度。因此，博弈的值将根据对给定行动方案的普遍看法来表达，而这些值可为正也可为负。由于局中人同时以不同程度的能力和有效性采取行动，必须考虑各自在每个行动方案中的技巧和能力。

确定冲突各方的最佳策略组合将根据对民众的影响进行评估，两位局中人之间的关系将决定其各自的优先级。每一方都有独特的资源需求，因为随着时间的推移，平叛的军队将面临巨额开支，这可能会影响民众对其行动的支持，而叛军可采取极简主义，即花费刚好足够的资源维持战斗以期延长冲突。通过这种方式，可以证明各方的不同长期策略会影响收益值、其最优解及各自的安全值。此外，这种关系的本质是对抗性的，如果局中人可以扩大自己与对手在收益上的差距，则针对这些条件的最优解可能会导致局中人不选择最大化自身收益的选项。

虽然博弈仍然是非零和博弈，但由于参战者之间关系的性质，这里不采用最大化双方收益的概念。每名参战者都有不同的目标。叛军必须首先维持自身的存在，虽然理想的结果是取得决定性胜利，但现实是叛军或游击队成员通常无法通过主动及正面作战来击败敌人，他们真正需要的，仅仅是维持在民众中的地位和一定程度的军事生存能力来延长战斗。相反，COIN 格局中的其他利益相关者都想要具体结果（以不同的方式来衡量成功）。当应用于博弈论时，每个选项的收益值有两种独特的表达方式。首先，每位局中人都有完全不同的目标，这反映在其安全值上。其次，这场博弈的对抗性如此之强，以至于局中人的最优解并不总是最佳收益；而最佳收益可能是获得相较于对手的最大相对收益。

6.3.1.10　平叛行动路线的定义

COIN 治理（CG）　平叛治理战略涉及集中精力开展地方和国家层面的治理和管理。平叛治理的目的是维护和保护人民的需求，避免因猖獗的腐败和自私而使民族利益受损。该战略还涉及建立有利于法治和平等的司法系统，如果存在有效的领导和社会公正，民众则将支持政府力量进行平叛。

在该博弈中，平叛治理值由平叛治理的有效性（E_{CG}）乘以平叛治理能力（C_{CG}）、平叛对民众的治理效果（P_{CG}）和叛军选择的策略对平叛治理策略来共同决定：

$$CG = E_{CG} \times (C_{CG} + P_{CG} + O(x)_{CG})$$

式中，$O(x)_{CG}$ 为叛军策略（x）对平叛治理策略的影响。无论叛军选择何种策略（列），都将决定该博弈对应单元格的平叛治理（CG）值。因此，CG 有五个不同的值，各自对应于每个叛军策略（列）。

上述等式用于确定博弈中所有平叛和叛军策略的值，每种策略都有其独特的有效性（E）、能力（C）和群体效应（P），其中能力和群体效应为 0～100 的基数，而有效性为 0～1 的百分比。对手策略的影响 $O(x)$ 也为 0～100 的基数。这些值基于平叛的性质和环境，且必须根据冲突的变化，随着时间的推移而调整。

COIN 作战行动（CC）　平叛作战行动战略涉及对叛军开展直接军事行动。作战行动的形式可以是精确抓捕/杀伤行动，也可以是大规模"清扫"行动，以夺回大片领土。这一战略无视民众，只专注通过运动式的军事手段击败叛军。需要注意的是，如果没有最大限度地减少附带损害或群众正常生活因清除叛军行动而受到干扰，则该策略有时会对群众产生负面影响。

COIN 基本服务（CE）　平叛基本服务策略旨在通过提供和维护基本服务来赢得民众支持。通常在平叛冲突中，人民会因国家控制和基础设施的崩溃而遭受苦难，然后转化为水、电和食品供应等基本服务的短缺。这一策略涉及平叛国家全力重新恢复控制和重建基础设施，以便恢复民众的基本服务，从而维持民众的支持。

COIN 信息战（CI）　平叛信息战策略包括通过赢得"叙事战"来赢得民众的支持。民众必须通过持积极态度的媒体、宣传国家工作力度和不断强调平叛的成就，保持对平叛政权的积极看法。这一策略必须及时且能够对抗叛乱分子使用的宣传手段和误导策略。

COIN 经济发展（CD）　平叛经济发展策略的重点是通过经济计划增加民众的富裕度，而这些经济计划旨在通过加强农业经营、扶持小企业及为经济增长营造公平、合法的市场来增加个人财富。该策略还设法利用不受监管的灰色和黑色市场经济及毒品经济。该策略的目标是通过促进经济增长、创造就业机会和增加机会来赢得民众支持。

COIN 东道国警卫队部署（CH）　平叛东道国警卫队部署策略的重点是提高平叛政权的警卫队实力。这一策略的前提是，如果垄断了国家暴力的使用，那么叛乱分子将无法胁迫和影响民众，民众也会转向国家来寻求安全和正义。部署警卫队不仅包括组建能够与叛军交战的部队，还包括组建能够确保民众日常安全和维护正义的警察部队。这些警卫队必须专注维护法治的公平和平等，以保证合法性和维系民众的支持。

6.3.1.11　叛军行动路线的定义

叛军（INS）治理（IG）　叛军治理是指叛军建立与国家行政相应的地方级管理和行政的能力。叛军治理试图通过用叛乱分子取代地方国家领导人和行政人员来强迫民众支持。这一策略类似于历史上的一些情况，通过暴力驱赶、暗杀或恐吓将当地村领导和国家行政人员赶走。叛军治理还包括在地方一级建立一套由叛乱分子管理的司法系统，以取代国家司法机制。

叛军作战行动（IC）　叛军作战行动策略涉及对平叛警卫队和国家控制的行政区采取直接作战行动。叛军作战行动可采取各种形式，从低级别的恐怖袭击和骚扰性进攻到游击战或传统的运动战。与其他策略一样，作战行动策略的成功取决于叛军行动的有效性、叛军实力、民众对叛军行动的影响及平叛政权的策略。

叛军基本服务（IE）　叛军基本服务策略涉及通过向民众提供平叛政权无法提供的基本服务来赢得支持。在平叛冲突中，人们经常遭受水、电和食品供应等基本服务的短缺。通过这一策略，叛乱分子可以在国家管理缺失的情况下提供急需的服务，并赢得民众支持。该策略还可能涉及支配和控制民众，因为这样既能向配合的民众提供基本服务，又能阻断对不配合民众的基本服务。

叛军信息战（II） 叛军信息战策略涉及通过赢得"叙事战"来赢得民众的支持。该策略旨在利用宣传、政治宣教、误导和其他信息战手段来左右公众的看法、引导民众支持叛乱并疏远平叛政权。

叛军经济发展（ID） 叛军经济发展策略旨在通过为民众创造经济价值来赢得民众支持。叛军经济发展措施可能采取违法形式，如扶持灰色和黑色市场及发展毒品经济。但叛军经济发展措施也可以采取正面形式，如为配合的民众提供农业资源及将其商品推向市场等手段。叛乱分子还可以通过为叛乱组织内的民众成员提供有偿工作来促进经济发展。

6.3.1.12　博弈设置

为了演示该博弈，为每个变量赋值以确定每条行动路线（LOO）的值，因此得到一个二人局部冲突博弈。

示例博弈的 LOO 矩阵如表 6.31 所示。

表 6.31　示例博弈的 LOO 矩阵

		叛军				
		治理	作战行动	基本服务	信息战	经济发展
COIN 部队	治理	(48,45)	(44,30)	(40,51)	(44,56)	(40,39)
	作战行动	(27.5,35)	(45,27)	(25,45)	(17.5,56)	(25,33)
	基本服务	(60,40)	(45,27)	(63,51)	(54,49)	(57,39)
	信息战	(20,40)	(18,24)	(17,51)	(24,70)	(16,45)
	经济发展	(52,40)	(44,27)	(52,51)	(52,56)	(60,39)
	部署警卫队	(56,35)	(48,30)	(40,45)	(52,56)	(40,33)

为使可能解的区域概念化，可将值绘制为 x 和 y 坐标，然后生成一个多边形来确定帕累托最优区域，此处两位局中人都可以最大化其收益。将上面的值制图，生成如图 6.15 所示的图形。

由于存在多个选项，该博弈将通过非线性规划（NLP）方法来求解。每条 LOO 都将分配到一个变量。

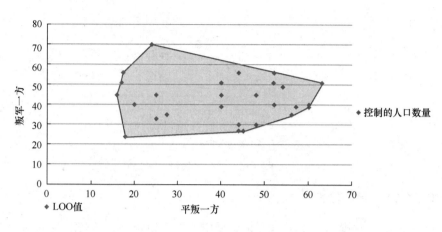

图 6.15　示例的博弈行动路线

设：

- COIN 治理 = x_1，
- COIN 作战行动 = x_2，
- COIN 基本服务 = x_3，
- COIN 信息战 = x_4，
- COIN 经济发展 = x_5，
- COIN 东道国警卫队部署 = x_6，
- INS 治理 = y_1，
- INS 作战行动 = y_2，
- INS 基本服务 = y_3，
- INS 信息战 = y_4，
- INS 经济发展 = y_5。

6.3.1.13　纳什均衡

首先使用 NLP 方法来确定是否存在纳什均衡点。纳什均衡意味着存在一个平衡点，每一方都选择了相对其他局中人的最佳选项。这里存在一个局限性，即它假设每一方都正确预见到了其他方的行为并对其做出了正确反应。有人指出，该博弈可能存在多重均衡。借助 Maple$^{©}$ 软件，运用式（6.6），可找到两个可能的解作为平衡值。

解 1：$(54, 50)$ 当 $x_3 = 0.846$ 且 $x = 0.154$ 且 $y_4 = 1$。

解 2：$(63, 51)$ 局中人采取 $x_3 = 1$，$y_3 = 1$。

图 6.16 给出了存在纳什均衡点的支付多边形。在 $(63, 51)$ 处找到的纳什均衡为帕累托最优。

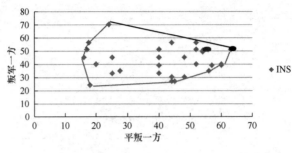

图 6.16 支付多边形

6.3.1.14 审慎策略

接下来，线性规划将用于确定每位局中人的审慎策略，这是一种为局中人带来最高价值的策略，独立于其他局中人的行为。由于这是玩家无须与对手进行任何交互即可获得的值，称为安全级别。为了被诱使与对手合作，必须提供高于审慎策略所能获得的价值。

6.3.1.15 COIN 的审慎策略

对于 COIN 局中人，可在其博弈中为其最大化博弈值。下面采用线性规划方法求解，即

$$\max V_c$$

满足

$$
\begin{cases}
48x_1 + 27.5x_2 + 60x_3 + 20x_4 + 52x_5 + 56x_6 - V \geqslant 0 \\
44x_1 + 45x_2 + 45x_3 + 18x_4 + 44x_5 + 48x_6 - V \geqslant 0 \\
40x_1 + 25x_2 + 63x_3 + 17x_4 + 52x_5 + 40x_6 - V \geqslant 0 \\
44x_1 + 17.5x_2 + 54x_3 + 24x_4 + 52x_5 + 52x_6 - V \geqslant 0 \\
40x_1 + 25x_2 + 57x_3 + 16x_4 + 60x_5 + 40x_6 - V \geqslant 0 \\
x_1 + x_2 + x_3 + x_4 + x_5 + x_6 = 0 \\
x_1 \leqslant 1 \\
x_2 \leqslant 1 \\
x_3 \leqslant 1 \\
x_4 \leqslant 1 \\
x_5 \leqslant 1 \\
x_6 \leqslant 1
\end{cases}
$$

解得

$$V_c = 46.8$$
$$x_3 = 0.4$$
$$x_6 = 0.6$$

6.3.1.16 叛军的审慎策略

对于 INS 局中人，可在 COIN 局中人的博弈中为其最大化博弈值，下面采用线性规划方法求解，即

$$\max \quad V_i$$

$$\begin{cases} 45y_1 + 30y_2 + 51y_3 + 56y_4 + 39y_5 - V \geq 0 \\ 35y_1 + 27y_2 + 45y_3 + 56y_4 + 33y_5 - V \geq 0 \\ 40y_1 + 27y_2 + 51y_3 + 49y_4 + 39y_5 - V \geq 0 \\ 40y_1 + 24y_2 + 51y_3 + 70y_4 + 45y_5 - V \geq 0 \\ 40y_1 + 27y_2 + 51y_3 + 56y_4 + 39y_5 - V \geq 0 \\ 35y_1 + 30y_2 + 45y_3 + 56y_4 + 33y_5 - V \geq 0 \\ y_1 + y_2 + y_3 + y_4 + y_5 = 0 \\ y_1 \leq 1 \\ y_2 \leq 1 \\ y_3 \leq 1 \\ y_4 \leq 1 \\ y_5 \leq 1 \\ V_i = 50.07692 \\ y_3 = 0.538 \\ y_4 = 0.462 \end{cases}$$

COIN 局中人的安全级别为 46.8，INS 局中人的安全级别为 50.08。为此，COIN 局中人将采取混合策略，包括 40% 的 COIN 基本服务和 60% 的 COIN 东道国警卫队部署，而 INS 局中人也将采取混合策略，包括 53.8% 的 INS 基本服务和 46.2% 的 INS 信息战。图 6.17 加入了安全级别，以及双方可以通过妥协和协商改进其结果的区域。

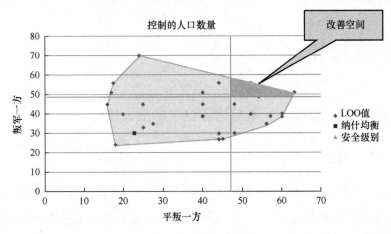

图 6.17 给出安全级别的 LOO 图

6.3.1.17 纳什仲裁（NA）点

纳什仲裁点是每位局中人通过具有约束力的仲裁和与其他局中人妥协而获得的最高值。这一点可使用纳什定理找到。找到的纳什仲裁点为：

通过采取约 64.4%的(52, 56)和 35.6%的(63, 51)得到(55.91, 54.22)。

纳什仲裁解需要每一方与另一方合作，以获得更高值，这种合作可通过激励或强迫实现。在这种情况下，对手处于公开冲突中，任何一方都不想看到对方增加其在博弈中的收益，虽然合作不太可能，但仍然可行。例如，武力升级的威胁可能是一种强制策略，以阻止某些对一方不利的 LOO。此外，外部第三方可能会影响各方的战略组合，这可能会产生双方合作的效果。

在该示例博弈中，COIN 部队遇到了麻烦，而其制胜策略取决于叛军是否愿意通过谈判达成纳什仲裁解。相比之下，INS 部队的制胜策略是纳什均衡，它假设每一方都选择了有针对性的最佳对策。由于 INS 不需要任何合作即可达到这一结果，其很可能会赢得这场对决。

6.3.2 结论

尽管前文提出了通过基数效用准确说明了如何使用博弈论的方法，但只是以 Cantwell 的 Tannenberg 为例来说明。不过结果很令人满意，可继续使用这些方法来帮助军事规划者和决策者。博弈论确实提供了对如何博弈的见解，因此可得出结论，它确实提供了对军事规划和战略的洞见，如 Khatwani 和 Kar（2016）文献所给出的说明。

6.4　三人博弈

6.4.1　用 Excel 或 Maple 求解博弈论中的三人博弈

6.4.1.1　概述

在三人博弈中，可以通过行动图找到纳什均衡，然后将博弈分解为可能的联盟。这使两位局中人与第三位局中人相抗衡。前面已评估所有可能的联盟博弈值，而在这些结果中，重点是自然形成的联盟。

接下来，研究局部冲突博弈。在介绍了寻找平衡和协商求解的方法后，本节再次回到三人博弈。下面研究寻找纳什均衡的求解方法及所有可能的联盟，尝试确定可能发生什么。

可定义一个通用的三人博弈论支付矩阵，如表 6.32 所示。给 Larry 两个策略 {L1,L2}，给 Colin 两个策略 {C1,C2}，以及给 Rose 两个策略 {R1,R2}。

表 6.32　Rose、Colin 和 Larry 的通用三人博弈

博 弈 收 益		Larry L1		Larry L2	
		Colin			
		C1	C2	C1	C2
Rose	R1	(R1, C1, L1)	(R1, C2, L1)	R1	(R1, C1, L2)	(R1, C2, L2)
	R2	(R2, C1, L1)	(R2, C2, L1)	R2	(R2, C1, L2)	(R2, C2, L2)

在三人完全冲突博弈（零和或常和）中，每个三人组（Ri,Ci,Li）中的值的总和为零或相同的常数。在三人非零和博弈中，每个三人组（Ri,Ci,Li）中的值的总和并不都为 0 或为相同的常数。

还可对博弈做出以下假设。

- 此博弈为同时博弈。
- 局中人是理性的，这意味着都希望比对手取得更好的结果。
- 此博弈为重复博弈。
- 局中人完全了解他们的对手。

6.4.1.2　三人全局冲突博弈

三人全局冲突博弈的求解方法包括下面几个步骤。首先使用行动图来找到所有的纳什均衡，后者的定义是没有局中人单方面改变自身结果。

思考表 6.33 中所示的 Rose、Colin 和 Larry 之间的三人博弈（全局冲突）。

表 6.33　三人博弈示例（来源 Straffin，第 19 章）

博 弈 收 益		Larry L1	
		Colin	
		C1	C2
Rose	R1	(1, 1, −2)	(−4, 3, 1)
	R2	(2, −4, 2)	(−5, −5, 10)

（续表）

博弈收益		Larry L2	
		Colin	
		C1	C2
Rose	R1	(3, −2, −1)	(−6, −6, 12)
	R2	(2, 2, −4)	(−2, 3, −1)

6.4.1.3 行动图

根据每位局中人的可能结果 R1 或 R2、C1 或 C2、L1 或 L2，定义如下行动图，从最小值到最大值画一个箭头。对于 Rose，箭头从小到大垂直方向绘制。例如，在 Larry L1 和 Colin C1 下，R2 中的值 2 大于 R1 中的值 1，因此箭头从 R1 指向 R2。对于 Colin，箭头在 C1 和 C2 之间从较小值到较大值水平方向绘制。对于 Larry 来说，对角线所示箭头表示两次博弈：L1 和 L2。表 6.34 对此进行了说明。

表 6.34 三人零和博弈的行动图

各方收益及其可能变化		Larry L1		
		Colin		
		C1		C2
Rose	R1	(1, 1, −2)		(−4, 3, 1)
	R2	(2, −4, 2)		(−5, −5, 10)
		Larry L2		
		Colin		
		C1		C2
Rose	R1	(3, −2, −1)		(−6, −6, 12)
	R2	(2, 2, −4)		(−2, 3, −1)

根据箭头方向，如果任何一组或多组箭头到达一个没有箭头离开该点或多点的点，那么就有一个或多个平衡点。结果：行动图显示了 R1C1L2(3, −2, −1) 和 R2C1L1(2, −4, 2)处的两个纯策略纳什均衡，并不等效，也不能互换。由于局中人的偏好不同，任一局中人寻求一个胜过另一个点的平衡点都可能会导致非均衡的结果。

6.4.1.4　可能的联盟

下面来看具有形成联盟能力的沟通。首先假设 Colin 和 Larry 组成了反 Rose 联盟，而以下步骤有助于联盟的设立和分析。

步骤 1：使用表 6.35 中来自原收益的 Rose 值，为 Rose 构建对抗 Colin-Larry 联盟的收益矩阵。

表 6.35　三人联盟值

博 弈 收 益		Colin-Larry			
		C1L1	C2L1	C1L2	C2L2
Rose	R1	1	−4	3	−6
	R2	2	−5	2	−2

步骤 2：使用鞍点（极大化极小）或混合策略法求纳什均衡解。

（1）无鞍点解，行最小值(−6, −5)，列最大值(2, −4,3, −2)。

（2）图 6.18 显示，极大化极小解是通过使用 Rose 对抗联盟的对应值找到的，如表 6.36 所示。

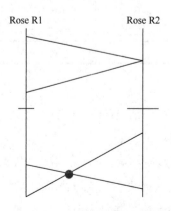

图 6.18　用于消除行的威廉图解法

表 6.36 三人联盟值

博 弈 收 益		Colin-Larry			
		C2L1	C2L2	余值（oddment）	
Rose	R1	−4	−6	2	3/5
	R2	−5	−2	3	2/5

如果此博弈有鞍点解，那么这些值就是所有三位局中人的博弈值。既然有一个混合策略，那么必须为三位局中人中的每一位找到博弈值。

步骤 3：为每位局中人找到博弈值。

计算公式为

$$\frac{3}{5} \times \frac{4}{5} R1C2L1 + \frac{3}{5} \times \frac{1}{5} R1C2L2 + \frac{2}{5} \times \frac{4}{5} R2C2L1 + \frac{2}{5} \times \frac{1}{5} R2C2L2$$

现替换原支付矩阵的值：

$$\frac{3}{5} \times \frac{4}{5}(-4,3,1) + \frac{3}{5} \times \frac{1}{5}(-6,-6,12) + \frac{2}{5} \times \frac{4}{5}(-5,-5,10) +$$
$$\frac{2}{5} \times \frac{1}{5}(-2,3,-1) = (-4.4,-0.64,5.04)$$

可以发现收益为 Rose=−4.4，Colin=−0.64，Larry=5.04

步骤 4：为 Larry 对 Rose-Colin 联盟重复步骤 1～3，得到的结果如表 6.37 所示。

表 6.37 三人联盟收益

Larry 一方的收益		Rose-Colin			
		R1C1	R1C2	R2C1	R2C2
Larry	L1	−2	1	2	10
	L2	−1	12	−4	−1

结果如下：

Colin 对 Rose-Larry 的对应结果：(2, −4, 2)，这是鞍点解。

Larry 对 Rose-Colin 的对应结果：(2.12, −0.69, −1.43)。

Rose 对 Colin-Larry 的对应结果：(−4.4, −0.64, 5.04)。

步骤 5：确定哪个联盟（如果有）为每位局中人产生最佳收益。

Rose：(2, 2.12, −4.4)最大值为 2.12，所以 Rose 更喜欢与 Colin 结盟。

Colin：(−4, −0.69, −0.64)最大值为−0.64，所以 Colin 更喜欢与 Larry 结盟。

Larry：(2, −1.43, 5.04)最大值为 5.04，所以 Larry 更喜欢与 Colin 结盟。

Note

在其中的两种情况下，可发现 Colin-Larry 是首选的联盟，因此可以预期 Colin-Larry 联盟会成为最终的联盟。注意，我们可能无法完全确定哪个联盟会被组建。此外，也允许贿赂和旁支付，这会诱使联盟发生改变。

特征函数：数字 $v(S)$，称为 S 的值，可解释为如果形成联盟，将赢得金额 S。假设空联盟（没有形成）的值为零，即 $v(\varnothing) = 0$

Colin 对 Rose-Larry 的结果：$(2, -4, 2)$。

Larry 对 Rose-Colin 的结果：$(2.12, -0.69, -1.43)$。

Rose 对 Colin-Larry 的结果：$(-4.4, -0.64, 5.04)$。

可以建立如下函数：

空集：$\qquad\qquad\qquad\qquad\qquad v(\varnothing) = 0$

单独：$\qquad\qquad\quad v(\text{Rose}) = 4.4,\ \ v(\text{Colin}) = 4,\ \ v(\text{Larry}) = 1.43$

两个联盟：

$\qquad\quad v(\text{Rose-Colin}) = 1.43\ \ v(\text{Rose-Larry}) = 4\ \ v(\text{Colin-Larry}) = 4.4$

相关博弈中增加了联盟合作伙伴的收益。

三人联盟：都是零和博弈，因此将所有收益加在一起等于 0，即

$$v(\text{Rose-Colin-Larry}) = 0$$

因此，Larry 对 Rose-Colin 的结果：$(2.12, -0.69, -1.43)$。

这里不存在鞍点，因为 $(-2, -4)$ 最大值为 -2，且 $(-1, 12, 2, 10)$ 的最小值为 -1。这里继续寻找混合策略，如图 6.19 所示。最终得到如表 6.38 所示的子博弈。

计算如下：

$(3/7) \times (6/7) \times (1, 1, -2) + (3/7) \times (1/7) \times (2, -4, 2) + (4/7) \times (6/7) \times (3, -2, -1) + (4/7) \times (1/7) \times (2, 2, -4) = (104/49, -34/49, -10/7) = (2.12, -0.69, -1.43)$

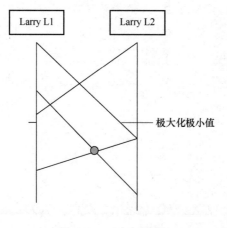

Larry L1　　　Larry L2

—— 极大化极小值

图 6.19　三人与联盟

表 6.38　三人联盟收益子博弈

博　弈　收　益		Rose-Colin		
		R1C1	R2C1	余　值
Larry	L1	−2	2	4
	L2	−1	−4	3

虽然该数学计算并不难，但计算的次数相当烦琐。因此，本书构建了一个供学生使用的辅助工具。

6.4.1.5　Excel 辅助工具

本书开发了一个辅助工具来帮助学生进行多种相关计算。它是一个宏增强的 Excel 工作表，模板中提供了说明：

（1）将 R、C、L 条目放入左侧方框中。

（2）转到 Coalition_R_CL 并运行 Solver。

（3）转到 Coalition_C_RL 并运行 Solver。

（4）转到 Coalition_L_RC 并运行 Solver。

（5）列出局中人单独行动时的均衡值及三个联盟中的均衡解。

（6）确定是否自然形成了任何联盟。

（7）是否有合法的贿赂来改变联盟？

图 6.20 所示为找到纯策略均衡和联盟结果而进行的计算过程。用户可进一步解读结果，并就可能发生的事情给出结论。

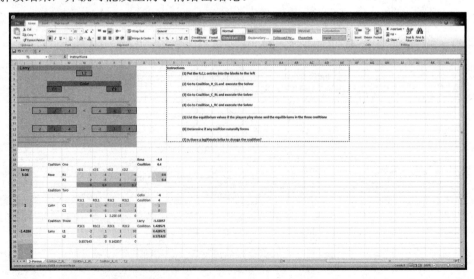

图 6.20　三人博弈模板的截图（带说明）

6.4.1.6 用线性规划求解 N 人博弈

每个工作表上的联盟求解都使用 Solver 命令，特别是 SimplexLP。下面用一个前面介绍的三人零和博弈案例来说明。回想一下，已为潜在联盟创建了博弈收益（见表 6.39）。

表 6.39 三人联盟的博弈收益值

博 弈 收 益		Colin-Larry			
		C1L1	C2L1	C1L2	C2L2
Rose	R1	1	−4	3	−6
	R2	2	−5	2	−2

这是一个零和博弈，用于为 Rose 求解并获得 Colin-Larry 联盟的结果（来自灵敏度列）。请注意，收益中有一些负条目，所以设 $v = V_1 - V_2$（Winston，1995）。该线性规划表述如下：

$$\max v = V_1 - V_2$$

$$\begin{cases} x_1 + 2x_1 - V_1 + V_2 \geq 0 \\ -4x_1 - 5x_2 - V_1 + V_2 \geq 0 \\ 3x_1 + 2x_2 - V_1 + V_2 \geq 0 \\ -6x_1 - 2x_2 - V_1 + V_2 \geq 0 \\ x_1 + x_2 = 1 \\ x_1 \leq 1 \\ x_2 \leq 1 \\ \text{变量取非负值} \end{cases}$$

得到当 x_1=0.6 且 x_2=0.4 时，此博弈对 Rose 的线性规划解为−4.4。根据降低的成本（Colin 和 Larry 联盟的对偶解），可以发现：

$$y_1 = y_3 = 0, \ y_2 = 0.8, \ 且 y_4 = 0.2, \ V = 4.4$$

这里提供了一个联盟值，但必须使用局中人的所有概率来分别获得每位局中人的值。这里只需要使用概率大于 0 的策略。

计算如下：
(0.6)(0.8)R1C2L1 + (0.4)(0.8)R2C2L1 + (0.6)(0.2)R1C2L2 + (0.4)(0.2)R2C2L2
= 0.48(−4,3,1) + 0.32(−5,−5,10) + 0.12(−6,−6,12) + 0.08(−2,3,−1)
= (−4.4,−0.64,5.04)

Rose 输了−4.4，联盟被分解为 Colin 的−0.64，Larry 的 5.04。

Note

为每个联盟重复此过程可以获得下面的结果：

Colin 对(Rose–Larry)为(2, –4, 2)

Larry 对 Rose–Colin 为(2.12, –0.69, –1.43)

最后可由用户来解读和分析这些结果。

6.4.1.7 运用工具求解严格局部冲突（非零和）的三人博弈

本书还为部分冲突博弈开发了一个辅助工具。该辅助工具需要在电子表格中使用 Solver 六次，因为联盟中的每位玩家或一方都需要一个线性规划解。模板中列出了具体说明（见图 6.21）。具体结果如表 6.40a 所示。

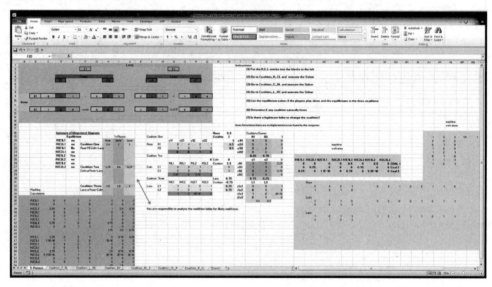

图 6.21　三人博弈结果截图

表 6.40a　行动图的纯策略和平衡点

策　略	是否是均衡解	策　略	是否是均衡解
R1C1L1	否	R1C1L2	是
R1C2L1	否	R1C2L2	否
R2C1L1	否	R2C1L2	否
R2C2L1	否	R2C2L2	否

行动图的纯策略在 R1C1L2 处找到一个平衡点，值为(2, 1, 1)。

容易看出还有一组更好的值，为 R1C2L1 处，值为(4, 2, 3)。

三人联盟收益如表 6.40b 所示。

表 6.40b　三人博弈不同联盟的收益

各方收益	局中人		
	Rose	Colin	Larry
联盟一 Rose 对 Colin-Larry	1.5	1	1
联盟二 Colin 对 Rose-Larry	1.75	0.5	0.75
联盟三 Larry 对 Rose-Colin	1.5	1.5	1

根据联盟的线性规划解，可得到表 6.40b 中所示的结果。

Rose 更喜欢与 Larry 结盟，Colin 更喜欢与 Rose 结盟，而 Larry 更喜欢与 Colin 结盟或独自行动。没有首选的联盟，也没有一个联盟能获得更好的值。

即所有局中人都应该同意采用最优解对应的策略。

6.4.1.8　用 Maple 求解三人博弈

还可以在 Maple 中实现计算并复现上面的示例。

6.4.1.9　结论

前面已说明如何使用 Excel 模板和 Maple 来帮助求解三人博弈。应注意，用户仍然必须分析数值以确定最有可能发生的情况。

6.4.2　案例研究：半岛统一博弈

本案例改编自 Olish 和 Spence 于 2017 年的教学项目。

过去几十年来，朝韩命运一直是政治热点，朝鲜曾表示与韩国处于"战争状态"。以国际政策为指导力量，对于韩国的未来，美国最好的选择是什么，哪些潜在盟友可能加入或反对联盟？

谁是局中人，该博弈是什么样的？将主要局中人视为：中国、俄罗斯和美国。

为了确定结果和可能的联盟，首先构建了一个由这三位局中人组成的三人博弈，每位局中人都有两种策略：统一（U）或分裂（S）。接下来，根据美国、中国和俄罗斯对朝鲜统一政策的解释，为每个结果分配序数值。此分析中的假设如下。

美国

（1）希望和平统一。

（2）现状可以接受。

（3）不赞成中俄联合统一。

中国

（1）想保持一个缓冲区。

（2）更想与俄罗斯结盟，而不是美国。

俄罗斯

（1）害怕除自己以外的任何国家支配权力。

（2）想要更多的权力。

（3）想要任何有利于俄罗斯的协议。

表 6.41 中明确了可能的情况。

表 6.41　三方对朝韩统一的立场

结　果	美　国	中　国	俄 罗 斯
统一	U	U	U
统一	U	U	S
统一	U	S	U
统一	S	U	U
分裂	S	S	S
分裂	U	S	S
分裂	S	U	S
分裂	S	S	U

序数值是根据专家意见（见表 6.42）给出的。

表 6.42　专家对于三方统一立场的看法

结　果	美　国	中　国	俄 罗 斯
统一	10	1	5
统一	7	3	2
统一	8	2	7
统一	1	4	8
分裂	5	10	5
分裂	6	8	9
分裂	4	9	6
分裂	2	6	4

这里将相应的数据代入三人博弈模板中。Rose 是美国，Colin 是中国，Larry 是俄罗斯（见图 6.22）。

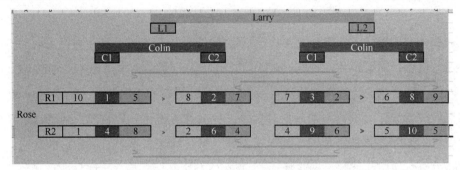

图 6.22 三方统一立场行动图

行动图在(U, S, S)的情况下显示出纳什均衡，得出结果为(6, 8, 9)。在没有联合政府的情况下，可以发现该平衡反映了当前与韩国相关的国际局势。

接下来，如果支持联合政府能有更好的结果，可考虑一下这三国支持联合政府的可能性。这里用线性规划来设置和解决六个相关联合博弈，可把局中人所达成的结果都分解成数据。

由上述分析可以发现美国更倾向联合中国来对抗俄罗斯，中国更倾向联合俄罗斯，俄罗斯也更倾向联合中国，中俄之间自然形成对抗美国的联合体。如果美国不想看到这个结果，那么他可以做些什么呢？美国可能从经济方面加以干涉。

1972 年，尼克松总统增进了中美关系，以求平衡苏联的国际影响力。如今，情况更复杂，因为中俄都是正在崛起的大国。虽然在博弈中美国更倾向于中国，但最好的做法是减少和中、俄之间的摩擦，或者在其他外交领域寻求收益，因为美国更倾向接受现状。

6.5 广义形式的序贯博弈

广义博弈就是序贯博弈。在序贯博弈中，每个玩家轮流实施战略，国际象棋是最典型的例子之一。这类博弈在真正的冲突中似乎更真实，随着博弈进一步深入，可获取有关先前选择的信息。将博弈中的选项简化为矩阵是思考博弈的好方法，本节提供了多个案例，其中一些可以被轻易地简化为矩阵（对有些例子，似乎找不到简化它的好方法）。

6.5.1　古巴导弹危机案例

在这个改编自 Straffin（2004）的案例研究中，首先对苏联和美国之间的古巴导弹危机进行简要描述。这是 1963 年肯尼迪总统（美国）和赫鲁晓夫总理（苏联）之间的一场博弈。赫鲁晓夫从决定是否在古巴部署中程弹道导弹开始了这场博弈。如果他放置导弹，则肯尼迪有三种选择：什么都不做、封锁古巴，或者通过精确空中打击或入侵来摧毁导弹。如果肯尼迪选择了封锁或摧毁这类激进的战略，赫鲁晓夫要么屈服并拆除导弹（默许），要么使对抗升级，最终可能导致核战争。古巴导弹危机博弈策略定义和树形图 Excel 截屏如图 6.23 所示。

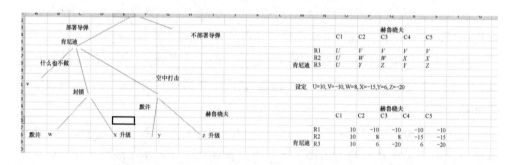

图 6.23　古巴导弹危机博弈策略定义和树形图 Excel 截屏

这里可以把这个博弈分解成一个矩阵，肯尼迪有三种策略，赫鲁晓夫有五种策略。这里可能有一个如表 6.43a 所示的矩阵。

表 6.43a　古巴导弹危机博弈收益矩阵

各方收益		赫鲁晓夫				
		C1	C2	C3	C4	C5
肯尼迪	R1	10	−10	−10	−10	−10
	R2	10	8	8	−15	−15
	R3	10	6	−20	6	−20

根据表 6.43b 中各方策略来看，这个简化的博弈在 R1C5 处有一个解决方案，它代表肯尼迪什么都不做，赫鲁晓夫全面升级。这当然不是一个好的解决方案。

表 6.43b 古巴导弹危机博弈各方策略

策 略 编 号	具 体 措 施
R1	没有导弹
R2	封锁
R3	空中打击
C1	不放置导弹
C2	放置导弹，默许
C3	放置导弹，默许封锁，升级空中打击
C4	放置导弹，升级封锁，默许空中打击
C5	放置导弹，全面升级

6.5.2 朝鲜导弹危机案例

这里来研究一下朝鲜领导人在不同情况下的博弈（见图 6.24）。

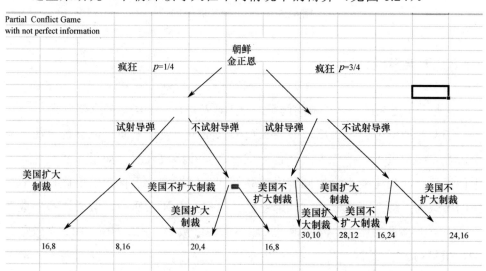

图 6.24 古巴导弹危机博弈

可以先分解然后解决问题（见图 6.25）。还可以思考一个有趣的问题，p 为何值时结果让人高兴、为何值时让人不高兴。

这个结果很像麦考密克等在"军阀政治"与地区军阀打交道策略案例中展示的方案。

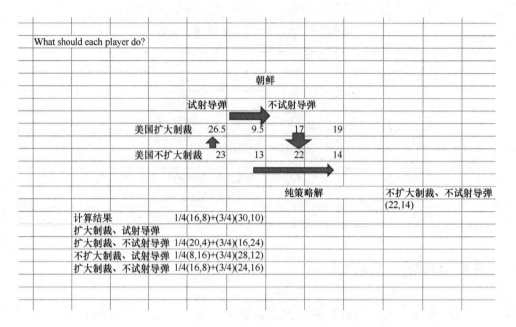

图 6.25　古巴导弹危机战略

6.5.3　绑架案例

这是一个无法进一步分解的例子，它大致是恐怖分子类型的绑架场景。

绑架者劫持了一名人质，并要求赎金以归还人质。人质可能会也可能不会交赎金。绑架者可以杀死人质，也可以不杀死并释放人质。如果人质被释放，则他可能会（也可能不会）向警方或联邦调查局报告该事件。这里假设绑匪方面的参数为：绑匪获得赎金+5，绑匪被举报−2，杀死人质−1。假设这些参数在每个节点上都是相加的。同样地，人质方面的参数为：人质被杀−10，支付赎金−2，报警+1。

用树状图描述绑架问题，如图 6.26 所示。

博弈总体为(绑匪，人质)。例如，交赎金、释放、报警的计算方式为(+5−2, −2+1)或者(3, −1)。

最终收益值计算如下：

- 交赎金，被杀(4, −12)。
- 交赎金，释放，报警(3, −1)。
- 交赎金，释放，未报警(5, −2)。
- 未交赎金，被杀(−1, −10)。

- 未交赎金，释放，报警 (−2, 1)。

- 未交赎金，释放，未报警(0, 0)。

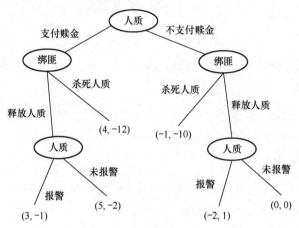

图 6.26　绑架问题中的决策树

采用倒推的方法可得出图 6.27。

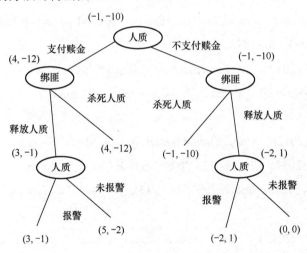

图 6.27　绑架问题收益计算结果

解决方案是(−1, −10)，这意味着不支付赎金并允许被绑架的人被绑架者杀死。这解释了为什么不应该与恐怖分子打交道或谈判的原因。

上面为博弈理论提供了许多示例和研究案例。本书认为，使用博弈理论可以为博弈时遇到问题的解决、策略的制定及整个博弈过程分析提供帮助。最终结果本身并不那么重要，重要的是博弈的使用方法和流程的开发。

Note

原书参考文献

Barron, E. D. (2013). Game theory an introduction (pp. 156-158). Hoboken, NJ: Wiley.

Cantwell, G. (2003). Can two person zero sum game theory improve military decision-making course of action selection? Fort Leavenworth, KS: School of Advanced Military Studies.

Feix, M. (2007). Game theory: Toolkit and workbook for defense analysis students. MS Thesis, Naval Postgraduate School.

Fox, W. (2016). Applied game theory to improve strategic and tactical military decision theory. J Def Manag, 6, 2.

Fox, W. P. (2010). Teaching the applications of optimization in game theory's zero-sum and non-zero sum games. International Journal of Data Analysis Techniques and Strategies, 2(3), 258-284.

Fox, W. P. (2012a). Mathematical modeling of the analytical hierarchy process using discrete dynamical systems in decision analysis. Computers in Education Journal, 3(3), 27-34.

Fox, W. P. (2012b). Mathematical modeling with Maple. Boston, MA: Cengage.

Fox, W. P. (2014). Chapter 221, TOPSIS in business analytics. In Encyclopedia of business analytics and optimization (Vol. V(5), pp. 28-291). Hershey, PA: IGI Global and Sage.

Fox, W. P. (2015). Two person zero-sum games as an application of linear programming using the excel solver. Computers in Education Journal, 6(3), 37-49.

Fox, W., Thompson, M. N. (2014). Phase targeting of terrorist attacks: simplifying complexity with analytical hierarchy process. International Journal of Decision Sciences, 5(1), 57-64.

Gant, J. (2009). A strategy for success in Afghanistan: one tribe at a time. Los Angeles, CA: Nine Sisters Imports.

Gillman, R., Housman, D. (2009). Models of conflict and cooperation. Providence, RI: American Mathematical Society.

Giordano, F., Fox, W., Horton, S. (2014). A first course in mathematical modeling (5th ed.). Boston, MA: Cengage Publishing.

Global Data Ltd. (2012, October). Afghanistan's mining industry on the path of development. London, UK.

Haywood, O. (1954). Military decision and game theory. Journal of the Operations Research Society, 2(4), 365-385.

Jensen, N., Johnston, N. (2011). Political risk, reputation, and the resource curse. Comparative Political Studies, 44, 662-688.

Khatwani, G., Kar, A. K. (2016). Improving the Cosine Consistency Index for the analytic hierarchy process for solving multi-criteria decision making problems. Applied Computing and Informatics, 13(2), 118-129.

Kral, S. (2011). Minerals key to Afghanistan. Mining Engineering, 63(4), 136.

Lipow, J., Melese, F. (2011). Economic and security implications of Afghanistan's newly discovered mineral wealth. Defense & Security Analysis, 27(3), 277.

Nash, J. (1950). The bargaining problem. Econometrica, 18, 155-162.

Peters, S., Kalaly, S., Chirico, P., Hubbard, B. (2012). Summaries of the important areas formineral investment and production opportunities of nonfuel minerals in Afghanistan: U.S. Geological Survey Open-File Report 2011-1204.

Saaty, T. (1980). The analytic hierarchy process. New York: McGraw-Hill Book.

Schmitt, J. (1994). Mastering tactics: A decision game workbook. Quantico, VA: Marine Corps Gazette.

Straffin, P. D. (2004). Game theory and strategy. Washington, DC: Mathematical Association of America.

Von Neumann, J., Morgenstern, O. (2004). Theory of games and economic behavior (60th anniversary ed.). Princeton, NJ: Princeton University Press.

Wasburn, A., Kress, M. (2009). Combat modeling. (International Series in Operations Research & Management Science) 2009th Edition. New York: Springer.

Winston, W. (1995). Introduction to mathematical programming; Applications and algorithms. Belmont, CA: Thomson.

Winston, W. L. (2003). Introduction to mathematical programming (4th ed.). Belmont, CA, Duxbury Press.

推 荐 阅 读

Aumann, R. J. (1987). Game theory. In The New Palgrave: A dictionary of economics. London: Palgrave Macmillan.

Bazarra, M. S., Sherali, H. D., Shetty, C. M. (2006). Nonlinear programming (3rd ed.). New York: Wiley.

Braun, S. J. (1994). Theory of moves. American Scientist, 81, 562-570.

Camerer, C. (2003). Behavioral game theory: experiments in strategic interaction, Russell Sage Foundation, description and introduction (pp. 1-25).

Chiappori, A., Levitt, S., Groseclose, P. (2002). Testing mixed-strategy equilibria when players are heterogeneous: The case of penalty kicks in soccer. American Economic Review, 92(4), 1138-1151.

Crawford, V. (1974). Learning the optimal strategy in a zero-sum game. Econometrica, 42(5), 885-891.

Danzig, G. (1951). Maximization of a linear unction of variables subject to linear inequalities. In T. Koopman (Ed.), Activity analysis of production and allocation conference proceeding (pp. 339-347). New York: Wiley.

Danzig, G. (2002). Linear programming. Operations Research, 50(1), 42-47.

Dixit, A., Nalebuff, B. (1991). Thinking strategically: The competitive edge in business, politics, and everyday life. New York: W.W. Norton.

Dorfman, R. (1951). Application of the simplex method to a game theory problem. In T. Koopman (Ed.), Activity analysis of production and allocation conference proceeding (pp. 348-358). New York: Wiley.

Dutta, P. (1999). Strategies and games: theory and practice. Cambridge, MA: MIT Press.

Fox, W. P. (2008). Mathematical modeling of conflict and decision making: The writer's guild strike 2007-2008. Computers in Education Journal, 18(3), 2-11.

Fox, W. P., Everton, S. (2013). Mathematical modeling in social network analysis: Using TOPSIS to find node influences in a social network. Journal of Mathematics and Systems Science, 3(2013), 531-541.

Fox, W. P., Everton, S. (2014a). Mathematical modeling in social network analysis: using data envelopment analysis and analytical hierarchy process to find node influences in a social network. Journal of Defense Modeling and Simulation, 2014, 1-9.

Fox, W., Everton, S. (2014b). Using mathematical models in decision making methodologies to find key nodes in the noordin dark network. American Journal of Operations Research, 2014, 1-13.

Gale, D., Kuhn, H., Tucker, A. (1951). Linear programming and the theory of games). Int. Koopman (Ed.), Activity analysis of production and allocation conference proceeding (pp. 317-329). New York: Wiley.

Gintis, H. (2000). Game theory evolving: a problem-centered introduction to modeling strategic behavior. Princeton, NJ: University Press.

Harrington, J. (2008). Games, strategies, and decision making. New York: Worth.

Isaacs, R. (1999). Differential games: A mathematical theory with applications to warfare and pursuit, control and optimization. New York: Dover.

Kilcullen, D. (2009). The accidental guerilla: fighting small wars in the midst of a big one. Oxford: Oxford University Press.

Kim, H. (2014). China's position on Korean unification and ROK-PRC relations. 전략연구(Feb, 2014). pp 235-257.

Kim, S. (2015). The day after: ROK-U.S. cooperation for Korean unification. The Washington Quarterly, 38(3), 37-58.

Khatwani, G., Singh, S. P., Trivedi, A., Chauhan, A. (2015). Fuzzy-TISM: A fuzzy extension of TISM for group decision making. Global Journal of Flexible Systems Management, 16(1), 97-112.

Klarrich, E. (2009). The mathematics of strategy. Classics of the Scientific Literature. Retrieved October, 2009.

Kuhn, H. W., Tucker, A. W. (1951). Nonlinear programming. In J. Newman (Ed.), Proceedings of the second Berkley symposium on mathematical statistics and probability. Berkeley, CA: University of California Press.

Leyton-Brown, K., Shoham, Y. (2008). Essentials of game theory: A concise, multidisciplinary introduction. San Rafael, CA: Morgan & Claypool.

Miller, J. (2003). Game theory at work: How to use game theory to outthink and outmaneuver your competition. New York: McGraw-Hill.

Myerson, R. B. (1991). Game theory: Analysis of conflict. Cambridge, MA: Harvard University Press.

Nash, J. (1951). Non-cooperative games. Annals of Mathematics, 54, 289-295.

Nash, J. (2009). Lecture at NPS. Feb 19, 2009.

Nash, J. (1950). Equilibrium points in n-person games. Proceedings of the National Academy of Sciences of the United States of America, 36(1), 48-49.

North Korea Declares 1953 Armistice Invalid. (2013). CNN Wire, Mar 11, 2013.

Osborne, M. (2004). An introduction to game theory. Oxford: Oxford University Press.

Papayoanou, P. (2010). Game theory for business, e-book. Gainesville, FL: Probabilistic Publishing.

Rasmusen, E. (2006). Games and information: An introduction to game theory (4th ed.). New York: Wiley-Blackwell.

Shoham, Y., Leyton-Brown, K. (2009). Multiagent systems: Algorithmic, game-theoretic and logical foundations. New York: Cambridge University Press.

Smith, M. (1982). Evolution and the theory of games. Cambridge: Cambridge University Press.

Smith, J. M., Price, G. (1973). The logic of animal conflict. Nature, 246(5427), 15-18.

Straffin, P. (1980). The prisoner's dilemma. UMAP Journal, 1, 101-113.

Straffin, P. (1989). Game theory and nuclear deterrence. UMAP Journal, 10, 87-92.

Straffin, P. (2003). Game theory and strategy. Washington, DC: The Mathematical Association of America. Chapter 19.

Williams, J. D. (1986). The compleat strategyst. New York: Dover.

Webb, J. N. (2007). Game theory: decisions, interaction and evolution. London: Springer.

第7章

使用动态系统模型
对变化建模

本章目标

（1）能构建离散动力系统（Discrete Dynamical System，DDS）模型并求解

（2）能构建微分方程模型并求解

（3）能根据不同问题选择性构建 DDS 和/或 DE 系统模型并求解

7.1 概述

本章使用以下范式：

$$未来 = 现在 + 改变$$

要对表现出变化的系统进行建模，需考虑到以下几个原因，可以从选择动态系统开始。

首先，按照范式可以很容易进行建模，且可以使用 Excel 电子表格来迭代求解。这里先要定义一些术语：设 n 为计数值，取值 0, 1, 2, …表示建模所需的时间步长；令 $A(n)$ 表示周期为 n 的系统，$A(n+1)$ 表示未来周期为 $n+1$ 的系统。模型为

$$A(n+1) = A(n) + 变化$$

这里需要对系统在每个时间步长发生的变化进行建模，一个好的方法是画出系统 $A(n)$ 的变化图，下面以处方药问题来进行解释说明。

 例 7.1　轻度脑外伤的药物剂量问题

假设医生规定他们的患者每小时需服用含有 100 毫克某种药物的药丸，并假设药物一旦被服用就会立即被摄入血液中。

此外，假设患者的身体每小时排出血液中 25% 的药物。在服用第一颗药丸之前，患者的血液中含有 0 毫克的药物，72 小时后，他/她的血液中含有多少毫克该种药物？

- 问题陈述：确定血液中药量与时间之间的关系。
- 假设：问题可以用离散动力系统建模，患者体型正常且健康，没有其他药物会影响本药物，没有内部或外部因素能影响药物吸收率，患者总是在正确的时间服用规定的剂量。体内药量的变化如图 7.1 所示。

图 7.1 体内药量的变化

- 变量：

定义 $a(n)$ 为 n 周期后血液中的药量，$n = 0, 1, 2, \cdots$。

- 模型建构：

定义以下变量：

$$a(n+1) = 系统中未来的药量$$

$$a(n) = 系统中当前的药量$$

这里对变化的定义如下：变化 = 剂量 − 系统损耗，即

$$变化 = 100 - 0.25\, a(n)$$

所以，未来=现在+变化可以表示为

$$a(n + 1) = a(n) - 0.25\, a(n) + 100$$

或者

$$a(n + 1) = 0.75\, a(n) + 100$$

由于人体每小时都会失去血液中 25% 的药量，每小时血液中会剩余 75% 的药量。1 小时后，体内有 75% 的初始量（0 毫克）和每小时添加的 100 毫克。所以身体在 1 小时后血液中有 100 毫克的药物。2 小时后，体内不仅有 1 小时后血液中 75% 的药量（100 毫克×75%），另外还有新的 100 毫克添加到血液中的药物，所以 2 小时后血液中会有 175 毫克的药物。3 小时后，体内有 2 小时后血液中 75% 的药量（175 毫克×75%），另外还有 100 毫克添加到血液中的药物，所以 3 小时后血液中有 231.25 毫克的药物，长时间后，系统中会有 400 毫克的药物。图 7.2 给出了相关的迭代值表和散点图。

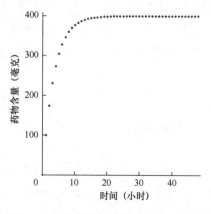

图 7.2 系统中药物随时间累积变化图

药物存量的数据如下：

drug_table:= 0., 100.000, 175.00000, 231.2500000, 273.4375000, 305.0781250, 328.8085938, 346.6064453, 359.9548340, 369.9661255, 377.4745941, 383.1059456, 387.3294592, 390.4970944, 392.8728208, 394.6546156, 395.9909617, 396.9932213, 397.7449160, 398.3086870, 398.7315152, 399.0486364, 399.2864773, 399.4648580, 399.5986435, 399.6989826, 399.7742370, 399.8306777, 399.8730083, 399.9047562, 399.9285672, 399.9464254, 399.9598190, 399.9698643, 399.9773982, 399.9830487, 399.9872865, 399.9904649, 399.9928487, 399.9946365, 399.9959774, 399.9969830, 399.9977373, 399.9983030, 399.9987272, 399.9990454, 399.9992841, 399.9994630, 399.9995973

可见，如果患者在他们的身体中需要 400 毫克药物，那么这个剂量和时间表将会起到不小的作用。

7.2 离散兰彻斯特战斗模型

7.2.1 概述

自 1914 年兰彻斯特（Frederick Lanchester）提出最初的战斗模型以来，微分方程一直是提出和求解此类战斗模型的方法。James G. Taylor 提到了求解"真实"方程的困难之处，并在他的工作中提出了数值方法（Taylor，1983）。使用计算机分析求解战斗模型或数值求解战斗模型是求解的标准方法。本书建议在战斗模型中使用差分方程，即兰彻斯特方程的离散形式，并在适用的情况下，展示离散形式及其解。另外，本书还会展示一个数值解，并将其中几个解与微分方程的形式进行比较，以说明离散形式的匹配程度。本书还建议领导者在决策中使用这些方程。

7.2.2 兰彻斯特方程的离散形式

历史上充满了战争中无与伦比的英雄主义和野蛮行径的例子。邦克山、阿拉莫、葛底斯堡、小大角、硫磺岛和突出部战役等战役已经成为我们（美国）文化和遗产的一部分，古巴革命、越南战争及阿富汗和伊拉克战争也成为每个人经历的一部分。尽管战斗是连续的，但战斗模型通常采用离散时间模拟。多年来，兰彻斯特方程一直是计算机模拟战斗的标准。图 7.3 展示了兰彻斯特建模的战斗变化图。本书研究这些方程离散形式的使用方法。下面使用离散动力系统模型，以差分方程的形式来模拟这些冲突，并深入了解解决"直瞄火力"冲突的不同方法，如纳尔逊的特拉法加战役和阿拉莫战役，以及在硫磺岛的战役。这里采用差分方程，并分析完整的数值和图形解，从而避开了需要严谨数学的微分方程模型。这里还将进一步考察直瞄火力方程解的解析形式，提供模型解的标准形式。

兰彻斯特模型指出，"在现代战争条件下"两个同类部队之间的战斗可以图的状态进行建模，本书将图 7.3 称为战斗变化图。

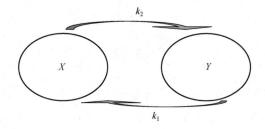

图 7.3　兰彻斯特建模的战斗变化图

这里将使用以下范式：

$$未来 = 现在 + 变化$$

建立数学模型。这将是至关重要的，因为本书最终将构建无法解析但可以通过数值（迭代）方法求解的模型。

首先定义以下变量：

$x(n) = n$ 周期后 X 部队中的战斗人员数量。

$y(n) = n$ 周期后 Y 部队中的战斗人员数量。

那么，未来分别是 $x(n+1)$ 和 $y(n+1)$。

所以，有

$$x(n+1) = x(n) + 变化$$
$$y(n+1) = y(n) + 变化$$

图 7.3 提供了反映变化的变化图信息。动态系统方程组是

$$x(n+1) = x(n) - k_1 y(n)$$
$$y(n+1) = y(n) - k_2 x(n)$$

(7.1)

将起始条件定义为周期为 0 的作战力量规模，即

$$x(0) = x_0 \text{ 和 } y(0) = y_0$$

动力系统总是可以通过迭代来求解，这使其在计算机建模和战斗仿真中非常

具有吸引力。但是，可以通过具有解析解的方程获得一些强有力的见解，而兰彻斯特直瞄火力模型的特殊动力方程组确实有解析解。

7.2.3　兰彻斯特直瞄火力方程的离散形式

从式（7.1）返回到以差分方程形式出现的典型兰彻斯特直瞄火力方程的方程组：

$$x(n+1) = x(n) - k_1 y(n)$$
$$y(n+1) = -k_2 x(n) + y(n)$$

现在，把方程组写成矩阵形式，用式（7.2）表示：

$$X_{n+1} = \begin{bmatrix} 1 & -k_1 \\ -k_2 & 1 \end{bmatrix} X_n, \; X_0 = \begin{bmatrix} x_0 \\ y_0 \end{bmatrix}, \; Z_n = \begin{bmatrix} x_n \\ y_n \end{bmatrix} \tag{7.2}$$

下面对特征值和特征向量的含义进行说明。

令 A 为 $n \times n$ 矩阵。如果在 $\mathbf{R}^n$ 中存在一个非零向量 x，则实数 λ 称为 A 的特征值，使得

$$Ax = \lambda x \tag{7.3}$$

非零向量 x 称为与特征值 λ 相关的矩阵 A 的特征向量。式（7.3）可写成

$$Ax - \lambda x = 0 \text{ 或 } (A - \lambda I)x = 0$$

式中，I 为一个单位矩阵。求解 λ 的方法是取 $(A - \lambda I)$ 矩阵的行列式，将其等于 0，然后求解 λ。

这里，矩阵 $A = \begin{bmatrix} 1 & -k_1 \\ -k_2 & 1 \end{bmatrix}$。

并使用特征值的形式：

$$\det \begin{bmatrix} 1-\lambda & -k_1 \\ -k_2 & 1-\lambda \end{bmatrix} = 0$$

生成特征方程：

$$(1-\lambda) \cdot (1-\lambda) - k_1 k_2 = \lambda^2 - 2\lambda + 1 - k_1 k_2 = 0$$

下面求解 λ。这一点并不直观，解得这两个特征值分别为

$$\lambda_1 = 1 + \sqrt{k_1 k_2}$$
$$\lambda_2 = 1 - \sqrt{k_1 k_2} \tag{7.4}$$

因此，得到了式（7.4）中的初始形式的特征值。注意，特征值是杀伤率 k_1 和 k_2 的函数。知道了杀伤率，就可以很容易得到这两个特征值。

特征值还具有另外两个特征：①$\lambda_1 + \lambda_2 = 2$；②$\lambda_1 \geqslant \lambda_2$。对于大多数战斗模型来说，如果一个特征值大于 1，那么另一个特征值将小于 1。系数 k_1 和 k_2 较大的方程也会有大于 1 的特征值。

大多数关于动态系统的文献表明，主特征值（最大的特征值，而且当前情况下大于 1）将会控制系统。然而，这些战斗模型受较小的特征值控制。

解的一般形式如式（7.5）所示：

$$X(k) = c_1 V_1 (\lambda_1)^k + c_2 V_2 (\lambda_2)^k \tag{7.5}$$

式中，向量 V_1 和 V_2 均为对应的特征向量。

有趣的是，这些特征向量与损耗系数 k_1 和 k_2 呈比例。主特征值对应的特征向量中始终有一个正分量和一个负分量，而另一个较小的特征值对应的特征向量在相同的比例中始终有两个正分量。这是因为寻找特征向量的方程来自式（7.6）：

$$\sqrt{k_1 k_2}\, c_1 - k_1 c_2 = 0 \text{ 和 } -\sqrt{k_1 k_2}\, d_1 - k_1 d_2 = 0 \tag{7.6}$$

$$c_1 = k_1, \quad c_2 = \sqrt{k_1 k_2}, \quad d_1 = -k_1, \quad d_2 = \sqrt{k_1 k_2}$$

获得了特征值和特征向量的简化公式后，就能够快速获得解析解的一般形式，最后可以使用初始条件来得到特解。

7.2.4　红蓝军对抗示例

举个例子，一场红军 $R(n)$ 与蓝军 $B(n)$ 之间的战斗如下：

$$B(n+1) = B(n) - 0.1 \cdot R(n), \quad B(0) = 100$$
$$B(n+1) = B(n) - 0.05 \cdot R(n), \quad B(0) = 50$$

得出 $B(0)/R(0) = 100/50 = 2$。

这里给出损耗系数，$k_1 = -0.1$，$k_2 = -0.05$。利用上面给出的公式，可以很快得到解析解：

$$\sqrt{k_1 k_2} = \sqrt{(-0.1) \times (-0.05)} = 0.0707$$

因此，特征值为 1.0707 和 0.9293。可以用向量的比值 ± 1 和 $\dfrac{\sqrt{k_1 k_2}}{k_1}$ 来求闭合形式解，

最后得到 $\dfrac{0.0707}{-0.1} = -0.7070$。则通解为

$$X(k) = c_1 \begin{bmatrix} -1 \\ 0.707 \end{bmatrix} 1.0707^k + c_2 \begin{bmatrix} -1 \\ 0.707 \end{bmatrix} 0.9293^k$$

初始条件为 0 时刻(100,50)，有特解：

$$X(k) = -14.64 \begin{bmatrix} -1 \\ 0.707 \end{bmatrix} 1.0707^k + 85.36 \begin{bmatrix} -1 \\ 0.707 \end{bmatrix} 0.9293^k$$

由此可以分别绘出图像并观察其行为。

两张解析解的图像（见图 7.4）显示，当 y 军（初始大小为 50）接近 0 时，x 军（初始大小为 100）略低于 70。因此，得知 x 军即蓝军获胜。

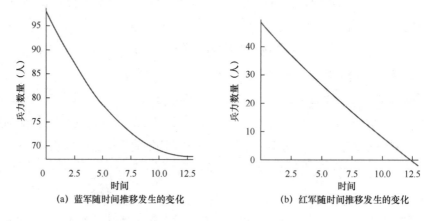

图 7.4 蓝军与红军的解图

也可以明确"胜利"的条件，这样可以直接看到当 $\sqrt{k_1 k_2} \cdot x_0 > k_1 \cdot y_0$ 时，x 军获胜。

在本例中，求出了 $\sqrt{k_1 k_2} \cdot x_0$ 和 $k_1 \cdot y_0$ 的值。

$$x_0 \cdot \sqrt{k_1 k_2} = 100 \times 0.0707 = 7.07$$
$$k_2 \cdot y_0 = 0.1 \times 50 = 5$$
$$7.07 > 5$$

因为 7.07 比 5 大，所以 x 军获胜。

通常来说，这一关系可以是 "<" "=" 或 ">"。所以，有

$$\sqrt{k_1 k_2}\, x_0 \begin{Bmatrix} > \\ = \\ < \end{Bmatrix} k_1 y_0 \tag{7.7}$$

当关系为 ">" 时，x 军获胜；当关系为 "<" 时，则 y 军获胜；当关系为 "="时，则为平局。

7.2.5 定义一场公平的战斗：平局

在战斗建模中平局的概念很重要。将平局定义为战斗结束时双方都没有获胜。在这里可以通过改变一个初始条件 x_0 或 y_0，或者一个损耗系数 k_1 或 k_2 来达成

平局。

同样，解的知识对于求解或得到这些平局是至关重要的。在平局时的特征向量是初始条件的平方之比。

一个特征向量为 $\begin{bmatrix} k_1 \\ \sqrt{k_1 k_2} \end{bmatrix}$，因此，$\dfrac{k_1}{\sqrt{k_1 k_2}} = \dfrac{X_0}{Y_0}$ 或 $\sqrt{k_1 k_2}\, X_0 = k_1 Y_0$。

回到本案例中，假设蓝军一开始就有 100 名战斗人员，而红军有 50 名战斗人员。进一步设 k_1 固定在 0.1，那么 k_2 应取什么值才能让红军与蓝军平局？

求得 $\sqrt{0.1 k_2}\,100 = 0.1 \times 50$。

因此，$k_2 = 0.025$。

如果将 k_2 设为 0.05 并保持战斗人员的初始数量为固定常数，那么 $k_1=0.2$。

根据以上结论，如果 x 军初始有 100 名战斗人员，杀伤率固定，那么 y 军要有 71 名战斗人员才能获胜。

这样，不仅能迅速看出哪一方会在交战中获胜，而且能够求得让双方达成平局的数值。这一点很重要，因为任何偏离平局价值的行为都会使一方赢得交战。这可以让一支可能面临失败的部队增加足够的兵力，或者获得更好的武器来提高他们的杀伤，从而赢得胜利。

7.2.6　定性和定量方法

通过前文的介绍，读者对直瞄射击方法已有一些定性的了解。首先回看公式：
$$\Delta X = -k_1 Y$$
$$\Delta Y = -k_2 X$$

假设两者都等于 0，然后解两者都等于 0 的方程，得到两条直线 $X = Y = 0$ 相交于(0,0)的均衡点。向量指向(0,0)，但(0,0)不稳定。此时假设意味着轨迹在到达任何一个坐标轴时终止，这表明一个变量已经趋于零。图 7.5 和图 7.6 展示了相应结果，并表示出了 x 军获胜、y 军获胜和平局情况的区域。

根据前文介绍，平局形式：$\sqrt{k_1 k_2} \cdot x_0 = k_1 \cdot y_0$。根据平局形式绘制出了一条漂亮的线条，其中 $y = \dfrac{\sqrt{k_1 k_2}}{k_1} x$ 的曲线意味着平局。在这条直线上方的区域是 y 军获胜，直线下方的区域是 x 军获胜。在图 7.6 中绘制出了 y/x 的图像。

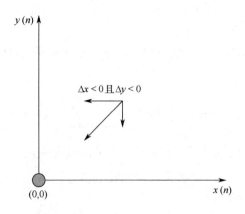

图 7.5　直瞄射击模式的静止点(0,0)

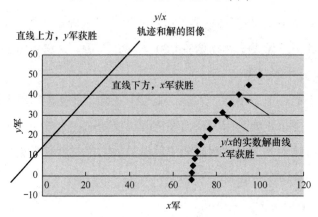

图 7.6　直瞄火力基本模型的轨迹

7.2.7　"直瞄射击"战例和历史视角

下面用兰彻斯特直瞄火力方程和发展出的形式来研究一些历史事例。

7.2.7.1　阿拉莫战役

首先，来看一下阿拉莫战役的情况。根据历史记录，大约有 189 名被困在阿拉莫的得克萨斯人在阿拉莫周围的开阔地带受到 2000 名墨西哥士兵的攻击。这里的关键是描述交战过程中每一支部队的战斗人员损失。这里通过测量或定义变化来做到这一点。定义 $T(n)$ 为时间段 n 后的得克萨斯人数量，$M(n)$ 为时间段 n 后的墨西哥士兵数量。也就是说，可设计一种方法来表示 $\Delta T = T(n + 1) - T(n)$（一段时间内得克萨斯战斗人员的损失）和 $\Delta M = M(n + 1) - M(n)$（一段时间内墨西哥战斗人员的损失）。阿拉莫战役是图 7.7 中战斗的一个例子。双方的战斗人员都能看到他们的对手，并能直接对其开火。隐藏在路障后面的得克萨斯人难以被攻击到，模型需要反映这一事实。

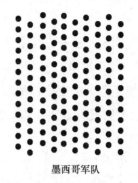

图 7.7 墨西哥军队逼近阿拉莫

首先，来看一下 ΔM 取决于什么？ΔM 取决于得克萨斯人发射的子弹数量及他们对墨西哥士兵射击的准确度。这里可以使用比例模型，即

$$\Delta M \propto 发射子弹数量 \times 击中率$$

能够发射的子弹数量取决于有多少人在射击及每个人射击的速度。考虑到当时的武器装备状况，只能让一部分人开火，其余人为射击人员装填弹药，效率会更高、火力会更强。还有一个问题是让部队的哪一部分处于射击位置。如果军队的队形是一个矩形，战斗人员一排接一排站好，只有前一排或前两排可以自由地向敌人射击。因此：

$$\Delta M = 得克萨斯人数 \times 开火百分比 \times （发射子弹/得克萨斯人/分钟）\times$$

$$（击中率/子弹）\times （墨西哥人失去战斗能力/被击中数量）$$

所有这些变量可以组合成一个比例常数 k。其中一些变量会随着距离或时间的变化而变化。例如，当墨西哥军队逼近阿拉莫时，被击中的概率可能会增加。然而，这里的模型假设，除战斗人员的数量外，其他因素在战斗过程中都是恒定的。因此，可以把上面式子写成 $\Delta M = -k \cdot T(n)$，其中 $T(n)$ 为在时间段 n 后留在战斗中的得克萨斯人的人数，负号表示墨西哥战斗人员的数量正在减少。

现在，来看 T。T 同样由墨西哥人的数量、射击百分比、每名墨西哥战斗人员每分钟射出的子弹数、命中概率及每次命中致残的得克萨斯人数量这几项组成。我们认为墨西哥战斗人员的射速比得克萨斯人小，因为墨西哥战斗人员要一边装填子弹一边行军，而不是站着不动装填子弹。同样，得克萨斯人站在墙后射击的概率也高于墨西哥人在旷野行军时射击的概率。所以

Note

$$\Delta M = -k_1 T(n), \quad \Delta T = -k_2 M(n)$$

但是对于两支部队，k_1 和 k_2 的值会有很大不同。常数 k 和 c 常被用来表示战斗力系数。

阿拉莫战役实际上由两场战斗组成。在第一场战斗中，墨西哥人在开阔地，战斗力常数 k_2 比 k_1 小得多，这对得克萨斯人有利。一旦阿拉莫的城墙被攻破，k_1 和 k_2 的值就会发生巨大的变化，战斗将在很短的时间内结束。这里只模拟了第一场战斗，假设它的结果就是战役的结果。

构建的模型为

$$\begin{bmatrix} T(n+1) \\ M(n+1) \end{bmatrix} = \begin{bmatrix} 1 & -0.06 \\ -0.5 & 1 \end{bmatrix} \begin{bmatrix} T(n) \\ M(n) \end{bmatrix}, \quad \begin{bmatrix} T(0) = 200 \\ M(0) = 1200 \end{bmatrix}$$

根据方程 $\sqrt{k_1 k_2} \cdot T_0 < k_1 \cdot M_0$，可得到 0.1732×200<0.5×1200，并且得知墨西哥部队取得了决定性的胜利。在表 7.1 中，得到了在每种情况下实现平局的数值。对于这起事件来说，这些数值中明显有很多值是不现实的。如果没有外界的帮助，得克萨斯人会输掉这场战斗。

表 7.1　平局值

平　局	k_1	k_2	$T(0)$	$M(0)$
k_1 变量	2.16（非常不现实的数值）	0.06	200	1200
k_2 变量	0.5	0.01388	200	1200
$T(0)$ 变量	0.5	0.06	200	578
$M(0)$ 变量	0.5	0.06	3464（不现实）	1200

7.2.7.2　特拉法加战役

另一个关于直瞄火力作战的经典例子是特拉法加战役。在传统的海战中，两支舰队平行航行，并向对方的舷侧开火，直到其中一支舰队被歼灭或放弃，其中白色舰队代表英国舰队，黑色舰队代表法西联合舰队（见图 7.8）。

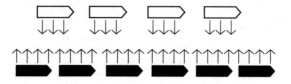

图 7.8　白色舰队惨遭重创

在这样的交战中，有火力优势的舰队必然获胜。为了模拟这场战役，可从差分方程系统开始模拟战斗中两支舰队的相互作用。假设一开始有两支敌对的舰队，

分别为 A_0 和 B_0，$A(t)$ 和 $B(t)$ 在战斗开始后的 t 单位时间内相互对抗。考虑到特拉法加战争时期的作战风格，每支舰队的损失将与对方舰队的有效火力成正比。也就是说：

$$\Delta A = -bB \ 且 \ \Delta B = -aA$$

式中，a 和 b 分别为衡量舰艇上的火炮和人员效率的正的常数；A 和 B 均为时间函数。在准备特拉法加战役时，英国舰队纳尔逊上将（Admiral Nelson）假定两支舰队的作战效率系数大致相等。为了简单起见，令 $a = b = 0.05$。通过图 7.9 可以看到不同的初始设置，可尝试确定战斗结果的规律。

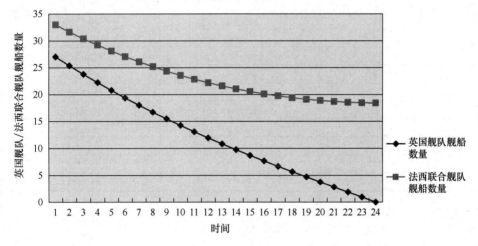

图 7.9 按传统作战策略进行的特拉法加战役

可以将这些数字进行迭代来确定哪一方是最后的获胜者，并绘出如图 7.9 所示的图像。

在这个例子中，英国舰队有 27 艘舰船，而法西联合舰队有 33 艘舰船。如图 7.9 所示，英国舰队预计会损失所有的 27 艘舰船，而法西联合舰队只会损失大约 14 艘舰船。

现在，回到之前建立的方程：

$$0.05 \times 33 > 0.05 \times 27$$
$$1.65 > 1.35$$

由于 $\sqrt{k_1 k_2} \cdot \mathrm{FS}_0 < k_1 \cdot B_0$，法西联合舰队获胜。可以推导出解析解为

$$X(k) = -3 \begin{bmatrix} -1 \\ 1 \end{bmatrix} 1.05^k + 30 \begin{bmatrix} 1 \\ 1 \end{bmatrix} 0.95^k$$

解析解的计算结果如表 7.2 所示。

表 7.2　解析解的计算结果

n	B (n)	FS (n)
0	27	33
1	25.35	31.65
2	23.7675	30.3825
3	22.24838	29.19413
4	20.78867	28.08171
5	19.38458	27.04227
6	18.03247	26.07304
7	16.72882	25.17142
8	15.47025	24.33498
9	14.2535	23.56147
10	13.07542	22.84879
11	11.93298	22.19502
12	10.82323	21.59837
13	9.743315	21.05721
14	8.690455	20.57004
15	7.661952	20.13552
16	6.655176	19.75242
17	5.667555	19.41967
18	4.696572	19.13629
19	3.739757	18.90146
20	2.794685	18.71447
21	1.858961	18.57474
22	0.930224	18.48179
23	0.006135	18.43528

为了让英国舰队获胜，首先计算让他们平局的数值。为了与法西联合舰队打成平手，英国舰队需要 33 艘舰船，此外，他们还必须将歼灭效率提高到 0.07469。如果这些数值更大，会让英国舰队更有优势。然而，如果没有更多的船只，船上也没有更多的武器装备，唯一的选择就是改变战略。

现在来测试纳尔逊上将在特拉法加战役中使用的新战略。纳尔逊上将决定改变当天的线性作战方式，使用"各个击破"的战略。他把自己的舰队分成 13 艘和 14 艘两组，将敌舰队分为三组：17 艘船（B）、3 艘船（A）和 13 艘船（C）。可以把这三组当作敌舰队的头、中、尾三部分。纳尔逊上将的计划是先让 13 艘船（C）攻击中间的 3 艘船（A），然后让先前未参与战斗的 14 艘船加入进攻，攻击敌方规模更大的那 17 艘船（B），最后再转向攻击剩下的 13 艘船。请思考使用纳尔逊的策略如何获胜？

假设除攻击不同规模部队的顺序外，其他变量保持不变，可以发现纳尔逊上将和英国舰队现在赢得了战斗，击沉了所有法西联合舰队的船只，还保留了 13～14 艘船。

　　该如何获得这些结果？最简单的方法是迭代，即使用三个作战描述公式。如图 7.10 所示，当其中一个数值接近于 0（在变为负值之前）时，战斗就会停止。

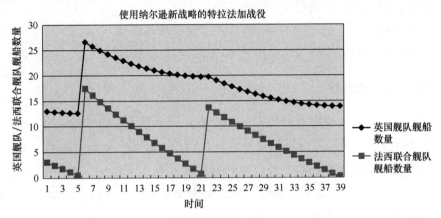

图 7.10　英国舰队采用新战略获胜

7.2.8　战斗的时长

　　为确定战斗的持续时间，需要在方程组 $\Delta A = A(n+1) - A(n) = -k_1 B(n)$ 和 $\Delta B = B(n+1) - B(n) = -k_2 A(n)$ 的解中找到一些容易观察到的变量间关系。例如，7.2.4 节中示例的解：

$$X(k) = -14.64 \begin{bmatrix} -1 \\ 0.707 \end{bmatrix} 1.0707^k + 83.36 \begin{bmatrix} 1 \\ 0.707 \end{bmatrix} 0.9293^k$$

可简化为

$$X(k) = -\begin{bmatrix} 14.64 \\ -10.35 \end{bmatrix} 1.0707^k + \begin{bmatrix} 83.36 \\ 58.9355 \end{bmatrix} 0.9293^k$$

　　图像显示 x 军获胜（正如其他相关分析），而时间参数 y 何时趋近于 0？如果用 x 的方程求解，最后会得到一个负数，而实际结果不可能为负。

　　若设 $y(k) = -10.35 \times 1.0707^k + 58.9355 \times 0.9293^k$ 且 $y(k) = 0$。

　　则 k 的解（时间参数）为 $\dfrac{\ln\left(\dfrac{58.9335}{10.35}\right)}{\ln\left(\dfrac{1.0707}{0.9293}\right)} \approx 12.28$ 时间段。

总的来说，时间参数为以下两个等式之一：

$$\frac{\ln\left(\dfrac{c_1 v_{11}}{c_2 v_{12}}\right)}{\ln\left(\dfrac{\lambda_1}{\lambda_2}\right)} \text{ 或 } \frac{\ln\left(\dfrac{c_1 v_{21}}{c_2 v_{22}}\right)}{\ln\left(\dfrac{\lambda_1}{\lambda_2}\right)} \tag{7.8}$$

这取决于分子中 ln 函数（正数值）的形式。

如果红蓝军战斗数据是歼灭数/小时，那么战斗持续了 12.28 小时。那么战斗的大致时间或时长是多少呢，这可以用式（7.8）中的算式很快计算出来。

案例：硫磺岛战役

在第二次世界大战期间的硫磺岛战役中，日本投入了 21500 名士兵，美国投入了 73000 名士兵。双方打的是一场常规战争，日军在加固了的壕沟中作战。日军作战效率系数为 0.0544，而美军作战效率系数为 0.0106（根据战后统计数据所得）。如果以上数据是准确的，那么哪边会胜利？当失败方只剩下 1500 人时，胜利方还有多少人？为了回答上述问题，可直接来讨论一下获胜条件和解析解。

$$\sqrt{k_1 k_2}\, x_0 \begin{cases} > \\ = \\ < \end{cases} k_1 y_0$$

$$0.02401 \times 73000 > 0.0106 \times 21500$$

$$1752.97 > 227.90$$

由此可知，美军会取得决定性的胜利。

解析解为

$$X(k) = -12145.67\begin{bmatrix} -1 \\ 0.4414 \end{bmatrix} 1.024^k + 60854.33 \begin{bmatrix} 1 \\ 0.4414 \end{bmatrix} 0.976^k$$

或

$$X(k) = \begin{bmatrix} 12145.67 \\ -5361.1 \end{bmatrix} 1.024^k + \begin{bmatrix} 60854.33 \\ 26861.1 \end{bmatrix} 0.976^k$$

通过算式，可求得日军人数降低至 1500 人所用的时间。

可以发现，日军人数需要 30.922 个时间周期才能降低至 1500 人。因此，该模型显示，美军大约还有 53999 名士兵。

实际上，这场战役结束时，日军幸存 1500 人，美军幸存 44314 人，战役持续了 33～34 天。根据模型得出的近似值在时间上有 6% 的误差，在幸存的美军士兵数量上有 21.8%的误差。幸存士兵数量的错误促使研究人员重新审视该模型的假设，以寻求解释。实际上，美军当时在 15 天内是分阶段登陆的，直到最终才投入 73000 名士兵，如果像特拉法加战役那样处理至少 15 场不同的战斗，得到的结果将更准确。

7.2.9　叛乱和平叛行动

当代的战争不同以往，其战场的态势与过去大不相同。这里分析一下已经演变为"多环"冲突的伊拉克战争后期阶段（Kilcullen 的观点，见图 7.11）。

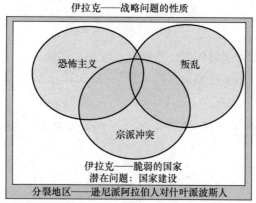

图 7.11　基卡伦 2004 年对伊拉克战略问题的看法

叛乱和平叛行动可用以下离散兰彻斯特模型进行简化建模，该模型使用了改良版的布拉克尼混合律（也被称为抛物线定律，由 Brackney 于 1959 年提出）。它可以用来表示游击战，现在也可以用来表示叛乱和平叛行动。

这里定义 $Y(n)$ 为时段 n 后的叛乱力量，定义 $X(n)$ 为时段 n 后的政府作战力量。

然后，

$$X(n+1) = X(n) - k_1 \times X(n) \times Y(n)$$
$$Y(n+1) = Y(n) - k_2 \times X(n)$$

式中，k_1 和 k_2 均为毁伤率。

此外，如果对既有增长又有损耗的全面冲突进行建模，可使用以下模型：

$$X(n+1) = X(n) + a \times (K_1 - X(n)) \times X(n) - k_1 \times X(n) \times Y(n)$$
$$Y(n+1) = Y(n) + b \times (K_2 - Y(n)) \times Y(n) - k_2 \times X(n)$$

式中，k_1 和 k_2 均为毁伤率；a 和 b 均为正常数；K_1 和 K_2 均为运载量。

这是增长模型和战斗模型的结合，代表了冲突正在进行，叛乱仍在持续增长。这类方程只能用数值迭代法求解和分析。如果运用计算机中的 Excel 表格软件，士兵或决策者就可以归纳战斗的特征并快速得到"结果"。

7.2.10　微分方程与标准兰彻斯特方程的比较

再以红蓝军对抗为例，以微分方程组的形式可表示如下：

$$\frac{\mathrm{d}x(t)}{\mathrm{d}t} = -0.1 \times y(t)$$

$$\frac{\mathrm{d}y(t)}{\mathrm{d}t} = -0.05 \times x(t)$$

$$x(0) = 100, y(0) = 50$$

通过这个微分方程组得到解，精确到小数点后三位：

$$x(t) = 14.644 \times \mathrm{e}^{0.0707t} + 85.355 \times \mathrm{e}^{-0.707t}$$

$$y(t) = -10.355 \times \mathrm{e}^{0.0707t} + 60.355 \times \mathrm{e}^{-0.707t}$$

在图 7.12 中提供了微分方程组和差分方程组求得的不同解的图像，请读者注意它们的相似程度。

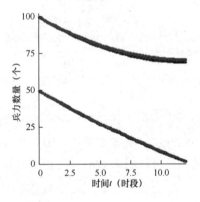

图 7.12　通过微分方程组和差分方程组得到的蓝红军对抗的解图像

7.2.11　兰彻斯特方程小结

差分方程在战争模型中的应用具有实用价值，不仅解析解可以让分析人员为决策者提供定量信息，用来快速分析潜在结果，而且每个差分方程都有容易求得的数值解。而对于作战中的决策者来说，微分方程是一个抽象的概念，决策者在当时也无法使用分析工具。但 Excel 电子表格对决策者来说是一个强大的工具，在作战中也可以使用。基于"未来=现在+变化"的差分方程组是一种直观的和直面问题的方法，每个使用差分方程组的战争模型都有一个数值解，有些战斗模型（如直瞄火力模型）有解析解，可以直接用于分析和得出结果。对于该类模型，可在国防分析系的建模课程中教授给军校学员。

7.3 含离散动力系统的叛乱分析模型

场景 1 反叛势力在厄巴尼亚市有稳固的据点。情报部门估计他们大约有 1000 名战士，每周大约有 120 名反叛分子从邻国莫隆卡（Moronka）抵达。在与叛乱者的冲突中，当地警察平均每周能抓获或杀死约 10% 的叛乱者。

问题陈述：确定叛乱势力的规模和时间之间的关系。

假设：该系统可以用离散动力系统建模。系统中，人的体型和健康程度都在正常范围内，没有其他因素会影响叛乱势力的规模级别。对当前规模的估计从时间 0 开始。

以下问题是学生在实验室中研究模型及其解时提出的。

（1）描述当前系统在下述条件下的行为：

① 在当前条件下，系统是否有稳定的平衡？如果有，其水平可以接受吗？

② 如果局势不发生变化，发起一项旨在减缓（或阻止）新的叛乱者涌入的行动会起多大作用？

（2）警察部队的人员流失率控制在多少才能在 52 周或更短的时间内将叛乱人数减至 500 人以下的平衡级别？

（3）如果拥有先进武器的警察部队的人员流失率在 30%～40%，是否必须实施行动来阻止新的叛乱者涌入？

（4）外部因素、变化因素和初始条件的变化对系统行为曲线有怎样的影响？

（5）需要达成怎样的条件才能使情况（1）或情况（2）在 52 周内发生？

期待学生能自行得到以下模型：

$$A(n) =时间段\ n\ 后系统中叛乱者的数量$$

这里，时间以周为单位，$n =0,1,2,3,\cdots$

$$A(n+1) = A(n) - 0.01A(n) + 120, \quad A(0) = 1000$$

请注意，模板中内置的滑块允许学生随意更改参数，并观察对解的动态的影响（见图 7.13）。

Note

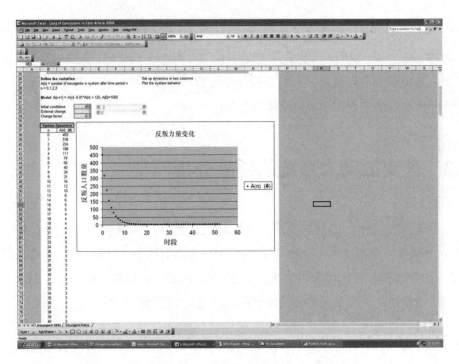

图 7.13　叛乱者人数变化的 Excel 截图

场景 2　反叛势力在伊贝斯坦中部的大城市厄巴尼亚（Urbania）有一个稳固的据点。当时的情报部门估计他们有 1000 名战士。当地警察机关大约有 1300 名警官，其中许多人都没有接受过关于执法方式或以现代战术处理叛乱活动的正式培训。根据过去一年收集的数据，每周大约有 8% 的叛乱者转换阵营加入警察，而大约 11% 的警察转换阵营加入叛乱者。情报部门还估计，每周大约有 120 名新的叛乱者从邻国莫隆卡（Moronka）来到这里。在伊贝斯坦（Ibestan），每周也能招募到 85 名新的警察。在与叛乱者的武装冲突中，当地警察平均每周能抓获或杀死约 10% 的叛乱者，而自身损失约 3% 的人手。

问题陈述：如果存在差分方程，请确定差分方程的平衡状态。

假设：该系统可以用离散动力系统建模。

问题：

（1）建立差分方程系统。

（2）从长远来看，确定哪一方会获胜。

（3）找到能够改变结果的合理数值。解释如何得到这些数值？

这里定义变量为

$$P(n) = 在时间段 \ n \ 后系统中存在的警察数量$$

$$I(n) = 在时间段 n 后系统中存在的叛乱者数量$$
$$n = 0,1,2,3,\cdots，以周为单位$$

模型如下：

$$P(n+1) = P(n) - 0.03\,P(n) - 0.11\,P(n) + 0.08\,I(n) + 85,\ P(0) = 1300$$
$$I(n+1) = I(n) + 0.11\,P(n) - 0.08\,I(n) - 0.01\,I(n) + 120,\ I(0) = 1000$$

建立模型后依旧可以用 Excel 模板来分析。

7.3.1　使用 Excel

在 Excel 中构建动态系统模型时，最好使用模型中的项直接表示效果，而不是先简化系统的表达，然后再构建电子表格模型，如图 7.14 所示。

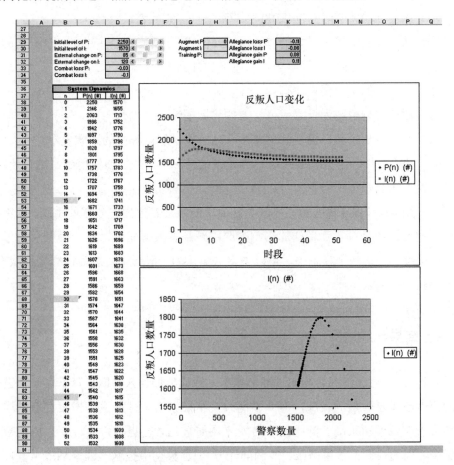

图 7.14　叛乱者动态系统模型的 Excel 截图

（1）每项及其系数对问题都有直观的意义，其建立在促进假设分析的特定的动态效应上。

（2）使用滚动条可方便探索研究。注意，滚动条需要直接链接到单个模型参数。

随后的数学分析，如计算精确的极限行为（如平衡态），会直接通过合并类似的项和简化系统来确定系统及其解的一般形式。

在分析过程中有两个图表较重要：通过散点图表示的个体种群变化，以及直接对比（force-on-force）的"状态空间"图表。这里重点对替代策略进行快速探索，因此有：

在完全对比的情况下，双方能"看到"对方，影响效果不被掩藏。其采取的两种策略如下。

（1）从一开始就部署全部 1500 名警察来打击叛乱者。

（2）从一开始就部署最好的 500 名警察来打击叛乱者，并建立一个正式的培训计划，每 15 周让 500 名警察毕业，以增加外勤人员。

此外，主要的学习要点还有：

（1）短期影响表现为一方或另一方的"周期性突然提升"。

（2）长期影响表现在模型的动态中，这里用系统矩阵中的系数表示。

（3）在没有以动态方式对系统行为建模的情况下，是单独使用还是结合使用，哪种使用方法最好？

这里用 Excel 做了两个例子：一个是简单的叛乱者模型差分方程系统，其中的重点是通过模拟只对叛乱者施加影响来跟踪叛乱者人群发展；另一个则引入了两种人群模型。在这两个模型中，可以先将项简化为一般形式，然后计算平衡状态，并考察长期行为。

7.3.2 结果与结论

假设每 15 周训练和培养出 500 名警察，并让他们加入警队。基于这一假设做出的修改改善了平叛的状况，但并不能改变结果。学生讨论说，警察数量的增加可能会影响警察和叛乱者的比例。转变立场的叛乱者会更多，而转变立场的警察会更少，因为他们都希望站在"胜利的一方"。在模型中把这一因素纳入考量，结果就会改变，警察可以击败叛乱者。这个工具并没有告诉分析人员如何做到这一点，但如果能做到这一点，就可以改变最终结果，让警察获胜，决策的最终目标是假设了决策者一方站在了警察的立场上。

　　技术和模型的完美结合让我们能够在没有威胁的环境中"测试"想法，从而帮助我们做出更好的决定。

7.4　伊拉克战争三环模型

　　袭击发生在美国本土，但它也发生在文明世界的心脏和灵魂上。全世界已经团结在一起，来应对一场不同于以往的新战争，这是 21 世纪的第一场战争，同时希望也是唯一的一场战争。这是一场针对所有寻求输出恐怖主义之人的战争，也是一场针对支持或庇护他们的政府的战争。

　　　　　　　　　　　　　　　　——乔治·布什总统，2001 年 10 月 11 日

　　这里讨论的建模工作是为领导人和决策者提供一种工具，以衡量提议的行动对整个伊拉克任务各方面的影响，以及衡量不可预见的事件及其对伊拉克稳定的潜在影响。数学模型不仅可以洞察现实世界的行为，还可以帮助决策者确定假设场景可能产生的影响。这里的"力量倍增器指标"（INFORM）模型是一个分层模型，最初深度为一层或两层。如果努力取得了富有成效的结果，模型可以根据需要扩展到更多层。

　　INFORM 模型使用了"战争环"方法（circles-of-war approach）。所有三种类型的战争——政府间战争、叛乱和内战——都在伊拉克冲突中同时发生过，这场冲突始于 2003 年美国和联军入侵伊拉克时的一场政府间战争，在推翻萨达姆·侯赛因政权后，以美国为首的部队很快又要面对一场由逊尼派（包括一些基地组织成员）领导的叛乱，他们要与驻扎在伊拉克的联军、什叶派控制的伊拉克政府和安全部队交战。2006 年，冲突开始逐渐呈现内战的特征，导致政府分为逊尼派和什叶派两派。逊尼派和什叶派民兵经常互相发起报复性袭击。虽然伊拉克的冲突可能被定性为内战，但它仍然包含叛乱和政府间战争的要素，并面临伊朗和土耳其介入的危险。

　　战争的三种类型彼此重叠，因此一起事件可能涉及不止一种类型的要素。例如，有些叛乱是由伊拉克基地组织（al Qaeda in Iraq，AQI）发起的纯粹的恐怖主义活动，有些则是由叛乱者发起的活动，还有一些则表现出明显的教派色彩。事实上，大多数事件都包含两种或三种类型的要素。这三种类型的战争可以用重叠

圆圈的维恩图来表示（见图7.15），每一种都在不断地改变大小，在这三种动力的相互作用中，任何事件都可以在图中找到自己的位置。

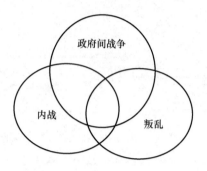

图 7.15　对伊拉克战略问题的看法

适用于这场冲突的模式的一个基本假设是：伊拉克需要进行国家建设。无处不在的安全问题使分析人员无法触及更多潜在的问题，如犯罪、基础设施薄弱、经济和社会的异化、统治无力等，这些都是国家建设需要解决的问题。而这一根本问题无法得到解决，导致伊拉克的安全问题不断延续并愈加恶化，对三种类型的战争来说也是如此。

上述三种类型的战争是相辅相成的——每种都可能使其他类型的战争变得更糟糕。恐怖主义引发公共冲突，反过来又使叛乱变得更加棘手，进而引发新的恐怖主义，循环往复。

每个问题的解决方案也往往是相互抵触的——一个问题的解决方案往往会使其他问题变得更糟。例如，打击叛乱需要建立本土安全部队，但是在一个国家机构无力、教派分歧严重的社会，本土安全部队的集结可能会使公共冲突恶化。解决公共冲突需要与所有社区团体合作，包括那些支持恐怖分子的团体，而这可能会造成仇恨，让支持恐怖主义派系的力量增强；打击恐怖组织意味着破坏恐怖分子的支持，这可能会使叛乱的形势恶化——如此循环往复，无休无止。

这里创建了伊拉克战争的 INFORM 模型，它是一个同时考虑了军事和非军事影响的动态系统模型，可应用于伊拉克的反恐战争和伊拉克自身的基础设施灵活性上。该模型的基本模式来源于国土安全部。当前所阐述的只是一个更大的随机模型的基本框架。

Note

7.4.1　动态系统模型构建

用一个离散动态系统模型来记录时间带来的影响及相互作用的结果，使用范例

$$未来 = 现在 + 变化$$

来实施，构建无冲击的基本模型如下式所示：

$$\begin{bmatrix} p_i(t+1) \\ s_k(t+1) \end{bmatrix} = \begin{bmatrix} Q_{xx} & Q_{xs} \\ Q_{sx} & Q_{ss} \end{bmatrix}^{\mathrm{T}} \begin{bmatrix} p_i(t) \\ s_k(t) \end{bmatrix}$$

符号含义如下：

符　号	含　义
$i = 1, 2, \cdots, I$	要素
$j = 1, 2, \cdots, J$	与要素相关的关键服务
$k = 1, 2, \cdots, K$	物理上的 (i, j) 要素-服务二元对
$p_i(t)$	t 时刻基础要素 i 的物理状态
$s_k(t)$	t 时刻 k 二元对的服务过程状态
$\boldsymbol{Q} = [Q_{ik}(t)]$	t 时刻状态的相互作用水平矩阵

在这个模型中，另外两个随时间退化或随时间维持的向量可以作为乘数：

符　号	含　义
$d_i(t)$	由于自然原因引起的实际系统的退化
$d_k(t)$	由于自然原因导致的服务系统退化（在物理系统、服务和物理-服务二元对之间）
$m_i(t)$	t 时刻对基础设施 i 的物理层的维护
$m_k(t)$	t 时刻对关键基础设施服务 k 的维护

这里应注意以下几点：

- 在基本模型中，假设 $\boldsymbol{Q}$ 部分为不变量，不对称，且状态独立。
- $\boldsymbol{Q}$ 的块结构表示状态组件之间由于相互依赖关联而产生的成对影响效果。
- 为 $\boldsymbol{Q}$ 的分量选择的范围代表一个完整的效应周期。
- $t=0$ 时刻的状态向量表示当前状态条件水平的保守估计。
- 退化和维护向量表示根据（可能是唯一的）周期时间序列 t^* 对状态条件的计划周期资源投入。

这里使用的一些国土安全层的例子包括能源、交通、公共卫生、金融等物理层，它们各自的服务层可以为居民供应电力、提供铁路和公共汽车服务、控制疾病、促进商业交易等。

分析人员修改了这些层，并让它们适应伊拉克动态模型。从 6 个变量开始，在例子中逐步增加到 8 个变量，并最终想要构建一个 30 个变量的模型。变量及其定义和对数据的简要讨论将在后面详细介绍。

随着时间的推移，持续更新动态模型。可以根据需要通过降级（自然降级）和维护（升级）来影响模型，可以用冲击来"打击"系统，分析哪些要素脱离了控制，并测量这些要素的净变化百分比。

在小组讨论过程中，发现模型需要对各种刺激做出反应，这些刺激被称为对系统的"冲击"，这些冲击既可以是被动的，也可以是主动的。分析人员在冲击的基础上建立了几个场景进行初步分析。根据模型的结果和对结果的分析，可以认为该模型值得进一步发展。

7.4.2 带有冲击的模型

假设 $c(j)$ 为由外部力量（叛乱袭击、轰炸、美军裁军等）造成的冲击。分析人员可以在基础设施要素中衡量其影响，以确定改善情况的行动方案，专家使用该模型创建一个冲击效果的向量（或分布，如果效果尚不明确）。在指定的冲击周期之后施加冲击，然后在该场景的后续计算中使用新的向量，如下所示。

$$\begin{bmatrix} p_i(t+1) \\ s_k(t+1) \end{bmatrix} = \begin{bmatrix} Q_{xx} & Q_{xs} \\ Q_{sx} & Q_{ss} \end{bmatrix}^{\mathrm{T}} \begin{bmatrix} p_i(t) \\ s_k(t) \end{bmatrix} \times \begin{bmatrix} c_i(\tau) \\ c_k(\tau) \end{bmatrix}$$

其中：

$$\begin{bmatrix} \tilde{Q}_{xx} & \tilde{Q}_{xs} \\ \tilde{Q}_{sx} & \tilde{Q}_{ss} \end{bmatrix}^{\mathrm{T}} = \left(\begin{bmatrix} Q_{xx} & Q_{xs} \\ Q_{sx} & Q_{ss} \end{bmatrix}^{\mathrm{T}} + \begin{bmatrix} C_{xx}(\tau) & C_{xs}(\tau) \\ C_{sx}(\tau) & C_{ss}(\tau) \end{bmatrix}^{\mathrm{T}} \right)$$

这种建模形式可以让使用者（决策者）采取相应行动和策略。

7.4.3 包含响应动作和/或策略的模型

模型为

$$\begin{bmatrix} p_i(t+1) \\ s_k(t+1) \end{bmatrix} = \left(\begin{bmatrix} \tilde{Q}_{xx} & \tilde{Q}_{xs} \\ \tilde{Q}_{sx} & \tilde{Q}_{ss} \end{bmatrix} + \begin{bmatrix} R_{xx}(\delta) & R_{sx}(\delta) \\ R_{xs}(\delta) & R_{ss}(\delta) \end{bmatrix} \right) \begin{bmatrix} p_i(t) \\ s_k(t) \end{bmatrix} \times \begin{bmatrix} m_i(t^*) \\ m_k(t^*) \end{bmatrix} \times$$

$$\begin{bmatrix} c_i(\tau) \\ c_k(\tau) \end{bmatrix} + \begin{bmatrix} r_i(\delta) \\ r_k(\delta) \end{bmatrix}$$

$$\begin{bmatrix} p_i(t+1) \\ s_k(t+1) \end{bmatrix} = \left(\begin{bmatrix} \tilde{Q}_{xx} & \tilde{Q}_{xs} \\ \tilde{Q}_{sx} & \tilde{Q}_{ss} \end{bmatrix} + \begin{bmatrix} P_{xx}(\delta) & P_{sx}(\delta) \\ P_{xs}(\delta) & P_{ss}(\delta) \end{bmatrix} \right) \begin{bmatrix} p_i(t) \\ s_k(t) \end{bmatrix} \times \begin{bmatrix} m_i(t^*) \\ m_k(t^*) \end{bmatrix} \times$$

$$\begin{bmatrix} c_i(\tau) \\ c_k(\tau) \end{bmatrix} + \begin{bmatrix} x_i(\delta) \\ x_k(\delta) \end{bmatrix}$$

通过 Q，可根据"复合"系统上的动态组对效果进行分析，其与"传输"系统组件的"健康"程度成正比。

$$p_i(t+1) = \left(\left(p_i(t) + \sum_{j \neq i} q_{ji} p_j(t) \right) m_i(t) \right) \mathrm{env}(t)$$

这些变量中的很多变量都来自概率分布，因此可以设想在模型上叠加对未来的模拟，并运行数千次以记录输出统计信息，然后对其进行分析。在下面的场景 5 中将演示这些结果。

7.4.3.1　模型求解算法

该模型在其当前状态下的算法步骤将在后面进行说明。

7.4.3.2　模型变量与 Q 矩阵

虽然本书的目标是在该模型中容纳 15 个物理变量和 15 个服务变量，它们涵盖了伊拉克基础设施和维护安全、负责战斗的军队的大部分关键因素，这里分析人员将模型的变量数量限制在 6 个和 8 个，并从总清单中进行了选择和修改。

模型中的变量的数值来自 2003 年至 2008 年提交给美国国会的报告，可从互联网上下载这些报告并进行分析，以提取数据。许多数据要素是概率分布型的，计算统计数据以容纳平均值和标准差，在这个版本的模型中使用的是平均值，并将它们标准化为 0~1 的数值。

Q 矩阵是该模型的一个关键元素，数据层之间相互作用的数值必须由专家提供。这些相互作用对模型必不可少，其显示了冲击在模型其他层传播的净效应。

7.4.3.3　例证

这里构建并运行了 5 个场景，其中包含影响动态系统的一个或多个冲击。以下描述只是一份概要。

场景 1

本例只考虑 3 个物理层和 3 个服务层，包括"电力"和"电力供给小时数"、"伊拉克警察"和"保障当地安全"、"恐怖活动"和"每周袭击次数"。持续观察系统的状态，直到在时间段 6 发生某种冲击——本例是有人用汽车炸弹袭击警察。正如分析人员所预料的那样，冲击在效果上降低了警察身体正常状况的百分比，也削弱了他们直接为当地提供安全保障的能力。结果显示，警察的身体状况随着时间推移降至 20%以下时，提供当地安全保障的能力降至 5%以下。该模型还显示了其他影响因素：预测电力实际状态和电力供应减少 10%以上时，恐怖袭击次数会增加 20%以上。对这些因素的分析表明，分析人员需要监测伊拉克的电力系统，并集中更多力量去制止恐怖主义活动。根据不同的选择，可以判断各因素对系统的影响，以便更快地让系统恢复与改善。

场景 2

本例只考虑 3 个物理层和 3 个服务层："经济"和"失业率"、"伊拉克警察"和"保障当地安全"、"恐怖活动"和"每周袭击"。分析人员持续观察系统的动态运作，直到在时间段 6 发生某种冲击——在本例还是有人用汽车炸弹袭击警察。正如分析人员所预料的那样，冲击在效果上降低了警察身体正常状况的百分比，也削弱了他们直接为当地提供安全保障的能力。结果显示，警察的身体状况随着时间推移降至 20%以下时，提供当地安全保障的能力降至 5%以下。该模型还显示了其他影响因素：预测经济衰退约 10%时，提供的就业机会将减少15%以上，恐怖袭击的次数会增加 18%以上。对这些因素的分析表明，分析人员需要监测伊拉克的经济系统，并集中更多力量去制止恐怖主义活动。根据不同的选择，可以判断各因素对系统的影响，以尽可能快地恢复系统，甚至改善系统。

场景 3

本例只考虑 4 个物理层和 4 个服务层："美军"和"伤亡率"、"伊拉克警察"和"保障当地安全"、"叛乱者"和"破坏政府的稳定"、"内战"和"不满"。分析人员持续观察系统的动态运作，直到在时间段 6 发生某种冲击——本例还是有人用汽车炸弹袭击警察。正如分析人员所预料的那样，冲击在效果上降低了警察身体正常状况的百分比，也削弱了他们直接为当地提供安全保障的能力。结果显示，警察的身体状况随着时间推移降至 45%以下时，提供当地安全保障的能力降至52.5%以下。该模型还显示了其他影响因素：预测美军的战斗力会下降 17%，伤亡会增加 150%；叛乱活动成为所有联军针对的目标，暂时减少 72%，对政府稳定程度的破坏只会减少 10%；内战会增加 4%，民众不满会增加 30%。对这些因素的分析表明，需要通过加大打击叛乱者的力度来制止叛乱活动，并维持政府有效管理水平，还应该在其他方面集中更多力量去抑制人民日益增加的不满情绪。

场景 4

本例只考虑 4 个物理层和 4 个服务层："美军"和美军的伤亡率、"伊军"和"安全保障"程度；"叛乱者"和"破坏政府的稳定"程度、"内战"程度和"不满"程度。分析人员持续观察系统的动态运作，直到在时间段 6 发生某种冲击——在本例中，假设美军撤出大量部队，伊军在整体效率上获得了微小的改进。冲击在效果上降低了美军战斗力的百分比水平，增加了伤亡率。伊军仍然保有 93% 的战斗力，安全保障能力为 85%，两者都略有下降。这些冲击降低了叛乱者及其制造不稳定的能力，而内战和不满的百分比都提高了。分析人员建议在不增加任何伤亡的情况下，不要让美军迅速撤离。

场景 5

输入和输出：在该模型中，假设变量的状态为均匀分布，平均值为场景 4 中的数值；冲击倍增数也为均匀分布，平均值为场景 4 中的数值。这里将场景 4 中的模拟模型运行 1000 次来获取最终状态作为分布统计的基础。

每个案例都包含了期望值或平均值，也给出了所有可能的其他输出值的概率分布。

分析：模型结果显示了可能的取值范围和获得这些数值的概率。灵敏度分析显示了典型结果和非典型结果。美军效率降低的变异性是典型的，且是关于美军及其缩编的一个函数。伊军的变量也是如此，叛乱的变异性是非典型的，且是关于叛乱的一个函数，其 27.4% 受伊军影响，16.6% 受内战活动影响。美军伤亡率的变化受到内战和伊军效率的影响。

7.4.3.4　结论和建议

INFORM 伊拉克建模结果应当作为一种规划工具使用，帮助决策者就采取的与伊拉克相关的行动做出明智决定。该模型在其初期阶段已被证明能够记录和解释在伊拉克发生的事件的动态，以及这些事件对伊拉克其他地方的影响。重建更大的模型时可纳入更多的基础设施变量，这对实现伊拉克的和平与稳定至关重要。

7.5 微分方程模型

本章前面所提出的所有模型都可以通过不同的微分方程解决。在之前介绍的离散动力系统中，

$$A(n+1) = A(n) + kA(n)，\quad A(0) = A_0$$

这里可以将其重新整理为

$$A(n+1) - A(n) = kA(n)，\quad A(0) = A_0$$

除以 Δn 后求 $n \to \infty$ 时的极限，于是得到了常微分方程（ODE）：

$$\frac{\mathrm{d}A}{\mathrm{d}n} = kA(n)，\quad A(0) = A_0$$

这里将药物滥用造成轻微脑损伤的模型用一个常微分方程来表示：

$$\mathrm{d}A / \mathrm{d}t = -0.25A(t) + 100，\quad A(0) = A_0$$

在这种情况下，解为闭合形式或者数值形式（见图 7.16）。

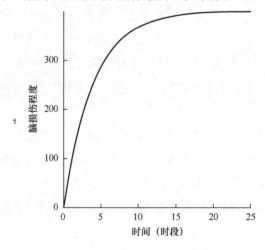

图 7.16 轻微脑损伤模型的图像

求解代码如下。

```
>with(DETools) : with(plots) :
>eqn1 := diff(A(t), t) = (-.25·A(t) + 100);
eqn1 := d/dt A(t) = -0.25 A(t) + 100

>IC := A(0) = 0;
IC := A(0) = 0
>dsolve({eqn1, IC}, numeric, method = classical[ foreuler], output
    = array([0, 1, 2, 3, 4, 5, 6, 7, 8, 9, 10, 15, 20, 25, 30, 35, 40,
    45, 50, 55, 60, 65, 70, 75, 80, 100, 200, 300, 400, 500, 600, 625,
    650, 675, 700]), stepsize = 1);
```

$$
\begin{bmatrix}
\quad [\ t\ A(t)\ ] \quad \\
\begin{bmatrix}
0. & 0. \\
1. & 100. \\
2. & 175. \\
3. & 231.250000000000 \\
4. & 273.437500000000 \\
5. & 305.078125000000 \\
6. & 328.808593750000 \\
7. & 346.606445312500 \\
8. & 359.954833984375 \\
9. & 369.966125488281 \\
10. & 377.474594116211 \\
15. & 394.654615595937 \\
20. & 398.731515224426 \\
25. & 399.698982616734 \\
30. & 399.928567163932 \\
35. & 399.983048653160 \\
40. & 399.995977365935 \\
45. & 399.999045410080 \\
50. & 399.999773471337 \\
55. & 399.999946243687 \\
60. & 399.999987243375 \\
65. & 399.999996972793 \\
70. & 399.999999281630 \\
75. & 399.999999829527 \\
80. & 399.999999959546 \\
100. & 399.999999999872 \\
200. & 400.000000000000 \\
300. & 400.000000000000 \\
400. & 400.000000000000 \\
500. & 400.000000000000 \\
600. & 400.000000000000 \\
625. & 400.000000000000 \\
650. & 400.000000000000 \\
675. & 400.000000000000 \\
700. & 400.000000000000
\end{bmatrix}
\end{bmatrix}
$$

> $ds := dsolve(\{eqn1, IC\}, A(t));$

$ds := A(t) = 400 - 400\,e^{-\frac{1}{4}t}$

```
We plot the solution in MAPLE,
```

> $plot\left(400 - 400\,e^{-\frac{1}{4}t},\ t = 0\,..25,\ color = black,\ thickness = 3\right);$

7.6　微分方程组模型

7.6.1　应用微分方程组

在本节中，将介绍多种来自不同学科的数学模型，重点是建立数学模型或数学表达式，这将在本章的后面集中讨论。在前面的学习中讨论了建模的过程，本节将讨论建模过程的前三个步骤：①确认问题；②假设和变量；③建立模型。

 例 7.2　经济学基本供求模型

假设我们对一种特定产品的价格变化感兴趣。据观察，产品价格高会吸引更多的供应商。但是，如果把该产品大量投放市场，则价格会下降。随着时间的推移，价格和供应之间存在相互作用，具体事例可以参考圣诞节热销的"搔痒娃娃"事例。

确认问题：为一种特定产品建立价格和供应模型。

假设和变量：假设价格与供给量成正比，而且供给量的变化与价格成正比。这里设定了以下变量：

$$P(t)=产品在\ t\ 时刻的价格$$
$$Q(t)=产品在\ t\ 时刻供应的数量$$

这里设定两个比例常数 a 和 b。常数 a 是负值，表示价格随着数量的增加而降低。

在限定条件的假设下，模型为

$$\frac{\mathrm{d}P}{\mathrm{d}t} = -aQ$$

$$\frac{\mathrm{d}Q}{\mathrm{d}t} = bP$$

 例 7.3　物种竞争问题

假如一个小鱼塘里同时生存着鳟鱼和鲈鱼。设 $T(t)$ 表示时间为 t 时鳟鱼的数量，$B(t)$ 表示时间为 t 时鲈鱼的数量。这里要分析的是两种鱼能否在池塘中共存。虽然鱼群的数量增长取决于许多因素，但分析时可限制条件，设定鱼群的增长基本独立，并为了获得稀少的生存资源而与其他竞争物种相互影响。

这里假设这些物种是在孤立环境中生长的。鳟鱼或鲈鱼的种群数量水平 $B(t)$ 和 $T(t)$ 取决于很多变量，如初始数量、竞争次数、掠食者、种群个体的出生率和死亡率等。孤立地看，假设一个比例模型（这和之前讨论过的基本人口模型是一样的），在这个环境中，鳟鱼和/或鲈鱼可以无限繁衍。稍后，会改进这个模型，以纳入有限增长假设。

模型表示为

$$\frac{\mathrm{d}B}{\mathrm{d}t} = mB$$

$$\frac{\mathrm{d}T}{\mathrm{d}t} = aT$$

接下来，考虑鳟鱼和鲈鱼在生存空间、氧气和食物供给方面的竞争，这里可对上述微分方程进行修改。其结果是，这种相互影响抑制了种群的增长，导致种群数量衰减。设鲈鱼数量衰减率为 n，鳟鱼数量衰减率为 b，其简化后的模型如下：

$$\frac{\mathrm{d}B}{\mathrm{d}t} = mB - nBT$$

$$\frac{\mathrm{d}T}{\mathrm{d}t} = aT - bBT$$

假设有初始的放养水平值 B_0 和 T_0，就可以确定这两种鱼群是如何随着时间的推移而共存的。

如果模型不合理，则可以将鱼群增长模式从独立增长改为逻辑斯谛增长。为了细化，可在一阶常微分方程模型中讨论孤立环境下的逻辑斯谛增长。

 例 7.4 掠食者-猎物关系

本案例研究两个物种的种群增长模型，假设一种动物是掠食者，另一种动物是猎物，比如狼和兔子，兔子是狼的主要食物来源。

设 $R(t)$ 为 t 时刻兔子的数量，$W(t)$ 为 t 时刻狼的数量。

假设兔群是在孤立环境中生长的，但会与狼群产生互动——兔子被狼杀死。进一步假设这些常数都是正比常数，即

$$\frac{\mathrm{d}R}{\mathrm{d}t} = a \cdot R - b \cdot R \cdot W$$

假设狼群在没有食物的情况下会灭绝，并通过与兔群的互动来增长。进一步假设这些常数都是比例常数，即

$$\frac{\mathrm{d}W}{\mathrm{d}t} = -m \cdot W + n \cdot R \cdot W$$

 例 7.5 叛乱问题

世界上有许多冲突涉及叛乱。政治派系（通常是原有势力或新政权）会打击因拒绝变化或者不满己方政治地位而发起的叛乱或者起义。这一点屡见不鲜，如美国独立战争。

在叛乱行动（IO）中，可假设：叛乱是一场场混乱的、基层的战斗，既令人

费解，又野蛮残酷。假设：敌军的定义很宽泛；参与势力受到的有效控制往往很微弱；交战大多是缺乏约束的，规则很少；一些根深蒂固的政治分歧几乎没有留下和解的空间。

如果想进一步建立一个动员模型，则可假设叛乱规模的扩大与任何其他自然或人为人口增长遵循相同的规律（如前面讨论的基本增长或逻辑斯谛增长）。此外，还有三个需要考虑的因素：潜在兵员储备、征兵人员的数量和转化率。

这里的逻辑斯谛增长和系统如下：

$$X(t)=叛乱规模$$

$$Y(t)=政权力量$$

$$\frac{\mathrm{d}X}{\mathrm{d}t}=a\cdot(k_1-X)\cdot X$$

$$\frac{\mathrm{d}Y}{\mathrm{d}t}=b\cdot(k_2-Y)\cdot Y$$

式中，a 为衡量叛乱的扩大速度；b 为衡量政权扩张率；k_1 和 k_2 为各自的承载能力。

7.6.2 解齐次和非齐次方程组

这里可以解以下形式的微分方程组：

$$\frac{\mathrm{d}x}{\mathrm{d}t}=ax+by+g(t)$$

$$\frac{\mathrm{d}y}{\mathrm{d}t}=mx+ny+h(t)$$

式中，a、b、m、n 为常数；函数 $g(t)$ 和 $h(t)$ 既可以为 0，也可以为 t 的实系数函数。

当 $g(t)$ 和 $h(t)$ 都为 0 时，该微分方程组为齐次方程组，否则为非齐次方程组。下面将从齐次方程组开始介绍，使用的解法包括特征值和特征向量。

 例 7.6 齐次方程组

初始条件为

$$x'=2x-y+0$$

$$y'=3x-2y+0$$

$$x(0)=1, y(0)=2$$

总的来说，如果把微分方程组写成矩阵形式，即

$$X'=Ax$$

此处：

$$A = \begin{bmatrix} 2 & 1 \\ 3 & -2 \end{bmatrix}$$

$$X' = \begin{bmatrix} \dfrac{\mathrm{d}x}{\mathrm{d}t} & \dfrac{\mathrm{d}y}{\mathrm{d}t} \end{bmatrix}, x = \begin{bmatrix} x \\ y \end{bmatrix}$$

就能解出 $X' = Ax$。这种形式与第 6 章学过的一阶可分离变量方程类似。假设解法类似：$X = Ke^{\lambda t}$，λ 为常数，X 和 K 为向量。λ 的值称为特征值，K 的分量是对应的特征向量。在线性代数教材及许多微分方程教材中都可以找到对特征值和特征向量的理论和应用的充分讨论。

一个 2×2 方程组有两种线性无关的解，称为 X_1 和 X_2。通解为 $X = c_1 X_1 + c_2 X_2$，其中 c_1 和 c_2 是任意常数。这里可以用初始条件求出 c_1 和 c_2 的特定值。

当有取值不同的特征值时，可以进行下列步骤：

第 1 步：将方程组建立成矩阵 $X' = Ax$，$X(0) = X_0$。

第 2 步：求特征值，λ_1 和 λ_2。

第 3 步：求相应的特征向量，K_1 和 K_2。

第 4 步：建立通解 $X = c_1 X_1 + c_2 X_2$，此处：

$$X_1 = K_1 e^{\lambda_1 t}$$

$$X_2 = K_2 e^{\lambda_2 t}$$

第 5 步：解出 c_1 和 c_2，给出 X 的解。

在第 2 步中，求特征值。可通过求 $A - \lambda I = 0$ 的行列式，建立特征多项式。

$$\det\left(\begin{bmatrix} 2-\lambda & -1 \\ 3 & -2-\lambda \end{bmatrix} \right) = 0$$

$$(2-\lambda)(-2-\lambda) + 3 = 0$$

$$\lambda^2 - 1 = 0$$

$$\lambda = 1, -1$$

在第 3 步中，求特征向量。

首先把每个解代入 $A \times K = 0$ 中，然后解出方程组，得到特征向量 K。

令 $\lambda = 1$

令 k_1 和 k_2 为特征向量 K_1 的分量。

$$k_1 - k_2 = 0$$

$$3k_1 - 3k_2 = 0$$

令 $k_1 = 1$，于是 $k_2 = 1$。

$$K_1 = [1, 1]$$

令 $\lambda = -1$，k_1 和 k_2 为特征向量 K_1 的分量。

$$3k_1 - k_2 = 0$$
$$3k_1 - k_2 = 0$$

令 $k_2 = 3$，于是 $k_1 = 1$。

$$\boldsymbol{K}_2 = [1,3]$$

在第 4 步中，建立通解

$$\boldsymbol{X}_c = c_1 \boldsymbol{X}_1 + c_2 \boldsymbol{X}_2$$

此处：

$$\boldsymbol{X}_1 = \boldsymbol{K}_1 \mathrm{e}^{\lambda_1 t}$$
$$\boldsymbol{X}_2 = \boldsymbol{K}_2 \mathrm{e}^{\lambda_2 t}$$
$$\boldsymbol{X}_c = c_1 \begin{bmatrix} 1 \\ 1 \end{bmatrix} \mathrm{e}^{t} + c_2 \begin{bmatrix} 1 \\ 3 \end{bmatrix} \mathrm{e}^{-t}$$

这里通过设置 $\boldsymbol{X}_c =$ 初始条件来求通解：

因为只有一个齐次方程组，所以可设置初始条件 $x(0)=1$，$y(0)=2$ 来求 c_1 和 c_2。于是得

$$c_1 + c_2 = 1$$
$$c_1 + 3c_2 = 2$$

解得 c_1 和 c_2 都等于 0.5。

特解为

$$\boldsymbol{X}_c = 0.5 \begin{bmatrix} 1 \\ 1 \end{bmatrix} \mathrm{e}^{t} + 0.5 \begin{bmatrix} 1 \\ 3 \end{bmatrix} \mathrm{e}^{-t}$$

根据以上方程组及其解可以绘制 $\boldsymbol{X}_1$ 和 $\boldsymbol{X}_2$ 随 t 变化的函数图像（见图 7.17）。

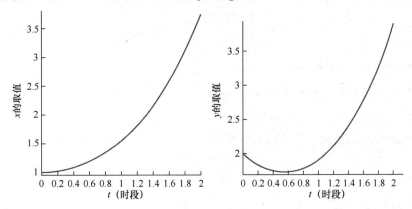

图 7.17　$x(t)$ 和 $y(t)$ 的图像

注意，两个解都随 $t \to \infty$ 无限增长。

例 7.7 复特征值（$\lambda = a \pm bi$ 的特征值）

注意，这里没有使用 $e^{a\pm bi}$，并且复特征值总是共轭成对出现。从复解中找出两个线性无关的实解的关键是欧拉恒等式。

$$e^{i\theta} = \cos\theta + i\sin\theta$$

这里可以用欧拉恒等式重写 X_1 和 X_2 的解。

$$Ke^{\lambda t} = Ke^{(a+bi)} = Ke^{at}(\cos bt + i\sin bt)$$

$$Ke^{\lambda t} = Ke^{(a-bi)} = Ke^{at}(\cos bt - i\sin bt)$$

得到复特征值时，计算步骤如下。

第 1 步：求复特征值，$\lambda = a \pm bi$。

第 2 步：求复特征向量 K，即

$$K = \begin{bmatrix} u_1 + iv_1 \\ u_2 + iv_2 \end{bmatrix}$$

第 3 步：构成实向量

$$B_1 = \begin{bmatrix} u_1 \\ u_2 \end{bmatrix}$$

$$B_2 = -\begin{bmatrix} v_1 \\ v_2 \end{bmatrix}$$

第 4 步：得到线性无关的实解集合

$$X_1 = e^{at}(B_1 \cos bt + B_2 \sin bt)$$

$$X_2 = e^{at}(B_2 \cos bt - B_1 \sin bt)$$

以下用数据代入：

在第 1 步中，$X' = \begin{bmatrix} 6 & -1 \\ 5 & 4 \end{bmatrix} X$

在第 2 步中，建立并解出特征值。求解如下特征多项式

$$(6 - \lambda)(4 - \lambda) + 5 = 0$$

$$29 - 10\lambda + \lambda^2 = 0$$

$$\lambda = 5 \pm 2i$$

解得特征值 λ 为 $5 + 2i$ 和 $5 - 2i$。

在第 3 步，求特征向量。参考之前的做法，设立两个向量 B_1 和 B_2。

令 $\lambda = -5 + 2i$

设 k_1 和 k_2 为特征向量 K_1 的分量。

$$(1 - 2i)k_1 - k_2 = 0$$

$$5k_1 + (1 - 2i)k_2 = 0$$

令 $k_2 = 1 - 2i$，于是 $k_1 = 1$。

$$\boldsymbol{K}_1 = [1,\ 1 - 2i]$$

$$\boldsymbol{B}_1 = [1,\ 1]$$

$$\boldsymbol{B}_2 = [0,\ -2]$$

通过代换，可得到通解

$$\boldsymbol{X}_c = c_1 \mathrm{e}^{5t}\left(\begin{bmatrix} 1 \\ 1 \end{bmatrix}\cos(2t) - \begin{bmatrix} 0 \\ -2 \end{bmatrix}\sin(2t) \right) +$$

$$c_2 \mathrm{e}^{5t}\left(\begin{bmatrix} 0 \\ -2 \end{bmatrix}\cos(2t) + \begin{bmatrix} 1 \\ 1 \end{bmatrix}\sin(2t) \right)$$

因为这里只有一个齐次方程组，所以可用初始条件 $x(0) = 1$，$y(0) = 2$ 解出 c_1 和 c_2。

根据初始条件可得到两个等式

$$c_1 = 1$$

$$c_1 - 2c_2 = 2$$

其解为 $c_1 = 1$，$c_2 = -0.5$。

$$\boldsymbol{X}_c = \mathrm{e}^{5t}\left(\begin{bmatrix} 1 \\ 1 \end{bmatrix}\cos(2t) - \begin{bmatrix} 0 \\ -2 \end{bmatrix}\sin(2t) \right) -$$

$$0.5\mathrm{e}^{5t}\left(\begin{bmatrix} 0 \\ -2 \end{bmatrix}\cos(2t) + \begin{bmatrix} 1 \\ 1 \end{bmatrix}\sin(2t) \right)$$

同样，根据以上方程组可以得到 $\boldsymbol{X}_1$ 和 $\boldsymbol{X}_2$ 作为 t 的函数，其解的函数图像如图 7.18 所示。

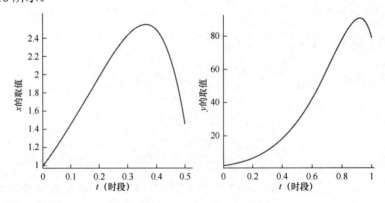

图 7.18　$x(t)$ 和 $y(t)$ 的函数图像

 例 7.8　重复特征值的解

当特征值重复时，必须想方设法来求得独立解。下面是对重复实特征值的总结。

第 1 步：求重复特征值，$\lambda_1 = \lambda_2 = \lambda$。

第 2 步：第一个线性无关解为

$$X_1 = Ke^{\lambda t}$$

第二个线性无关解为

$$X_2 = Kte^{\lambda t} + Pe^{\lambda t}$$

其中，P 的分量必须满足方程组

$$(a - \lambda)p_1 + bp_2 = k_1$$
$$cp_1 + (d - \lambda)p_2 = k_2$$

和

$$\begin{bmatrix} a & b \\ c & d \end{bmatrix} = A$$

在第 1 步中，解得 $X' = \begin{bmatrix} 3 & -18 \\ 2 & -9 \end{bmatrix} X$。

在第 2 步中，解特征方程 $(3-\lambda)(-9-\lambda) + 36 = 0$，得到重根 $\lambda = -3, -3$。

在第 3 步中，很容易得到 K 为向量 $[3,1]$，然后解出向量 P。

$$\begin{bmatrix} 6 & -18 \\ 2 & -6 \end{bmatrix} \begin{bmatrix} p_1 \\ p_2 \end{bmatrix} = \begin{bmatrix} 3 \\ 1 \end{bmatrix}$$

求解 p_1 与 p_2 时，需解 $p_1 - 3p_2 = 1/2$ 或 $2p_1 - 6p_2 = 1$。选定 $p_1 = 1$，$p_2 = 1/6$。

通解为

$$X_c = c_1 \begin{bmatrix} 3 \\ 1 \end{bmatrix} e^{-3t} + c_2 \left(\begin{bmatrix} 3 \\ 1 \end{bmatrix} te^{-3t} + \begin{bmatrix} 1 \\ 1 \\ 6 \end{bmatrix} e^{-3t} \right)$$

因为这里只有一个齐次方程组，所以可用初始条件 $x(0) = 1$，$y(0) = 2$ 解出 c_1 和 c_2。

根据初始条件可得到两个等式：

$$3c_1 + c_2 = 1$$
$$c_1 + \frac{1}{6}c_2 = 2$$
$$c_1 = \frac{5}{3} c_2 = -4$$

$$X_c = \frac{5}{3} \begin{bmatrix} 3 \\ 1 \end{bmatrix} e^{-3t} - 4 \left(\begin{bmatrix} 3 \\ 1 \end{bmatrix} te^{-3t} + \begin{bmatrix} 1 \\ 1 \\ 6 \end{bmatrix} e^{-3t} \right)$$

该解的函数图像如图 7.19 所示。

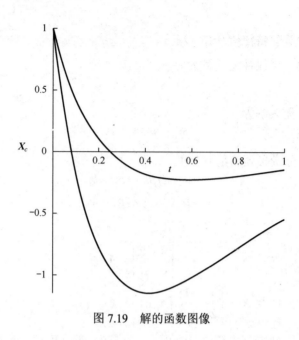

图 7.19　解的函数图像

7.6.3　常微分方程组的数值解

本书第 6 章已讨论了求一阶微分方程数值解的方法（欧拉法、改进欧拉法和龙格-库塔法），本章将数值解法的应用扩展到了微分方程组。这里只讲解欧拉法和龙格-库塔法，目的是为各种没有封闭解析解的常微分方程组模型提供一种求解方法。

在本章的大部分内容中，研究了一阶自治微分方程组并对其建模，给出了两个常一阶微分方程组的通式。

$$\frac{\mathrm{d}x}{\mathrm{d}t} = f(t, x, y)$$
$$\frac{\mathrm{d}y}{\mathrm{d}t} = g(t, x, y)$$

(7.9)

如果变量 t 显式出现在函数 f 或函数 g 中，则方程组非自治。本节将介绍在初始条件 $x(t_0) = x_0$ 和 $y(t_0) = y_0$ 的条件下，求 $x(t)$ 和 $y(t)$ 近似解的数值技巧。

这里给出每种算法，并用 Maple 命令来执行数值解。后文还将展示如何得到相位图和近似数值解的图像。

采用欧拉法解方程组的迭代公式为

$$x(n) = x(n-1) + f(t(n-1), x(n-1), y(n-1))\Delta t$$
$$y(n) = y(n-1) + g(t(n-1), x(n-1), y(n-1))\Delta t$$

这里演示了以下初值问题的几次迭代，其步长为 $\Delta t = 0.1$。

$$x' = 3x - 2y, \ x(0) = 3$$
$$y' = 5x - 4y, \ y(0) = 6$$
$$x(0) = 3, \ y(0) = 6$$

已知

$$x(1) = 3 + 0.1 \times (3 \times 3 - 2 \times 6) = 2.7$$
$$y(1) = 6 + 0.1 \times (5 \times 3 - 4 \times 6) = 5.1$$

且

$$x(2) = 2.7 + 0.1 \times (3 \times 2.7 - 2 \times 5.1) = 2.49$$
$$y(2) = 5.1 + 0.1 \times (5 \times 2.7 - 4 \times 5.1) = 4.41$$

在 Excel 中，先输入分式和初始条件，然后进行迭代。以下是使用欧拉法对例子进行的数值估计（见表 7.3）。

表 7.3　用欧拉法求得的数值

序号	A	B	C	D	E	F	G	H
1	t	x	y	x'	y'		步长	0.1
2	0	3	6	−3	−9			
3	0.1	2.7	5.1	−2.1	−6.9			
4	0.2	2.49	4.41	−1.35	−5.19			
5	0.3	2.355	3.891	−0.717	−3.789			
6	0.4	2.2833	3.5121	−0.1743	−2.6319			
7	0.5	2.26587	3.24891	0.29979	−1.66629			
8	0.6	2.295849	3.082281	0.722985	−0.84988			
9	0.7	2.368148	2.997293	1.109856	−0.14843			
10	0.8	2.479133	2.98245	1.4725	0.465867			
11	0.9	2.626383	3.029036	1.821077	1.01577			
12	1	2.808491	3.130613	2.164246	1.520001			
13	1.1	3.024915	3.282613	2.509519	1.994123			
14	1.2	3.275867	3.482026	2.86355	2.451234			
15	1.3	3.562222	3.727149	3.232369	2.902515			
16	1.4	3.885459	4.017401	3.621576	3.357694			
17	1.5	4.247617	4.35317	4.036511	3.825404			
18	1.6	4.651268	4.73571	4.482383	4.313498			
19	1.7	5.099506	5.16706	4.964398	4.82929			

序号	A	B	C	D	E	F	G	H
20	1.8	5.595946	5.649989	5.48786	5.379773			
21	1.9	6.144732	6.187967	6.058263	5.971794			
22	2	6.750558	6.785146	6.681383	6.612208			
23	2.1	7.418697	7.446367	7.363356	7.308016			
24	2.2	8.155032	8.177168	8.11076	8.066488			
25	2.3	8.966108	8.983817	8.930691	8.895273			
26	2.4	9.859177	9.873345	9.830843	9.802509			
27	2.5	10.84226	10.8536	10.81959	10.79693			
28	2.6	11.92422	11.93329	11.90609	11.88795			
29	2.7	13.11483	13.12208	13.10032	13.08582			
30	2.8	14.42486	14.43067	14.41326	14.40165			
31	2.9	15.86619	15.87083	15.8569	15.84762			
32	3	17.45188	17.45559	17.44445	17.43702			

这里可将估计值绘制成图 7.20 中解的函数图像。

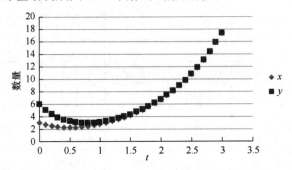

图 7.20　使用欧拉法得出的估计值图像

使用欧拉法的好处有两个：首先该方法操作简单；其次作为一种数值方法，可以用来估计一个没有封闭形式解的微分方程组的解。

假设有一个掠食者-猎物的方程组，没有闭合解析解，即

$$\frac{\mathrm{d}x}{\mathrm{d}t} = 3x - xy$$

$$\frac{\mathrm{d}y}{\mathrm{d}t} = xy - 2y$$

$$x(0) = 1,\ y(0) = 2$$

$$t_0 = 1,\ \Delta t = 0.1$$

这里可以使用欧拉法得到一个解的估计值（见表 7.4）。

表 7.4 掠食者—猎物模型的迭代值

序号	A	B	C	D	E	F
1		掠食者—猎物			步长	0.1
2						
3						
4	t	x	y	x'	y'	
5	0	1	2	1	−2	
6	0.1	1.1	1.8	1.32	−1.62	
7	0.2	1.232	1.638	1.677984	−1.25798	
8	0.3	1.399798	1.512202	2.082618	− 0.90763	
9	0.4	1.60806	1.421439	2.538421	− 0.55712	
10	0.5	1.861902	1.365727	3.042856	− 0.1886	
11	0.6	2.166188	1.346867	3.580997	0.223833	
12	0.7	2.524288	1.36925	4.116482	0.717881	
13	0.8	2.935936	1.441038	4.577012	1.348719	
14	0.9	3.393637	1.57591	4.832844	2.196247	
15	1	3.876921	1.795535	4.669617	3.370078	
16	1.1	4.343883	2.132543	3.768134	4.998431	
17	1.2	4.720697	2.632386	1.735396	7.161922	
18	1.3	4.894236	3.348578	−1.70602	9.691575	
19	1.4	4.723634	4.317735	−6.2245	11.75993	
20	1.5	4.101184	5.493728	−10.2272	11.54333	
21	1.6	3.07846	6.648062	−11.2304	7.16967	
22	1.7	1.955419	7.365029	−8.53546	−0.32834	
23	1.8	1.101873	7.332195	−4.77353	−6.58524	
24	1.9	0.62452	6.67367	−2.29428	−9.1795	
25	2	0.395092	5.75572	−1.08876	−9.2374	
26	2.1	0.286216	4.83198	−0.52434	−8.28097	
27	2.2	0.233782	4.003883	−0.23469	−7.07173	
28	2.3	0.210313	3.29671	−0.0624	−5.90008	
29	2.4	0.204072	2.706702	0.059854	−4.86104	
30	2.5	0.210058	2.220598	0.16372	−3.97474	
31	2.6	0.22643	1.823124	0.26648	−3.23344	
32	2.7	0.253078	1.49978	0.379672	−2.62	
33	2.8	0.291045	1.23778	0.512885	−2.11531	
34	2.9	0.342334	1.026249	0.675681	−1.70118	

这里可将估计值绘制成图 7.21 中解的函数图像。

当画出 $x(t)$ 和 $y(t)$ 的函数图像时，可得到一个近乎闭合的曲线。

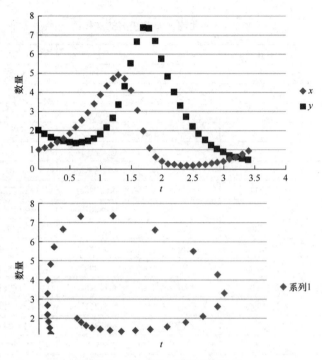

图 7.21　掠食者—猎物模型图像

另外，用改进欧拉法和四阶龙格-库塔法可迭代求解微分方程组。龙格-库塔迭代公式为

$$X_{n+1} = X_n + \frac{h}{6}(K_1 + 2K_2 + 2K_3 + K_4)$$

其中，

$$K_1 = f(t_n, X_n)$$

$$K_2 = f\left(t_n + \frac{h}{2}, X_n + \frac{h}{2}K_1\right)$$

$$K_3 = f\left(t_n + \frac{h}{2}, X_n + \frac{h}{2}K_2\right)$$

$$K_4 = f(t_n + h, X_n + hK_3)$$

用龙格-库塔法计算本例题，如下：

$$\frac{\mathrm{d}x}{\mathrm{d}t} = 3x - xy$$

$$\frac{\mathrm{d}y}{\mathrm{d}t} = xy - 2y$$

$$x(0) = 1,\ y(0) = 2$$

$$t_0 = 0,\ \Delta t = 0.25$$

使用四阶龙格-库塔法绘制的 Excel 图像截图如图 7.22 所示。

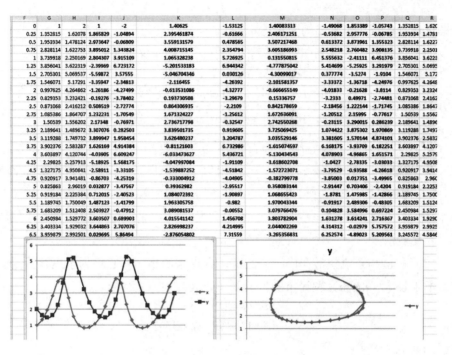

图 7.22 使用四阶龙格-库塔法绘制的 Excel 图像截图

7.7 练习

（1）已知有物种合作（共生）系统的线性一阶常微分方程组如下：

$$dx_1/dt = -0.5x_1 + x_2$$
$$dx_2/dt = 0.25x_1 - 0.5x_2$$

且

$$x_1(0) = 200 \text{ 和 } x_2(0) = 500$$

① 使用欧拉法，得到 $\dfrac{x_1(t)}{t}$ 和 $\dfrac{x_2(t)}{t}$，t 以及 x_1 比 x_2 的数值解曲线图，步长为 $h = 0.1$。注意，可以将 $\dfrac{x_1(t)}{t}$ 和 $\dfrac{x_2(t)}{t}$ 的图像放在同一个坐标轴上。

② 根据曲线图探讨该方程组的长期变化（论述其稳定性）。

③ 利用特征值和特征向量解析求解微分方程组，确定 $t > 0$ 时各物种的种群规模。

④ 确定该方程组是否存在稳态解。

⑤ 得到 $\dfrac{x_1(t)}{t}$ 和 $\dfrac{x_2(t)}{t}$ 的实际曲线图，以及 $x_1(t)$ 与 $x_2(t)$ 的实际曲线图，与其数

值图像进行比较后可做出简要论述。

（2）已知一个掠食者—猎物竞争模型的方程组定义如下：

$$dx/dt = 15x - x^2 - 2xy = x(15 - x - 2y)$$
$$dy/dt = 12y - y^2 - 1.5xy = y(12 - y - 1.5x)$$

① 在 $x - y$ 坐标平面上对掠食者—猎物竞争模型进行图像分析。

② 求出所有的平衡点并对它们的稳定性进行分类。

③ 用欧拉法求数值解，步长为 $h = 0.05$。尝试以两个不同的初始条件求解。第一个，$x(0) = 5$，$y(0) = 4$；第二个，$x(0) = 3$，$y(0) = 9$。分别（或在同一轴上）画出 $x(t)$ 和 $y(t)$ 的图像，然后根据数值近似值画出 x 比 y 的图像，并将其与相位图分析进行比较。

（3）鲈鱼和鳟鱼生活在同一个湖泊，食物来源相同，它们为了生存而竞争。鲈鱼的生长率（dB/dt）和鳟鱼的生长率（dT/dt）由下式估算：

$$dB/dt = (10 - B - T)B$$
$$dT/dt = (15 - B - 3T)T$$

系数和数值以千为计。

① 求该方程组的"定性"图解。找到方程组的所有平衡点，并将它们分为不稳定、稳定或渐近稳定几类。

② 如果初始条件是 $B(0) = 5$ 和 $T(0) = 2$，则从①问的图中确定方程组的长期变化，并画出来。

③ 使用欧拉法，初始条件与上一问相同（$h = 0.1$），获得 B 和 T 的估计值。利用两者的估计值绘制解从 $t = 0$ 到 $t = 7$ 时 $\dfrac{B}{T}$ 的图像，确定更精确的图像。

其中，欧拉法的分式表示为

$$x_{n+1} = x_n + hf(x_n, y_n) \text{ 和 } y_{n+1} = y_n + hg(x_n, y_n)$$

④ 将在③中绘制的图像与①和②中发现的可行解进行比较并简要论述。

7.8 实践项目

7.8.1 液体扩散问题

液体通过膜的扩散状态可以用一组一阶常线性微分方程组来表示。比如，两种溶液被一种渗透率为 P 的膜隔开。假设在任何特定时间通过膜的物质的量与两种溶液的浓度之差成正比。因此，设 x_1、x_2 表示两种溶液的浓度，V_1、V_2 表示它们对应的体积，该模型的微分方程组表示为

$$\frac{\mathrm{d}x_1}{\mathrm{d}t} = \frac{P}{V_1}(x_2 - x_1)$$

$$\frac{\mathrm{d}x_2}{\mathrm{d}t} = \frac{P}{V_2}(x_1 - x_2)$$

式中，x_1、x_2 的初始值已知。

假设被渗透率为 P 的膜隔开的两种盐浓度的溶液，体积都是 V。已知 $P = V$，当 $x_1(0) = 2$，$x_2(0) = 10$ 时，确定 t 时刻各溶液的盐量。

（1）写出该行为模型的微分方程组。

（2）求解该方程组，指明特征值和特征向量。

（3）将 x_1 和 x_2 的解画在同一个轴上，分别标记，并对图像进行解释。

（4）使用数值方法（欧拉或龙格-库塔法），迭代一个数值解来推算 $x_i(4)$，步长为 0.5，得到函数解的图像，与分析图像进行比较后对函数图像进行解释。

溶液通过双层膜进行扩散，其中内壁的渗透率为 P_1，外壁的渗透率为 P_2，$0<P_1<P_2$。假设内壁内的溶液体积是 V_1，两壁之间的溶液体积是 V_2，x 为内壁内溶液的浓度，y 为两壁间溶液的浓度，则该模型可用以下方程组表示：

$$\frac{\mathrm{d}x}{\mathrm{d}t} = \frac{P_1}{V_1}(y - x)$$

$$\frac{\mathrm{d}y}{\mathrm{d}t} = \frac{1}{V_2}(P_2(C - y) + P_1(x - y))$$

$$x(0) = 2, y(0) = 1, C = 10$$

同样假设

$$P_1 = 3$$
$$P_2 = 8$$
$$V_1 = 2$$
$$V_2 = 10$$

（1）用所有系数建立常微分方程系统。

（2）采用参数变异法在方程组

$$X = X_c + \phi(t)\int \phi^{-1}(t)F(t)\mathrm{d}t$$

中求解 X_c 和 X。

（3）利用初始条件求特解，即求解 X_c 的系数。

（4）将 $x(t)$ 和 $y(t)$ 的解画在同一个坐标轴上，并对图像进行解释。

7.8.2 电力网络问题

包含一个以上回路的电力网络也可以用一个微分方程组来表示。例如，在下面显示的电力网络中，有两个电阻和两个电感。在网络中的分支点 B 和电流 $i_1(t)$ 分别流向两个方向。因此，

$$i_1(t) = i_2(t) + i_3(t)$$

基尔霍夫定律适用于网络中的所有回路。根据循环 $ABEF$，可以发现

$$E(t) = i_1 R_1 + L_1 di_2 / dt$$

通过回路 $ABCDEF$ 的电压表示为

$$E(t) = i_1 R_1 + L_2 di_3 / dt + i_3 R_3$$

代入后得到如下方程组：

$$\frac{di_1}{dt} = -\frac{R_1 + R_2}{L_1} i_1 + \frac{R_2}{L_2} i_2 + 0 \frac{di_2}{dt} = \left(\frac{R_2}{L_2} - \frac{1}{R_2 C} \right) i_2 - \frac{R_1 + R_2}{L_2} i_1 + \frac{E(t)}{L_2} i_2(0)$$

$$= 1, i_1(0) = 0$$

将初始条件设为：$E(t) = 0$，$L_1 = 1$，$L_2 = 1$，$R_1 = 1$，$R_2 = 1$，$C = 3$。

（1）写出该模型的微分方程组。

（2）求解该方程组，指明特征值和特征向量。

（3）将 x_1 和 x_2 的解画在同一个坐标轴上，分别标记，并对图像进行解释。

（4）使用数值方法（欧拉或龙格–库塔法），迭代一个数值解来推算 $x_i(4)$，步长为 0.5，得到函数解的图像，与分析图像进行比较后对函数图像进行解释。

现在，设 $E(t) = 100 \times \sin(t)$。

（1）用所有系数建立常微分方程系统。

（2）采用参数变异法在方程组

$$X = X_c + \phi(t) \int \phi^{-1}(t) F(t) dt$$

中求解 X_c 和 X。

（3）利用初始条件求特解，即求解 X_c 的系数。

（4）将 $x(t)$ 和 $y(t)$ 的解画在同一个坐标轴上，并对图像进行解释。

7.8.3　物种的相互影响问题

假设 $x(t)$ 和 $y(t)$ 代表两种物种在一段时间 t 内各自的种群规模，该模型可表示为

$$X' = R_1 X, X(0) = X_0$$
$$Y' = R_2 Y, Y(0) = Y_0$$

式中，R_1 和 R_2 为本征系数。涉及物种竞争模型或掠食者-猎物模型，通常包括变量之间的相互作用项。这些相互作用项如果全部纳入考虑范围，将排除任何解析解的可能，因此在该专题中，可简化这些模型。

下面来模拟一个鲈鱼和鳟鱼在南卡罗来纳州的一个小池塘里共存的情景。

$$B' = -0.5B + T + H$$
$$T' = 0.25B - 0.5T + K$$
$$B(0) = 2000,\ T(0) = 5000$$

将初始条件设为：$H = K = 0$。

（1）写出该模型的微分方程组。

（2）求解该方程组，指明特征值和特征向量。

（3）将 x_1 和 x_2 的解画在同一个坐标轴上，分别标记，并对图像进行解释。

（4）使用数值方法（欧拉或龙格-库塔法），迭代一个数值解来推算 $x_i(10)$，步长为 0.5，得到函数解的图像，与分析图像进行比较后对函数解图像进行解释。

现在，令 $H = 1500$，$K = 1000$。

（1）用所有系数建立常微分方程系统。

（2）采用参数变异法在方程组

$$X = X_c + \phi(t)\int \phi^{-1}(t)F(t)\mathrm{d}t$$

中求解 X_c 和 X。

（3）利用初始条件求特解，即求解 X_c 的系数。

（4）将 $x(t)$ 和 $y(t)$ 的解画在同一个坐标轴上，并对图像进行解释。

（5）这两个物种共存了吗？简要解释。若任一种群灭亡，要确定其灭亡时间点。

7.8.4　梯形法

梯形法是一种较稳定的数值方法，数学分析教材中（伯顿和费尔斯，《数学分析》布鲁克斯-科尔出版社，第 344-346 页。）对此有相关介绍。用梯形法对常微分

Note

方程组进行改进，可写出一个 Maple 程序，据此可得到梯形法的估计值，并与欧拉法和龙格-库塔法估计值进行比较。

7.9　掠食者-猎物模型、SIR 传播模型和战斗模型

本书中将掠食者-猎物模型、SIR 传播模型和战斗模型作为同一类动力系统来研究。本节将以微分方程组的形式重新讨论这些问题，并且每个问题都会用欧拉法数值化说明问题的解，据此提供一个估计值的图表。

本书第 5 章将掠食者-猎物模型作为一个动力系统来研究。本节将以微分方程的形式回顾此类模型。

这里先重复一下第 3 章的假设（诚然，过于简单化了）。

- 掠食者的食物来源完全依赖于猎物。
- 猎物种群有无限的食物供应，除特定的掠食者外，没有其他因素会对其种群增长造成威胁。

如果没有掠食者，则第二个假设意味着猎物的数量呈指数型增长，也就是说，如果 $x = x(t)$ 是 t 时刻猎物的数量，那么就可得到 $\dfrac{dx}{dt} = ax$。这表示 $a > 0$ 时的指数型增长和当 $a < 0$ 时的指数型衰减。

但是因为存在掠食者，必然会对猎物种群的增长率造成负面影响。假设用 $y = y(t)$ 表示 t 时刻掠食者的数量，以下是为了完成模型做出的关键假设。

- 掠食者遇到猎物的概率与两个种群规模的大小成正比。
- 一定比例的相遇会导致猎物死亡。

这些假设得出的结论是，猎物种群增长率的负分量与种群规模的乘积 xy 成正比，即

$$\frac{dx}{dt} = ax - bxy$$

根据掠食者的数量可以发现，如果没有食物供应，掠食者种群将以与其规模成正比的速度灭绝，即 $\dfrac{dy}{dt} = -cy$。

"自然增长率"是出生率和死亡率的综合，两者假定都与种群规模成正比。在没有食物的情况下，就没有能源供应来维持出生率。但是存在食物供应：猎物就是食物供应，对野兔不利的条件对狐狸有利。也就是说，支持掠食者数量增长的

能量与猎物的死亡数量成正比，所以

$$\frac{\mathrm{d}y}{\mathrm{d}t} = -cy + pxy$$

这一讨论引出了洛特卡-沃尔泰拉的掠食者-猎物模型。

$$\frac{\mathrm{d}x}{\mathrm{d}t} = ax - bxy$$

$$\frac{\mathrm{d}y}{\mathrm{d}t} = -cy + pxy$$

式中，a、b、c 和 p 都是正常数。

假设

$$\{a, b, c, p\} = \{0.1, 0.005/60, 0.04\ 0, 0.00004\}$$
$$\mathrm{d}x/\mathrm{d}t = 0.1x - 0.005/60xy,\ x(0) = 2000$$
$$\mathrm{d}y/\mathrm{d}t = -0.04y + 0.00004xy,\ y(0) = 600$$

通过迭代计算出 300 个时间段的估计值，步长 $h = 0.5$，得出估计值的图像，如图 7.23 和图 7.24 所示。

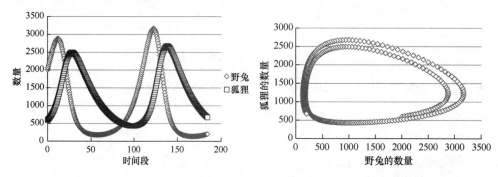

图 7.23　掠食者-猎物模型的时间解示意　　　图 7.24　掠食者-猎物模型的状态解示意

7.9.1　模型释义

当模型的解围绕着平衡点（1000,1200）移动时，掠食者-猎物模型处于平衡状态。虽然点（0,0）并不稳定，但生态系统看起来很稳定，此时往往需要人类的干预。

 例 7.9　流行病的 SIR 传播模型

本案例探讨一种曾在美国各地传播的疾病，如新型流感。假设美国疾病控制与预防中心在这种新疾病流行扩散起来之前，已通过它的模型来了解这种疾病和进行实验。此时将人口分为三类：易感人群、感染人群和免疫人群，并对模型做出以下假设：

- 没有人进出社区，也没有社区外的联系。
- 每个人要么易感，S（能够被感染）；要么已感染，I（目前患有流感并可传播）；或排除，R（已得了流感，不会再得了，包括死亡）。
- 最初，每个人要么是 S，要么是 I。
- 一旦有人当年得了流感，他们就不会再得了。
- 该疾病的平均持续时间为 2 周，在此期间某个人被视为感染并可能传播。
- 模型时间段为每周。

这里研究的模型是 SIR 传播模型（Allman，2004）。

假设变量的定义如下：

- $S(n)$ = 时间段 n 后易感人群的数量。
- $I(n)$ = 时间段 n 后感染的人数。
- $R(n)$ = 时间段 n 后排除的人数。

建模过程从 $R(n)$ 开始，假设某人患流感的时长为 2 周。因此，每周将排除一半的感染者，即

$$R(n+1) = R(n) + 0.5I(n)$$

0.5 称为每周排除率，代表每周从感染人数中排除的感染者比例。如果有真实数据，那么可进行"数据分析"以得到排除率。

$I(n)$ 中有随时间增加和减少的项。减少量为每周排除的人数，即 $0.5I(n)$。增加量为与感染者接触并感染的易感者数量 $aS(n)I(n)$。速率 a 定义为疾病传播的速率或传播系数。实际上这是一个概率系数。一开始，假设该速率是一个可以从初始条件中找到的常数值。

下面来具体说明。假设宿舍里有 1000 名学生。护士最初在第一周就发现 3 名学生到医务室就医。接下来的一周，有 5 名学生出现流感样症状并到医务室就医。$I = 3$，$S(0) = 997$。第 1 周，新增感染人数为 30。

$$5 = aI(n)S(n) = a \times 3 \times 997$$
$$a = 0.00167$$

来看一下 $S(t)$。这个数字只会随着感染者的增加而减少，可以用和前面一样的速率 a 来建立模型。

$$\frac{\mathrm{d}S}{\mathrm{d}t} = -0.00167 \times S(t) \times I(t)$$

耦合 SIR 传播模型如下面的微分方程组所示：

$$\frac{\mathrm{d}R}{\mathrm{d}t} = 0.5I(t)$$

$$\frac{\mathrm{d}I}{\mathrm{d}t} = -0.5I(t) + 0.00167I(t)S(t)$$

$$\frac{\mathrm{d}S}{\mathrm{d}t} = -0.00167S(t)I(t)$$

$$I(0) = 3, S(0) = 997, R(0) = 0$$

上述 SIR 模型可用迭代方式求解并画出图像。这里可以通过迭代求解并画出图像，观察模型的动态情况，以加深对模型的了解。

通过这个例子可以看到，感染者人数的最大值出现在第 7 天左右，如图 7.25 所示。

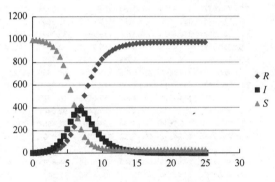

图 7.25　SIR 传染病传播模型

如图 7.25 可见，每个人都能存活，而且不是每个人都会得流感。

 例 7.10　硫磺岛战斗模型

在第二次世界大战期间的硫磺岛战役中，日本投入了 21500 名士兵，美国投入了 73000 名士兵。双方打的是一场常规战争，日军在加固了的壕沟中作战。日军对美军的毁伤率为 0.0544，而美军对日军的毁伤率为 0.0106（根据战后统计数据所得）。如果以上数据是准确的，那么哪边会胜利？当失败方只剩下 1500 人的时候，胜利方还有多少人？简要解释一下毁伤率。

近一百年来，人们都用弗雷德里克·W. 兰彻斯特（Fredrick W. Lanchester）给出的方程式来模拟战斗过程。他提出了以下模型，即现代战争中的平方律模型：

$$\frac{\mathrm{d}x}{\mathrm{d}t} = -a \cdot y(t)$$

$$\frac{\mathrm{d}y}{\mathrm{d}t} = -b \cdot x(t)$$

式中，a 和 b 分别为对手对 x 军和 y 军的毁伤率。假设凭借历史数据估计得 $a =$

0.0106，$b = 0.0544$；军队力量为 $x(0)= 21500$ 和 $y(0)=73500$。

微分方程模型的迭代计算结果如图 7.26 所示。

	A	B	C	D	E	F	G
1	SIR传播模型		步长	0.5			
2							
3	t	R	I	S	R'	I'	S'
4	0	0	3	997	1.5	3.49497	-4.99497
5	0.5	0.75	4.747485	994.5025	2.373743	5.510972	-7.88471
6	1	1.936871	7.502971	990.5602	3.751485	8.660195	-12.4117
7	1.5	3.812614	11.83307	984.3543	5.916534	13.53551	-19.452
8	2	6.770881	18.60082	974.6283	9.300412	20.97483	-30.2752
9	2.5	11.42109	29.08824	959.4907	14.54412	32.06541	-46.6095
10	3	18.69315	45.12094	936.1859	22.56047	47.98299	-70.5435
11	3.5	29.97338	69.11244	900.9142	34.55622	69.42529	-103.982
12	4	47.25149	103.8251	848.9234	51.91254	95.2805	-147.193
13	4.5	73.20776	151.4653	775.3269	75.73267	120.384	-196.117
14	5	111.0741	211.6573	677.2686	105.3639	133.5639	-239.393
15	5.5	163.9884	278.4393	557.5723	139.2197	120.0479	-259.268
16	6	233.5983	338.4633	427.9385	169.2316	72.6536	-241.885
17	6.5	318.2141	374.7901	306.9959	187.395	4.753497	-192.149
18	7	411.9116	377.1668	210.9216	188.5834	-55.7305	-132.853
19	7.5	506.2033	349.3016	144.4952	174.6508	-90.3619	-84.2889
20	8	593.5287	304.1206	102.3507	152.0603	-100.078	-51.982
21	8.5	669.5588	254.0815	76.3597	127.0407	-94.6401	-32.4006
22	9	733.0792	206.7614	60.15938	103.3807	-82.6082	-20.7725
23	9.5	784.7696	165.4573	49.77312	82.72867	-68.9757	-13.753
24	10	826.1339	130.9695	42.89662	65.48475	-56.1024	-9.38231
25	10.5	858.8763	102.9183	38.20546	51.45914	-44.8926	-6.56651
26	11	884.6058	80.47196	34.92221	40.23598	-35.5428	-4.69313
27	11.5	904.7238	62.70054	32.57564	31.35027	-27.9393	-3.41099
28	12	920.399	48.7309	30.87015	24.36545	-21.8532	-2.51223
29	12.5	932.5817	37.80429	29.61403	18.90214	-17.0325	-1.86963
30	13	942.0327	29.28803	28.67922	14.64402	-13.2413	-1.40273
31	13.5	949.3548	22.66739	27.97785	11.33369	-10.2746	-1.05909
32	14	955.0216	17.53009	27.44831	8.765043	-7.96149	-0.80356
33	14.5	959.4041	13.54934	27.04653	6.774671	-6.16268	-0.61199
34	15	962.7915	10.468	26.74054	5.234001	-4.76654	-0.46747

图 7.26　模型的迭代结果

注：根据历史记载，这场战役结束的时候，日军幸存 1500 人，美军幸存 44314 人，战役持续时间为 33～34 天。

这里对日军的估计有 91%的误差，对美军的估计则有 24%的误差。这是为什么呢？

历史表明，平方律的模型并不正确。首先，日军士兵像打游击战一样埋伏在山坡上，能看到美军的进攻，而美军可能看不到日军士兵。此外，美军从海上登陆用了两周，他们是分批到达战场的，如果考虑到这一点，应该可以更好地建立这个历史事件的模型。

你大概需要考虑一下下面的模型。

布拉克尼混合律（又称抛物线定律），在 1959 年提出，人们用它来刻画游击战。

$$\frac{\mathrm{d}x}{\mathrm{d}t} = -a \cdot y(t)$$

$$\frac{\mathrm{d}y}{\mathrm{d}t} = -b \cdot x(t) \cdot y(t)$$

式中，a 和 b 为毁伤率；x 为常规部队；y 为游击队。

7.9.2　练习

兰彻斯特方程的有效性可以在美军占领硫磺岛的实际情况中进行演示，如图 7.27 所示。核实和"what-if"分析所需的信息包括：每日美军的上岸人数、每日交战中美军的伤亡人数、敌军有没有增援或撤退、战斗开始时和结束时的敌军人数，交战的持续时间以及敌军困守在岛上岩石后美军进攻敌军防御工事的情况。在理想化的情况下，美军应当遵循改进后的兰彻斯特平方律，每天更换登陆部队，而敌军则遵循原有平方律。

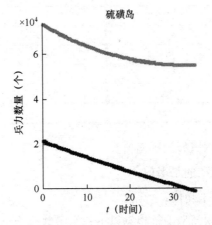

图 7.27　硫磺岛战役的兰切斯特方程结果

第一部分：敌军盘踞在壕沟中，可以俯视美军的进攻，所以更容易击中并杀死美军士兵。P（美军士兵被敌军武器击中）= 0.54，P（美军士兵被敌军一枪毙命）= 0.1。这里假设这些事件是独立的，它们的乘积代表了日军士兵对美军士兵的总毁伤系数。P（美军士兵击中敌军）= 0.12，P（美军士兵一枪毙命敌军）= 0.1。这里假设这些事件是独立的，它们的乘积代表了美军对日本军队的总毁伤系数。

（1）确定美军和日军的毁伤率。用概率学和统计学知识解释为什么得到的数

Note

据是合理的。

（2）确定最后哪一方将赢得战斗。

（3）平局：这个问题中可能存在平局吗？可能简单地达成吗？在所有美军士兵都登陆后，现在假设这是一场新的战斗，双方是否可能或更容易打成平局？在这种情况下，敌军的毁伤率是多少？这个数值可能发生吗？解释一下。

（4）现实中，这场战斗以1500名日军士兵幸存和44314名美军士兵幸存结束，耗时33~34天。请把计算结果和真实的结果联系起来比较，如果不同，解释一下为什么？

（5）回顾并解释说明硫磺岛战役的结果时是怎样运用兰切斯特方程的。

敌军最初的兵力是21000人，驻扎在岛上的防御阵地中。

（1）友军登陆人数如表7.5所示。

表7.5 友军登陆人数

天　次	登陆兵力人数	天　次	登陆兵力人数
第一天	30000	第八天	3359
第二天	1200	第九天	3180
第三天	6735	第十天	1456
第四天	3626	第十一天	250
第五天	5158	之后	0
第六天	13227	总兵力	71245
第七天	3054		

（2）求掠食者–猎物模型的平衡值。

（3）求SIR传播模型的平衡值。

（4）求战斗模型的平衡值。

（5）在掠食者–猎物模型中，根据以下几组参数确定结果。

① 狐狸的初始数量为200只，野兔的初始数量为400只。

② 狐狸的初始数量为2000只，野兔的初始数量为10000只。

③ 野兔的出生率增加到0.1。

（6）在SIR传播模型中，根据以下更改过的参数计算模型结果。

① 患者的初始人数为5人，下一周达到10人。

② 流感的作用时间为1周。

③ 流感的作用时间为4周。

④ 宿舍里有4000名学生，起初有5人感染，下周感染人数增加30人。

Note

原书参考文献

Taylor, J. (1983). Lanchester Models of Warfare(Vol. 2). Arlington, VA: Military Applications Sections (ORSA).

推 荐 阅 读

Bonder, S. (1981). Mathematical modeling of military conflict situations. In Proceedings of symposia in applied mathematics: Vol. 25. Operations research, mathematics and models. Providence, RI: American Mathematical Society.

Braun, M. (1983). Differential equations and their applications (3rd ed.). New York: Springer-Verlag.

Coleman, C. (1983). Combat models. In M. Braun, C. Coleman, D. Drew, W. Lucas (Eds.), Differential equation models: Vol. 1. Models in applied mathematics. New York: Springer-Verlag.

Edwards, C. H., Penney, D. E. (2004). Differential equations: Computing and modeling (3rd ed.). Upper Saddle River, NJ: Prentice Hall.

Engel, J. H. (1954). A verification of Lanchester's law. Journal of Operations Research Society of America, 2(2), 163-171.

Fox, W., West, R. (2004). Modeling with discrete dynamical systems. In Proceedings of the 16th Annual ICTCM Conference (pp. 106 -110). Reading, MA: Addison-Wesley.

Giordano, F., Wier, M. (1991). Differential equations: A modeling approach. Reading, MA: Addison-Wesley.

Giordano, F., Fox, W., Horton, S., Weir, M. (2009). A first course in mathematical modeling (4th ed.). Belmont, CA: Cengage.

Giordano, F., Weir, M., Fox, W. (2003). A first course in mathematical modeling. Pacific Grove, CA: Brooks-Cole.

Lanchester, F. W. (1956). In J. Newman (Ed.), "Mathematics in Warfare" The

World of Mathematics (Vol. 4). New York: Simon and Shuster.

Neuwirth, E., Arganbright, D. (2004). The Active Modeler: Mathematical modeling with microsoft excel. Belmont, CA: Brooks-Cole.

Tay, K., Kek, S., Kahar, R. A. (2012). A spreadsheet solution of a system of ordinary differential equations using the fourth-order Runge-Kutta method. Spreadsheets in Education, 5(2), 1-10.

Taylor, J. (1980). Force-on-Force Attrition Modeling. Arlington, VA: Military Applications Sections (ORSA).

Teague, D. (2005). "Combat Models", Teaching Contemporary Mathematics Conference, February 12-13.

West, R. D., Fox, W. P., Fitzkee, T. L. (2007). Modeling with discrete dynamical systems. In Proceedings of the Eighteenth Annual International Conference on Technology in Collegiate Mathematics (pp. 101-106). Reading, MA: Addison-Wesley.

第8章

军事决策中的蒙特卡罗模拟和基于代理的建模

本章目标

（1）理解模拟的价值和局限性

（2）理解随机数

（3）理解仿真算法的概念和流程图

（4）能利用工具完成简单的确定性和随机性模拟

（5）理解仿真模拟中的大数定律

（6）理解并能使用基于代理的模型

8.1　蒙特卡罗模拟概论

有一家为特定岗位进行车辆检验的维修公司，已知该公司进出车次数、各种情况下检验员的服务次数、检验站数量、顾客等待时间、不符合国家检验标准的处罚情况等数据。该公司想知道如何改进其检验过程，以实现利润最大化和罚款最小化。这类复杂系统的研究中存在很多变量，可以利用计算机来对这种活动进行模拟。

建模人员可能因为情况过于复杂而无法构建解析模型。在无法对行为进行分析建模或无法直接收集数据的情况下，建模人员可能会间接地模拟系统的行为，再测试各种替代方案，来估计每种方案会如何影响行为。收集数据有助于确定哪种方案是最好的。蒙特卡罗模拟是建模人员使用的一种常见的模拟方法，通常利用计算机完成。当今计算机在学术和商业领域的普及让蒙特卡罗模拟成为一个非常好用的模拟方法。读者有必要对如何使用蒙特卡罗法来建模、如何解释蒙特卡罗模拟有基本的了解。

从科学家或设计师在实验中使用的建筑比例模型到各种类型的计算机模拟，模拟的形式多种多样，而蒙特卡罗模拟是各类模拟中的首选。它是使用随机数来处理问题的方法，有许多严肃的数学问题与蒙特卡罗模拟的构造和解释有关。这里我们聚焦在用这些随机变量来增强模拟的技术。

蒙特卡罗模拟的一个主要优点是，它可以轻松地近似模拟出非常复杂系统的行为。通常先假定可将复杂系统简化为一个可控的模型，在系统所处的环境中，建模人员尽可能地去接近真实的系统，后者可能是一个随机系统；然而，模拟既可以采用确定性方法，也可以采用随机性方法，这里将集中讨论确定性行为的随机建模方法。

本章的焦点是蒙特卡罗模拟，这一概念源于对赌博中概率的研究。此类模拟主要通过三个不同的步骤来完成：生成随机数，为特定事件分配随机数以及生成事件导致的特定结果，如图 8.1 所示。这三个步骤会重复很多次，后面将在示例中进行演示。

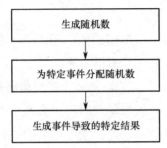

图 8.1　蒙特卡罗模拟的三个主要步骤

　　模拟的一个优点是，可以快速修改来对真实系统进行 "what-if" 分析。例如，如果想设计一个检测疾病的传感器，在计算机上先进行模拟测试要比进行实际涉及很多人的现实实验容易得多。

　　蒙特卡罗模拟模型是一种使用随机数来模拟特定情况下行为的模型。建模人员先使用已知概率分布（如均匀分布、指数分布或正态分布）或经验概率分布，将行为分配给一组特定范围的随机数。然后用生成的随机数返回的行为来分析问题。例如，建模人员可用一个均匀随机数生成器来模拟投掷一枚质地均匀的硬币，该生成器给出的数字范围为 $0 \leqslant x < 1$，那么建模人员可能会将所有小于 0.5 的数字分配为正面，而将从 0.5～1 的数字分配为反面。

　　可以用蒙特卡罗模拟来模拟随机性或确定性行为，如用蒙特卡罗模拟来确定曲线以下的面积（这是一个确定性问题）或掷骰子获胜的概率（这是一个随机性问题）等随机行为。本章将介绍一个确定性问题和一个随机性问题，并讨论如何建立求解这两个问题的算法。这里先从确定性模拟的建模开始。

　　首先，建模人员会根据特定方案，利用生成的随机数在模拟中引起特定事件发生。总的来说，建模人员可以在模拟中观察到：

随机数→分配→事件

模拟过程中最重要的是算法。算法是一个从输入到输出的分步过程。

蒙特卡罗模拟的步骤包括：

（1）为每个随机变量建立一个概率分布，得到其累积分布函数。

（2）从步骤（1）的每个随机变量的分布中生成一个随机数。

（3）将随机数分配给合适的事件。

（4）重复上述过程，得到一系列结果（样本）。

8.1.1 Excel 中的随机数生成器

随机数的使用是蒙特卡罗模拟的关键，因此，一个优质的随机数生成器会起到至关重要的作用。建模人员尤其需要掌握一种生成均匀 $U(0,1)$ 随机数（均匀分布在 0～1 的数）的方法。所有其他已知分布和经验分布，都可以从 $U(0,1)$ 分布中推导出来。在研究生阶段，有大量的课时可用来教学生掌握随机数生成器背后的理论知识，这些生成器有好有差，需要学生对它们进行测试，这有助于学生越来越深入地了解哪些要素可以形成一个真正的随机数生成器，而哪些不能。而在本科阶段，相关知识并不是必须掌握的，学生只要能够学会利用随机数或生成伪随机数的优质算法即可。

此外，现在的大多数计算机语言都使用了优质的伪随机数生成器（尽管情况不总是如此，比如 IBM 分发的旧版 RANDU 生成器从统计角度看就不够好）。这些优质生成器使用递归序列 $X_i = (aX_{i-1} + c)|m$，这里以 m 为模，其中 a、c 和 m 决定生成器的统计水平。因为在课程中不讨论随机数生成器的测试，所以这里选择相信软件包带有的生成器的质量。当然，对模拟的严肃研究必须包括对随机数生成器的研究，因为劣质生成器提供的输出数据会让建模人员从中得出的结论并不理想。

表 8.1 给出了在 Excel 中获取随机数的相关公式。

表 8.1　在 Excel 中获取随机数的相关公式

进 行 模 拟	使用的 Excel 公式
随机数，服从[0, 1]上的均匀分布	=rand()
在[a, b]之间的随机数	=a+(b−a)*rand()
在[a, b]之间的离散随机整数	=randbetween(a,b)
正态分布随机数	=NORMINV(rand(), μ, σ)
具有平均速率的指数分布随机数	=(−1/μ)* ln(rand())
只有两种结果的离散一般分布（如抛硬币），结果 A 和结果 B 的概率是 p	=if(rand()<p, A, B)
有两种以上结果的离散一般分布 范围 1=随机数间隔下限的单元格范围 范围 2=包含变量值的单元格范围	=lookup(RAND(), Range1, Range2)

注：在命令 RAND()中两个括号之间没有空格。

8.1.2　Excel 表格中的例子

为得到在[0, 1)分布的均匀随机数，在单元格 D6 中输入=rand()，可得到一个随机数 0.317638748。这里可以复制这行命令，需要多少随机数就能复制生成多少。在单元格 E6 中，输入 1 + (10 − 1)*rand()就在[1, 10]之间生成一个随机数，可得到随机数 1.157956，通过复制这条命令可取得在模拟中所需的任意随机数。图 8.2 所示为 Excel 公式和获取 10 个随机数的截图。

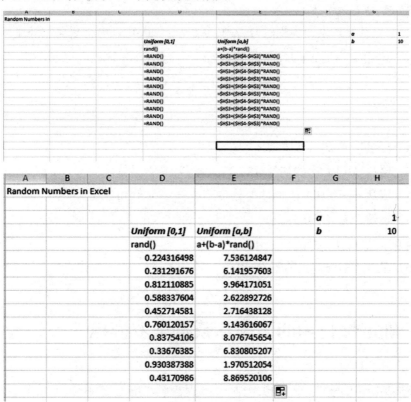

图 8.2　在 Excel 中获取随机数的截图

以下算法或许有助于获得其他类型的随机数。

1．服从[a, b]上的均匀分布

（1）在[0, 1]之间均匀生成一个随机数 U。

（2）返回 $X = a + (b − a)*U$。

（3）$X = a + (b − a)*\text{rand}()$。

Note

2．平均率 β 的指数分布

（1）在[0, 1]之间生成一个均匀随机数 U。

（2）返回 $X = -\beta \ln(U)$。

（3）$X = -\beta\ln(\text{rand}())$。

3．服从$(0, 1)$上的正态分布

（1）从服从[0, 1]上的均匀分布中生成 U_1 和 U_2。

（2）令 $i = 1, 2$ 时，$V_i = 2U_i - 1$。

（3）令 $W = V_1^2 + V_2^2$。

（4）如果 $W > 1$，返回步骤（1），否则，令 $Y = \sqrt{-2\ln(W)/W}$，$X_1 = V_1 Y$，$X_2 = V_2 Y$。

（5）X_1 和 X_2 为 $(0, 1)$ 上的正态分布。

8.1.3 练习

以下每组生成 20 个随机数：

（1）服从 $(0,1)$ 上的均匀分布。

（2）服从 $(-10,10)$ 上的均匀分布。

（3）指数分布（$\lambda = 0.5$）。

（4）服从 $(0,1)$ 上的正态分布。

（5）服从 $(5,0.5)$ 上的正态分布。

8.2 确定性行为的概率和蒙特卡罗模拟

完成高质量的蒙特卡罗模拟的一个关键是理解在第 2 章中简要讨论过的概率公理。概率是一个长期平均值。例如，假设事件发生的概率是 1/5，这意味着"从长期来看，事件发生的概率是 1/5 = 0.2"，而不是说每 5 次试验恰好发生一次。

8.2.1 确定性模拟示例

这里看一个有关确定性的例子：计算非负曲线下的面积。

（1）曲线 $y = x^3$，区间为 $0 \leqslant x \leqslant 2$。

（2）判断得知，在 $[0,1.4]$ 内 $\int_{x=0}^{1.4} \cos(x^2) \cdot \sqrt{x} \cdot e^{x^2} \, dx$ 没有闭合形式解。

（3）计算 $x^2 + y^2 + z^2 \geqslant 1$ 第一个八分区表面下的体积。

这里将为这些模型提供算法，并通过产生蒙特卡罗模拟的输出进行分析。这些算法对于将模拟作为数学建模工具来理解具有重要意义。

以下是一个算法的通用框架，包括输入、输出和实现期望输出所需的步骤。

 例 8.1 非负曲线下蒙特卡罗算法区（用于 Excel 表格）

输入：总点数。

输出：AREA=特定曲线 $y = f(x)$ 在给定区间 $a \leqslant x \leqslant b$ 上的近似面积，其中 $0 \leqslant f(x) \leqslant M$。

第 1 步：在第 1 列，列出 $n=1, 2, \cdots, N$ 从单元格 a1～aN，创建第 2 列～第 5 列。

第 2 步：在第 2 列，用 $a+(b-a)*\text{rand}()$ 生成 a 与 b 之间的一个随机数 x_i，列在单元格 b1～bN。

第 3 步：在第 3 列，用 $0+(M-0)*\text{rand}()$ 生成 0 与 M 之间的一个随机数 y_i，列在单元格 c1～cN。

第 4 步：在第 4 列，计算 $f(x_i)$，将结果列在单元格 d1～dN。

第 5 步：在第 5 列，检查每个随机坐标点 (x_i, y_i) 是否在曲线下方。计算 $f(x_i)$，判断是否有 $y_i < f(x_i)$。使用一个逻辑 IF 语句，如果 $y_i < f(x_i)$，则让单元值为 1，否则为 0。在单元格 d1～dN，IF（cell c1< d1，1，0）。这些数据列在单元格 e1～eN。

第 6 步：用 Sum（e1.eN）得到等于 1 的单元值总数。

第 7 步：在单元格 g4 中计算面积。面积$=M(b-a)\text{Sum}/N$。

重复这个过程并增加 N 的数值以获得更近似的结果。建模人员可以画出坐标 (x_i, y_i) 和 $f(x_i)$ 来进行可视化表示。

在 Maple 中，可开发一个叫作 Area 的程序来计算面积。在程序中输入函数、定义域和值域。

 例 8.2 在 Excel 中使用 100 个随机数，计算 $Y = x^3$ 在 $0 \leqslant x \leqslant 2$ 时的面积（见图 8.3）。

这里将曲线下面积的算法应用于 $[0,2]$ 区间的 $Y = x^3$，可在图 8.4 中看到算法的可视化表达。在本案例中，只有 100 个随机点的时候，模拟出的面积约为 4.64，如图 8.5 所示。有 2000 个随机点的时候，面积近似值是 3.872。当可以用积分来求函数值的时候，实际面积是通过积分 $\int_0^2 x^3 dx = 4$ 得到的。

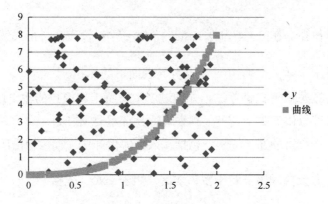

图 8.3　曲线 $Y = x^3$ 在[0, 2]区间的曲线下的面积图示

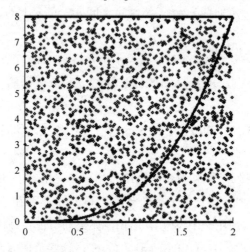

图 8.4　取 2000 个随机点，求 $Y = x^3$ 在[0,2]区间的曲线下的面积图示

Function y=x^3 from [0,2]						
		Rand_X		Rand_Y		Area
n	rand()	x	y	y	count	
1	0.245527	0.491055	0.118410534	4.487261	0	4.64
2	0.980981	1.961963	7.552178557	7.117628	1	
3	0.830105	1.66021	4.576028846	4.358678	1	
4	0.921794	1.843587	6.266011943	6.465696	0	
5	0.164428	0.328856	0.035564438	5.399423	0	
6	0.065181	0.130363	0.002215439	5.388175	0	
7	0.292613	0.585226	0.200433862	5.11966	0	
8	0.453498	0.906995	0.746131043	5.937811	0	
9	0.224417	0.448834	0.090418732	4.260345	0	
10	0.497616	0.995232	0.985763098	5.59896	0	
11	0.081892	0.163784	0.004393533	2.951267	0	
12	0.708622	1.417245	2.846652288	2.954609	0	
13	0.824472	1.648944	4.483507308	2.02574	1	
14	0.459856	0.919711	0.777954851	6.481868	0	
15	0.981421	1.962841	7.562327224	1.76143	1	

图 8.5　面积模拟截图（只显示了 1～15 个随机试验）

这里提出了一种在 Excel 中重复该过程的方法，为模拟获得更多迭代。

例如，选择单元格 M1 并输入 1，然后迭代到单元格 M1000，进行 1000 次试验。数字是 1～1000。在单元格 N1 中引用单元格 g4。标记单元格 M1～N1000。选择"数据→假设分析→数据表"执行命令，在弹出的对话框中，不要在行中放入任何内容，可在列中放入一个已用的单元格参考（如 P1）可以运行按下 OK 按钮确认。该表填充了之前编写的面积模拟运行 1000 次的结果。对于本例，有 100 次，1000 次或 10000 次。将 M1 复制到 N1000，并将数值粘贴到另一个单元格中，如 AA1。这样数值就不会一直变化。然后，突出显示模拟面积值的那列，并获取它们的描述性统计信息。

面积模拟的描述性统计截图如图 8.6 所示。

Column1	
Mean	3.98896
Standard Error	0.022034274
Median	4
Mode	3.68
Standard Deviation	0.696784922
Sample Variance	0.485509228
Kurtosis	-0.228529708
Skewness	0.197260113
Range	4.32
Minimum	1.76
Maximum	6.08
Sum	3988.96
Count	1000

图 8.6　面积模拟的描述性统计截图

本案例用蒙特卡罗模拟来近似估算面积，模拟结果是近似解。这里增加了试验次数，希望能更接近准确数值，结果如表 8.2a 所示。根据前文介绍可知，在蒙特卡罗模拟面积算法中引入随机性后，输出结果中也包括图像，所以该算法可视为一个过程。在图像输出中，生成的每个坐标 (x_i, y_i) 都是图像上的一个点，在 x 的区间 $[a,b]$ 和 y 的区间 $[0, M]$ 中随机生成。函数 $f(x)$ 的曲线覆盖了这些点，于是输出结果中就得到了近似的面积。

表 8.2a　x^3 在 [0, 2] 区间曲线下面积的输出结果总结

实 验 次 数	近 似 面 积	绝对误差百分比（%）
100	3.36	16
500	3.872	3.2

实 验 次 数	近 似 面 积	绝对误差百分比（%）
1000	4.32	8
5000	4.1056	2.64
10000	3.98896	0.275

需要强调的是，在对具有随机特征的确定性行为建模时，可以将随机性引入问题中（这不是自然发生的）。虽然通常情况下运行次数越多越好，但当增加试验次数（$N \to \infty$）时，并不能确保结果一定会变得更接近现实。一般来说，运行次数多总比运行次数少要好（这里 16% 是最差的，差了几乎一个数量级，是在 $N = 100$ 时出现的情况）。

 例 8.3 已知在[0, 1.4]上的曲线 $\int_{x=0}^{1.4} \cos(x^2)\sqrt{x}\mathrm{e}^{x^2}\mathrm{d}x$ 无闭合形式解，求该积分。

从积分可以看出，x 在 0～1.4 之间变化。那么 y 呢？取 y 的函数，得到 x 在 0～1.4 的曲线。通过图 8.7 可以估计 y 的最大值约为 9。因此，可为 y 生成 0～9 之间的随机值。

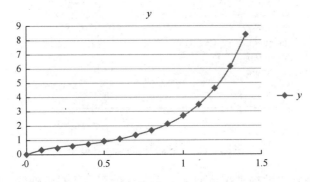

图 8.7 函数 $\cos x^2 \sqrt{x}\mathrm{e}^{x^2}$ 在 0～1.4 上的曲线图像

经过 1000 次迭代，得到数值为 2.9736 的近似面积值。由于在这种情况下不能直接求得积分解，因此可使用梯形法计算近似解，看看模拟的效果如何。解析方法的近似解为 3.0414。与梯形法相比，本案例的模拟误差在 2.29% 以内。

 例 8.4 求第一个八分区的体积。

本案例将蒙特卡罗方法用在其他方面，这里演示用一个算法计算第一个八分区表面下体积的例子。

输入：随机点的总数 N，非负函数 $f(x)$，x 的区间为[a, b]，y 的区间为[c, d]，

z 的区间为 $[0, M]$，其中 $M > \max f(x,y)$，$a<x<b$，$c<y<d$。

输出：函数 $f(x, y)$ 在第一个八分区所围成的近似体积，$x>0$，$y>0$ 和 $z>0$。

表 8.2b 展示了输出的数值。第一个八分区的实际体积是 $\pi/6$（半径为 1）。这里取 $\pi/6$ 的四位小数，得到 0.5232 立方单位。图 8.8 展示了该算法。

表 8.2b 计算第一个八分区体积的误差百分比

点 数	近似体积（立米厘米）	误差百分比（%）
100	0.47	10.24
200	0.595	13.64
300	0.5030	3.93
500	0.514	1.833
1000	0.518	1.069
2000	0.512	2.21
5000	0.518	1.069
10000	0.5234	0.13368
20000	0.5242	0.11459

第 1 步 将所有计数器归 0。
第 2 步 对 i 的值从 1～N，执行步骤 3～步骤 5。
第 3 步 计算矩形区域的随机坐标，$a<x_i<b$，$c<y_i<d$，$0<z_i<M$。
第 4 步 计算 $f(x_i,y_i)$。
第 5 步 比较 $f(x_i,y_i)$ 和 z_i 的大小。如果 $z_i<f(x_i,y_i)$，则计数器加 1；否则，计数器不变。
第 6 步 用公式 $V = (M-0)\cdot(c-d)\cdot(b-a)\cdot\dfrac{Counter}{N}$ 估算体积。

图 8.8 第一个八分区的体积算法

一般情况下，误差百分比会随着点数 N 的增加而减小，即使比率并不均匀。

8.2.2 练习

（1）用蒙特卡罗模拟求 $f(x) = 1 + \sin x$ 在 $\dfrac{-\pi}{2} \leqslant x \leqslant \dfrac{\pi}{2}$ 时的曲线下近似面积。

（2）用蒙特卡罗模拟求 $f(x) = x^{0.5}$ 在 $\dfrac{1}{2} \leqslant x \leqslant \dfrac{3}{2}$ 时的曲线下近似面积。

（3）用蒙特卡罗模拟求 $f(x) = \sqrt{1-x^2}$ 在 $0 \leqslant x \leqslant \dfrac{\pi}{2}$ 时的曲线下近似面积。

（4）怎样修改问题（3）才能得到 π 的近似值？

（5）用蒙特卡罗模拟求 $f(z) = x^2 + y^2$ 在第一个八分区的表面下近似体积。

（6）确定以下非负曲线的曲线下面积：

① $y = \sqrt{1-x^2}$，$0 \leqslant x \leqslant 1$。

② $y = \sqrt{4-x^2}$，$0 \leqslant x \leqslant 2$。

③ $y = \sin x$，$0 \leqslant x \leqslant \pi/2$。

④ $y = x^3$，$0 \leqslant x \leqslant 4$。

（7）通过模拟求出以下两条曲线与两轴之间的面积：

$$y = 2x+1 \text{ 和 } y = -2x^2 + 4x + 8$$

8.3　概率和随机行为的蒙特卡罗模拟

现在来考察以下几个简单的概率示例。

（1）计算抛一枚均匀的硬币得到正面或反面朝上的概率。

（2）计算投掷一枚均匀的骰子得到数字 1 到数字 6 朝上的概率。

 例 8.5　抛硬币

具体算法描述如下。

输入：实验的次数 N。

输出：正面或反面的概率。

第 1 步：将所有计数器归 0。

第 2 步：令 $i = 1, 2, \cdots, N$。

第 3 步：生成一个随机数 $x \sim U(0,1)$。

第 4 步：若 $0 \leqslant x < 0.5$，则正面加 1，即 $H = H + 1$；否则 $T = T + 1$。

第 5 步：输出 H/N 和 T/N，即正面朝上和反面朝上的概率。

 例 8.6　掷骰子

掷一枚均匀的骰子会增加不同任务的额外过程（骰子有 6 个面）。概率是每个数字出现的次数除以总试验次数。

输入：投掷次数。

输出：掷出{1, 2, 3, 4, 5, 6}的概率。

第 1 步：将所有计数器（从计数器 1 到计数器 6）归 0。

第 2 步：对 $i = 1, 2, \cdots, n$，执行步骤 3 和步骤 4。

第 3 步：从整数集$(1, 6)$中得到一个随机数 j。

第 4 步：j 对应的计数器加 1

$$\text{Counter } j = \text{Counter } j + 1$$

第 5 步：计算每次投掷出{1, 2, 3, 4, 5, 6}的概率

$$\text{Counter } \quad j/n$$

第 6 步：输出概率结果。

预期的概率是 1/6 或 0.1667。注意，随着试验次数的增加，概率越来越接近预期的长期数值。因此可以总结得出，进行模拟时，需要进行大量试验。

 例 8.7　离散型概率分布

假设有一个如表 8.3 所示的离散型概率分布。

表 8.3　离散型概率分布

X	0	1	2	3	4	5	6
$P(X = x)$	0.33	0.25	0.19	0.09	0.05	0.05	0.04

为模拟生成随机数的算法如下。

输入：随机数的数量。

输出：得到{0, 1, 2, 3, 4, 5, 6}中数字的概率。

第 1 步：将所有计数器（从计数器 1 到计数器 6）归 0。

第 2 步：对 $i = 1, 2, \cdots, n$，执行步骤 3 和步骤 4。

第 3 步：从$[0, 1]$中取得一个随机数 x。

第 4 步：应用以下判断：

若 $x < 0.33$，则 $y = 0$；

若 $0.33 < x \leqslant 0.58$，则 $y = 1$；

若 $0.58 < x \leqslant 0.77$，则 $y = 2$；

若 $0.77 < x \leqslant 0.86$，则 $y = 3$；

若 $0.86 < x \leqslant 0.91$，则 $y = 4$；

若 $0.91 < x \leqslant 0.96$，则 $y = 5$；

若 $0.96 < x \leqslant 1.0$，则 $y = 6$。

第 5 步：根据需要使用模拟中求得的概率。

图 8.9 展示了随机数计算公式和对应的数值。

	A	B	C
1	Trial Number	rand()	result
2	1	=RAND()	=IF(B2<=0.33,0,IF(B2<=0.58,1,IF(B2<=0.77,2,IF(B2<=0.86,3,IF(B2<=0.91,4,IF(B2<=0.96,5,6))))))
3	=A2+1	=RAND()	=IF(B3<=0.33,0,IF(B3<=0.58,1,IF(B3<=0.77,2,IF(B3<=0.86,3,IF(B3<=0.91,4,IF(B3<=0.96,5,6))))))
4	=A3+1	=RAND()	=IF(B4<=0.33,0,IF(B4<=0.58,1,IF(B4<=0.77,2,IF(B4<=0.86,3,IF(B4<=0.91,4,IF(B4<=0.96,5,6))))))
5	=A4+1	=RAND()	=IF(B5<=0.33,0,IF(B5<=0.58,1,IF(B5<=0.77,2,IF(B5<=0.86,3,IF(B5<=0.91,4,IF(B5<=0.96,5,6))))))
6	=A5+1	=RAND()	=IF(B6<=0.33,0,IF(B6<=0.58,1,IF(B6<=0.77,2,IF(B6<=0.86,3,IF(B6<=0.91,4,IF(B6<=0.96,5,6))))))
7	=A6+1	=RAND()	=IF(B7<=0.33,0,IF(B7<=0.58,1,IF(B7<=0.77,2,IF(B7<=0.86,3,IF(B7<=0.91,4,IF(B7<=0.96,5,6))))))
8	=A7+1	=RAND()	=IF(B8<=0.33,0,IF(B8<=0.58,1,IF(B8<=0.77,2,IF(B8<=0.86,3,IF(B8<=0.91,4,IF(B8<=0.96,5,6))))))
9	=A8+1	=RAND()	=IF(B9<=0.33,0,IF(B9<=0.58,1,IF(B9<=0.77,2,IF(B9<=0.86,3,IF(B9<=0.91,4,IF(B9<=0.96,5,6))))))
10	=A9+1	=RAND()	=IF(B10<=0.33,0,IF(B10<=0.58,1,IF(B10<=0.77,2,IF(B10<=0.86,3,IF(B10<=0.91,4,IF(B10<=0.96,5,6))))))
11	=A10+1	=RAND()	=IF(B11<=0.33,0,IF(B11<=0.58,1,IF(B11<=0.77,2,IF(B11<=0.86,3,IF(B11<=0.91,4,IF(B11<=0.96,5,6))))))
12	=A11+1	=RAND()	=IF(B12<=0.33,0,IF(B12<=0.58,1,IF(B12<=0.77,2,IF(B12<=0.86,3,IF(B12<=0.91,4,IF(B12<=0.96,5,6))))))
13	=A12+1	=RAND()	=IF(B13<=0.33,0,IF(B13<=0.58,1,IF(B13<=0.77,2,IF(B13<=0.86,3,IF(B13<=0.91,4,IF(B13<=0.96,5,6))))))
14	=A13+1	=RAND()	=IF(B14<=0.33,0,IF(B14<=0.58,1,IF(B14<=0.77,2,IF(B14<=0.86,3,IF(B14<=0.91,4,IF(B14<=0.96,5,6))))))
15	=A14+1	=RAND()	=IF(B15<=0.33,0,IF(B15<=0.58,1,IF(B15<=0.77,2,IF(B15<=0.86,3,IF(B15<=0.91,4,IF(B15<=0.96,5,6))))))
16	=A15+1	=RAND()	=IF(B16<=0.33,0,IF(B16<=0.58,1,IF(B16<=0.77,2,IF(B16<=0.86,3,IF(B16<=0.91,4,IF(B16<=0.96,5,6))))))
17			

	A	B	C
	Trial Number	rand()	result
	1	0.207393982	0
	2	0.127847961	0
	3	0.560264474	1
	4	0.567940969	1
	5	0.16113914	0
	6	0.417507081	1
	7	0.538948905	1
	8	0.387619174	1
	9	0.747548053	2
	10	0.476099542	1
	11	0.932428906	5
	12	0.577012606	1
	13	0.598187466	2
	14	0.986144446	6
	15	0.408557927	1

图 8.9 例 8.7 的 Excel 表格截图

注意，随着试验次数的增加，概率越来越接近概率表中预期的长期值。因此可以总结得出，进行模拟时，需要进行大量试验。

8.3.1 练习

（1）有一枚不均匀的硬币，抛出后正面朝上的概率为 55%，为其开发一个算法。

（2）为一个各面为{1,2,3,4,5,6,7,8}的八面骰开发一个算法。

8.3.2　专题项目

1．价格猜猜猜

在广受欢迎的电视游戏节目"价格猜猜猜"中，每半个小时结束后，3 名获胜的选手将在所谓的"展示摊牌"环节展开对决。游戏要求选手旋转一个分成了 20 格的大转盘，转盘上有一枚指针；格子上标记着金额，从 0.05 美元到 1.00 美元以 5 美分的幅度递增。在该环节中，赢钱最少的选手先去转转盘，其次是赢钱比前者稍多的选手去转，然后是这半小时里赢钱最多。

游戏的目标是获得尽可能接近而不超过 1 美元的钱，选手最多有两次旋转转盘的机会。当然，如果第一名选手没有转满 1 美元，其他两名选手为了超过领先者就会转一次或两次。

但第一个转转盘的人是谁呢？如果该选手是一名期望值决策者，如果他或她不想转第二次，那么要在第一次转转盘时得到多高的数值？注意，如果达成以下条件，第一个转转盘的人可能会输。

（1）另外两名选手中有人转出的金额超过了该选手的总金额。

（2）该选手转了第二次，超额了。

2．做个交换吧

你穿着最喜欢的衣服，打扮得漂漂亮亮。主持人蒙特·霍尔从观众中选中了你，给你三个钱包让你挑选。其中两个钱包里装有 50 美元，第三个钱包里装有 1000 美元，你需要从三个钱包中选择一个。蒙特知道哪个钱包里有 1000 美元，所以他给你看了另外两个钱包中的一个，即里面装有 50 美元的钱包之一。蒙特是故意这么做的，因为他手里至少有一个钱包里面装着 50 美元。如果他拿着 1000 美元的钱包，他会给你看装有 50 美元的另一个钱包。否则，他只会给你看他两个 50 美元的钱包中的一个。然后蒙特问你是否愿意用你选的钱包换他持有的那个。你应该换吗？

开发一个算法，并构建计算机模拟程序来获取答案。

8.4　军事活动模拟和军事领域的排队模型

本节将介绍以下模拟的算法和 Excel 输出。

（1）一场飞机导弹袭击。

（2）一些加油站（军用油罐车）所需要的汽油量。

（3）理发店队列中的单一服务台。

 例 8.8　导弹打击模拟

一名分析人士计划使用 F-15 战斗机进行一场导弹打击的模拟实验。F-15 战斗机必须飞过最多布置有 8 枚导弹的防空阵地，确保攻击前期的成功至关重要，且每架战斗机都有 0.5 的概率摧毁目标。假设它可以穿过防空系统接近目标，然后锁定并攻击目标，一架 F-15 战斗机锁定目标的概率大约是 0.9，目标被防空设施保护，有 0.30 的概率阻止 F-15 接近或锁定目标。假设需要 99%的成功率，则需要多少架 F-15 战斗机才能完成任务？

输入：N = F-15 战斗机的数量；

M = 发射的导弹数量；

P = 一架 F-15 战斗机可以摧毁目标的概率；

q = 防空系统使一架 F-15 战斗机失去攻击能力的概率；

输出：S = 任务成功的概率。

第 1 步：初始设置 $S = 0$。

第 2 步：令 $i = 0, 1, \cdots, M$。

第 3 步：$P(i) = [1 - (1-P)^{N-1}]$。

第 4 步：$B(i) = (m, i, q)$的二项分布。

第 5 步：计算 $S = S + P(i)B(i)$。

第 6 步：输出 S。

本案例通过 F-15 战斗机的数量变化来进行模拟，并计算成功的概率（见图 8.10）。这里猜测当 $N = 15$，且派出 9 架 F-15 战斗机时，成功的概率大于 0.99。因此，任何大于 9 的数字都可以。

可以发现，9 架 F-15 战斗机的 $P(S) = 0.99313$。

事实上，只要超过 9 架战斗机，多少架 F-15 战斗机都能达到所期望的成功率。15 架 F-15 战斗机的 $P(S)=0.996569$，至此，再增加战斗机数量也不会有改变。

					p	0.5	T	0.9	P*T	0
18										
19		Initial S		Bombers	N	q	0.3				
20	S	0			15	Quess			S > 99	good	
21								S_Final	0.99313666		
22	i	B	P	P*B	New S						
23	0	0.004747562	0.9999	0.004747	0.004747						
24	1	0.030520038	0.9998	0.030513	0.03526						
25	2	0.091560115	0.9996	0.091522	0.126781						
26	3	0.170040213	0.9992	0.16991	0.296691						
27	4	0.218623131	0.9986	0.218319	0.51501						
28	5	0.206130381	0.9975	0.205608	0.720618						
29	6	0.147235986	0.9954	0.146558	0.867176						
30	7	0.081130033	0.9916	0.080451	0.947627						
31	8	0.034770014	0.9848	0.034241	0.981867						
32	9	0.011590005	0.9723	0.011269	0.993137						
33	10	0.002980287	0.9497	0.00283	0.995967						
34	11	0.000580575	0.9085	0.000527	0.996494						
35	12	8.29393E-05	0.8336	6.91E-05	0.996564						
36	13	8.20279E-06	0.6975	5.72E-06	0.996569						
37	14	5.02212E-07	0.45	2.26E-07	0.996569						
38	15	1.43489E-08	0	0	0.996569						

图 8.10　导弹袭击案例的 Excel 截图

 例 8.9　汽油库存模拟

如果你是高速公路上一家连锁加油站老板的顾问，老板希望利润最大化且满足消费者对汽油的需求，为此你需要思考以下问题。

1．问题陈述

要向加油站运送汽油，还要为满足消费者需求而储存足够量的汽油，将平均每日成本降至最低。

2．假设

对于一个初始模型来说，要了解短期内平均每日成本是需求率、存储成本和运输成本的函数。你还需要一个需求率的模型，历史数据会对你有帮助。这里的数据来自焦尔达诺等（2014），如表 8.4～表 8.6 所示。

表 8.4　燃油消耗记录

需求（加仑数）	事件次数（天数）	需求（加仑数）	事件次数（天数）
1000～1099	10	1600～1699	180
1100～1199	20	1700～1799	80
1200～1299	50	1800～1899	40
1300～1399	120	1900～1999	30
1400～1499	200	总天数	1000
1500～1599	270		

表 8.5　使用百分比

需求（加仑数）	概　　率	需求（加仑数）	概　　率
1000	0.010	1650	0.180
1150	0.020	1750	0.080
1250	0.050	1850	0.040
1350	0.120	2000	0.030
1450	0.200	总天数	1.000
1550	0.270		

表 8.6　需求的累积分布函数

需求（加仑数）	概　　率	需求（加仑数）	概　　率
1000	0.010	1550	0.670
1150	0.030	1650	0.850
1250	0.080	1750	0.93
1350	0.20	1850	0.97
1450	0.4	2000	1.0

3．模型构建

用天数除以总天数，将其转换为概率，并使用需求区间的中点进行简化。

由于累积概率更有用，这里将表 8.5 中的信息转换为累积分布函数（CDF）。

本案例可以根据需求使用三次样条来建模函数（有关三次样条的讨论请参阅其他阅读资料）。

4．库存算法

输入：Q = 汽油运送量（加仑）；

　　　T = 运送间隔时间（天）；

　　　D = 每次运送成本（美元）；

　　　S = 储存成本（美元/加仑）；

　　　N = 模拟天数。

输出：C = 平均每日成本。

第 1 步：初始化，即库存 → $I = 0$，$C = 0$。

第 2 步：以运送开始下一个周期。

$$I = I + Q$$

$$C = C + D$$

第 3 步：模拟周期的每一天。

对 $i = 1, 2, \cdots, T$，运行步骤 4～步骤 6。

第 4 步：生成一个需求 q_i。使用三次样条根据随机的累积分布函数值 x_i 生成需求。

第 5 步：更新库存，$I = I - q_i$。

第 6 步：计算更新后的成本：如果库存为正，则 $C = C + s \cdot I$。

如果库存 ≤ 0，设 $I = 0$，进行步骤 7。

第 7 步：返回到步骤 2，直到模拟循环完成。

第 8 步：计算每日成本，$C = C/n$。

第 9 步：输出 C。

这里进行具体模拟，发现平均成本约为 5753.04 美元，库存约为 199862.45 加仑。

例 8.10　排队模拟

排队就是在队伍中等待的过程，例如，人们排队买电影票或在兔下车窗口排队买快餐。队列中有两个重要的实体：顾客和服务器。描述一个队列需要几个重要参数。

（1）可用服务器的数量。

（2）顾客到达率——在一个时间单位内到达并接受服务的顾客的平均数量。

（3）服务器速率——在一个时间单位内接待的平均顾客数。

（4）时间。

在许多简单的排队模拟和理论方法中，假设到达时间和服务时间是呈指数分布的，平均到达率为 λ_1，平均服务时间为 λ_2。

原理 8.1　如果到达率呈指数型，服务率任意分布，则排队的期望顾客数量 L_q 和期望等待时间 W_q 分别为

$$L_q = \frac{\lambda^2 \sigma^2 + \rho^2}{2(1-\rho)}$$

$$W_q = \frac{L_q}{\lambda}$$

式中，λ 为每个时间段的平均到达数；μ 为每单位时间服务的平均顾客数，$\rho = \lambda/\mu$；σ 为服务时间的标准差。

这里假设有一个理发店，每 30 分钟有两名顾客来理发。理发店的服务速度是每 60 分钟服务三名顾客理发。这意味着到达间隔是 15 分钟，平均服务时间是每名顾客 20 分钟。那么会有多少顾客排队，其平均等待时间是多少？

模拟得出问题的可能解。

这里提出一个可行的算法。

对每名顾客 1, 2, …, N，实施如下操作。

第 **1** 步：生成一个到达间隔时间、一个到达时间、基于前一个顾客的结束时间的开始时间、服务时间、完成时间、当前排队等待时间、累计等待时间、平均等待时间、排队人数和平均队列长度。

第 **2** 步：重复 *N* 次。

第 **3** 步：输出平均等待时间和队列长度。

在练习中需要计算理论解。下面来演示模拟过程。

首先使用以下方法来生成指数随机数：

$$x = -1/\lambda \ln(1 - \text{rand}())$$

根据生成 5000 次运行的样本，绘制顾客比平均等待时间的图像，如图 8.11～图 8.14 所示。

D	E	F	G	H
顾客数量	间隔时间	到达时间	开始时间	服务时间
1	=-(1/$B$1)*LN(1-RAND())	=E2	=F2	=-(1/$B$2)*LN(1-RAND())
=D2+1	=-(1/$B$1)*LN(1-RAND())	=F2+E3	=MAX(I2,F3)	=-(1/$B$2)*LN(1-RAND())
=D3+1	=-(1/$B$1)*LN(1-RAND())	=F3+E4	=MAX(I3,F4)	=-(1/$B$2)*LN(1-RAND())
=D4+1	=-(1/$B$1)*LN(1-RAND())	=F4+E5	=MAX(I4,F5)	=-(1/$B$2)*LN(1-RAND())
=D5+1	=-(1/$B$1)*LN(1-RAND())	=F5+E6	=MAX(I5,F6)	=-(1/$B$2)*LN(1-RAND())
=D6+1	=-(1/$B$1)*LN(1-RAND())	=F6+E7	=MAX(I6,F7)	=-(1/$B$2)*LN(1-RAND())
=D7+1	=-(1/$B$1)*LN(1-RAND())	=F7+E8	=MAX(I7,F8)	=-(1/$B$2)*LN(1-RAND())
=D8+1	=-(1/$B$1)*LN(1-RAND())	=F8+E9	=MAX(I8,F9)	=-(1/$B$2)*LN(1-RAND())
=D9+1	=-(1/$B$1)*LN(1-RAND())	=F9+E10	=MAX(I9,F10)	=-(1/$B$2)*LN(1-RAND())

图 8.11　顾客到达时间生成

I	J	K	
完成时间	当前排队等待时间	累计等待时间	
=G2+H2	=G2-F2	=J2	=K2/D2
=G3+H3	=G3-F3	=K2+J3	=K3/D3
=G4+H4	=G4-F4	=K3+J4	=K4/D4
=G5+H5	=G5-F5	=K4+J5	=K5/D5
=G6+H6	=G6-F6	=K5+J6	=K6/D6
=G7+H7	=G7-F7	=K6+J7	=K7/D7

图 8.12　顾客累计等待时间生成

B	C	D	E	F	G	H	I	J	K	L
2		顾客数量	间隔时间	到达时间	开始时间	服务时间	完成时间	等待时间	累计等待时间	平均等待时间
3		1	1.934408754	1.934408	1.9344088	0.071524668	2.005933422	0	0	0
		2	0.116601281	2.051010035	2.05101	0.714947959	2.765957994	0	0	0
		3	0.055768834	2.106778869	2.765958	0.36811946	3.134077454	0.659179	0.659179125	0.219726375
		4	0.879801355	2.986580224	3.1340775	0.206478939	3.340556393	0.147497	0.806676355	0.201669089
		5	0.095844504	3.082424728	3.3405564	1.055590069	4.396146462	0.258132	1.06480802	0.212961604
		6	1.043432803	4.125857531	4.3961465	0.63308224	5.029228702	0.270289	1.335096951	0.222516159
		7	0.223185659	4.34904319	5.0292287	0.818579146	5.847807847	0.680186	2.015282463	0.287897495
		8	2.251848324	6.600891514	6.6008915	0.393204228	6.994095741	0	2.015282463	0.251910308
		9	0.384299775	6.985191288	6.9940957	0.320344496	7.314440237	0.008904	2.024186916	0.224909657
		10	0.163595249	7.148786537	7.3144402	0.066657268	7.381097506	0.165654	2.189840616	0.218984062
		11	0.000502847	7.149289384	7.3810975	0.792646337	8.173743842	0.231808	2.421648738	0.220149885
		12	0.102456472	7.251745856	8.1737438	1.062486891	9.236230734	0.921998	3.343646724	0.278637227
		13	0.384817067	7.636562923	9.2362307	0.2167925	9.453022334	1.599668	4.943314534	0.380254964
		14	0.625581112	8.262144036	9.4530232	0.342525761	9.795548994	1.190879	6.134193732	0.438156695
		15	0.5489886	8.811132636	9.795549	0.392117518	10.18766651	0.984416	7.118610091	0.474574006
		16	0.540099845	9.351232481	10.187667	0.500628779	10.68829529	0.836434	7.955044122	0.497190258
		17	0.025796165	9.377028647	10.688295	0.051349505	10.7396448	1.311267	9.266310766	0.545077104
		18	0.199860228	9.576888875	10.739645	0.497924558	11.23756935	1.162756	10.42906669	0.579392594
		19	0.422003799	9.998892674	11.237569	0.610221593	11.84779095	1.238677	11.66774337	0.614091756
		20	1.086641979	11.08553465	11.847791	0.139853034	11.98764398	0.762256	12.42999966	0.621499983
		21	0.085067941	11.17060259	11.987644	0.304856673	12.29250065	0.817041	13.24704105	0.630811478
		22	0.688452558	11.85905515	12.292501	0.13728232	12.42978297	0.433446	13.68048655	0.621840298

图 8.13　顾客平均等待时间生成

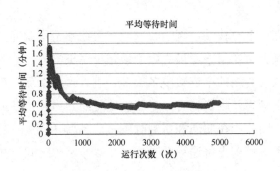

图 8.14　顾客平均等待时间图像

值得注意的是，曲线似乎在略高于 0.66 的值处收敛。因此，这里将对 5000 个样本再进行 100 次试验，并重新计算平均值。

通过从 Excel 中获得的描述性统计数据，可以看到平均值是 0.6601，这非常接近理论平均值。理论预期队列长度和预期等待时间分别为 4/3 和 2/3（见表 8.7）。

表 8.7　顾客到达时间描述统计

统 计 量	取　　值	统 计 量	取　　值
平均值	0.660147135	偏度	0.155656707
标准误差	0.006315375	范围	0.318586462
中值	0.658168429	最小值	0.500642393
模式	N/A	最大值	0.819228855
标准偏差	0.063153753	总和	66.01471348
样本方差	0.003988397	次数	100
峰度	−0.319393469		

8.4.1　练习

（1）求出理发师问题的理论 L_q 和 W_q。

（2）如果 S 的概率只有 0.95，则 F-15 战斗机被防空系统拦截的概率为 0.3，修改导弹袭击问题，确定完成任务所需 F-15 战斗机的数量。

（3）在导弹袭击问题中，如果将条件修改为每支防空部队携带 10 枚导弹则会怎么样？这对所需的 F-15 战斗机数量有什么影响？

（4）对汽油库存问题进行灵敏度分析，将每周的运送量调整为 11450 加仑。这对平均每日成本有什么影响？

8.4.2　专题项目

1. 过路收费站问题

花园州公园大道、州际 95 号公路等交通繁忙的收费公路都是多车道高速公路，每隔一段路就设立一个收费站。因为收取通行费通常不受欢迎,所以人们希望通过限制收费站来减少交通阻塞,最大限度地减少司机的烦恼。通常情况下,收费亭的数量要比进入收费站的车道数量多得多。进入收费站后,车流分散向数量较多的收费亭;当车辆离开收费站时,车流被迫压缩到与收费站前的行车车道数等同的几列车队中。因此,在交通拥挤的时候,车辆离开收费站时,拥堵情况就会加剧。同时,由于每辆车支付通行费时都要花费一定的时间,在收费站的入口也会出现拥堵。

建立一个数学模型以确定在设路障的收费站中设置的最优收费亭数量。首先考虑这样一种场景,即每条进入的通行车道只有一个收费亭,然后考虑每条进入车道有多个收费亭的情况。在什么情况下,每条车道设一个收费亭比目前的做法效率更高,什么情况下效率更低?注意,最优的定义由建模人员决定。

2.美国职业棒球大联盟模拟

建立模型来模拟一场棒球比赛,用自己最喜欢的两支球队或最喜欢的全明星球员来打一场常规赛。

3.NBA 篮球模拟

建立一个模型来模拟 NBA 篮球季后赛。

4.医院设施运行模拟

为医院建立模拟手术室和康复室的模型。

5.课程计划模拟

建立一个模型来模拟教务主任对学生课程安排或期末考试安排的更改。

6.汽车尾气排放问题模拟

假设有一家大型工程公司为该州的汽车进行排放控制检查。在高峰时段,车辆以 15 分钟的平均律呈指数型到达一个有 4 条车道的地点接受检查。同一时段的服务时间是一致的:在[15,30]分钟之间。建立一个对队列长度的模拟。如果车辆等待时间超过 1 小时,公司将支付每辆车 200 美元的罚款。如果有车辆等待时间超过 1 小时的话,则需要公司支付多少罚金?设立更多的检查通道会解决超时问题吗?需要考虑与检查通道相关的哪些成本?

7.招聘模拟

每月招聘人数需求如表 8.8 所示。

表 8.8 每月招聘人数需求

需求人数	概 率	CDF
300	0.05	0.05
320	0.10	0.15
340	0.20	0.35
360	0.30	0.65
380	0.25	0.90
400	0.10	1.0

此外，根据具体情况，每名招聘人员的平均成本是 60 美元和 80 美元之间的整数。从更高层获得的返还金额占成本的 20%～30%。办公室、电话费等固定费用为每月 2000 美元。建立一个模拟模型来确定每月的平均成本：

假设成本=需求×招聘每人成本+固定费用−返还金额

8．库存模型

每周补给弹药盘的需求如表 8.9 所示。

表 8.9 弹药盘需求

需 求	频 率	概 率	CDF
0	15	0.05	0.05
1	30	0.10	0.15
2	60	0.20	0.35
3	120	0.40	0.75
4	45	0.15	0.90
5	30	0.10	1.00

假设需要补给，交货时间在 1～3 天。这里假设有 7 个弹药盘的库存，没有订单到期。为了降低成本需要明确订单数量和订货点。下一单的固定成本是 20 美元。持有未使用库存的成本为每天每个弹药盘 0.02 美元。每有一个需求得不到满足，买方就会离开，公司承担 8 美元的损失。

9．简单的排队问题

银行经理希望通过提供更好的服务来提高客户满意度。他们希望客户平均等待时间小于 2 分钟，而队列的平均长度小于或等于 2 人。该银行每天约有 150 名客户。现有服务时间和到达间隔时间如表 8.10 所示。

表 8.10　客户服务时间与相应概率

服 务 时 间	概　率	到达间隔时间	概　率
1	0.25	0	0.10
2	0.20	1	0.15
3	0.40	2	0.10
4	0.15	3	0.35
		4	0.25
		5	0.05

确定当前服务器是否满足目标。如果没有满足，则确定在服务中需要做出多少改进才能完成规定的目标。

10．情报收集（信息战）问题

当前的情报报告是根据表 8.11 中的历史信息得出的。

表 8.11　情报报告的间隔时间与相应概率

情报报告间隔时间	概　率	情报报告间隔时间	概　率
1	0.11	4	0.20
2	0.21	5	0.16
3	0.22	6	0.10

表 8.12 所示为处理情报报告所需的时间与相应概率。

表 8.12　处理情报报告的时间与相应概率

处 理 时 间	概　率	处 理 时 间	概　率
1	0.20	5	0.13
2	0.19	6	0.10
3	0.18	7	0.03
4	0.17		

此外，如果使用传感器收集情报，效率会更高，如表 8.13 所示。

表 8.13　使用传感器后的情报报告间隔时间与相应概率

情报报告间隔时间	概　率	情报报告间隔时间	概　率
1	0.22	4	0.15
2	0.25	5	0.12
3	0.19	6	0.07

对当前系统的管理程序提出建议，确定其利用率和传感器满意度。为了确保报表能得到及时处理，需要多少个报告处理器？

8.5　案例研究

本节将提供三个在分析中使用模拟模型的案例研究。

8.5.1　检测自杀式炸弹袭击者的新指标

8.5.1.1　概述

滥用简易爆炸装置（IEDs）是当今世界面临的一个主要问题（Meigs，2007），其中尤为令人担忧的是自杀式炸弹袭击。自杀式炸弹袭击者通常不会在事件发生前预告他们的行动，而且很容易实现其目标。隔离式雷达可以检测自杀式炸弹袭击者的动态，还可能由此推测出袭击者的策略。

如图 8.15 所示，在一个或多个雷达的监视下，一群人中有一个或几个人身上携有导线，可能是计划引爆自杀式炸弹的恐怖分子。大多数情况下认为，50 米到

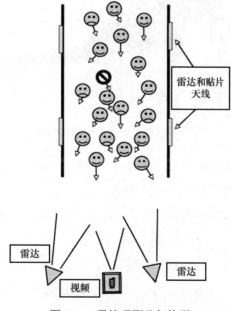

图 8.15　雷达观测几何构型

注：一个或多个雷达观测一群人，其中一两个人是身上有导线的嫌疑人。

100 米雷是雷达探测的安全范围（Beaty 等，2007；Dickson，2008）。该计划是用一个或多个雷达（可能还有其他传感器，如视频监控摄像头或热成像设备）进行观测，其观测的结果是数学模型的重要输入数据。该模型评估了系统从一群基本无害的受试者中检测嫌疑人（有不良企图的人）的情况。

本节将介绍雷达观测系统、携带导线或线圈与否的受试者身体的雷达截面（来自实验测量和电磁场计算估计）、带有指标的数学模型、研究结果和结论以及相关建议。

8.5.1.2　实验装置

这里假设已经用 GunnPlexer 雷达收集了身上"有"和"没有"导线与背心的人的数据，并且进行了分析。首先展示散点图像，如图 8.16～图 8.18 所示。每个图像都直观展示了一个指数分布。使用"卡方拟合优度"分析，可以发现每名显示"有"的受试者的数据集遵循指数分布。

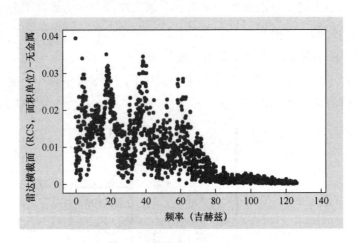

图 8.16　受试者身上无金属携带

通过对创建图像的数据进行分析可知它们都遵循指数分布。这里对每项测试都使用"卡方拟合优度"检验（$\alpha = 0.05$）。

首先，将缩放后或标准化的数据显示在有背心配置 1 号数据的直方图中，如图 8.19 所示。

对截断指数分布进行 χ^2 拟合优度检验。

$$H_0: f(x) = \frac{\lambda e^{-\lambda x}}{1 - e^{-\lambda x_0}}, \quad 0 \leq x \leq x_0$$

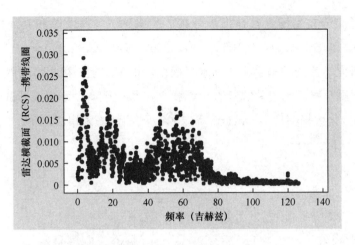

图 8.17　穿着背心、携带线圈的受试者

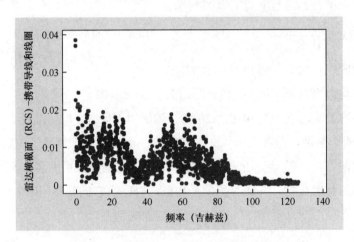

图 8.18　携带导线、线圈，穿着背心的受试者

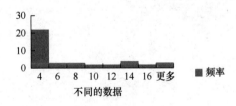

图 8.19　数据集 1 的直方图，背心配置 1 号（单位：赫兹）

　　由于检验统计值小于临界值，于是得出结论，经验均值为 0.15209355 的截断指数符合 $\alpha = 0.05$：

$$\chi^2 = 4.6898$$
$$\chi^2_{0.05,4} = 9.48$$

两种经验分布本质上都是指数分布，且得到了一些文献和其他研究的支持（Dogaru 等，2007；Angell 和 Rappaport，2007；Fox 等，2011）。

这里研究了数据的垂直极化和水平极化，根据文献，极化可以用来区分某些物体，如探测金属。比较受试者的 VV 和 HH 极化图有助于识别受试者身上的金属。这里的极化数据图像与 Dogaru 等（2007）的图像极为相似，如图 8.16～图 8.20 所示。

$$\chi^2 = 5.11619$$
$$\chi^2_{0.05,4} = 9.48$$

这里假设对背心配置 2 号数据进行了相同的类型分析。

对截断指数分布进行 χ^2 拟合优度检验。

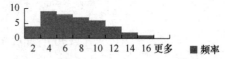

图 8.20　数据集 2 的直方图，背心配置 2 号（单位：赫兹）

H_0: $f(x) = \dfrac{\lambda e^{-\lambda x}}{1 - e^{-\lambda x_0}}$，$0 \leqslant x \leqslant x_0$

由于检验统计量大于临界值，因此得出结论，经验均值为 0.156108622 的截断指数符合 $\alpha=0.05$。

这里很容易看出图 8.19 和图 8.20 两个图像的不同。图 8.21 显示了 VV 函数和 HH 函数的两个图像，两者很相似。图 8.22 则清晰、直观地展现了 VV 函数和 HH 函数的图像的不同。统计分析表明这没有问题。这里分析了两名在不同人群中的携带导线者的两组数据，并成对测试平均值，以证明它们是不同的。

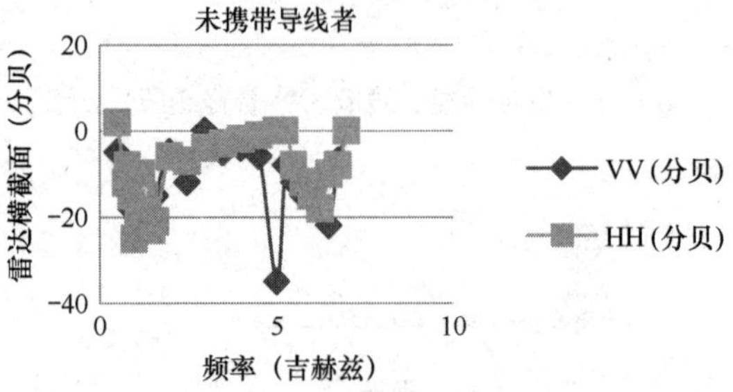

图 8.21　模拟人体的雷达截面在 VV 和 HH 极化因素（极化范围在 0.5～9 吉赫兹）

注：来自多加鲁（Dogaru 等，2007）。

μ_1 = 携带导线者的平均值；

μ_2 = 携带导线者的平均值（背心 2）；

μ_3 = 携带导线和线圈者的平均值（背心 3）。

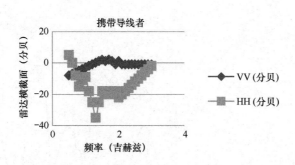

图 8.22　身前携有 1 米长的细金属棒的雷达截面

注：来自 Dogaru 等（2007）。

案例 1：

$$H_0: \quad \mu_1 = \mu_2$$
$$H_a: \quad \mu_1 \neq \mu_2$$

案例 2：

$$H_0: \quad \mu_1 = \mu_3$$
$$H_a: \quad \mu_1 \neq \mu_3$$

案例 3：

$$H_0: \quad \mu_2 = \mu_3$$
$$H_a: \quad \mu_2 \neq \mu_3$$

若 $|Z| > 1.96$，则否定各组中 $\alpha = 0.05$ 的否定区域。计算相应统计数据得：

案例 1：$|Z| = |(1.03-1.520)/0.1425| \approx 3.439$

案例 2：$|Z| = |(1.03-1.430)/0.1628| \approx 2.457$

案例 3：$|Z| = |(1.52-1.43)/0.186| \approx 0.483$

假设检验得到以下结果：

否定案例 1 和案例 2 中的原假设，得出不同的结论。无法否定案例 3 中的原假设，因此可以得出结论，携带导线者比率在统计上是相同的。这证实了它们的不同。

先前的结果在两个方面不够有说服力，Fox 等（2011）和 Fox（2012a，2012b）。

（1）被检测出的概率接近 85%。

（2）误检概率在 22%～56%。

为了能得到一些新的指标，这里对极化数据进行正弦回归，得到极化数据的图像。以下是数据的正弦回归图像（Fox，2012b，2013；Fox 等，2009）。如图 8.23 和图 8.24 所示，绘图者有三个数据集。VV 和 HH 表示两个不同的 "Y" 数据集和一个 "X" 数据集。对数据要素（x，VV）和（x，HH）进行建模，并得到两个回归模型（一个用于 VV，另一个用于 HH）。

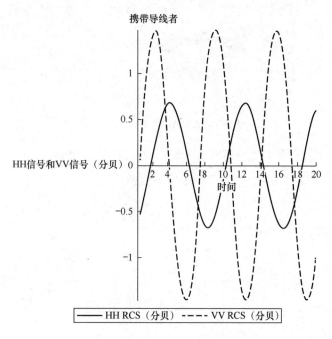

图 8.23　携带导线者的波

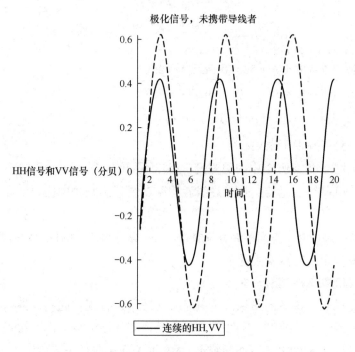

图 8.24　未携带导线者的波

通过在 $\alpha = 0.05$ 处的假设检验，这些正弦回归图像的分析结果如下。

携带导线者的波的周期性不同，而未携带导线者的波的周期性大致相同。

8.5.1.3　结果及其讨论

在过去，因为测量的绝对差值和极化率，人们得到的结果并不可靠。正如 Kingsley 和 Quegan（1992）证明的那样，信噪比（SNR）在检测方面起到了有效作用，还可以降低误报率。

SNR 的定义如式（8.1）所示：

$$SNR = \frac{\mu}{\sigma} \tag{8.1}$$

这个指标并不单独存在，它形成了极化波形的信噪比比值。新的指标如式（8.2）和式（8.3）所示：

$$dm_1 = \frac{\dfrac{\mu_{VV}}{\sigma_{VV}}}{\dfrac{\mu_{HH}}{\sigma_{HH}}} \tag{8.2}$$

或者

$$dm_1 = \frac{\dfrac{\mu_{VV}}{\sigma_{VV}}}{\dfrac{\mu_{HH}}{\sigma_{HH}}} = \frac{\mu_{VV}\sigma_{HH}}{\mu_{HH}\sigma_{VV}} \tag{8.3}$$

例如，对于未携带导线者，根据上式计算得到

$$dm_1 = \frac{\dfrac{\mu_{VV}}{\sigma_{VV}}}{\dfrac{\mu_{HH}}{\sigma_{HH}}} = \frac{\mu_{VV}\sigma_{HH}}{\mu_{HH}\sigma_{VV}} = \frac{2.44 \times 0.83779}{2.36857 \times 1.35613} \approx 0.637069$$

对携带导线有意引爆者，则会得到

$$2.7757 \times 0.8206/(1.824 \times 1.1267) \approx 1.10773$$

两个值是不同的，且显著性级别 $a = 0.05$。

这里提出了仅使用雷达进行 1 级探测的概念，即 1 级探测来自雷达能力输出的组合。表 8.14 所示为检测级别矩阵。

表 8.14　检测级别矩阵

雷 达 扫 描			
指标 1	M_1			
指标 2	0	M_2		
指标 3	0	0	dm_1	
指标 4	0	0	0	M_4

指标 1：$M_1 = |\text{VV}_{\text{平均值}} - \text{HH}_{\text{平均值}}|$。

指标 2：$M_2 = \dfrac{\text{VV}_{\text{平均值}}}{\text{HH}_{\text{平均值}}}$。

指标 3：$dm_1 = \dfrac{\dfrac{\mu_{\text{VV}}}{\sigma_{\text{VV}}}}{\dfrac{\mu_{\text{HH}}}{\sigma_{\text{HH}}}} = \dfrac{\mu_{\text{VV}}\sigma_{\text{HH}}}{\mu_{\text{HH}}\sigma_{\text{VV}}}$。

指标 4：M_4 为极化缩放与加权的周期性（相同取值 0，弱设定为 0.5，完全不同取值为 1）。

沿主对角线的这些数值的乘积就是 1 级检测的强度度量。

$$检测级别 = M_1 \cdot M_2 \cdot M_3 \cdot M_4$$

解释如下：

检测级别=0（非嫌疑人）；

检测级别>0（嫌疑人）。

数值越大，嫌疑越高。M_1 通常需大于 0.6，M_2 大于 1.35，dm_1 大于 1，或检测级别>0.8 个单位。

在表 8.15 中，通过 1 级检测的模拟模型找到了支持检测的统计数据。该模拟进行了 82.4 万次试验。

表 8.15　模拟结果

	P（成功检测率）	P（误报率）
平均值	0.96189	0.092336
标准误差	0.00202	0.004426
中值	0.970508	0.0808
标准偏差	0.02864	0.0626
最小值	0.875	0
最大值	1	0.303
次数	824000	824000
95% CI 长度	0.00399	0.0087

1 级检测表明，检测的成功率是不错的，但仍需要改进，包括误报识别方面。1 级检测是基于单台雷达进行的检测。

P（成功检测率）约为 0.96189，P（误报率）约为 0.092336。

研究多个雷达在方向上独立和正交时最好的改进方向。这将使 P（检测）值提高到 99.84%以上。P（误检）值已经降低到小于 1%（约为 0.85%）。

8.5.1.4　总结

实验证明，用前文描述的指标 1 到指标 4 进行的阶段性指标实验比使用单个指标进行实验更好。阶段性指标实验表明，在算法中使用多个指标（在检测方案中使用两个或两个以上的雷达 RCS 指标）时，最终得到的检测概率约为 99%。

设备（雷达）的灵敏度和收集装置是关键。阈值的选择对检测算法至关重要。例如，概率越高，统计数据离平均值越远。因此，标准误差（SE）必不可少。

这里只使用相同受试者的数据，得到的基础数据如表 8.16 和表 8.17 所示。

表 8.16　极化差异基础数据

	极　化	平　均　值	标准偏差	1-标准偏差的范围
无导线	VV	2.44	0.19	2.23，2.63
	HH	2.37	0.11	2.26，2.48
	|VV–HH|	0.09	0.3	− 0.21，0.039
有导线（无线圈）	VV	2.78	0.19	2.57，2.97
	HH	1.83	0.11	1.72，1.94
	|VV–HH|	0.95	0.30	0.65，1.25
有导线（有线圈）	VV	2.87	0.16	2.71，3.03
	HH	2.00	0.17	1.83，2.17
	|VV–HH|	0.87	0.33	0.54，1.20

表 8.17　极化比基础数据（比值 VV/HH）

	平　均　值	标　准　偏　差	1-标准偏差的范围	3-标准偏差的范围
无导线	1.03	0.12	0.91，1.15	0.67，1.37
有导线（无线圈）	1.52	0.15	1.37，1.67	1.07，1.97
有导线（有线圈）	1.43	0.11	1.32，1.54	1.12，1.76

在本案例中，从概率的角度来看，在 3 个标准偏差（SD）处，未携带导线者和携带导线者的数值有一些轻微的重叠，这是在只使用一台检测仪器的情况下产生的误报。

可利用这一特点来改善该模拟，会发现结果得到大大改善。使用|VV–HH|和 VV/HH 这两种指标，阈值范围扩大了，炸弹袭击者被检测到的概率达到了 100%。误报的百分比也降低到 10%～15%。

录像机是提高检测准确性的重要组成部分，其可获取与图 8.18 所示的雷达注入信息同步的输入信息。

当雷达通过上述指标的组合识别了潜在主体时，其就成为标识 1。然后，录像机分析受试者与标准的偏差，大约是 1 个标准偏差，偏差成为标识 2。两个标识大大增加了探测的准确率。在雷达上添加一个速度组件也很容易。波恩斯坦（Bornstein，1976）对世界各大城市人群的步行速度进行了研究，在此基础上，速度成为标识 3。相差大约 1 个标准偏差的速度是很重要的数据。如果所有 3 个标识都是持续的，则根据模拟模型，检测的准确率将超过 99%，误识率将小于 1%。

此外，添加热成像设备也可以带来显著的优势。如果摄像头或其他监控设备增加了热性能的检测，就可以测量一个人的温度变化。显著的温度变化意味着此人身上有不同于 98.6 华氏度的冷硬物质。再次从平均值中找到 1 个标准偏差来创建标识。这个标识有助于提高检测的准确率，并降低误报率。

因此，添加其他传感器、速度组件和录像机，以及使用热成像技术有助于降低误报率，并提高有效检测的概率。

8.5.1.5　RCS、雷达、视频和热成像方法论模型的模拟算法

真实设备的检测算法可在模拟算法的基础上按照现实情况进行修改。

输入：N，运行次数、人群中自杀式炸弹袭击者数量的假设分布、雷达探测概率指标的分布、阈值。

输出：检测出次数、误报的次数。

第 1 步：将所有计数器归零，检测次数=0，误报次数=0，自杀式炸弹袭击者数量=0。

第 2 步：取 $i = 1, 2, \cdots, N$，开启实验。

第 3 步：从整数区间 $[a, b]$ 生成一个随机数。

第 4 步：根据规模为 X 的人群中自杀式炸弹袭击者数量的假设分布得到一个自杀式炸弹袭击者事件，基本方法是：如果随机数＜一个指定的小数值，那么人群中就有一个自杀式炸弹袭击者；否则没有。

例如，生成在 $[1, 300]$ 之间的一些随机数，如果随机数<2，则代表人群中有一个自杀式炸弹袭击者。

第 5 步：根据更新的数据收集反馈，生成人群中每个人的特征，包括具有随机炸弹袭击者特征的炸弹袭击者，或具有随机非炸弹袭击者特征的非炸弹袭击者。创建一个智能化系统。

第 6 步：让传感器随机检测步骤 5 中的指标，并在步骤 7 根据所使用的指标来识别特征。

前文已经描述了这些分布。

第 7 步：使用以下方法将步骤 5 到步骤 6 的结果与阈值进行比较。

目标存在：$y(t)>Y$→检测准确。

目标存在：$y(t)<Y$→检测遗漏。

目标不存在：$y(t)>Y$→假警报。

目标不存在：$y(t)<Y$→拒绝运行。

第 8 步：对每个正确的检测都会有一个录像输入和一个速度值的输入。非自杀式炸弹的步速正常约为 1 米/秒，吸毒的炸弹袭击者的步速为 1−0.5rand()或 1+0.5rand()，在此基础上为上述 N 次试验中的每一次都生成一个随机速度。

第 9 步：比较步速数值和录像的检测。

目标存在：$z(t)>Z$→检测准确。

目标存在：$z(t)<Z$→检测遗漏。

目标不存在：$z(t)>Z$→假警报。

目标不存在：$z(t)<Z$→拒绝运行。

第 10 步：如果检测出任何炸弹袭击者，都可使用热成像技术。根据该公式生成一个随机数，将其用于热成像的温差值计算：

$$\frac{100\% \times (体温高值 - 体温低值)}{体温高值}$$

对于正常人的体温，上式中体温高值= 98.6 华氏度，体温低值= 95 华氏度。

第 11 步：比较使用了热成像技术进行的检测。

目标存在：$w(t) > W$→检测准确。

目标存在：$w(t) < W$→检测遗漏。

目标不存在：$w(t) > W$→假警报。

目标不存在：$w(t) < W$→拒绝运行。

第 12 步：必要时，让所有的计数器增加数值。

第 13 步：在独立性假设下输出统计数据，使用容斥原理得到：

$$\left| \bigcup_{i=1}^{n} P(A_i) \right| = \sum_{i=1}^{n} P(A_i) - \sum_{i,j:1 \leqslant i < j \leqslant n} P(A_i \cap A_j) + \sum_{i,j,k:1 \leqslant i < j < k \leqslant n} [P(A_i \cap A_j \cap A_k)] - \cdots + (-1)^{n-1} P(A_i \cap \cdots \cap A_n)$$

8.5.2　两个叛乱增长模型的对接

本内容参考了 Jaye 和 Burks 的研究。

8.5.2.1 概述

假设不完全清楚为什么有的人会发起叛乱，他们是如何加入暴力反对组织的。叛乱和其他形式的公民反抗作为社会学现象，其发生的原因已有各种理论提出。在最简单的情况下，内乱是在一个政治空间内产生零和冲突的对抗双方间进行的。一般来说，竞争理论因个体动机和行为发起者之间的动态互动而异。

例如，格尔（Gurr，1970）认为，相对剥夺感，即一个人的期望和他的能力之间的感知差异，会导致认知失调，从而引发暴力行为。莱茨和沃尔夫（Leites 和 Wolf，1970）将叛乱作为一个系统进行分析，并认为叛乱运动需要将从内部或外部来源获得的某些输入转化为各种形式的暴力，才能充分发挥其影响。图洛克（Tullock，1971）运用经济学研究革命的动机并提出了一个很有说服力的论点——私人收益及其副产品——公共产品是叛乱的基础。图洛克在他后来的作品（1985）中提出，在混乱形成和发展的过程中，必须考虑个人忠诚状况的变化。库兰（Kuran，1989）认为，即使是在一些无关紧要的事件中，使人不得不伪装和掩藏偏好，或强迫个人看法屈服于公共压力，也会使一个看起来不可动摇的政府垮台。麦考密克和欧文（McCormick 和 Owen，1996）指出，理性行为发起者会计算期望值，其中群体暴力程度可以用来估测该武装反对势力的规模和其相对前景。反对势力和被反对势力之间的斗争是一种动态的互动，在这种互动中，他们动员并发展了己方的支持基础，同时攻击对手的支持基础。哪一方通过填补政治空间取代了对手，他们就是最后的胜利者。爱泼斯坦等（Epstein 等，2001）对个体进行跟踪，根据个体生活的艰难程度和政府施政的合法性有没有触及个人使用暴力的底线，来确定个体是否会反抗。其他人使用数学模型——通常是常微分方程来模拟战争、起义和叛乱（Castillo-Chavez 和 Song，2003；Deitchman，1962；Lanchester，1916；Udwadia 等，2006）。

基于代理（Agent-based）的模拟（ABS）已经在社会科学研究中流行，因为通过使用这种方法研究人工环境或社会中分散个体的相互影响，可检验复杂的系统。国家研究委员会（2008）将基于代理的建模定义为"具有以下特性的复杂系统的计算研究：①系统由多个相互作用的实体组成；②系统表现出涌现特征，即由实体相互作用产生的属性，不能简单地通过对实体本身的属性进行平均或求和来推断"。因此，叛乱理论非常适合用代理模型来建模和研究。

尤其对国防部门来说（DoD，2008、2009），验证 ABS 模拟是一个重要议题。与验证以物理学为基础的模型不同，验证社会学抽象理论的基于代理方法的发展并不容易，特别是在缺乏已被验证的经验证据的情况下。由于验证社会科学模型及其实施的理论和实践属于一个相对较新的领域，因此研究起来更加困难。验证基于代理的模拟方法既不完善，也没有被普遍接受。

文献指出，要想验证 ABS 模拟，建立概念效度和操作效度十分必要（Heath 等，2009；Kneppell 和 Arangno，1993；Sargent，2010）。概念效度决定了构成概念模型基础的理论和假设的正确性，以及模型的结构、逻辑和因果关系对模型的预期目的的合理性（Robinson，2008；Sargent，2010）。出于便于复用的考量，概念效度至少还需要一个证据充分的模型（Robinson，2006）。操作效度又称外部效度，指的是计算模型在匹配真实数据时的准确性和充分性（Carley，1996）。在没有这类数据的情况下，可以通过其他手段来运行操作效度，如将两个相似模型的结果进行匹配，也称对接（Axtell 等，1996；Burton，2003；Parunak 等，1998）。其他形式的操作效度还包括动画、人脸效度、历史研究方法、参数变动性-灵敏度分析、痕迹等（Sargent，2010）。

8.5.2.2 爱泼斯坦民事暴力问题模型

爱泼斯坦等（2001）提出了一个基于代理的民事暴力计算模型，该模型模拟了中央当局镇压民众起义所花费的精力。该模型的三个行为代理规则集给出了一个有据可查且在概念上有效的模型示例。本节描述了在 NetLogo 中运行的爱泼斯坦民事暴力模型（2001）的扩展。该模型运行产生了与爱泼斯坦文献中类似的结果，因此为实际应用提供了必要的验证。该模型还展示了在使用的民事暴力模型中得到的新发现。

民事暴力模拟涉及两个主要的行动发起者：国家政权及其民众。第一组行动者代表中央当局或政府，爱泼斯坦称为"警察"，本书将它们称为"权威"代理。第二组行动者代表国家的普通民众或其人民，本书简单地称之为代理。这些代理在一个模拟的社会中"生活"，在任何时候，他们都可能积极反叛或不反叛，这取决于他们的"态度"，包括阈值水平、不满、被捕概率和净风险。

每个代理或民众中一员的行为都受到几种属性的引导。第一组属性衡量个人对建制或中央权威的不满。这种不满的程度是由两个简单的组成部分来衡量的，即艰难程度（H）和合法性（L）。艰难程度表示一个人对其在某一特定时期的艰难生活的看法，它高度依赖个人的处境和参照点。这里遵循爱泼斯坦等（2001）的方法，从区间（0，1）上的均匀分布中随机分配一个"艰难值"给每个代理，然后使用非均匀的分布来研究对模型行为的影响。数值越高，代理越觉得自己生活艰难。一旦做出分配，代理感知的艰难值就不会改变。在模拟中，政府的合法性水平在运行模拟之前已经被设置好，对于所有代理来说这一数值都是固定的。这里拓展了爱泼斯坦的研究，在模拟中结合了调整个体一生的艰难程度和政府合法性的能力，但为了隔离偶然因素，并重现类似于爱泼斯坦等（2001）的结果，这些属性将在本书的模拟运行中保持固定。基于这两种属性和以下关系，可以计算代理对中央权威的不满程度：

$$G = H(1-L) \tag{8.4}$$

不满是个人艰难程度（H）和对中央权威的不合法性的普遍观感（$1-L$）的产物。由此可见，一个代理的不满可能会因为政府的高合法性（L接近合法政府）而非常低，即使在遭受苦难的时候也是这样。

然而，任何个体代理无论多么倾向政府，都可能会达到崩溃点。这个因素是由代理的容忍水平和其承担被当局注意到的风险的倾向决定的——公开发言或积极反抗。容忍度 T 表示代理的阈值水平，如果超过了这一阈值，表明代理愿意采取行动加入反抗军。在模拟开始时，所有代理的容忍度在区间（0,1）上均匀分布，在模拟中其保持不变。代理采取行动的意愿基于三个组成部分，即风险规避（R）、被逮捕的可能（P）和威慑（J）。风险厌恶被定义为代理人冒险的意愿。每个代理的风险规避 R 都是在区间（0,1）上的均匀分布中抽取的随机值，它在模拟运行中是固定的。数值越高，代理越有可能承担风险。在给定的时间范围内，一个代理的被捕概率由爱泼斯坦等（2001）建模：

$$P = 1- \exp[-k(C/A)_v] \tag{8.5}$$

式中，C/A 为代理的视觉范围 v 内的"权威"代理 C 与代理 A 的比例；k 为固定值。在模型的运行过程中，一个代理对其环境的视野是一个晶格位置的摩尔邻域，并且代理类型之间是同构的。摩尔邻域的运行——用户指定的围绕中心单元半径的正方形——表达了爱泼斯坦使用概念的扩展，它包含了冯·诺伊曼邻域。这个扩展提供了更多的随机运动和更大的视野区域。模型实施中的另一个拓展是，让"权威"代理和"民众"代理具有不同的视野范围。在一个中央政府和人民之间有不同理解程度的社会中，就会产生很有趣的改变。例如，一个孤立的、对其人民知之甚少的中央当局可以由一个视域很小的"权威"代理来模拟；一个人民对政府和同胞的性情都很了解的社会，可以由视域较大的"民众"代理来模拟。

逮捕概率方程表明，当一个代理所在社区的"权威"代理 C 的数量增加时，这个"民众"代理反抗中央权威的可能性就减小。为了确定代理人是否会叛变，在每个模拟时间步中，代理人将确定其净风险 N。净风险是风险规避 R、被捕概率 P 和被捕后的监禁时间威慑 J 的乘积，即

$$N = RPJ \tag{8.6}$$

于是，第一个代理行为规则构建如下。

规则 1：若 $G - N > T$，则代理会反叛。

在这个人工社会中，中央"权威"代理的描述要简单得多，因为它们只拥有一个属性。其中，"权威"代理的作用是维护秩序，支持民政当局。他们遵循自身的行为规则，寻找并逮捕那些处于叛乱状态的当地代理。"权威"代理有一个均匀分配的视野范围（同样是摩尔邻域），他们在每个时间步都对其进行检查，以便知道在本地环境中发生了什么。

规则 2：每个"权威"代理在每次迭代时识别其视野内的所有反叛代理，随机选择一个，然后"逮捕"它。

例如，在图 8.25 中，有 3 个"权威"代理（有编号的虚线圆圈）、5 个反叛代理（灰色圆圈）、5 个被监禁的代理（有条纹的圆圈），以及大量民众代理（黑色圆圈），它们既不反叛，也不被监禁。如果"权威"代理的视野半径设置为两个格点单位，那么"权威"代理 1 在其视野范围内将有 3 个反叛代理。根据规则 2，"权威"代理 1 将从 3 个反叛中随机选择一个（每个人被选中的概率相同）逮捕。"权威"代理 2 在其视野范围内有一个反叛代理，这意味着它会自动逮捕那个反叛代理。由于"权威"代理 3 在其视野范围内没有反叛代理，它在此迭代期间不会逮捕任何代理。

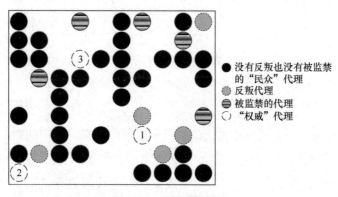

图 8.25　示例场景描述

最后一条行为规则对以上两种代理都适用，它支配了两种代理的运动。

规则 3：移动到视野范围内的任意位置。

这 3 条简单的行为规则组合支配着这个人工社会中所有行动者的行动和相互影响。该社会的环境建立在 NetLogo 4.1 中一个 40 × 40 的环面晶格网格（1600 个单元）上。在每次模拟之前，用户选择并设置参数，包括代理和警察的初始数量（通过密度设置）、监禁时间、逮捕概率参数、代理叛乱容忍度、代理视野和警察视野。在每个回合，代理可能处于 3 种状态中的一种：不活跃（不反叛）、活跃（反叛），或被捕。

图 8.26 描述了正常静止状态下，当反叛者、不活跃者和"权威"代理具有相同的视野半径（本例中为 7 个晶格距离）时的偶发性混乱。在图 8.26 中，虚线曲线显示了反叛代理的数量与时间的关系。间歇性的混乱或间断的平衡是一些社会政治活动的特征，如最近的"快闪族"。这里用 NetLogo 运行的间断平衡结果在性质上与爱泼斯坦的运行（2001）相似，而且验证了模型的可用性。爱泼斯坦将"快闪"事件比作偶然发生的革命；然而，由于系统会恢复到最初的状态，"快闪"偶发性的爆发类似于被政府当局及其代理镇压的动乱。在这个模型中，革命可以解释为平衡状态的变化，其反映在反叛代理平均数量的变化上，模拟结果将在后面的章节中演示。

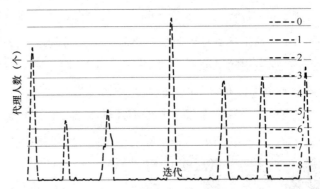

图 8.26　由反叛代理的数量（虚线曲线）与时间的关系所描述的静止状态下的偶发性混乱

注：用于产生该结果的参数包括："权威"代理密度 $= 0.04$，代理密度 $= 0.5$，最大刑期 $= 30$ 个时间步，$k = 2.3$，$T = 0.1$，$L = 0.82$，两种类型代理的视野为 7 个单位，一个单位为 NetLogo 中人工视野的 1 个晶格

图 8.27 展示了运行民事暴力模型的另一个模拟结果。该图的实例中，政府和其他代理的视野小且相等，摩尔邻域为 2 个单位。图 8.27 中，虚线表示反叛代理的数量与时间的关系，点线表示被监禁或被驱逐的代理的数量，实线表示不活动代理的数量。这是一个已经达到了平衡的状态。随着时间的增加，活跃的、不活跃的和被监禁的代理的数量基本保持不变。或许可以发现，反叛者的平衡水平随着刑期的增加而降低，这也是正常的情况。

8.5.2.3　与流行病传播模式相同的叛乱

现在将流行病学中的易感—感染—移除—易感（SIRS）模型与叛乱动员动态进行类比，得到叛乱传播的另一种理论。SIRS 模型是克尔马克和麦肯德里克

（Kermack 和 McKendrick，1927）SIR 流行病模型的改进。

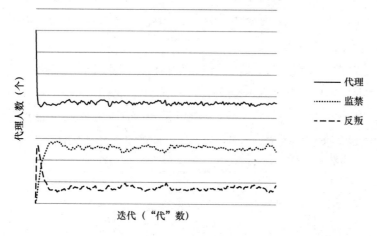

图 8.27　运行 ABS 时反叛（虚线）、监禁（点线）和不活跃（实线）代理人数随时间变化曲线

注："权威"代理和民众代理的视野为 2 个单位，所有其他参数与生成图 8.26 所用的参数相同。

设 $S(t)$ 代表人口中容易加入叛乱并因此被革命思想影响的那一部分人群；$I(t)$ 代表已经接受了革命思想的人群；$R(t)$ 代表被政府当局监禁的人群。由于 $S(t)$ 和 $I(t)$ 之间的相互作用，这里假设 $S(t)$ 的下降速率与 $S(t)$ 和 $I(t)$ 的大小成正比。此外，如果考虑被释放的个人不会直接重新加入叛乱，那么 $S(t)$ 会随着从监禁中释放人数的增加而增加。

假设 $S(t)$ 的损失是 $I(t)$ 的收益。因为叛乱成员可以被逮捕和监禁（被政府当局从总人口中移除），所以假设 $I(t)$ 的减少与其规模呈比例。这里假设那些被移除或监禁的人被释放的比率与被监禁的人数成正比。

根据上述描述，可得到以下表示 SIRS 模型的微分方程组：

$$\frac{\mathrm{d}S}{\mathrm{d}t} = -\beta SI + vR \tag{8.7}$$

$$\frac{\mathrm{d}I}{\mathrm{d}t} = \beta SI - \gamma I \tag{8.8}$$

$$\frac{\mathrm{d}R}{\mathrm{d}t} = \gamma I - vR \tag{8.9}$$

式中，β 为易受影响者离开反叛队伍的比率；v 为囚犯被释放的比率；γ 为反叛者被监禁的比率。

假设在整个叛乱过程中所有人都没有收益和损失，于是

$$S(t) + I(t) + R(t) = N \tag{8.10}$$

N 是一个常数。最后假设叛乱从一个个体开始，同时，易受影响的群体中有一些初始个体，数量为 S_0，而被移除的类别中没有。初始条件如下：$I(0)=1$，$S(0)=S_0$ 和 $R(0)=0$。于是，$N = S_0 + 1$。

这里可以直接找到系统的非负稳态值，(4)-(6)（Waltman，1986）。如果称稳态条件为点 (S_e, I_e, R_e)，其中 $S_e = \gamma/\beta$，$I_e = (N-S_e)/(1 + \gamma/v)$，$R_e = \gamma I_e/v$。这些均衡值是稳定的。这意味着一旦引入了一个革命性思想–$I(0) =1$，那么革命就会继续蔓延，直至达到稳态条件 (S_e, I_e, R_e)。系统在 S-I 平面的解的轨迹如图 8.28 所示。

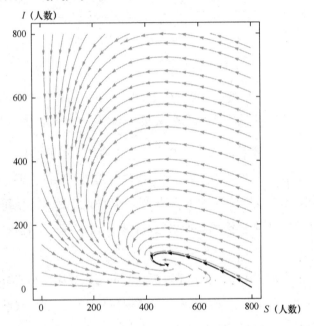

图 8.28　易受影响人群比已受影响人群的解轨迹

注：图中加黑的轨迹为 $S(0)= 799$，$I(0) = 1$，$\beta = 0.00068$，$\gamma = 0.31875$，$v = 0.09625$ 时的解。

需要注意的是，ODE 模型的模拟结果表明，革命性思想一旦引入，就会持续下去；也就是说，I_e 是正数。显然，从政府当局的角度来看，叛军越少越好，即 I_e 最好尽可能地小，因此监禁率 γ 要尽可能大，同时/或者延长刑期，这会让 v 的值减小。

此外，增加 S_e 是中央政府的另一个目标。增加 S_e 会使 I_e 相应减少，那么政府可能通过降低影响率 β 来让 S_e 增加。因此，政府想要限制新生叛乱的规模，就会降低 β，也就是让民众普遍对革命叙事产生强烈抵抗，在某种意义上，民众会对革命思想产生免疫。政府可以通过加强民众对权威的忠诚来实现这一点——可能是通过提高总体福祉来实现的，或者，在不那么仁慈的情况下，通过威胁、暴政或灌输更多教条的方式来实现。

式（8.4）～式（8.7）在初始条件 $I(0)=1$，$S(0)= S_0$，$R(0) = 0$ 下存在唯一解，可以绘制成时间的函数，如图 8.29 所示。该解所用的参数与图 8.28 相同。这里用 Mathematica 创建了该图像。

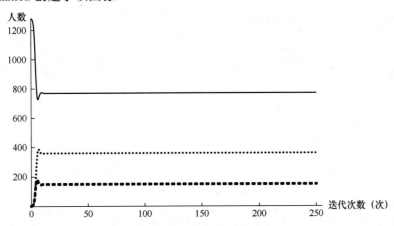

图 8.29　使用图 8.28 中的参数获得运行 SIRS ODE 模型的反叛（虚线）、监禁（点线）和
不活跃（实线）的代理的时间函数图像

8.5.2.4　对接与模型验证

图 8.30 描述了 NetLogo ABS 运行时同步显示的 ODE 模型的结果。两个图像的相似性代表了两个模型对所述参数的对接（ABS 运行中所有代理的视野半径设置为 2）。当所有代理的视野都小且短时，代理运行的规则使它们混合在一起，此时，叛乱以某种恒定的规模普遍存在。这与 ODE 的结果是一致的，其中假设未叛乱/易受影响人群和叛乱/已受影响人群持续混合，导致叛乱持续。运行结果表明，在宏观层面上，这两种结果体现了在对抗性人群中政府和革命发起者之间相互影响的本质。这种对接有助于建立两种理论的操作效度（Sargent，2010）。

支持模型对接的进一步证据来自改变参数 v，即在 ODE 模型中因犯被释放的速率，以及改变其在 ABS 运行中的模拟量，即最大刑期。

当 v=0.150、0.075 和 0.0375 时，使用生成图 8.28 的其他参数，可以得出 I_e =101、63 和 35。如果改变了 NetLogo 运行的刑期，则因为被逮捕的代理返回到未叛乱/易受影响的阶层的自由率类似于代理的刑期长度。然而，在这种情况下，v 越大，刑期越短。当将最大刑期设置为 75 个、50 个和 25 个时间段，且固定用于创建图 8.27 的所有其他参数时，可以发现，平均而言，这些刑期分别对应 29 个、52 个和 87 个积极反叛的代理。因此，每个模型都证实了某种程度上凭直觉就可得出的结论：国家可以通过实行长期监禁来镇压叛军的稳定值 I_e。

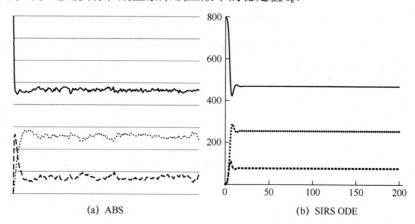

图 8.30　ABS 民事暴乱代理状态迭代（a）及 SIRS 常微分方程模型解的时间变化情况（b）

注：线条样式代表的代理与前面的图像相同（横坐标为迭代次数，纵坐标为人数）。

虽然 SIRS ODE 模型的平衡解可能会随着模型参数的改变而改变，但其定性行为不变。引入一种革命性的思想可得到了一个非零的、稳定的平衡解。这种固定的定性行为并不适用于 ABS 的实验运行，而后者可以产生运行 ODE 模型无法实现的有趣结果。

图 8.26 中平衡被打断只是一个示例。"快闪族"、暴乱和其他突发事件等都代表着从静止状态开始的间歇性叛乱，这些事件在整个人类历史中都可以观察到。通过将 ABS 的运行结果与此类社会政治现象相比较，可以建立该模型的事件效度（Sargent，2010；Carley，1996）。

图 8.31 展示了 ABS 运行的另一个无法从 ODE 模型中获得的结果。这里通过将民众代理视野设置为 10 个单位而将"权威"代理视野设置为 1 个单位，于是得到了这一模拟结果。在第 120 时间步附近产生"星星之火"之前，原有的平衡条件中存在大约 6 个随时会反叛的代理。事实证明，当时的条件有利于叛乱爆发：代理不满程度足够高且足够集中，而"权威"代理的分布足够稀疏。模拟结果是：反叛活动在一瞬间蔓延开来。目光短浅的"权威"代理或者说孤立的政府机构无法控制起义，大约 130 个积极反叛的代理形成了新的平衡。积极型反叛的代理建立了一个新的层次，其影响无法衰退回到原来的平衡位置，这表明原有的系统秩序发生了变化。从本质上说，一场革命已经发生了。这种"分叉平衡"的结果和前文间断平衡的例子一样，均与社会政治现象相符，比如库兰（Kuran，1989）的"星星之火和燎原之火"理论。根据库兰的说法，法国革命、俄罗斯革命和伊朗革命都是意料之外的革命。这些革命与模型的分叉均衡状态相似，有助于加强

ABS 模型的事件效度，进一步证实了 ABS 民事暴力模型的操作效度。证明了库兰的 "星星之火和燎原之火" 理论，人们推测其为法国、俄罗斯和伊朗等国发起政治革命的原因。当政府代理的视野为 1 格单位，非政府代理的视野为 10 格单位时，这种分叉平衡状态就诞生了。

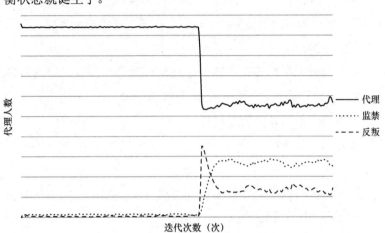

图 8.31　从 ABS 运行中获得的分叉平衡状态

8.5.2.5　总结

这里应用了两种理论来解释叛乱的蔓延，一种是 ABS 模拟，另一种是常微分方程组。本章在 NetLogo 中运行了爱泼斯坦关于叛乱崛起的理论，并做了一些修改。本章运行的模拟产生了 "间断均衡"，这是爱泼斯坦的一个现象特征。然后，制定了第二个模型，将叛乱的蔓延比作流行疾病的传播，特别是 SIRS ODE 模型。本章将 SIRS ODE 系统解的结果与 ABS 运行的某些代理参数的结果进行了对接：ODE 模型的解与 ABS 运行结果的相似性可作为交叉模型验证的一种形式。此外，通过 ABS 运行获得的另一个结果证明了研究的有效性、另一种意义上的有效性。该结果虽无法从 ODE 模型获得，但与社会—政治系统中观察到的现象（库兰的"星星之火和燎原之火"理论）相符合。

8.5.3　搜寻和解救受困学生问题

本问题由威廉·P. 福克斯和迈克尔·J. 杰伊提出。

8.5.3.1　军队参与救援

相距 5.43 英里的两个观察站获取了一段简短的无线电信号，发现信号时感应装置分别成 110°和 119°。两个装置的角度误差均在±2°之内。情报部门表示，信号来自恐怖分子活动猖獗的地区，据推测恐怖分子正在一艘船上等着人接头。时值黄昏，天气状况良好，没有海浪。一架小型直升机可以从一号站点出发，精确地沿着 110°角的方向飞行。该直升机只有一个检测装置——探照灯。在 200 英尺的高度，探照灯只能照亮半径 25 英尺的圆形区域。根据燃油容量，直升机的最长飞行距离为 225 英里。

首先，需要为搜索区域建模。为两个感应装置覆盖的区域绘制草图，角度精确到±2°之内。另外，假设目标没有任何躲避的行动。

（1）为区域的四条边界确认方程式。

（2）找到交汇点的坐标。

（3）确认区域范围。

（4）如果搜索区域的左上角和右下角都确定了其界限，那么这个长方形区域的哪部分应该被定为搜索范围？

（5）随机制定 1000 个代表该恐怖分子船只的起始点（选择合适的网格），包括已有数据中的一个点。

（6）假设直升机有足够的燃油可以搜索 16 平方英里的区域。在搜索区域任意地点旁 4 英里的地方画一个正方形，看一下有多少个任意起始点在这个正方形内？

（7）在正方形内的任意起始点占比是多少？

（8）结合草图或图表对基本确认的目标起始点进行描述。

（9）估计区域面积。

（10）确认检视宽度，结合草图解释确认宽度的方法。

（11）在直升机的最长飞行距离（225 英里）范围内，能够检视多大面积的区域？

（12）讨论直升机的各种搜索策略。

（13）选择一种搜索策略。

（14）估算所选策略成功找到目标的可能性。

（15）你能找到多少个有代表性的起始点？

（16）需要多少架直升机才能确保有 95%的概率找到目标？

观察点和观察方向图如图 8.32 所示。

与图 8.32 相关的因素如下：

（1）观察站的视觉精确度不是百分之百，有±2°的误差。

（2）需要找到目标可能位于哪个区域。

（3）需要找到三角形的坐标。

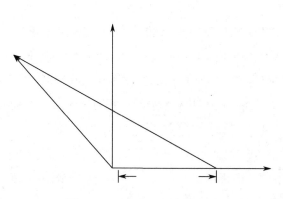

图 8.32　观察点和观察方向图

为了解决上述问题，需要做出如下假设：原点放在哪里？为达到目的，假设最右边（最东面）的观察站的坐标为(0, 0)，那么需要完成的任务就变成：怎么确认长方形的坐标。

使用最初的视觉角度，角 1=61°，角 2=110°，角 3=9°，以及两个站点之间的距离为 5.43 英里（与 9°角相反的那面）。标示出点 1(0, 0)，点 2(0, 5.43)，在确认点 3 坐标的过程中优化原有的草图。

为了解决上述问题，需要回顾一下三角学，特别是正弦定律，将其与图 8.33 对照得出

$$\frac{\sin(角3)}{5.43} = \frac{\sin(角2)}{x} = \frac{\sin(角3)}{y}$$

既然 sin 9°/5.43 ≈ 0.02881，那么另外两条边的长度分别为

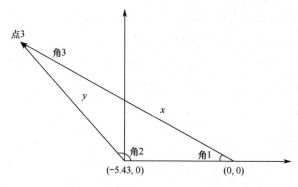

图 8.33　升级版草图附观察角度

sin 110°/x=0.02881≥x=32.617 英里和 sin 61°/y≥y = 30.358 英里。

在目前的情况下，需要计算出长度 1 和长度 2，如图 8.34 所示。

既然已经有了一个三角形，那么只需要用最基础的三角学来计算出角 1 对

边的长度。即已知边 x 的长度，可以通过 $l_1/x = \sin(\text{角 }1)$ 求出 l_1 的长度。因此，$l_1 = x \times \sin(\text{角 }1) = 32.617$ 英里 $\times \sin 61° \approx 28.52$ 英里。现在，通过勾股定理可以得出 $32.617^2 = l_1^2 + l_2^2$。算出 $l_2 = l_3 + 5.43$，接下来，$30.358^2 = (28.52)^2 + (x + 5.43)^2$，通过上述计算可以算出 $l_3 = -10.413$。所以点 3 相对于原点的坐标为 $(-10.413, 28.52)$。

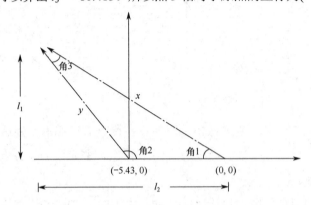

图 8.34　升级版草图，描绘了未知长度用于确认点 3 和原点的关系

接下来，需要确认相交的两条线的算法。

需要利用两点式或点斜式先找出斜率。要想在第一个环节中成功，了解线性公式、点斜式及线的相交非常重要。所以这一部分的问题非常重要。

$$y - y_1 = m(x - x_1)$$

其中

$$\text{斜率} = (y_2 - y_1)/(x_2 - x_1)$$

斜率：当作 $(x_1, y_1) = (0, 0)$ 及 $28.52/(-10.413) = -2.73888$

得到：$y = -1.804(x - 5.43) = -1.804x + 9.796$

接下来，重复上述过程，计算出 $\pm 2°$ 的情况，即 $110°$ 和 $119°$，利用 $108°$ 和 $112°$、$117°$ 和 $121°$ 时的数值。经过计算，可得出如下直线方程：

$a: = -2.4709 \cdot x$

$b: = -2.74747 \cdot x$

$c: = -3.0776 \cdot x$

$d: = -1.6642 \cdot x + 9.037$

$e: = -1.804 \cdot x + 9.796$

$f: = -1.9626 \cdot x + 10.656$

这里将这些线以图表形式呈现出来，以便观察相交的情况及所形成的区域（见图 8.35）。

普通相交代表可行区域或所关注的面积。从图 8.36 中可以看出，该区域形状像一个拉长的钻石（浅色阴影区域）。该区域由直线 a、c、d 和 f 相交而成。

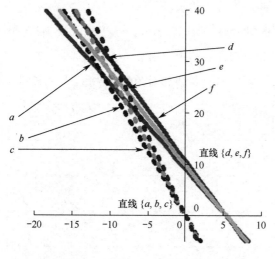

图 8.35　所有可视区域线型图

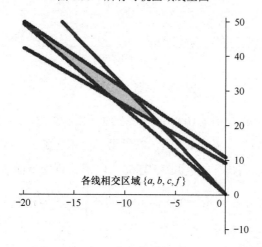

图 8.36　目标四边形区域

阴影区域是最适合的搜索区域之一，进行模拟时也需要用到这块区域。用如下算式可以计算出钻石形区域（一般的四边形）：

$$面积 = \sqrt{(s-a)(s-b)(s-c)(s-d) - \frac{1}{4}(ac + bd + pq)(ac + bd - pq)}$$

a、b、c、d 是四边形的四边，a、c 和 b、d 为对边。p 和 q 为对角线，那么 $s = (a + b + c + d)/2$。

省略代数细节，可以得出四边形四角的坐标：

(−6.3938, 19.6776)，(−20.964, 51.79)，(−9.5570, 29.412)，(−11.292, 27.68)

这里描绘出点，再把它们连起来，得到如图 8.37 所示的四边形区域规模。再次用长度公式计算四边形各边的长度。

(x_1, y_1)和(x_2, y_2)之间的距离是 $d = \sqrt{(x_2 - x_1)^2 + (y_2 - y_1)^2}$。

距离可通过勾股定理计算得出，即 $a^2 + b^2 = c^2$。

通过长度公式，可以得出各边和对角线（p 和 q）的长度，如图 8.37 所示。

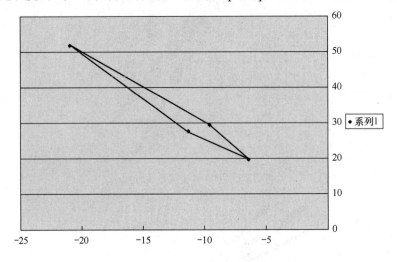

图 8.37　四边形区域规模

计算得出，$a = 9.38$，$b = 10.25$，$c = 25.12$，$d = 25.97$，$p = 2.452$，$q = 35.259$。

以下计算搜索面积：需要算出 s，以便用于面积计算，$s = (a + b + c + d)/2$。通过置换和简化，可以得出 s 的值为 35.3566，以下计算搜索面积：

$$\text{搜索面积} = \sqrt{(s-a)(s-b)(s-c)(s-d) - \frac{1}{4}(ac+bd+pq)(ac+bd-pq)}$$
$$= 40.86$$

因此，搜索面积为 40.86 平方英里。左上角和右下角所形成的长方形面积为 20.964 英里×51.79 英里=1085.73 平方英里，搜索面积约占该面积的 3.7%。

本问题中，只研究了搜索理论中的随机搜索方法。

假设使用之前介绍的直升机，时速 60 英里/时（没有指定），既然直升机的最长飞行距离为 225 英里，那么最长搜索时间为 T=225 英里/60 英里/小时=3.75 小时。再假设探照灯的照明半径为 25 英尺，如果目标进入探照灯的照明范围，则目标会以概率 1 被找到。

现在，25 英尺是 0.0047（25/5280）英里。横向探测模式如图 8.38 所示。

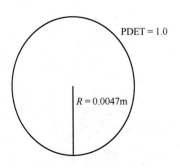

图 8.38　横向探测模式

这个圆形区域的直径是 $2\times R_{max}$，可能高度为 1.0，则有

$$W = 2\times R_{max} = 2\times0.0047=0.0094$$

$$A = 40.86 \text{ 平方英里}$$

$$V = 60 \text{ 英里/小时}$$

$$T = 3.75 \text{ 小时}$$

求出 S，公式如下：

$$S = VW/A = 60\times0.0094/40.86 = 0.0138$$

在随机搜索方法论中，可能搜索时间被称为 PDET(t)，该值为 PDET (3.75)= St = 0.0138×3.75=0 .0517。

如果采取随机搜索方式，那么 PDET(3.75)=$1-e^{-3.75\times0.0094}$=$1-e^{-0.0517}$=0.0503。

两种可能性都很低。

用其他搜索模式效果会更好吗？下面来试验一下蒙特卡罗模拟。

假设直升机可以搜索 16 平方英里，在搜索区域中，可以描绘出一个 4 英里乘 4 英里的方形区域。方形区域的中心坐标定为(28.5, 15.8)。然而，另一种选择是将方形区域放置在另外一个地点。接着找到 p 和 q（前述四边形的两条对角线）的交叉点，并得出坐标。然后向两边各移动±2 英里。

过 P 点的直线：$y = x +38.97$

$$y = -2.203 x+5.606$$

从而得出 $x =-10.42$，$y = 28.55$，所以中心点为(-10.42, 28.55)。

搜索框 X 轴从-8.42 到-12.42，Y 轴从 26.55 到 30.55，如图 8.39 所示。

这里尝试一种"新的"搜索模式，也许是一种能用蒙特卡罗模拟评估的模式。图 8.40 所示的蒙特卡罗模拟提供了一种可能的评估模式，用于对照分析。

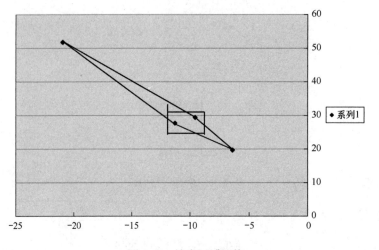

图 8.39　搜索区域网格

算法

输入：搜索区域大小，感应器范围，搜索范围，搜索形式或方法，试行次数，随机数字区域。

输出：成功率。

计数值从 0 开始

Do $i = 1, 2, \cdots, n$

步骤 1：在区域内随机生成一个目标点。

步骤 2：确认该目标是否在区域内，如果是，则 **Count = Count + 1**；

否则取 **Count = Count**。

步骤 3：计算 $P(S) = \text{Count} / N$。

图 8.40　蒙特卡罗模拟算法

下面展示该模拟的计算步骤：

```
Count = 0
Do i = 1, 2
```

在四边形区域内随机生成一个点，如（-11, 30）。

确认该点是否在该区域内，如果是，则 Count=0+1=1。

```
令 i = 2
```

再生成一个点(-7.5, 22)。

否则，取 Count = 1。

$$P(S) = 1/2 = 50\%$$

现在想象一下用该模拟处理大量试验。概率是基于大数定律的，理论上需要进行上万次试验，计算机让这一切更可行了。

这里用 Excel 进行模拟，在四边形区域内随机选择一个目标地点，接着选取一种搜索模式，看是否能够找到这个随机目标。最终，要么找到目标（Value = 1），要么没找到目标（Value = 0）。Excel 可以在短时间（几分钟）内重复上述过程 50000 次。计算找到目标（Value = 1）的次数并除以 n，n 为进行模拟的次数，就可以得到成功率 P（成功），相关统计数据如表 8.18 所示。

表 8.18　搜索描述性统计

统 计 项	取　值	统 计 项	取　值
均值	0.18058	偏度	−0.002928607
标准误差	0.0000068692	范围	0.082
中值	0.183	最小	0.14
众数	0.188	最大	0.222
标准偏差	0.015361752	合计	18.058
样本方差	0.000235983	计数	50000
峰度	0.12035735	置信水平（95.0%）	0.003048105

以上述试验为例，该试验进行了 50000 次模拟，成功率约为 18%。考虑到 95% 均值置信区间即

$$0.18058 \pm 1.644 \times \frac{0.015361752}{\sqrt{50000}}$$

$$= 0.18058 \pm 0.0001129$$

设计搜索试验引起了很多关于可能搜索模式的有趣讨论，讨论的目的是提高找到目标的概率。例如，分析人员有可能打印出一块可能的目标地点。接着他们可以用投影胶片创建自己的宽度搜索模式 W。比如，他们可以把投影胶片覆盖在所有随机点上（全覆盖），计算接触到搜索模式的点的数量再除以 N，就能得到成功率。

8.5.4　练习

（1）在搜寻与解救模拟模型中，通过模拟估算成功率的视觉误差为±5°。

（2）搜寻自杀式炸弹时，可以基于可能性来估算成功率及误报率。

原书参考文献

Angell, A. J., Rappaport, C. M. (2007). Computational-modeling analysis of radar scattering by clothing covered arrays of metallic body-worn explosive devices. Progress in Electromagnetics Research, PIER, 76, 285-298.

Axtell, R., Axelrod, R., Epstein, J., Cohen, M. (1996). Aligning simulation models: A case study and results. Computational and Mathematical Organization Theory, (1), 123-141.

Beaty, J., Sullivan, R., Rappaport, C. (2007). Bomdetec Wide area surveillance and suicide bomberdetection. I-Plus [Online]. Retrieved 1 April, 2010.

Bornstein, M. H., Bornstein, H. G. (1976). The pace of life. Nature, 259, 557-559.

Burks. R., Jaye, M. (2013). Docking Two Models of Insurgency Growth International Journal of Operations Research and Information Systems (IJORIS), 4(3), 19-30.

Burton, R. (2003). Computational laboratories for organization science: Questions, validity, and docking. Computational & Mathematical Organization Theory, 9(2), 91-108.

Carley, K. (1996). Validating computational models, CASOS working paper. Pittsburgh, PA: Carnegie Mellon University.

Castillo-Chavez, C., Song, B. (2003). Models for the transmission dynamics of fanatic behaviors. In H. Banks & C. Castillo-Chaves (Eds.), Bioterrorism (pp. 155-172). Philadelphia: SIAM.

Deitchman, S. (1962). A Lanchester model of Guerrilla warfare. Operations Research, 10, 818-827.

Department of Defense. (2008). Department of Defense Standard Practice: Documentation of Verification, Validation, and Accreditation (VV&A) for models and simulations. MIL-STD-3022.

Department of Defense. (2009). DoD modeling and simulation (M&S) Verification, Validation, and Accreditation (VV&A). Department of Defense Instruction 5000.61. USD (AT&L).

Dickson, M. (2008). Handheld infrared camera use for suicide bomb detection: Feasibility of use for thermal model comparison. Ph.D Thesis, Kansas State University.

Dogaru, T., Nguyen, L., Le, C. (2007). Computer models of the human body signature for sensing through the wall radar applications. Triangle Park: Army Research Laboratory.

Epstein, J., Steinbruner, J., Parker, M. (2001) Modeling civil violence: An agent-based computational approach. Brookings Institution, Center on Social and Economic DynamicsWorking Paper No. 20.

Fox, W. (2012a). Method for radar detection of persons wearing wires. US Patent, 13/344.451.

Fox, W. (2012b). Issues and importance of "good" starting points for nonlinear regression for mathematical modeling with Maple: Basic model fitting to make predictions with oscillating data. Journal of Computers in Mathematics and Science Teaching, 31(1), 1-16.

Fox. W (2013). Mathematical modeling with Maple. Boston: Cengage Publishing.

Fox, W., Vesecky, J., Laws, K. (2011). Detecting suicide bombers. Journal of Defense Modeling and Simulation, 8(1), 5-24.

Fox, W., Giordano, F., Horton, S., Weir, M. (2009). A first course in mathematical modeling (4th ed.). Belmont, CA: Cengage Publishing.

Giordano, F. R., Fox, W. P., Horton, S. (2014). A first course in mathematical modeling (5th ed.). Boston, MA: Cengage Publishing.

Gurr, T. (1970). Why men rebel. Princeton, NJ: Princeton University Press.

Heath, B., Hill, R., Ciarallo, F. (2009). A survey of agent-based modeling practices (January 1998 to July 2008). Journal of Artificial Societies and Social Simulation, 12(4), 9.

Kermack, W., McKendrick, A. (1927). A contribution to the mathematical theory of epidemics. Proceedings of the Royal Society A, 115, 700-721.

Kingsley, S., Quegan, S. (1992). Understanding radar systems. London: McGraw Hill. (Original work published, 1976).

Kneppell, P., Arangno, D. (1993). Simulation validation A confidence assessment methodology. Los Alamitos, CA: IEEE Computer Society Press.

Kuran, T. (1989). Sparks and prairie fires: A theory of unanticipated political revolution. Public Choice, 61(1), 41-74.

Lanchester, F. (1916). Aircraft in warfare: The dawn of the fourth arm. London: Constable.

Leites, N., Wolf, C. (1970). Rebellion and authority: An analytic essay on insurgent conflicts. Chicago: Rand, Markham Publishing.

McCormick, G., Owen, G. (1996). Revolutionary origins and conditional mobilization. European Journal of Political Economy, 12, 377-402.

Meigs, M. G. (Ret). (2007). JIEDDO powerpoint update report to congress. Joint IED Defeat Organization, 2007 Home Page. Retrieved 10 July, 2008.

National Research Council. (2008). Behavioral modeling and simulation: From individuals to societies. Washington, DC: National Academies Press.

Parunak, H., Savit, R., Riolo, R. (1998). Agent-based modeling vs. equation-based modeling: A case study and users' guide. Proceedings of Workshop on Modeling Agent Based Systems, Paris, France.

Robinson, S. (2006). Conceptual modeling for simulation: Issues and research requirements. Proceedings of the 2006 Winter Simulation Conference (pp. 792-800).

Robinson, S. (2008). Conceptual modeling for simulation part Ⅰ: Definition and requirements. Journal of the Operations Research Society, 59, 278-290.

Sargent, R. G. (2010). Verification and validation of simulation models. Proceedings of 2010 Winter Simulation Conference (pp. 166-183).

Tullock, G. (1971). The paradox of revolution. Public Choice, 11, 89-99.

Tullock, G. (1985). A new proposal for decentralizing government activity. In H. Milde & H. Monissen (Eds.), Rationale Wirtshaftspolitik in Kimplexen Gesellschaftern (pp. 139-148). Stuttgart: Verlag Kohlhammer.

Udwadia, F., Leitmann, L., Lambertini, L. (2006). A dynamical model of terrorism. Discrete Dynamics in Nature and Society, 5, 1-32.

Waltman, P. (1986). A second course in ordinary differential equations. Orlando, FL: Academic Press.

推 荐 阅 读

Epstein, J. (1999). Agent-based computational models and generative social science. Complexity, 4 (5), 41-60.

Giordano, F. R., Fox, W. P., Horton, S. (2014).A first course in mathematical modeling (5th ed.). Boston, MA: Cengage Publishers.

Kress, M., Szechtman, R. (2009). Why defeating insurgencies is hard: The effect of intelligence in counterinsurgency operations — A best-case scenario. Operations Research, 57(3), 578-585.

Law, A., Kelton, D. (2007). Simulation modeling and analysis (4th ed.). New York: McGraw Hill.

Meerschaert, M. M. (1993). Mathematical modeling. Cambridge: Academic Press.

Schlesinger, S. (1979). Terminology for Model Credibility. Simulation, 32, 103-104.

Winston, W. (1994). Operations research: Applications and algorithms (3rd ed.). Belmont: Duxbury Press.

Campbell, P. (Ed.). (1995). The UMAP journal, tools for teaching (pp. 79-100). Lexington, MA: COMAP.

Fox, W. P. (2006). Algebra review guide, course hand out, Print-plant (pp. 1-82). Monterey, CA: Naval Postgraduate School.

Fox, W. P., Jaye, M. (2011). A search and rescue carry through problem. COED Journal. 2(3), June-July, pp. 82-93.

Fox, W., Vesecky, J. New metrics for detecting suicide bombers. JMSS. 2(2012), 249-257.

第9章

物流网络建模

本章目标

(1) 自行提出一个物流网络问题

(2) 为提出的问题构建一个物流网络模型

(3) 将构建的物流网络模型转化为线性规划表达形式

任何机构都离不开物流，尤其是国防部的各类机构。若米尼曾把物流形容为"军队机动的艺术"，其既可以直接提供补给，也可用来构建供应链。无论是在军事行动中还是在商业活动中，稳定的供应保障都是行动成功的关键要素，网络模型为快速、有效地解决各种物流的问题提供了基础。本章的目的是分析网络模型的关键特征，为这些模型建立案例，并通过模型的求解来深入理解决策中各类潜在解决方案。

9.1　概述

军事行动或商业活动中一个常见的物流场景是：货物从其生产商或仓库流向购买者，其中货物可以是任何物品，如灯泡或者燃油。这里重点是购买对该货物有需求，以及有一个明确的一个货源地，货物并不一定直接从货源地送到目的地，事实上，货物的运输可能会绕很多路，经过很多仓库或分发中心，并且经常会因为容量等限制，导致商品无法从一个地方直接运到另一个地方，但最终目的基本上都是用最低的成本把商品送到目的地。

这些物流场景可以归类为最小费用网络流问题（MCNF），它是这样的决策问题：目的在于找到一个最便宜的通过网络流转货物的方法，常见方法包括找到从货源地到目的地的最佳运输路线，找出道路运载能力和相关运输成本。最小费用网络流问题的特例包括前面提到的运输模型、最大流量模式及最短路模型。通常来说，货源（原产地）、中转点、最终目的地被统称为网络的节点，而连接这些节点的线被称为弧。很多机构都有这类实际问题，典型情况下规模可能很大，但均可以归类为 MCNF，如商用航空业和美国空军用网络模型来安排飞机和机组（见表 9.1）。

表 9.1 网络流问题举例

	运 输	燃 油 分 配
商品	卡车、小车、巴士	燃油
节点	航空站、仓库、巴士站、商店	精炼厂、供给点、油站
弧	道路、运输路线	管道、路线

图 9.1 给出了一个简单的例子，一个有 5 个节点和 6 条弧的网络流模型。该图还展示了网络流常见问题的其他特点。首先，弧是有方向的，并且标明了弧（路线）的流量和运输单价。例如，从节点 1 到节点 2 只能是 0 到 10 个单位，每个通过弧的单位成本为 1，成本可以是时间或金钱或其他任何东西。其次，在这个例子中，节点 1 代表拥有 20 个单位货物的货源，节点 4 和节点 5 代表需要 10 个单位货物的目的地和需要 5 个单位货物的需求地，节点 2 和节点 3 没有需求，只是代表运输途径点。不过，节点 2 和节点 3 也可能作为需求地。网络流问题中的决策是指决定一件货物经一条弧从一个节点到另一个节点的实际数量，目的是找到从货源地或供应点到目的地的最低成本。最低成本可以是和决策者利益相关的任何东西，如金钱、时间、距离等。图 9.2 显示了一件货物从节点 i（原产地）到节点 j（目的地）的典型参数，需要注意的是，节点 j 不一定代表商品的最终目的地。

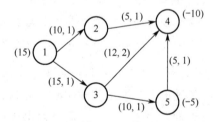

图 9.1 最低成本网络流问题

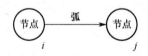

图 9.2 节点—弧的关系

这里可以把上述内容转化为线性规划模型，即

$$x_{ij} = \text{从节点 } i \text{ 送到节点 } j \text{ 的货物量}$$

图 9.2 显示了解决这一问题的线性规划表达式及解决这类问题的大致框架。在这些算式中，从该问题中捕捉到的流量关系表示的数值为 0，+1，−1。模型中的前 5 行确保了流量在整个网络中是守恒的。例如，通过表 9.2 可得出节点 1 和节点 2 的流量方程为

$$x_{12} + x_{13} = 15$$
$$x_{24} - x_{12} = 0$$

表 9.2 节点—弧关联矩阵

	x_{12}	x_{13}	x_{24}	x_{34}	x_{35}	x_{54}	**RHS**
节点 1	1	1					**15**
节点 2	–1		1				**0**
节点 3		–1		1	1		**0**
节点 4			–1	–1		–1	**–10**
节点 5					–1	1	**–5**
容量	10	15	5	12	10	5	
目标函数（费用）	1	1	1	2	1	1	（最小）

最后两行为约束条件，在该范例中即为弧流量的上限及单位货物的移动成本。例如，x_{12} 网络流的限制条件为 $0 \leqslant x_{12} \leqslant 10$。

这个问题的最小费用流模型如下：

$$\min \quad z = \sum_{i=1}^{5} \sum_{j=1}^{5} c_{ij} x_{ij}$$

满足

$$\begin{cases} \sum_{j=1}^{5} x_{ij} - \sum_{k=1}^{5} x_{ki} = b_i \\ l_{ij} \leqslant x_{ij} \leqslant u_{ij} \end{cases}$$

式中，c_{ij} 为 x_{ij} 运输一个单位货物的成本；b_i 为节点 i 的需求。下一节将学习最小费用网络流模型的变量及特殊案例。

9.2 运输模型

运输模型是一个典型的最小费用网络流模型的变体，常用于工业领域和政府机构中。这里可以把前面介绍的问题延伸到本章，用于建立对 MCNF 基本构架的认知。现有一个机构生产的产品，或是对于军队来说，是在供应点的物品。机构想要把这些产品送到指定地点以满足客户需求。出于简化的目的，本例，假设产品会从供应点直接到达指定地点，也就是产品运送途中没有转运点或临时停靠点用于上下货。这就是运输模型的通用版，其在管理学中已经过几十年的验证。

 例 9.1 战区燃油运输问题

后勤部门需要为 4 个军事机构和政府机构（见图 9.3）提供每日燃油补给。

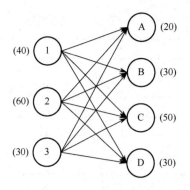

图 9.3　战区燃油运输问题图表

假设共有 3 个储量 1000 加仑的燃油仓库可供选择（见表 9.3），3 个仓库都可以满足供应需求。在制订运输计划时，规划人员计算出了运输成本，如图 9.4 所示。研究的目标是用最低的运输成本来满足上述 4 个军事机构的需求。

表 9.3　燃油储存地和供给量

地　　点	燃油供给量（万加仑）	地　　点	燃油供给量（万加仑）
1 仓	40	3 仓	30
2 仓	60		

例9.1　后勤燃料的配送
目标是最小化运输成本

运输成本

从		到			
		需求单位1	需求单位2	需求单位3	需求单位4
	供应地1	6	3	5	4
	供应地2	4	4	8	2
	供应地3	5	7	4	3

配送方案

从		到				已运		供应量
		需求单位1	需求单位2	需求单位3	需求单位4			
	供应地1	0	20	20	0	40	<=	40
	供应地2	20	10	0	30	60	<=	60
	供应地3	0	0	30	0	30	<=	30
	总供应量	20	30	50	30			
		>=	>=	>=	>=			
需求量		20	30	50	30			
总成本		460						

图 9.4　战区燃油运输模型 Excel 截图

在解决运输问题之前，了解供需关系很重要，这两者的关系决定了 MCNF 是否平衡。在解决战区燃油运输问题的过程中，将会探讨 3 个潜在的关于平衡的案例。

案例 1：供需平衡问题

这是一个典型案例，供需量相等，均为 13 万加仑，并且所有供应点都能直接运抵需求点，无须转运。这里能够快速给出运输网络和需求关系。为了满足需求，大约需要 12 条运输线路（弧）。另外，题干没有说明运输路线有流量限制，所以在建模时也假设没有限制。

相关数据如表 9.4～表 9.5 所示。

表9.4　各个地点燃油需求量

地　　点	燃油需求量（万加仑）	地　　点	燃油需求量（万加仑）
A 地	20	C 地	50
B 地	30	D 地	30

表9.5　各个地点燃油运输成本

	地点 A	地点 B	地点 C	地点 D
仓库 1	6	3	5	4
仓库 2	4	4	8	2
仓库 3	5	7	4	3

这里制作了一个最小化模型，和 9.1 节提到的模型很相似。9.1 节中的模型是用于最小化燃油网络流通成本的。

长远来说，该目标函数包含 12 个决策变量，目的都是最小化：

$$6x_{1a} + 3x_{1b} + 5x_{1c} + 4x_{1d} + 4x_{2a} + 4x_{2b} + 8x_{2c} + 2x_{2d} + 5x_{3a} + 7x_{3b} + 4x_{3c} + 3x_{3d}$$

这里可以用 Excel 来解决这一问题，所用到的函数与用于通用网络流模型的函数类似。要解决这个问题，需要记录从仓库运到每个目标单位的燃油量、每个目标单位收到的燃油量及运输燃油的总成本，如图 9.4 所示。

$$\min \quad z = \sum_{i=1}^{3} \sum_{j=1}^{4} c_{ij} x_{ij}$$

创建 Excel 表格的数据从表 9.3～表 9.5 中获取，从而确保供需和运输的限制条件一致。

用这种方式创建 Excel 表格的好处是可以对数据表格进行复制。

创建好 Excel 表格之后，即可用 Excel 的内置求解功能来解决燃油运输问题。需要注意的是，为清晰起见，本案例将继续引用模型中的单元格，但是更简单的方法是对这些单元格进行命名。图 9.5 所示为解决该问题需要用到的求解器对话框，需要输入如下基本内容。

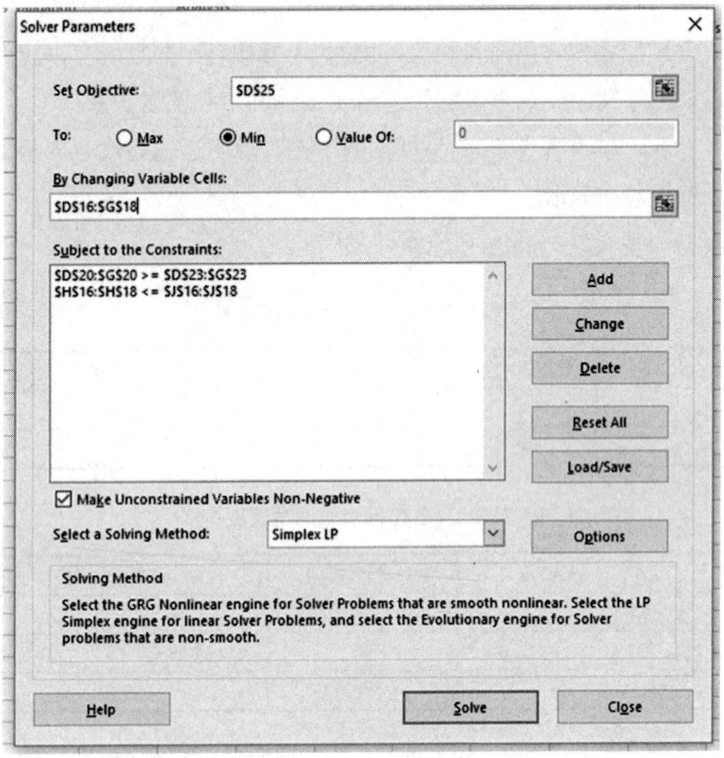

图 9.5　求解器对话框

（1）目标（Objective）。运输燃油的总成本，由每条线路的运费相加而来。

单元格$D$25 包含前面提到的目标函数方程。

（2）变量（Changing Variables）。求解器中可以变化的选项，在该案例中，是指每条运输路线运送的燃油量。

单元格 $D$16:$G$18 代表了目标函数的 12 个决策变量。

（3）限制条件（Constraints）。这一问题中有两组限制条件，即供应限制和需求限制。求解器需要确保每个目标单位的需求都不超过任意一个供应点的供应量。限制条件在单元格中的显示如下。

该供给量限制条件（$H$16:$H$18≤$J$16:$J$18）确保不会超过仓库的储存量：

$$x_{1a}+x_{1b}+x_{1c}+x_{1d} \leqslant 40$$

$$x_{2a}+x_{2b}+x_{2c}+x_{2d} \leqslant 60$$

$$x_{3a}+x_{3b}+x_{3c}+x_{3d} \leqslant 30$$

该需求量限制条件（$D$20:$G$20≥$D$23:$G$23）确保收货地收到足量燃油：

$$x_{1a}+x_{2a}+x_{3a}\geqslant20$$

$$x_{1b}+x_{2b}+x_{3b}\geqslant30$$

$$x_{1c}+x_{2c}+x_{3c}\geqslant50$$

$$x_{1d}+x_{2d}+x_{3d}\geqslant30$$

（4）非负性和优化（Non-negativity）。这里需要选择非负性限制，从而避免求解器选择含有负值的解决方案，其目的是使成本最小化，这一点尤为重要（见图9.6）。

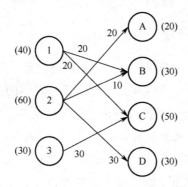

图 9.6 网络流解决方案

求解器识别出后勤部门运输燃油的路线，计算得出完成任务的最低成本为 460 个单位。前面已经提到过，这是一个平衡问题，因为供需相等，这就意味着整个运量需满足后勤部门的要求。那么唯一的问题是怎样运输燃油才能使运输成本最小化。从这个平衡模型可以延伸出两个案例：供大于需、供小于需。

案例 2：供需不平衡问题：供过于需

在供大于需的不平衡情况下，无须更改 Excel 中的模型。然而，与拥有超量燃油的仓库不同，运输路线也可能不同。假如仓库 1 有 10 个单位燃油的富余，那么整个网络会有 140 个单位（14 万加仑）的燃油总供应量，总需求仍然是 13 万加仑。面对这种容量过剩的情况，只需要将 Excel 中仓库 1 的供给水平由 40 改为 50 即可很快解决问题（见图 9.7）。实验结果表明，最后只用到了原先 6 条路线中的 5 条，燃油运输成本降低了 10。原因是仓库 1 到 B 地的运输成本比仓库 2 到 B 地的运输成本低。在升级版解决方案中，后勤部门最好不要选择从仓库 2 运燃油、到 B 地。

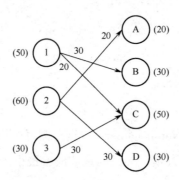

图 9.7　升级版网络流解决方案

案例 3：供需不平衡问题：供小于需

供小于需的不平衡情况要复杂一些。假设将仓库 1 的供给量减少 1 万加仑而不是增加，会发生什么呢？在这种情况下，没有足够的供给来满足需求：需求量仍为 13 万加仑，但只有 12 万加仑的供给量。在这种不平衡的情况下，就需要对网络流模型进行更改，否则求解器会提示"无法找到合适的解决方案"。问题的关键在于需求的限制条件。

需求量限制：收到燃油合计大于总需求

现有的需求限制条件大于或等于要求，假设已经知道需要解决的问题存在不平衡的情况，即供小于需。为了解决这个问题，需要剔除大于这一项，转而计算需求的差额。

需求量限制：收到燃油合计 + 未满足需求量=总需求

假设，还需要在网络中虚设一个节点用于收集为满足需求的量。在 Excel 中，只需要在物流运输模型中添加一列来代表这个节点即可，为满足需求的量会显示在该列中。然而，需要特别注意，因为求解器会寻求最小化总运输成本，所以高运输成本路线（弧线）会被惩罚。重新研究表 9.5 可以看出，C 地运输成本最高，处于不利地位。最优解决方案会权衡运输成本和满足需求的利弊，所以会避开成本最高的路线（弧线）。如果所有目的地都是平等的，则这个算法就没有问题。更好的做法是加入一个惩罚成本函数，用于某地未能满足需求的情况。在我们制订最低成本计划时，可以把惩罚成本函数加入整个网络之中。这个数值必须比最高运输成本大，否则求解器在制订最低成本计划时会自动选择不满足需求。

在新的目标函数中，惩罚成本函数将被纳入其中：

$$\min \ z = \sum_{i=1}^{3}\sum_{j=1}^{4} c_{ij} x_{ij} + \sum_{j=1}^{4} p_j d_j$$

这个解决方案需要为求解器创建一套未满足的需求变量，求解器在制订最低运输成本计划时可对其进行更改。

重新研究图 9.8 所示的解决方案，很显然在最佳解决方案中，C 地缺少 1 万加仑燃油。这是可以预见的，因为在对未满足要求进行惩罚时，对所有目的地都是一视同仁的（见图 9.9）。

例9.1 后勤燃料的配送							
目标是最小化运输成本							
运输成本							
		到					
		需求单位A	需求单位B	需求单位C	需求单位D		
从	供应地1	6	3	5	4		
	供应地2	4	4	8	2		
	供应地3	5	7	4	3		
	惩罚性费用	10	10	10	10		
配送方案							
		到					
		需求单位A	需求单位B	需求单位C	需求单位D		已运	供应量
从	供应地1	0	20	10	0	30 <=	30
	供应地2	20	10	0	30	60 <=	60
	供应地3	0	0	30	0	30 <=	30
	未实际满足的需求	0	0	10	0		
	实际接收量	20	30	40	30		
未满足需求和实际接收量		20	30	50	30		
		=	=	=	=		
	需求量	20	30	50	30		
	总成本	510					

图 9.8　运输模型案例 3 的 Excel 截图（不平衡-短缺）

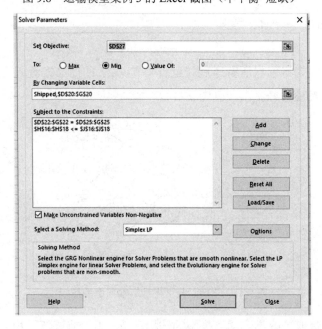

图 9.9　不平衡运输模型的 Solver 对话框

注：对话框中最后部分英文翻译为：求解方法：选取 GRG 非线性求解引擎，用来求解平滑的非线性规划问题；选取线性单纯形法求解引擎求求解线性规划问题；选取演化算法求解引擎求求解非失滑的问题。

9.3 带转运的网络模型

在 9.2 节中介绍的网络流模型代表了许多组织的运营模式,他们希望在最大限度降低运输成本的情况下将产品从一个地点直接运输到另一个地点,这可以在许多行业和军事组织中找到此类物流模型。然而,我们也经常会遇到组织需要将其产品运送到转运点或通过转运点运送产品的情况。

转运点的使用需要在网络流模型中引入一个常见的约束,这个约束称为流量平衡约束。平衡约束的目的是确保流入一个节点的流量等于该节点流出的流量。图 9.10 提供了一个具有起点、转运点和最终目的地(终点)3 类节点的网络示例。

图 9.10　带转运的网络流

在此示例中,我们希望所有流量从起点开始移动通过转运点到达终点。转运点(节点 2)的流量平衡方程为

$$x_{12} - x_{23} = 0$$

这种平衡约束将确保所有通过转运点(节点 2)的商品净流入为零。其中,净流入就是总流入减去总流出(见图 9.11)。

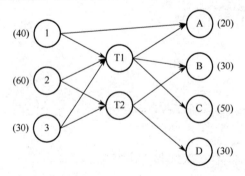

图 9.11　带转运战区燃油运输问题的图示

为了更清楚地了解物流网络模型的结构,特在 9.2 节更新了物流地点的情况,物流地点仍需向 4 个独立的地点提供 13 万加仑的燃油,但现在 3 个供应点中的任何一个都不能再直接进入物流地点。节点 1、2 和 3 仍代表潜在的供应点,节点 A、

B、C 和 D 代表需要燃油的地点。因此，物流规划人员必须通过两个转运点（T1或 T2）中的任何一个运输燃油。

注意，供应点 1 仍然可以直接进入地点 A。因为这是一个平衡问题，即其燃油需求量等于可用燃油的供应量。因此，这个平衡问题就变成了什么是满足 4 个地点需求的最佳（最低成本）方法。

表 9.6 给出了修改后的物流网络的运输成本。

表 9.6　延长战区燃油运输问题的运输成本

转运点	1	2	3	T1	T2	A	B	C	D
1	—	—	—	4	—	6	—	—	—
2	—	—	—	4	5	—	—	—	—
3	—	—	—	6	3	—	—	—	—
T1	—	—	—	—	—	3	2	4	—
T2	—	—	—	—	—	—	4	—	2
A	—	—	—	—	—	—	—	—	—
B	—	—	—	—	—	—	—	—	—
C	—	—	—	—	—	—	—	—	—
D	—	—	—	—	—	—	—	—	—

通过表 9.2 首先展现的是关于物流网络的稀疏性。通过 9.2 节中的网络，可以让每个供应点通过 12 条潜在路线（弧线）连接到所有的需求位置来满足要求。在此示例中，物流规划人员没有一个完全连接的网络，甚至没有相同级别的供需点连接。因此，尽管为这个问题添加了两个额外的节点，但对于物流规划人员来说开放的潜在路线（弧线）还是只有 11 条。

这里可以使用 Excel 及其 Solver 函数来解决这个问题。与之前的物流网络模型类似，需要沿着每条弧线追踪调查运送的燃油量——不仅是从仓库到地点之间，还有每个地点接收的燃油量（流入）和从每个地点运出的燃油量（流出量），以及运送燃油的总运费。Excel 表格模型如图 9.12 所示。

当将问题的结构框架导入 Excel 中，就可以利用 Excel 的内置 Solver 函数来制定燃油分配问题的解决方案了。其中，Solver 需要基本的输入项如下。

（1）目标。目标是指仅为通过网络路线运输燃油的总成本，而这个总成本是通过将每个穿过仓库和转运点之间的弧线并最终到达物流地点所需消耗的燃油成本相加得出的。

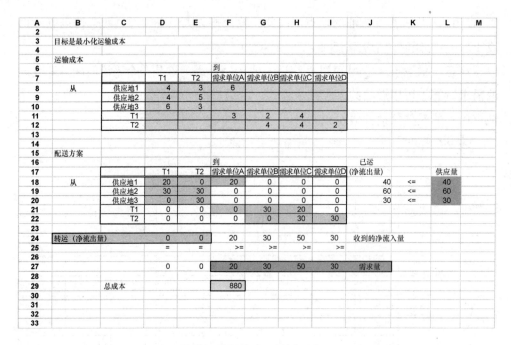

图 9.12　带转运战区燃油运输模型的 Excel 截图

（2）变量。变量是 Solver 中可以选择更改的选项。在该示例中，变量是每条经过仓库和地点之间的弧线所需消耗的燃油量。图 9.12 将其显示为运输部分中的阴影框部分。

（3）约束。在这个问题中有 3 个约束条件，即供给约束、需求约束和流量平衡约束。Solver 需要确保在任何不超过仓库供应的情况下满足物流地点的需求，并且所有转运点的净流入量为零。流量平衡约束需要捕捉到转运点的流入和流出，并确保它为零。

（4）非负性和优化。鉴于实际情况，问题的目标是成本最小化，因此必须选择非负性约束以防止 Solver 得到有负值的解，这一点尤为重要。

Solver 上的解决方案确定了物流规划人员应该使用的燃油运送路线，并提供了完成 850 个地点运送任务的最低成本（见图 9.13）。

图 9.14 所示为 Solver 上的解决方案。如前文所述，这是一个平衡问题，因为总供应量等于总需求量，而这意味着需要用总运量去满足对地点的总需求。

目前剩下的唯一问题是如何运输燃油使运输成本最小化。这很像前面提到的物流网络问题，从这种平衡模型中可以延伸出同样的两种不平衡的情况（短缺和过剩）。

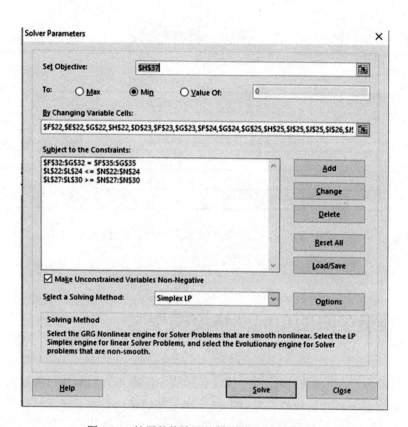

图 9.13　扩展的物流网络模型的 Solver 对话框

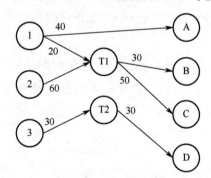

图 9.14　有转运战区燃油运输模型的图示

问题 9.1　带转运的运输问题

陆军运输官需要将某种商品从地点 1 和 2 运送到地点 6、7、8，运输该商品的分销网络有三个中间转运点（3、4 和 5）。从地点 1 和 2 运送的物品必须先到达地点 3、4 和 5，然后才能到达终点中的其中一个（6、7 或 8）。在目的地之间运输商品的转运成本如表 9.7 所示。

表 9.7　转运成本

从 至	3	4	5	6	7	8	供应
1	50	62	96	—	—	—	70
2	17	54	67		—	—	80
3	—	—	—	67	25	77	—
4	—	—	—	35	38	60	—
5	—	—	—	47	42	58	—
需求	—	—	—	30	70	50	—

运输官员希望使运输所需商品的总成本最小化，须设计一个最小费用网络流模型，并求解可满足需求的分配方案。

9.4　容量受限的单向网络流模型

到目前为止，考察的物流模型仅包含弧线上的成本，但弧线可能对可以在两个节点之间流动的商品数量有容量限制。这方面的示例包括管道、道路网络或航班流量问题，其中路线（弧线）中的某些元素对整个路线的商品流动设置了上限。现在它将弧容量约束添加到不断增长的约束条件的列表里，确保了通过弧的最大流量须保持在弧容量以下。

这里将重新审视物流规划人员和燃油分配问题，并增加路线容量。这个问题可以通过转运点来平衡，但现在任何一条弧线上都有 3 万加仑的燃油上限（见图 9.15）。

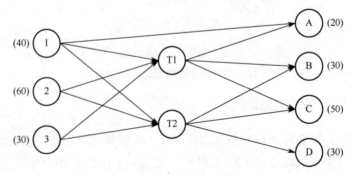

图 9.15　容量受限的燃油分配网络

这个问题需要在公式和 Excel 模型上稍作修改（见图 9.16）。

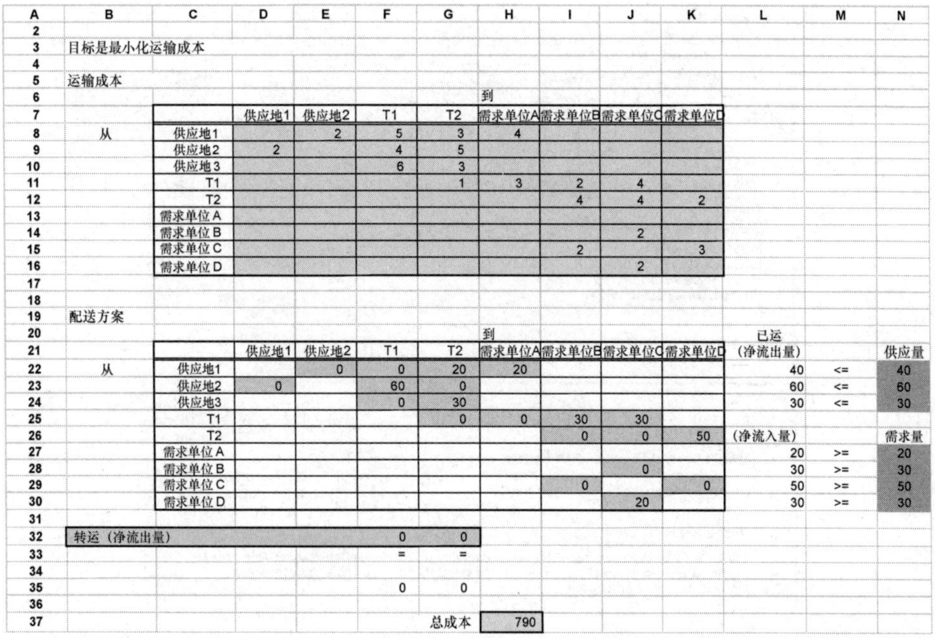

A	B	C	D	E	F	G	H	I	J	K	L	M	N
2													
3	目标是最小化运输成本												
4													
5	运输成本												
6							到						
7			供应地1	供应地2	T1	T2	需求单位A	需求单位B	需求单位C	需求单位D			
8	从	供应地1		2	5	3	4						
9		供应地2	2		4	5							
10		供应地3			6	3							
11		T1				1	3	2	4				
12		T2						4	4	2			
13		需求单位A											
14		需求单位B							2				
15		需求单位C						2		3			
16		需求单位D							2				
17													
18													
19	配送方案												
20							到				已运		
21			供应地1	供应地2	T1	T2	需求单位A	需求单位B	需求单位C	需求单位D	（净流出量）		供应量
22	从	供应地1		0	0	20	20				40	<=	40
23		供应地2	0		60	0					60	<=	60
24		供应地3			0	30					30	<=	30
25		T1				0	0	30	30				
26		T2						0	0	50	（净流入量）		需求量
27		需求单位A									20	>=	20
28		需求单位B							0		30	>=	30
29		需求单位C						0		0	50	>=	50
30		需求单位D							20		30	>=	30
31													
32	转运（净流出量）				0	0							
33					=	=							
34													
35					0	0							
36													
37						总成本	790						

图 9.16　容量受限的燃油分配网络模型的 Excel 截图

重申一次，一旦在 Excel 中导入了具体问题的结构框架，就可以用 Excel 的内置 Solver 函数来制定燃油分配问题的解决方案了。图 9.17 给出了这个问题求解的 Solver 对话框。Solver 需要如下基本的输入项。

（1）目标。目标仅为通过网络路线运输燃油的总成本，而这个总成本是通过将每个穿过仓库和转运点之间的弧线并最终到达物流地点所需消耗的燃油成本相加得出的。

（2）变量。变量是 Solver 中可以选择更改的选项。在该示例中，变量是每条经过仓库和地点之间的弧线所需消耗的燃油量。图 9.16 将其显示为运输部分中阴影框部分。

（3）约束。该问题中有 4 个约束条件，包括供给约束、需求约束及流量平衡约束 3 个方面。Solver 需要确保在不超过任何仓库供应的情况下满足地点的需求，并且所有转运点的净流入量为零。流量平衡约束需要捕捉到转运点的流入和流出，并确保它为零。这个问题现在还包含了 1 个新的弧容量约束。该约束需要确保没有流量超过路线（弧）的指定容量。

此约束在 Solver 对话框中显示为：$D$18：$I$22＜＝30。

（4）非负性和优化。鉴于这种情况，问题中的目标是成本最小化，因此必须选择非负性约束以防止 Solver 选择有负值的解，这一点尤为重要。

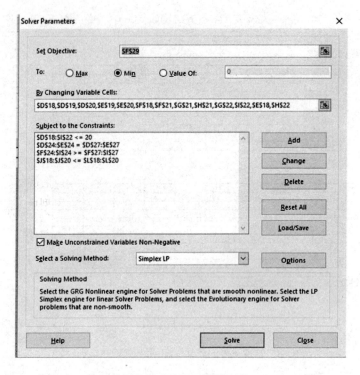

图 9.17　容量受限的燃油分配网络模型的 Solver 对话框

Solver 上的解决方案确定了物流规划人员应使用的燃油运输路线，并提供了完成 880 个地点运送任务的最低成本。

图 9.18 所示为 Solver 上的解决方案。如前文所述，这是一个平衡问题，因为总供应量等于总需求量，而这意味着需要用总容量去满足对地点的总需求。

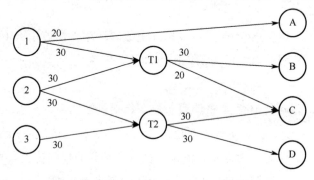

图 9.18　容量受限的燃油分配网络模型图示

目前剩下的唯一问题是如何运输燃油使运输成本最小化。这很像前面提到的物流网络问题，从这种平衡模型中也可以延伸出同样的两种不平衡情况（短缺和过剩）。

9.5　容量受限的多向网络流模型

希望所有产品的运输方式都直接交付有点不现实。多数情况下，人们希望给一个地方投放比其所需更多的商品，其目的是放下一些产品后继续移动到另一个地方，特别是当需求只是消耗了输送设备的部分容量时，这种情况时常发生，例如，UPS 卡车沿其路线向多个目的地运送包裹。在物流网络模型中，这种功能可用多向运送路线（弧线）表示（见图 9.19）。

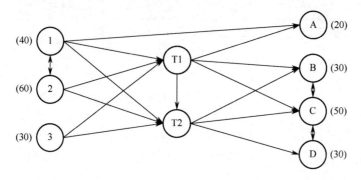

图 9.19　多向运送路线的图示

这里重新审视物流规划人员和燃油分配问题，并增加多向运送线路。这个问题可以通过有能力向多个方向进行运输的转运点来平衡。例如，可以在地点 B 和地点 C 之间进行运输，并且作为收益，允许两地之间相互输送燃油。

一旦在 Excel 中导入了本问题的结构框架，就可以用 Excel 的内置 Solver 函数来制定燃油分配问题的解决方案。图 9.20 给出了关于该问题的 Solver 对话框。Solver 需要如下基本的输入项。

（1）目标。目标是通过网络路线运输燃油的总成本，而这个总成本是通过将每个穿过仓库和转运点之间的弧线并最终到达物流地点所需消耗的燃油成本相加得出的。

（2）变量。变量是 Solver 中可以选择更改的选项。在该示例中，变量是每条经过仓库和地点之间的弧线所需消耗的燃油量。图 9.20 将其显示为运输部分中的阴影框部分。

（3）约束。在具体问题中有 3 个约束条件，即供给约束、需求约束及流量平衡约束。但是现在需要的是包括仓库和地点的流量平衡方程，因为这些位置也有机会用作转运点。

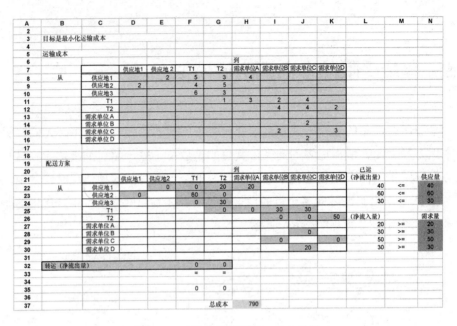

图 9.20　多向运送模型的 Excel 截图

（4）非负性和优化。鉴于实际情况，目标是成本最小化，因此必须选择非负性约束以防止 Solver 选择有负值的解，这一点尤为重要（见图 9.21）。

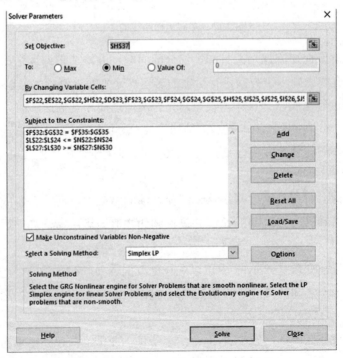

图 9.21　多向运送模型的 Solver 对话框

Solver 上的解决方案确定了物流规划人员应使用的燃油运送路线，并提供了完成 790 个地点运送任务的最低成本。

图 9.22 所示为 Solver 上的解决方案。如前文所述，这是一个平衡问题，因为总供应量等于总需求量，而这意味着需要用总容量去满足对各地点的需求。在这种情况下，物流规划人员找到了一种更廉价的分销选择，即通过向地点 D 输送过量燃油，然后将多余的 20000 加仑的燃油转送给地点 C。

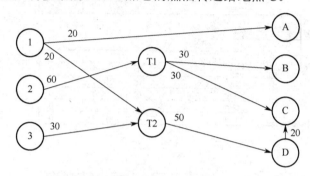

图 9.22　多向运送模型解的图示

9.6　指派问题模型

指派问题模型是运输模型的特殊情况。该模型的每个供需都是二元变量，其值为 0 或 1。模型是为了找出 n 个代理完成 n 项任务的最优分配。代理可以是从人类到机器的任何东西，但这些代理一次只能执行一项且仅执行一项任务。工业中较常见的例子是分配机器来执行一项任务，每台机器执行任务时都有一些相应的成本（金钱、时间等）。在分配过程中都是以降低所有任务的执行总成本为目标去分配机器的。在军事环境中也有类似的应用，即指派部队或飞机进行巡逻或执行任务。图 9.23 为这个过程提供了一个简单的示例，在这种情况下，一个组织有 4 项需要完成的任务和 5 个候选的员工。

一旦在 Excel 中导入了结构框架，就可以用 Excel 的内置 Solver 函数来制定燃油分配问题的解决方案了。图 9.20 给出了关于本问题的 Solver 对话框。Solver 需要以下基本的输入项。

（1）目标。目标是通过网络路线运输燃油的总成本，而这个总成本是通过将每个穿过仓库和转运点之间的弧线并最终到达物流地点所需消耗的燃油成本相加得出的。

A	B	C	D	E	F	G	H	I	J
2									
3									
4									
5	完成任务的时间								
6			任务						
7			1	2	3	4			
8	人员	Mike	6	3	5	4			
9		Ben	4	4	8	2			
10		Sally	3	7	4	3			
11		John	7	4	5	3			
12		Fred	5	5	6	4			
13									
14	指派方案								
15			任务						
16			1	2	3	4	已指派		供应量
17	人员	Mike	0	1	0	0	1	<=	1
18		Ben	0	0	0	1	1	<=	1
19		Sally	1	0	0	0	1	<=	1
20		John	0	0	1	0	1	<=	1
21		Fred	0	0	0	0	0	<=	1
22									
23		完成	1	1	1	1			
24			>=	>=	>=	>=			
25									
26		需求	1	1	1	1			
27									
28		总时间	13						

图 9.23　指派模型的 Excel 截图

（2）变量。变量是 Solver 中可以选择更改的选项。示例中，它是每条穿过仓库和地点之间的弧线所需消耗的燃油量。图 9.23 将其显示为运输部分中的阴影框部分。

（3）约束。在问题中有 3 个约束条件，所有这些约束条件旨在确保分配所有的任务，并且没有工作人员执行多项任务。

（4）非负性和优化。鉴于实际情况，我们的目标是成本最小化，因此必须选择非负性约束以防止 Solver 选择有负值的解，这一点尤为重要。

指派模型（见图 9.23）显示任务 1、2、3、4 分别分配给 Sally、Mike、John和 Ben，完成所有工作共需要 13 个时间单位。在这个例子中，Fred 没有被分配任务的原因是，在任何情况下，至少从时间上看，其他人都比他更适合去完成任务。

问题 9.2　直升机分配问题

一个空军骑兵中队指挥官有 4 架可用于执行 4 项不同任务的直升机。由于燃油资源被限制，这个指挥官希望将直升机在这 4 项任务中消耗的总燃油量降至最低。直升机每次飞行的燃油消耗量如表 9.8 所示。用来求解指派模型的 Solver 对话框如图 9.24 所示。

表 9.8 直升机执行任务燃油消耗量

任 务	M1	M2	M3	M4
1	18	13	17	14
2	16	15	16	15
3	14	14	20	17
4	20	13	15	18

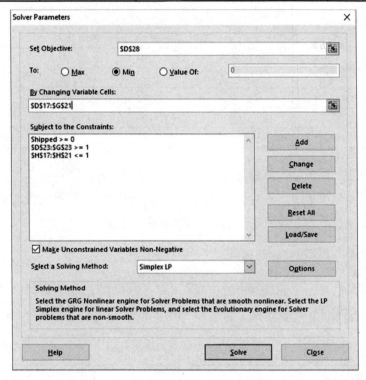

图 9.24 指派模型的 Solver 对话框

要求每架直升机只能执行一项任务，须设计一个最低成本的网络流模型，并求解每架直升机的具体分配方案。

9.7 练习

问题 9.3 战斗机部署问题

战术部署规划师 T 正准备将 9 个战斗机中队从 3 个美国大陆（CONUS）基地（A、B 和 C）转移到美国驻欧洲空军（USAFE）的两个基地（F 和 G）。每个美国大陆基地都有 3 个中队。美国空军的两个基地将分别接收 5 个中队和 4 个中队。虽然这两个基地不提供空中加油服务，但是可以在两个中间基地（D 和 E）补充燃油。表 9.9 显示了每个基地之间的飞行距离。

表 9.9 战斗机部署距离

基 地	基地 A	基地 B	基地 C	基地 D	基地 E	基地 F	基数 G
基地 A	—	1500	1900	3500	4000	—	—
基地 B	1500	—	500	2200	2400	—	—
基地 C	1900	500	—	1500	2200	—	—
基地 D	—	—	—	—	2000	2600	2500
基地 E	—	—	—	2000	—	2000	3000
基地 F	—	—	—	—	—	—	500
基数 G	—	—	—	—	—	500	

战斗机不加油的最大航程为 3000 英里。这些战斗机中队可以在其飞行半径范围内的任何基地去加油，并不仅仅局限于 D、E 两个基地。部署规划人员希望最大限度地减少飞行里程。请制定一个最低成本的网络流模型，并求解中队部署方案。

问题 9.4 计算机终端连接问题

本任务是制定一个能连接你所在地点 8 个不同位置上的计算机终端的方案。终端将使用同轴电缆连接。表 9.10 列出了不同地点之间的距离（数百英尺）。

表 9.10 计算机终端距离

位 置	A	B	C	D	E	F	G	H	I
A	—	6	9	7	—	—	—	—	—
B		—	10		7	—	11		
C			—	3	5	4	—	—	
D				—		8			
E					—	6	10		
F						—	12	13	
G							—	7	8
H								—	4

如果以最大限度地减少设备使用的电缆总量为目的来连接所有终端，你将如何做？必须使用的电缆量是多少？

9.8　酸性化工公司案例研究

酸性化工公司的案例研究改编自 J.M. Lawson 的著作《酸性化工公司：为公路油罐车车队规划的计划大纲表》（Deckro，2003），这个案例旨在强化本章介绍的物流网络概念。酸性化工公司控制着一支油罐车车队，用于在 Teesside 和 Huddersfield 两地的设施之间运送两种化学半成品，代号分别为 A 和 C。而该公司位于 Teesside 的工厂在生产其他化学物品的过程中使用了 A 和 C。多年来，对 A 和 C 的需求不断增长，该公司现在拥有了 10 辆油罐车，而这些油罐车都停靠在 Teesside。不幸的是，Teesside 和 Huddersfield 之间的双向运输受到了严重的限制，因为除非在往返的过程中对油罐车进行彻底的清洁，否则同一舱室的油罐车不能同时装载两种化学品。清洗过程的开销并不大，但对于工人来说非常危险，而且很耗时间。公司的运输规划人员只愿意清洗一辆油罐车，但前提是这辆油罐车能使公司不必为了满足来年 A 和 C 的需求再去购买其他的油罐车。就算这样，运输规划人员也只愿意在年初清洗一次油罐车。

因为该公司试图设计一种运输模式，以满足来年 11 个不同地点的需求，所以运输规划人员有几个问题要解决。

（1）现有的油罐车队是否能够在不清理任何舱室的情况下满足来年需求？

（2）如果不能，那么需要多大规模的车队才能满足？应该对油罐车舱室进行哪些修改，以及如何分配油罐车才能在满足需求的情况下使总成本最小化。

表 9.11 中包含了油罐车规划人员的规划信息，以供参考。

表 9.11　可用油罐车队

油罐车类型	数量（个）	承载量（吨）	
		A	C
A 型：单舱室	1	16.5	0
B 型：单舱室	3	0	16.5
C 型：双舱室	6	5.5	16.5
D 型：双舱室	0	16.5	5.5
序　号	路线（所有行程的起点和终点均在 Teesside）	距离（英里）	持续时间（小时）
1	从 Huddersfield 返程	166	11
2	从 Blackpool 返程	280	13
3	从 Blackpool—Huddersfield 返程	298	15

序　　号	路线（所有行程的起点和终点均在 Teesside）	距离（英里）	持续时间（小时）
4	从 Manchester A 返程	210	12.5
5	从 Manchester B 返程	224	12
6	从 Manchester C 返程	228	12
7	从 Chester 返程	330	23
8	从 Cardiff 返程	520	30
9	从 London 返程	480	26
10	从 London—Huddersfield 返程	503	30
11	从 Grimsby 返程	270	13
12	从 Hull 返程	190	11

酸性化工公司的问题总目标是使油罐车队的运营成本最小化。这个问题涉及一些与四种不同类型的油罐车队的任何一种类型都紧密相关的成本。

变量定义如下。

$$B_i = 本年度购买的 i 型油罐车的数量，i \in (A, B, C, D)。$$

注意：当前库存中没有 D 型油罐车。这些油罐车的运营成本为 8000 美元。

$$S_i = i 型油罐车出售的数量，i \in (A, B, C)。$$

注意：因为车队中没有 D 型油罐车，所以无法出售。

$$C_i = 清洗并改装为 i 型油罐车的数量，i \in (A, B, D)。$$

注意：C_A 为 B 型油罐车转换为 A 型油罐车的数量。

不能将 D 型油罐车转换为 C 型油罐车，因为车队中没有。

将 A 型油罐车或 B 型油罐车改装成 C 型油罐车或 D 型油罐车是没有意义的。

准备一辆改装的油罐车的费用是 200 美元。

没有相关的清洁成本时，可以将每辆改装的油罐车增加 5 美元的成本。

$$T_i = 未改装的 i 型油罐车的数量，i \in (A, B, C)。$$

注意：当前库存中没有 D 型油罐车。

$X_{jk} = $油罐车 k 在接下来的一年中使用路线 j 的次数，$j \in (1, 2, \cdots, 17)$, $k \in (A, B, C, D)$

根据这些决策变量可以设计一个目标函数，使公司的运营成本最小化：

$$\min$$

$$8000B_c + 8000B_d - 3000S_a - 3000S_b - 3000S_c +$$

$$205C_a + 205C_b + 205C_d + 200T_a + 200T_b + 200T_c +$$

$$16.6X_{1d} + 28X_{2a} + 21x_{4a} + 22.4X_{5a} + 22.8X_{6a} + 33X_{7a} + 52X_{8a} + 49X_{9a} +$$

$$27X_{11a} + 19X_{12a} + 16.6X_{1b} + 16.6X_{1c} + 22.8X_{6hc} + 16.6X_{1d} + 28X_{2d} + 29.8X_{3d} + 21X_{4hd} +$$

$$22.4X_{5hd} + 22.8X_{6hd} + 52X_{8hd} + 48X_{9d} + 50.3X_{10d} + 27X_{11d} + 19X_{12d}$$

满足：

$$\begin{cases}
T_a + C_b + S_a = 1 \\
T_b + C_a + C_b = 3 \\
T_c + C_d + S_c = 6 \\
16.5X_{1b} + 16.5X_{1c} + 16.5X_{6hc} + 5.5X_{1d} + 5.5X_{3d} + 5.5X_{4hd} + 5.5X_{5hd} + \\
\quad 5.5X_{6hd} + 5.5X_{7hd} + 5.5X_{8hd} + 5.5X_{10d} > 53000 \\
5.5X_{1a} + 5.5X_{1c} + 5.5X_{1d} + 5.5X_{6hd} > 9000 \\
16.5X_{2a} + 16.5X_{2d} + 16.5X_{3d} > 6000 \\
16.5X_{4a} + 16.5X_{4hd} > 4000 \\
16.5X_{4a} + 16.5X_{hd} > 2200 \\
5.5X_{6a} + 5.5X_{6hc} + 5.5X_{6hd} > 950 \\
16.5X_{7a} + 16.5X_{7hd} > 6200 \\
16.5X_{8a} + 16.5X_{8hd} > 2000 \\
16.5X_{9a} + 16.5X_{9d} + 16.5X_{10d} > 900 \\
16.5X_{11a} + 16.5X_{11d} > 650 \\
16.5X_{12a} + 16.5X_{12d} > 350 \\
-5240T_a - 5240C_a + 11X_{2a} + 13X_{2a} + 12.5X_{4a} + 12.5X_{5a} + 12X_{6a} + \\
\quad 23X_{7a} + 30X_{8a} + 26X_{9a} + 13X_{11a} + 11x_{12a} \leqslant 0 \\
-5420T_b - 5240C_b + 11X_{1b} \leqslant 0 \\
-5240T_c - 5240B_c + 11X_{1c} + 12X_{6hc} \leqslant 0 \\
-5240C_d - 5240B_d + 11X_{1d} + 13X_{2d} + 15X_{3d} + 12.5X_{4hd} + 12X_{5hd} + \\
\quad 12X_{6hd} + 23X_{7hd} + 30X_{8hd} + 26X_{9d} + 30X_{10d} + 13X_{11d} + 11X_{12d} \leqslant 0
\end{cases}$$

本程序使用 Excel 和 LINDO 运行，下面是一个含有目标函数值的解。最低运营成本的最优解为 104464.60 美元。

该解需要满足以下条件。

车队组成：

A 型 = 1（利用 1 辆现有的 A 型油罐车）；

B 型 = 2（利用现有 3 辆 B 型油罐车中的 2 辆）；

C 型 = 4（利用现有 6 辆 C 型油罐车中的 4 辆）；

D 型 = 4（购买 2 辆 D 型油罐车，并将 2 辆 C 型油罐车改装为 D 型）。

该解还包括出售一辆现有的 B 型油罐车。

表 9.12 列出了油罐车的运输路线及运输数量。

表 9.12　油罐车的运输路线及运输数量

路线（所有行程的起点和终点均在 Teesside）	路线	A 型	B 型	C 型	D 型
从 Huddersfield 返程	1	16.6	16.6	16.6	16.6
从 Blackpool 返程	2	28			28
从 Blackpool—Huddersfield 返程	3				29.3
从 Manchester A 返程	4	21			
从 Manchester A—Huddersfield 返程	4H				221
从 Manchester B 返程	5	22.4			
从 Manchester B—Huddersfield 返程	5H				22.4
从 Manchester C 返程	6	22.8			
从 Manchester—Huddersfield 返程	6H			22.8	22.8
从 Chester 返程	7	33			
从 Chester—Huddersfield 返程	7H				33
从 Cardiff 返程	8	52			
从 Cardiff—Huddersfield 返程	8H				52
从 London 返程	9	48			48
从 London—Huddersfield 返程	10				50.3
从 Grimsby 返程	11	27			27
从 Hull 返程	12	19			19

原书参考文献

Deckro, D. (2003). The Acid Chemical Co: Planning an outline schedule for a Fleet of Road Tankers. Networks and combinatorial optimization, Air Force Institute of Technology. Retrieved November 2003. Course handout.

推 荐 阅 读

Albright, B., Fox, W. (2019). Mathematical Modeling with Excel. Boca Raton, FL: Taylor and Francis, CRC Press.

Chachra, V., Ghare, P., Moore, J. (1979). Applications of graph theory algorithms. New York: North Holland.

Glover, F., Klingman, D., Phillips, N. (1992). Network models and their applications in practice. New York: Wiley.

Mandl, C. (1979). Applied network optimization. Gainesville, FL: Academic.

Philips, D., Diaz, A. (1981). Fundamentals of network analysis. Englewoods Cliffs, NJ: Prentice Hall.

Winston, W. (2004). Operations research: Applications and algorithm. Belmont, CA: Cengage Publishers.

Wu, N., Coppins, R. (1981). Linear programming and extensions. New York: McGraw Hill.

中英文名词索引

Note